码上学会

中文版

AutoCAD 2016

建筑设计

全能一本通

双色版

老虎工作室 姜勇 王乃展 编著

人民邮电出版社

北 京

图书在版编目（CIP）数据

中文版AutoCAD 2016 建筑设计全能一本通 ／ 老虎工作室，姜勇，王乃展编著. － 北京 ：人民邮电出版社，2018.7

（码上学会）

ISBN 978-7-115-47251-9

Ⅰ．①中… Ⅱ．①老… ②姜… ③王… Ⅲ．①建筑设计－计算机辅助设计－AutoCAD软件 Ⅳ．①TU201.4

中国版本图书馆CIP数据核字(2017)第278822号

内 容 提 要

本书共 23 章，其中，第 1~10 章主要介绍二维图形绘制及编辑命令、查询图形信息、书写文字、标注尺寸等，并提供了丰富的二维绘图实例及练习题；第 11~13 章讲述建筑施工图、结构施工图及轴测图的绘制方法及技巧；第 14~17 章介绍图块、设计工具、参数化绘图、虚拟图纸创建及 AutoCAD 高级功能等；第 18~21 章讲述三维绘图基本知识及创建实体模型的方法；第 22~23 章则通过实例介绍怎样由 3D 模型生成二维图、如何从模型空间或图纸空间输出图形等。

本书可供建筑类 AutoCAD 绘图培训班作为教材使用，也可作为建筑工程技术人员、高校师生的自学教程。

◆ 编　著　老虎工作室　姜　勇　王乃展

责任编辑　税梦玲

责任印制　焦志炜

◆ 人民邮电出版社出版发行　　北京市丰台区成寿寺路 11 号

邮编　100164　电子邮件　315@ptpress.com.cn

网址　http://www.ptpress.com.cn

北京鑫丰华彩印有限公司印刷

◆ 开本：880×1230　1/16

印张：31.5　　　　　　　　2018 年 7 月第 1 版

字数：849 千字　　　　　　2018 年 7 月北京第 1 次印刷

定价：79.80 元

读者服务热线：**(010)81055256**　印装质量热线：**(010)81055316**

反盗版热线：**(010)81055315**

广告经营许可证：京东工商广登字 20170147 号

AutoCAD 是一款优秀的计算机辅助设计软件，机械、建筑、航天、轻工、军事等工程设计领域中的产品的零件图、装配图、原理图、电气图、施工图等都可使用 AutoCAD 来绘制、管理及打印，它能有效地帮助设计人员提高设计水平和工作效率，还能输出清晰、整洁的图纸，这些功能都是手工绘图无法比拟的。最近十几年，AutoCAD 的功能不断完善和扩充，其二维绘图功能已经极其强大，三维建模能力及网络协同设计功能也得到了很大的增强：可以方便地创建曲面及实体模型，并能生成逼真的渲染图，还可由三维模型投影得到二维工程图；可以利用 AutoCAD 搭建网络协同设计平台，使各地的设计人员组成一个设计团队，通过 AutoCAD 进行设计，交流设计信息及管理设计文档，最终完成复杂的设计项目。总的来说，AutoCAD 已经成为工程设计领域中最强大的二维设计工具，掌握了 AutoCAD，就拥有了先进的、标准的"武器"，就能具备强大的战斗力。

在建筑设计领域中，绝大多数设计人员利用 AutoCAD 来绘制各类二维建筑图样。国内的软件开发商也以 AutoCAD 为平台开发了很多专业的建筑设计软件，如天正建筑、理正建筑及建研院的 ABD 集成化软件等。这些软件与建筑设计领域规范紧密结合，功能强，使用方便。要想熟练地运用这些专业工具，设计人员首先应熟悉和掌握 AutoCAD。

给初学者的建议

AutoCAD 初学者在学习过程中经常出现下面两种情况。

- 不求甚解，急于求成

  许多人在学习 AutoCAD 时，并不按书中编排的顺序循序渐进地学习，而是在大致了解软件的基本知识后就开始很有信心地绘制一些有难度的图形，结果操作时经常出现错误，绘图效率极低，有时甚至不知如何下手。

- 绘图过程混乱，简直就是"乱画"

  "乱画"是很多初学者的通病，绘图时，想到什么就画什么，绘图过程没有次序。其次，没有掌握一些实用绘图技巧，对命令的应用很"笨拙"，表现为：在面对一个很简单的问题时，要采用许多操作步骤才完成。这些都将导致绘图效率降低，将严重影响学习者的学习兴趣和信心。

  鉴于上述情况，作者建议初学者按照以下 4 步来学习 AutoCAD。

1. 熟悉 AutoCAD 环境

耐心地、仔细地学习第 1 章的内容，熟悉 AutoCAD 用户环境及基本操作，能顺利地与 AutoCAD 交流。

2. 切实掌握 AutoCAD 基本命令用法

常用的基本命令主要包括绘制及编辑基本几何对象的各类命令，约 20 个，在第 3 章及第 4 章将介绍这些命令的用法及技巧。这些命令在二维绘图过程中使用频率非常高，灵活地使用这些命令是顺利绘图的基础。初学者应该将这两章的命令练习及综合练习全部完成，这样就能得心应手地使用这些命令了。

3. 不怕辛苦，动手实战

掌握了 AutoCAD 的基本命令后，接下来就跟随书中的实例进行动手操作，通过实战来掌握 AutoCAD 的绘图方法和技巧。只要能够完成第 3~6 章的综合练习题，就一定能成为 AutoCAD 行家里手。

4. 结合专业学习 AutoCAD 绘图方法，提高解决实际问题的能力

在不同的工程领域使用 AutoCAD 进行设计时，采用的设计方法及过程是不同的，也会有一些特殊的绘图技巧。因此，要想在专业领域中充分发挥 AutoCAD 的强大功能，就必须学会这些方法和技巧。本书第 11~13 章介绍了 AutoCAD 建筑专业相关的知识，并安排了适量的练习题，认真学完后，就能轻松地绘制建筑图纸了。

本书特点

本书既详细、全面地讲解了 AutoCAD 的各项功能，又提供了大量的绘图实例及练习题，希望能够帮助初学者按照上述 4 步循序渐进地掌握 AutoCAD 的基本操作，并掌握使用 AutoCAD 进行设计的方法和绘图技巧。为了达到这个目的，在本书的结构安排、内容组织、文字表述、视频制作、资源配套等方面，我们都进行了反复的策划和讨论，在编写的过程中，又不断地完善和修正方案。比如：将理论知识进行分块，围绕"小块"针对性地设置练习题；在视频中讲解单个命令功能时，也演示命令的一些使用技巧等。现将本书特点提炼如下。

1. 按照有效的 AutoCAD 学习路径编排大纲结构、组织内容

本书将 AutoCAD 知识体系划分成 8 部分，内容依次递进，包括软件环境及基本操作、常用绘图及编辑命令、高级绘图及编辑命令、平面绘图及组合体视图综合训练、书写文字及标注尺寸、专业领域应用、高级功能、三维建模。

在充分考虑了初学者学习情况的前提下，我们将各部分理论内容切块后与实践内容紧密结合，方便大家通过边看、边学、边练的方式高效学习 AutoCAD。例如，先讲解 3 ~ 5 个命令的用法，再围绕这些命令编排相关练习题，通过这些简单图形的作图训练，使初学者掌握命令的基本用法和一些作图技巧。在每一章的最后，我们还设置了有一定难度的、多种类型的综合练习题，以强化及检验学习效果。

2. 涵盖 AutoCAD 绝大部分功能，强化绘图技能和专业应用

本书在总体内容的编排上突出了两点：一是 AutoCAD 功能的全面性；二是内容的实用性。

"全面性"是指，可以将本书作为 AutoCAD 功能手册及案例手册来使用：书中循序渐进地介绍 AutoCAD 的绝大部分功能，对于各类命令都给出了基本操作示例，并配以图解说明，此外，还对命令的各选项、实用技巧及命令的综合应用进行了详细介绍。

"实用性"的目标是学以致用：本书首先强化绘图技能，设立专门章节讲解复杂二维图形的创建方法和技巧，这些二维图形是从大量工程图中总结出来的具有代表性的图形，通过这些图形的练习，将有效提升绘图技能；其次强化专业应用，设立专门章节讲解典型建筑图实例，并设置适量的练习题，通过这些实例，

向大家介绍用 AutoCAD 绘制建筑图的方法及技巧。学习完这些"实用性"的内容后，相信大家可以得心应手地使用 AutoCAD 来解决工作中的实际问题。

3. 录制详细的微视频，扫描书中二维码即可学习

在编排本书内容时，我们给书中的内容配套了丰富的微视频，让大家采取一种新方式——扫码看视频来高效地学习 AutoCAD：先看微视频再动手，先模仿再实战，轻松有效地进行学习。全书总共包含 340 个微视频，内容包括基本命令、综合绘图、专业应用及三维建模等。微视频中细致地介绍了命令的基本用法、主要选项功能及使用技巧，综合作图及专业应用的微视频还反映了作者在作图时的方法及多种实用绘图技巧，具有很好的参考价值。

4. 提供实用的技巧训练教程、参考图纸、绘图模板及常用图块等

纸质图书由于受篇幅限制，内容有限，为了强化学习，我们为本书精心配置了扩展性资源包：复杂二维及三维图形的绘图视频、绘图技巧训练教程、平面典型练习及组合体视图练习、AutoCAD 证书考试练习题、建筑典型图纸、建筑图模板和常用图库等。本书与这些附赠的资源、微视频将形成完善的 AutoCAD 的学习体系，可以很好地满足初学者对 AutoCAD 的学习需求。

5. 提供移动学习平台——CAD 全能训练营

特点 3 和特点 4 中都提到了能够有效提升学习效率的微视频，这些微视频可通过扫描书中的二维码进行查看，也可以下载后本地查看，还可以用微信扫一扫功能，扫描本书封面的二维码，关注"CAD 全能训练营"公众号，在"视频学习"栏目中激活本书的配套视频，即可随时通过手机查看所有微视频。

配套资源

为方便读者学习 AutoCAD 并利用 AutoCAD 熟练地绘制建筑图样，本书提供了丰富的辅助资源，请前往 box.ptpress.com.cn/y/47251 进行下载，也可扫描二维码进行下载。

扫一扫
下载资源

1. 视频

- 与书中练习相配套的微视频（334 个）：MP4 文件，内容包括基本绘图及编辑功能、复杂平面图形的绘制方法及技巧、组合体视图和剖视图、查询信息、书写文字及标注尺寸、建筑绘图技术、轴测图、虚拟图纸、参数化绘图、图块及设计工具、网络功能、定制线型、实体及曲面建模、投影生成工程图、打印图形等。

- 复杂二维绘图视频（30 个）：MP4 文件，主要讲解绘制复杂图形的一般步骤、复杂圆弧连接、包含多种图形元素的图形和倾斜图形等。

- 复杂三维建模视频（20 个）：MP4 文件，主要讲解复杂组合体建模的过程及技巧。

2. 技巧训练教程

- 平面图形绘图技巧训练教程：Word 及 AVI 文件，内容包括绘制各类线条、定位图形元素、在倾斜方向绘制图形、图形元素的均布、编辑现有图元生成新图元等。

- 三维建模技巧训练教程：Word 及 AVI 文件，内容包括实体及曲面建模一般方法、利用布尔运算构建复杂实体模型、编辑实体表面形成局部细节、构建复杂曲面的技巧等。

3. 典型练习

- AutoCAD 典型练习及组合体视图练习：Word 文件，内容包括由直线、曲线构成的图形，由圆、过渡圆弧、多边形及椭圆等对象组成的图形。
- AutoCAD 证书考试练习题：Word 文件，内容包括平面绘图练习等。

4. 设计图纸

- 典型零件图册及相关说明（10 个）：Word 文件及 DWG 文件，包括轴套类零件、盘盖类零件等，并对图中的配合尺寸等进行了必要说明。
- 建筑设计图纸（3 套）：DWG 文件，包括专家办公楼建筑施工图、高层住宅建筑施工图、小型别墅建筑施工图及结构施工图。

5. 国家标准、模板及常用图块

- 建筑制图国家标准及建筑图模板：Word 及 DWG 文件，包括建筑 CAD 制图的一般规定、A0~A4 幅面建筑图纸模板。
- 常用建筑图图库：DWG 文件，包括图例符号、建筑设备、人物、植物、车辆、家具、洁具、厨具、门窗图块。

6. 常用快捷键及快捷命令

以 Word 文档形式提供快捷键表和快捷命令表。

7. AutoCAD 常见问题解答

以 Word 文档形式提供绘图环境设置、绘图及编辑命令、专业应用、图样管理及绘图工具、打印出图、三维建模等常见问题解答文件。

以上是我们为选择本书进行学习的初学者所能提供的帮助，若有最新学习资源，我们将上传至人邮教育社区（www.ryjiaoyu.com），大家可以随时去下载。千里之行始于足下，希望大家能早日掌握 AutoCAD。

作者

2018 年 2 月

目 录
CONTENTS

目 录
CONTENTS

目 录
CONTENTS

目 录

CONTENTS

目 录
CONTENTS

目 录
CONTENTS

目　录
CONTENTS

目　录
CONTENTS

目 录

CONTENTS

第16章

创建及管理虚拟图纸 345

第17章

AutoCAD 的高级功能 361

目 录
CONTENTS

目 录

CONTENTS

目　录
CONTENTS

第 23 章
打印图形 468

第1章
AutoCAD 用户界面及基本操作

主要内容

- AutoCAD 的工作界面。
- 调用 AutoCAD 命令。
- 选择对象的常用方法。
- 删除对象、撤销和重复命令、取消已执行的操作。
- 快速缩放、移动图形及全部缩放图形。
- 设定绘图区域的大小。
- 新建、打开及保存图形文件。

1.1 初步了解 AutoCAD 绘图环境

下面通过操作练习来熟悉 AutoCAD 绘图环境。

【练习 1-1】 了解 AutoCAD 2016 绘图环境。

绘图环境

(STEP01) 启动 AutoCAD 2016，显示【开始】选项卡，如图 1-1 所示。该选项卡包含 3 个区域。

◎ 【快速入门】：利用默认样板文件或指定样板文件创建新图形。

◎ 【最近使用的文档】：显示最近使用的文档，单击文件就会打开它。

◎ 【连接】：登录到 Autodesk 公司的 A360 账户，访问和管理上载的文件，也可与同事共享图形文件。

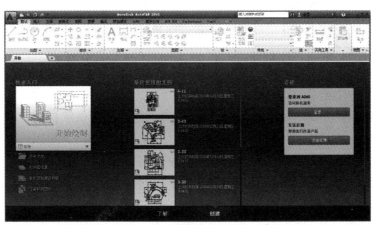

图 1-1 【开始】选项卡

STEP02 单击【开始绘制】选项，创建新图形，进入 AutoCAD 用户界面，如图 1-2 所示。该界面包含工具栏、功能区、绘图窗口、命令提示窗口、状态栏等组成部分。绘图窗口中显示了栅格，单击状态栏上的▦按钮，关闭栅格显示。

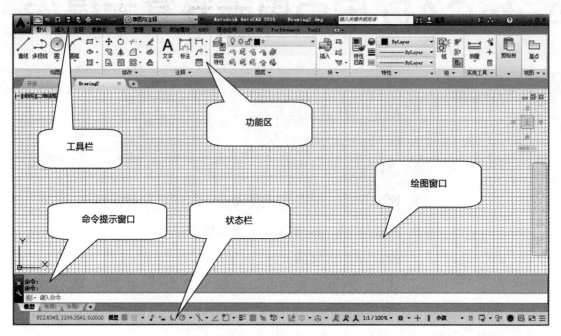

图 1-2　AutoCAD 用户界面

STEP03 单击 AutoCAD 用户界面左上角的▲图标，弹出下拉菜单，该菜单包含【新建】、【打开】及【保存】等常用选项。单击▤按钮，显示已打开的所有图形文件；单击▣按钮，显示最近使用的文件。

STEP04 单击工具栏上的▾按钮，选择【显示菜单栏】选项，显示 AutoCAD 主菜单。选择菜单命令【工具】/【选项板】/【功能区】，关闭【功能区】。

STEP05 再次选择菜单命令【工具】/【选项板】/【功能区】，则又打开【功能区】。

STEP06 单击功能区中【默认】选项卡【绘图】面板上的 ▾ 按钮，展开该面板。再单击▣按钮，固定面板。

STEP07 单击功能区右上角的▱按钮，使功能区在最小化、最大化及隐藏等状态间切换。单击该按钮右边的三角按钮，弹出功能区显示形式列表。

STEP08 选择菜单命令【工具】/【工具栏】/【AutoCAD】/【绘图】，打开【绘图】工具栏。用户可移动工具栏或改变工具栏的形状。将鼠标光标移动到工具栏边缘处，按下鼠标左键并移动鼠标光标，工具栏就随鼠标光标移动。将鼠标光标放置在拖出的工具栏的边缘，当鼠标光标变成双向箭头时，按住鼠标左键并拖动鼠标光标，工具栏形状就会发生变化。

STEP09 在功能区任一选项卡标签上单击鼠标右键，弹出快捷菜单，选择【显示选项卡】/【注释】选项，关闭【注释】选项卡。

STEP10 单击功能区中的【参数化】选项卡，将其展开。在该选项卡的任一面板上单击鼠标右键，弹出快捷菜单，选择【显示面板】/【管理】选项，关闭【管理】面板。

STEP11 在功能区任一选项卡标签上单击鼠标右键，选择【浮动】选项，则功能区位置变为可动。将鼠标光标放在功能区的标题栏上，按住鼠标左键并移动鼠标光标，改变功能区的位置。

STEP12 绘图窗口是用户绘图的工作区域，该区域无限大，其左下方有一个表示坐标系的图标，图标中的箭头分别指示 x 轴和 y 轴的正方向。在绘图区域中移动鼠标光标，状态栏上将显示光标点的坐标读数。单击该坐标区可改变坐标的显示方式。

STEP13 AutoCAD 提供了两种绘图环境：【模型空间】及【图纸空间】。单击绘图窗口下部的 布局1 按钮，切换到【图纸空间】。单击 模型 按钮，切换到【模型空间】。默认情况下，AutoCAD 的绘图环境是【模型空间】，用户在这里按实际尺寸绘制二维或三维图形。【图纸空间】提供了一张虚拟图纸（与手工绘图时的图纸类似），用户可在这张图纸上将【模型空间】的图样按不同缩放比例布置在图纸上。

STEP14 绘图窗口上边布置了文件选项卡，单击选项卡右边的 + 按钮，创建新图形文件。单击选项卡标签可在不同文件间切换。右键单击标签，弹出快捷菜单，该菜单包含【新建】、【打开】及【关闭】等选项。将光标悬停在文件选项卡处，将显示模型空间及图纸空间的预览图片。

STEP15 AutoCAD 绘图环境的组成一般称为工作空间，单击状态栏上的 ⚙ 图标，弹出快捷菜单，该菜单中的【草图与注释】选项被选中，表明现在处于二维草图与注释工作空间。

STEP16 单击绘图窗口左上角【俯视控件】，选择【西南等轴测】选项，切换观察视点，可以发现绘图窗口是三维绘图空间。再次单击该控件，选择【俯视】选项，切换回俯视图。

STEP17 右键单击程序窗口的不同区域，弹出快捷菜单，菜单选项各不相同。

STEP18 命令提示窗口位于 AutoCAD 程序窗口的底部，用户输入的命令、系统的提示信息等都反映在此窗口中。将鼠标光标放在窗口的上边缘，鼠标光标变成双向箭头，按住鼠标左键并向上拖动鼠标光标就可以增加命令提示窗口显示的行数。按 F2 键将打开命令提示窗口，再次按 F2 键可关闭此窗口。

1.2 AutoCAD 用户界面的组成

AutoCAD 2016 用户界面如图 1-3 所示，主要由菜单浏览器、快速访问工具栏、功能区、绘图窗口、命令提示窗口、导航栏和状态栏等部分组成，下面分别介绍各部分的功能。

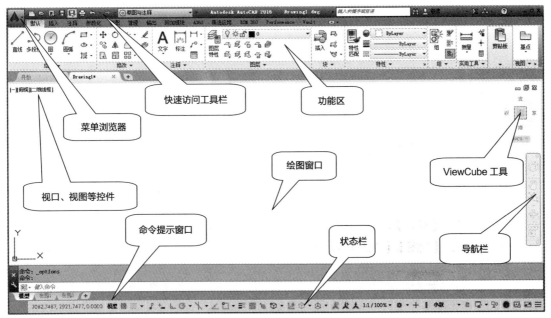

图 1-3　AutoCAD 用户界面

3

1.2.1 菜单浏览器

单击菜单浏览器按钮，展开菜单浏览器，如图1-4所示。该菜单包含【新建】、【打开】及【保存】等常用命令。在菜单浏览器顶部的搜索栏中输入关键字或短语，就可定位相应的菜单命令。选择搜索结果，即可执行命令。

单击菜单浏览器顶部的按钮，显示最近使用的文件。单击按钮，显示已打开的所有图形文件。将鼠标光标悬停在文件名上时，将显示预览图片及文件路径、修改日期等信息。也可单击按钮，选择【小图像】或【大图像】选项显示文件的预览图。

1.2.2 快速访问工具栏及其他工具栏

快速访问工具栏用于存放经常访问的命令按钮，在按钮上单击鼠标右键，弹出快捷菜单，如图1-5所示。选择【自定义快速访问工具栏】命令就可向工具栏中添加命令按钮，选择【从快速访问工具栏中删除】命令就可删除相应命令按钮。

图 1-4　菜单浏览器

图 1-5　快捷菜单

若要将功能区的某一按钮添加到快速访问工具栏中，可右键单击该按钮，选择快捷菜单中的【添加到快速访问工具栏】选项即可。

单击快速访问工具栏上的按钮，选择【显示菜单栏】命令，可显示 AutoCAD 主菜单。

除快速访问工具栏外，AutoCAD 还提供了许多其他工具栏。在菜单命令【工具】/【工具栏】/【AutoCAD】下选择相应的选项，即可打开相应的工具栏。

1.2.3 功能区

功能区由【默认】、【插入】及【注释】等选项卡组成，如图1-6所示。每个选项卡又由多个面板组成，如【默认】选项卡是由【绘图】、【修改】及【图层】等面板组成的。面板上布置了许多命令按钮及控件。

图 1-6　功能区

单击功能区顶部右边的 按钮，可收拢、展开及隐藏功能区。单击该按钮右边的三角按钮，弹出功能区显示形式的列表。

单击某一面板上的 按钮，展开该面板。单击 按钮，固定面板。右键单击任一面板，弹出快捷菜单，选择【显示面板】中的面板名称选项，就可关闭或打开相应面板。

用鼠标右键单击任一选项卡标签，弹出快捷菜单，选择【显示选项卡】中的选项卡名称选项，就可关闭或打开相应选项卡。

选择菜单命令【工具】/【选项板】/【功能区】，可打开或关闭功能区，对应的命令为 RIBBON 及 RIBBONCLOSE。

在功能区顶部位置单击鼠标右键，弹出快捷菜单，选择【浮动】命令，就可移动功能区，还能改变功能区的形状。

1.2.4 绘图窗口

绘图窗口是用户绘图的工作区域，类似于手工作图时的图纸，该区域是无限大的。在其左下方有一个表示坐标系的图标，此图标指示了绘图区的方位。图标中的箭头分别指示 x 轴和 y 轴的正方向，z 轴的方向垂直于当前视口。

虽然 AutoCAD 提供的绘图区是无穷大的，但用户可根据需要自行设定显示在屏幕上的绘图区域的大小，即长、高各有多少数量单位。

当移动鼠标光标时，绘图区域中的十字形光标会跟随移动，与此同时，绘图区底部的状态栏中将显示光标点的坐标数值。单击该区域可改变坐标的显示方式。

坐标读数的显示方式有以下 3 种。

（1）坐标读数随光标移动而变化——动态显示，坐标值显示形式是"x,y,z"。

（2）仅仅显示用户指定点的坐标——静态显示，坐标值显示形式是"x,y,z"。例如，用 LINE 命令画线时，AutoCAD 只显示线段端点的坐标值。

（3）坐标读数随光标移动而以极坐标形式（相对上一点的距离＜角度）显示，这种方式只在 AutoCAD 提示"指定下一点"时才能得到。

绘图窗口包含了两种绘图环境：一种为模型空间，另一种为图纸空间。在此窗口底部有 3 个选项卡 模型 布局1 布局2 ，默认情况下，【模型】选项卡是按下的，表明当前绘图环境是模型空间，用户一般在这里按实际尺寸绘制二维或三维图形。当选择【布局 1】或【布局 2】选项卡时，就切换至图纸空间。可以将图纸空间想象成一张图纸（系统提供的模拟图纸），用户可在这张图纸上将模型空间的图样按不同缩放比例布置在图纸上。

绘图窗口上边布置了文件选项卡，单击选项卡可在不同文件间切换。右键单击选项卡，弹出快捷菜单，该菜单包含【新建】、【打开】、【保存】及【关闭】等选项。将光标悬停在文件选项卡处，将显示模型空间及图纸空间的预览图片，再把光标移动到预览图片上，则绘图窗口中临时显示对应的图形。

1.2.5 视口、视图及视觉样式控件

绘图窗口中左上角显示了视口、视图及视觉样式控件，用于设定视口形式、控制观察方向及模型显示方式等。

① 视口控件

◎【-】：单击"-"号，显示选项，这些选项用于最大化视口、创建多视口及控制绘图窗口右边的

ViewCube 工具和导航栏的显示。

❷ 视图控件

◎ **【俯视】**：单击"俯视"，显示设定标准视图（如前视图、俯视图等）的选项。

❸ 视觉样式控件

◎ **【二维线框】**：单击"二维线框"，显示用于设定视觉样式的选项。视觉样式决定三维模型的显示方式。

1.2.6 ViewCube 工具

ViewCube 工具是用于控制观察方向的可视化工具，用法如下。

◎ 单击或拖动立方体的面、边、角点、周围文字及箭头等改变视点。

◎ 单击 ViewCube 左上角图标 ↑，切换到西南等轴测视图。

◎ 单击 ViewCube 下边的图标 WCS ▾ ，切换到其他坐标系。

单击视口控件中的相关选项可打开或关闭 ViewCube 工具。

1.2.7 导航栏

导航栏中主要有以下几种导航工具。

◎ **平移**：用于沿屏幕平移视图。

◎ **缩放工具**：用于增大或减小当前视图比例的导航工具集。

◎ **动态观察工具**：用于旋转模型视图的导航工具集。

单击视口控件中的相关选项可打开或关闭导航栏。

1.2.8 命令提示窗口

命令提示窗口位于 AutoCAD 用户界面的底部，用户输入的命令、系统的提示及相关信息都反映在此窗口中。默认情况下，该窗口仅显示 3 行，将鼠标光标放在窗口的上边缘，鼠标光标变成双向箭头，按住鼠标左键并向上拖动鼠标光标就可以增加命令提示窗口显示的行数。

按 **F2** 键可打开命令提示窗口，再次按 **F2** 键又可关闭此窗口。

1.2.9 状态栏

状态栏中显示了光标的坐标值，还布置了各类绘图辅助工具。右键单击这些工具，弹出快捷菜单，可对其进行必要的设置。下面简要介绍这些工具的功能。

◎ **模型**：单击此按钮可切换到图纸空间，按钮也变为 **图纸** ，再次单击它，则进入浮动模型视口（具有视口的模型空间）。浮动模型视口是指在图纸空间的模拟图纸上创建的可移动视口，通过该视口可观察模型空间的图形，并能进行绘图及编辑操作。用户可以改变浮动模型视口的大小，还可将其复制到图纸的其他地方。

◎ **栅格** ：打开或关闭栅格显示。当显示栅格时，屏幕上出现类似方格纸的图形，这将有助于绘图定位。栅格的间距可通过右键快捷菜单上的相关选项设定。

◎ **捕捉** ▾ ：打开或关闭捕捉功能。单击三角形按钮，可设定根据栅格点捕捉或沿极轴追踪方向、自动追踪方向以设定的增量值进行捕捉。

◎ **自动约束** ：在创建或编辑几何图形时自动添加重合、水平及垂直等几何约束。

◎ **动态输入** ：打开或关闭动态输入。打开时，将在光标位置附近显示命令提示信息、命令选项及输入框。

◎ **正交** ：打开或关闭正交模式。打开此模式，就只能绘制水平或竖直直线。

◎ **极轴追踪** ：打开或关闭极轴追踪模式。打开此模式，可沿一系列极轴角方向进行追踪。单击三角形按钮，可设定追踪的增量角度值或对追踪模式进行设置。

◎ **等轴测** ：绘制轴测图时，打开轴测模式，光标形状将与轴测轴方向对齐。单击三角形按钮，可设定光标位于左、右或顶轴测面内。

◎ **自动追踪** ：打开或关闭自动追踪模式。打开此模式，启动绘图命令后，可自动从端点、圆心等几何点处，沿正交方向或极轴角方向追踪。使用此项功能时，必须打开对象捕捉模式。

◎ **对象捕捉** ：打开或关闭对象捕捉模式。打开此模式，启动绘图命令后，可自动捕捉端点、圆心等几何点。

◎ **线宽** ：打开或关闭线宽显示。

◎ **透明度** ：打开或关闭对象的透明度特性。

◎ **循环选择** ：将光标移动到对象重叠处时，光标形状发生变化，单击一点，弹出【选择集】列表框，可从中选择某一对象。

◎ **三维对象捕捉** ：捕捉三维对象的顶点、面中心点及边中点等。单击三角形按钮，可指定捕捉点类型及对捕捉模式进行设置。

◎ **动态 UCS** ：绘图及编辑过程中，用户坐标系自动与三维对象平面对齐。

◎ **子对象选择过滤器** ：利用过滤器选择三维对象的顶点、边或面等对象。单击三角形按钮，可设置要选择的对象类型。

◎ **小控件** ：打开或关闭控件显示。单击三角形按钮，可指定选择实体、曲面、顶点、实体面及边等对象时，显示何种控件，以及在移动、旋转及缩放控件间切换。

◎ **显示注释对象** ：显示所有注释性对象或仅显示具有当前注释比例的注释性对象。

◎ **添加注释比例** ：改变当前注释比例时，将新的比例值赋予所有注释性对象。

◎ **注释比例** 1:1 / 100% ：设置当前注释比例，也可自定义注释比例。

◎ **工作空间** ：切换工作空间，包括【草图与注释】、【三维基础】及【三维建模】工作空间。

◎ **注释监视器** ：设置对非关联的注释性对象（尺寸标注等）是否进行标记。

◎ **单位** 小数 ：单击三角形按钮，设定单位显示形式。

◎ **快捷特性** ：打开此项功能，选择对象后，显示对象属性列表。

◎ **锁定** ：单击三角形按钮，选择要锁定或解锁的对象类型，如窗口、面板及工具栏等。

◎ **隔离或隐藏** ：单击此按钮，弹出快捷菜单，利用相关选项隔离或隐藏对象，也可解除这些操作。

◎ **全屏显示** ：打开或关闭全屏显示。

◎ **自定义** ：自定义状态栏上的按钮。

一些工具按钮的打开或关闭可通过相应的快捷键来实现，如表 1-1 所示。

表 1-1　控制按钮及相应的快捷键

按钮	快捷键	按钮	快捷键
对象捕捉	F3	正交	F8
三维对象捕捉	F4	捕捉	F9
等轴测	F5	极轴追踪	F10

按钮	快捷键	按钮	快捷键
动态 UCS	F6	自动追踪	F11
栅格	F7	动态输入	F12

要点提示　　└（正交）和 ⊙ ·（极轴追踪）按钮是互斥的，若打开其中一个按钮，另一个则自动关闭。

1.3 基本操作

下面，介绍 AutoCAD 常用的基本操作。

1.3.1 用 AutoCAD 绘图的基本过程

【练习 1-2】使用 AutoCAD 绘图的基本过程。

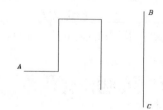

绘图的基本过程

STEP01 启动 AutoCAD 2016。

STEP02 打开【快速入门】区域的【样板】下拉列表，如图 1-7 所示。该列表列出了许多用于新建图形的样板文件，选择 "acadiso.dwt" 创建新图形文件。

STEP03 单击状态栏上的 按钮，关闭栅格显示。单击状态栏上的 ⊙、□ 及 ∠ 按钮。注意，不要单击 按钮。

STEP04 单击【默认】选项卡中【绘图】面板上的 按钮，AutoCAD 提示如下。

命令：_line 指定第一点：　　　　　　　　　// 单击 A 点，如图 1-8 所示

指定下一点或 [放弃 (U)]: 400　　　　　　// 向右移动鼠标光标，输入线段长度并按 Enter 键

指定下一点或 [放弃 (U)]: 600　　　　　　// 向上移动鼠标光标，输入线段长度并按 Enter 键

指定下一点或 [闭合 (C)/ 放弃 (U)]: 500　　// 向右移动鼠标光标，输入线段长度并按 Enter 键

指定下一点或 [闭合 (C)/ 放弃 (U)]: 800　　// 向下移动鼠标光标，输入线段长度并按 Enter 键

指定下一点或 [闭合 (C)/ 放弃 (U)]:　　　　// 按 Enter 键结束命令

结果如图 1-8 所示。

STEP05 按 Enter 键重复画线命令，绘制线段 BC，如图 1-9 所示。

图 1-7　新建图形

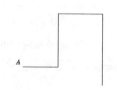

图 1-8　画线

图 1-9　绘制线段 BC

STEP06 单击快速访问工具栏上的 按钮，线段 BC 消失，再次单击该按钮，连续折线 A 也消失。单击

按钮，连续折线 *A* 显示出来，继续单击该按钮，线段 *BC* 也显示出来。

(STEP07) 输入画圆命令，全称 CIRCLE 或简称 C，AutoCAD 提示如下。

　　　　命令：CIRCLE　　　　　　　　　　　　// 输入命令，按 Enter 键确认

　　　　指定圆的圆心或 [三点 (3P)/ 两点 (2P)/ 切点、切点、半径 (T)]:

　　　　　　　　　　　　　　　　　　　　　　// 单击 *D* 点，指定圆心，如图 1-10 所示

　　　　指定圆的半径或 [直径 (D)]: 100　　　 // 输入圆半径，按 Enter 键确认

　　结果如图 1-10 所示。

(STEP08) 单击【默认】选项卡中【绘图】面板上的 ⊙ 按钮，AutoCAD 提示如下。

　　　　命令：_circle 指定圆的圆心或 [三点 (3P)/ 两点 (2P)/ 切点、切点、半径 (T)]:

　　　　　　　　　// 将鼠标光标移动到端点 *A* 处，AutoCAD 自动捕捉该点，再单击鼠标左键确认，如图 1-11 所示

　　　　指定圆的半径或 [直径 (D)] <100.0000>: 160　　　// 输入圆半径，按 Enter 键

　　结果如图 1-11 所示。

图 1-10　画圆（1）　　　　　　　　　　　　　图 1-11　画圆（2）

(STEP09) 单击导航栏上的 按钮，鼠标光标变成手的形状 ，按住鼠标左键向右拖动鼠标光标，直至图形不可见为止，按 Esc 键或 Enter 键退出。

(STEP10) 双击鼠标滚轮或是单击导航栏上的 按钮，图形又全部显示在窗口中，如图 1-12 所示。

(STEP11) 单击鼠标右键，在弹出的快捷菜单中选择【缩放】命令，鼠标光标变成放大镜形状，此时，按住鼠标左键并向下拖动鼠标光标，图形缩小，结果如图 1-13 所示，按 Esc 键或 Enter 键退出，也可单击鼠标右键，弹出快捷菜单，选择【退出】命令。该菜单上的【范围缩放】命令可使图形充满整个绘图窗口显示。

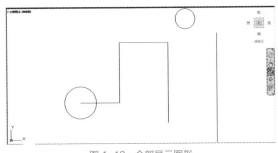

图 1-12　全部显示图形

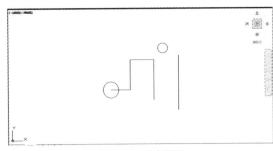

图 1-13　缩小图形

(STEP12) 单击鼠标右键，选择【平移】命令，再单击鼠标右键，选择【窗口缩放】命令。按住鼠标左键并拖动鼠标光标，使矩形框包含图形的一部分，松开鼠标左键，矩形框内的图形被放大。继续单击鼠标右键，选择【缩放为原窗口】命令，则又返回原来的显示。

(STEP13) 单击【默认】选项卡中【修改】面板上的 （删除对象）按钮，AutoCAD 提示如下。

　　　　命令：_erase

　　　　选择对象：　　　　　　　　　　　　　// 单击 *A* 点，如图 1-14 左图所示

指定对角点：找到 1 个	// 向右下方移动鼠标光标，出现一个实线矩形窗口
	// 在 *B* 点处单击一点，矩形窗口内的圆被选中，被选对象变为虚线
选择对象：	// 按 Enter 键删除圆
命令 :ERASE	// 按 Enter 键重复命令
选择对象：	// 单击 *C* 点
指定对角点：找到 4 个	// 向左下方移动鼠标光标，出现一个虚线矩形窗口
	// 在 *D* 点处单击一点，矩形窗口内及与该窗口相交的所有对象都被选中
选择对象：	// 按 Enter 键删除圆和线段

结果如图 1-14 右图所示。

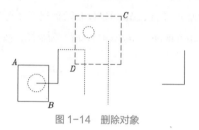

图 1-14　删除对象

STEP14 单击 ▲图标，选择【另存为】选项（或单击快速访问工具栏上的 ▣按钮），弹出【图形另存为】对话框，在该对话框的【文件名】文本框中输入新文件名。该文件默认类型为 dwg，若想更改，可在【文件类型】下拉列表中选择其他类型。

1.3.2 切换工作空间

利用快速访问工具栏上的 🔧草图与注释 或状态栏上的 🔧 ▾按钮可以切换工作空间。工作空间是 AutoCAD 用户界面中包含的工具栏、面板和选项板等的组合。当用户绘制二维或三维图形时，就切换到相应的工作空间，此时，AutoCAD 仅显示与绘图任务密切相关的工具栏和面板等，而隐藏一些不必要的界面元素。

单击 🔧 ▾按钮，弹出快捷菜单，该快捷菜单上列出了 AutoCAD 工作空间的名称，选择其中之一，就切换到相应的工作空间。AutoCAD 提供的默认工作空间有以下 3 个。

◎ 草图与注释。

◎ 三维基础。

◎ 三维建模。

1.3.3 调用命令

启动 AutoCAD 命令的方法一般有两种，一种是在命令行中输入命令全称或简称，另一种是用鼠标在功能区、菜单栏或工具栏上选择命令按钮。

在命令行中输入命令全称或简称就可以让 AutoCAD 执行相应命令。

一个典型的命令执行过程如下。

命令 : circle	// 输入命令全称 circle 或简称 C，按 Enter 键
指定圆的圆心或 [三点 (3P)/ 两点 (2P)/ 切点、切点、半径 (T)]: 90,100	
	// 输入圆心坐标，按 Enter 键
指定圆的半径或 [直径 (D)] <50.7720>: 70	// 输入圆半径，按 Enter 键

（1）方括弧"[]"中以"/"隔开的内容表示各个选项，若要选择某个选项，则需输入圆括号中的字母，字母可以大写也可以小写。例如，想通过 3 点画圆，就输入"3P"。

（2）单击亮显的命令选项可执行相应的功能。

（3）尖括号"<>"中的内容是当前默认值。

AutoCAD 的命令执行过程是交互式的，当用户输入命令后，需按 Enter 键确认（或是空格键），系统才执行该命令。而执行过程中，AutoCAD 有时要等待用户输入必要的绘图参数，如输入命令选项、点的坐标或其他几何数据等，输入完成后，也要按 Enter 键（或是空格键），AutoCAD 才继续执行下一步操作。

在命令行输入命令的第一个或前几个字母并停留片刻后，系统自动弹出一份清单，列出相同字母开头的命令名称、系统变量和命令别名。再将光标移动到命令名上，AutoCAD 显示该命令的说明文字及搜索按钮。单击命令或是利用箭头键、回车键选择命令进行启动。

 要点提示 当执行某一命令时按 F1 键，AutoCAD 将显示这个命令的帮助信息。

1.3.4　鼠标操作

用鼠标在功能区、菜单栏或工具栏上选择命令按钮，AutoCAD 就执行相应的命令。利用 AutoCAD 绘图时，用户多数情况下是通过鼠标发出命令的。鼠标各按键定义如下。

◎　**左键**：拾取键，用于单击工具栏上的按钮、选取菜单命令以发出命令，也可在绘图过程中指定点、选择图形对象等。

◎　**右键**：一般作为回车键，命令执行完成后，常单击鼠标右键来结束命令。在有些情况下，单击鼠标右键将弹出快捷菜单，该菜单上有【确认】命令。右键的功能是可以设定的，选择绘图窗口右键快捷菜单【选项】命令，打开【选项】对话框，如图 1-15 所示。用户在该对话框【用户系统配置】选项卡的【Windows 标准操作】分组框中可以自定义右键的功能。例如，可以设置右键仅仅相当于回车键。

◎　**滚轮**：向前转动滚轮，放大图形；向后转动滚轮，缩小图形。缩放基点为十字光标点。默认情况下，缩放增量为 10%。按住滚轮并拖动鼠标光标，则平移图形。双击滚轮，则全部缩放图形。

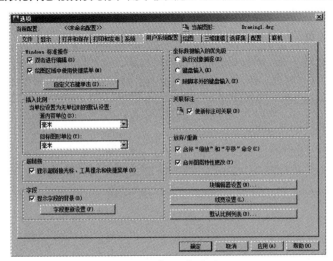

图 1-15　【选项】对话框

1.3.5 选择对象的常用方法

使用编辑命令时需要选择对象，被选对象构成一个选择集。AutoCAD 提供了多种构造选择集的方法。默认情况下，用户能够逐个拾取对象，也可利用矩形、交叉窗口一次选取多个对象。

❶ 用矩形窗口选择对象

当 AutoCAD 提示选择要编辑的对象时，用户在图形元素左上角或左下角单击一点，然后向右移动鼠标光标，AutoCAD 显示一个实线矩形窗口，让此窗口完全包含要编辑的图形实体，再单击一点，矩形窗口中的所有对象（不包括与矩形边相交的对象）被选中，被选中的对象将以虚线形式表示出来。

下面通过 ERASE 命令演示这种选择方法。

【练习1-3】用矩形窗口选择对象。

打开资源包文件"dwg\ 第 1 章 \1-3.dwg"，如图 1-16 左图所示。用 ERASE 命令将左图修改为右图。

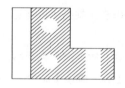
矩形窗口选择对象

```
命令:_erase
选择对象:                          // 在 A 点处单击一点，如图 1-16 左图所示
指定对角点: 找到 9 个              // 在 B 点处单击一点
选择对象:                          // 按 Enter 键结束
```

结果如图 1-16 右图所示。

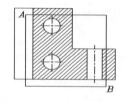

图 1-16 用矩形窗口选择对象

要点提示

只有当 HIGHLIGHT 系统变量处于打开状态（等于 1）时，AutoCAD 才以高亮形式显示被选择的对象。

❷ 用交叉窗口选择对象

当 AutoCAD 提示"选择对象"时，在要编辑的图形元素的右上角或右下角单击一点，然后向左移动鼠标光标，此时出现一个虚线矩形框，使该矩形框包含被编辑对象的一部分，而让其余部分与矩形框边相交，再单击一点，则框内的对象及与框边相交的对象全部被选中。

下面用 ERASE 命令演示这种选择方法。

【练习1-4】用交叉窗口选择对象。

打开资源包文件"dwg\ 第 1 章 \1-4.dwg"，如图 1-17 左图所示。用 ERASE 命令将左图修改为右图。

```
命令:_erase
选择对象:                          // 在 C 点处单击一点，如图 1-17 左图所示
指定对角点: 找到 14 个             // 在 D 点处单击一点
选择对象:                          // 按 Enter 键结束
```

结果如图 1-17 右图所示。

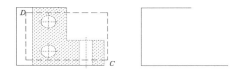

图 1-17　用交叉窗口选择对象

❸ 给选择集添加或去除对象

编辑过程中，用户构造选择集常常不能一次完成，需向选择集中加入或删除对象。在添加对象时，可直接选取或利用矩形窗口、交叉窗口选择要加入的图形元素。若要删除对象，可先按住 Shift 键，再从选择集中选择要清除的图形元素。

下面通过 ERASE 命令演示修改选择集的方法。

【练习 1-5】修改选择集。

打开资源包文件"dwg\ 第 1 章 \1-5.dwg"，如图 1-18 左图所示。用 ERASE 命令将左图修改为右图。

```
命令：_erase
选择对象：                        // 在 C 点处单击一点，如图 1-18 左图所示
指定对角点：找到 8 个            // 在 D 点处单击一点
选择对象：找到 1 个，删除 1 个，总计 7 个   // 按住 Shift 键，选取矩形 A，该矩形从选择集中去除
选择对象：找到 1 个，总计 8 个   // 选择圆 B
选择对象：                        // 按 Enter 键结束
```

结果如图 1-18 右图所示。

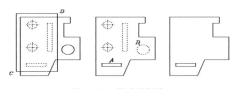

图 1-18　修改选择集

1.3.6　删除对象

ERASE 命令用来删除图形对象，该命令没有任何选项。要删除一个对象，用户可以用鼠标光标先选择该对象，然后单击【修改】面板上的◢按钮，或键入命令 ERASE（命令简写 E），也可先发出删除命令，再选择要删除的对象。

此外，选择对象，单击 Delete 键也可以删除对象，或是利用右键快捷菜单上的【删除】命令。

1.3.7　撤销和重复命令

发出某个命令后，可随时按 Esc 键终止该命令。此时，AutoCAD 又返回到命令行。

有时在图形区域内偶然选择了图形对象，该对象上出现了一些高亮的小框，这些小框被称为关键点，可用于编辑对象（在后面的章节中将详细介绍），要取消这些关键点，按 Esc 键即可。

绘图过程中，经常重复使用某个命令，重复刚使用过的命令的方法是直接按 Enter 键或空格键。

1.3.8 取消已执行的操作

在使用 AutoCAD 绘图的过程中，难免会出现错误，要修正这些错误，可使用 UNDO 命令或单击快速访问工具栏上的▣按钮。如果想要取消前面执行的多个操作，可反复使用 UNDO 命令或反复单击▣按钮。此外，也可单击▣按钮右边的▣按钮，然后选择要放弃哪几个操作。

当取消一个或多个操作后，若又想恢复原来的效果，可使用 REDO 命令或单击快速访问工具栏上的▣按钮。此外，也可单击▣按钮右边的▣按钮，然后选择要恢复哪几个操作。

1.3.9 快速缩放及移动图形

AutoCAD 的图形缩放及移动功能是很完备的，使用起来也很方便。绘图时，经常通过导航栏上的▣、▣按钮来完成这两项功能。此外，不论 AutoCAD 命令是否运行，单击鼠标右键，弹出快捷菜单，该菜单上的【缩放】及【平移】命令也能实现同样的功能。

【练习 1-6】观察图形的方法。

(STEP01) 打开资源包文件"dwg\ 第 1 章 \1-6.dwg"，如图 1-19 所示。

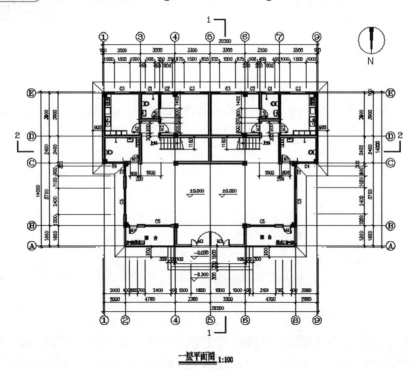

一层平面图 1:100

图 1-19 观察图形

(STEP02) 将鼠标光标移动到要缩放的区域，向前转动滚轮放大图形，向后转动滚轮缩小图形。

(STEP03) 按住滚轮，鼠标光标变成手的形状，拖动鼠标光标，则平移图形。

(STEP04) 双击鼠标滚轮，全部缩放图形。

(STEP05) 单击导航栏按钮上的 ▭ 按钮，选择【窗口缩放】命令，在主视图左上角的空白处单击一点，向右下角移动鼠标光标，出现矩形框，再单击一点，AutoCAD 把矩形内的图形放大以充满整个绘图窗口。

(STEP06) 单击导航栏上的▣按钮，AutoCAD 进入实时平移状态，鼠标光标变成手的形状，此时，按住鼠标左键并拖动鼠标光标，就可以平移视图。单击鼠标右键，弹出快捷菜单，然后选择【退出】命令。

STEP07 单击鼠标右键，选择【缩放】命令，进入实时缩放状态，鼠标光标变成放大镜形状，此时，按住鼠标左键并向上拖动鼠标光标，放大零件图；向下拖动鼠标光标，缩小零件图。单击鼠标右键，然后选择【退出】命令。

STEP08 单击鼠标右键，选择【平移】命令，切换到实时平移状态平移图形，按 Esc 键或 Enter 键退出。

STEP09 单击导航栏 按钮上的 —— 按钮，选择【缩放上一个】命令，返回上一次的显示。

STEP10 不要关闭文件，下一节将继续练习。

1.3.10 窗口放大图形及返回上一次的显示

在绘图过程中，用户经常要将图形的局部区域放大，以方便绘图。绘制完成后，又要返回上一次的显示，以观察绘图效果。利用右键快捷菜单的【缩放】命令或是导航栏中的、按钮可实现这两项功能。

继续前面的练习。

STEP01 单击鼠标右键，选择【缩放】命令。再次单击鼠标右键，选择【窗口缩放】命令，在要放大的区域拖出一个矩形窗口，则该矩形内的图形被放大至充满整个绘图窗口。

STEP02 按住滚轮，拖动鼠标光标，平移图形。单击鼠标右键，选择【缩放为原窗口】命令，返回前一步的视图。

STEP03 单击导航栏上的【窗口缩放】选项，指定矩形窗口的第一个角点，再指定另一角点，系统将尽可能地把矩形内的图形放大以充满整个绘图窗口。

STEP04 单击导航栏上的【缩放上一个】选项，返回上一次的显示。

STEP05 单击鼠标右键，弹出快捷菜单，选择【缩放】命令。再次单击鼠标右键，选择【范围缩放】命令，全部图形充满整个绘图窗口显示出来（双击鼠标滚轮也可实现这一目标）。

1.3.11 将图形全部显示在窗口中

将图形全部显示在窗口中的方法有如下 3 种。

（1）双击鼠标中键，将所有图形对象充满绘图窗口显示出来。

（2）单击导航栏 按钮上的 —— 按钮，选择【范围缩放】命令，则全部图形以充满整个绘图窗口的状态显示出来。

（3）单击鼠标右键，选择【缩放】命令，调整视图后，再次单击鼠标右键，选择【范围缩放】命令，则全部图形充满整个绘图窗口显示出来。

1.3.12 设定绘图区域的大小

AutoCAD 的绘图空间是无限大的，但用户可以设定绘图窗口中显示出的绘图区域的大小。绘图时，事先对绘图区大小进行设定，将有助于用户了解图形分布的范围。当然，用户也可在绘图过程中随时缩放（转动滚轮等方法）图形以控制其在屏幕上的显示范围。

设定绘图区域大小有以下两种方法。

（1）将一个圆（或竖直线段）充满整个绘图窗口，用户依据圆的尺寸就能轻易地估计出当前绘图区的大小了。

【练习 1-7】设定绘图区域大小。

STEP01 单击【绘图】面板上的 按钮，AutoCAD 提示如下。

设定绘图区域大小（1）

命令：_circle 指定圆的圆心或 [三点 (3P)/ 两点 (2P)/ 切点、切点、半径 (T)]:

// 在屏幕的适当位置单击一点

指定圆半的径或 [直径 (D)]: 50　　　　　　// 输入圆半径

STEP02 双击鼠标中键，直径为 100 的圆充满整个绘图窗口显示出来，如图 1-20 所示。

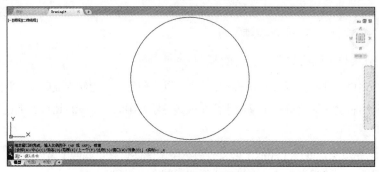

图 1-20　设定绘图区域大小

（2）用 LIMITS 命令设定绘图区域大小。该命令可以改变栅格的长宽尺寸及位置。所谓栅格是点在矩形区域中按行、列形式分布形成的图案，如图 1-21 所示。当栅格在绘图窗口中显示出来后，用户就可根据栅格分布的范围估算出当前绘图区的大小了。

【练习 1-8】用 LIMITS 命令设定绘图区大小。

STEP01 选择菜单命令【格式】/【图形界限】，AutoCAD 提示如下。

命令：'_limits

指定左下角点或 [开 (ON)/ 关 (OFF)] <0.0000,0.0000>:100,80

设定绘图区域大小（2）

// 输入 A 点的 x、y 坐标值，或任意单击一点，如图 1-21 所示

指定右上角点 <420.0000,297.0000>: @30000,20000

// 输入 B 点相对于 A 点的坐标，按 Enter 键

STEP02 将鼠标光标移动到状态栏中的 ▨ 按钮上，单击鼠标右键，选择【网格设置】命令，打开【草图设置】对话框，取消对【显示超出界线的栅格】复选项的选择。

STEP03 关闭【草图设置】对话框，单击 ▨ 按钮，打开栅格显示，再双击鼠标滚轮，使矩形栅格充满整个绘图窗口。

STEP04 单击右键，选择【缩放】选项，按住鼠标左键并向下拖动鼠标光标，使矩形栅格缩小，如图 1-21 所示。该栅格的长宽尺寸是"30000×20000"，且左下角点的 x、y 坐标为（100,80）。

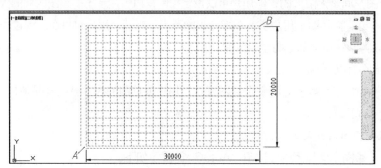

图 1-21　设定绘图区域大小

1.3.13　设置单位显示格式

默认情况下，AutoCAD 图形单位为十进制单位，可以根据工作需要设置其他单位类型及显示精度。

选择菜单命令【格式】/【单位】，打开【图形单位】对话框，如图 1-22 所示。利用此对话框可以设定长度及角度的单位显示格式及精度。长度类型包括【分数】、【工程】、【建筑】、【分数】及【科学】；角度类型包括【十进制度数】、【弧度】及【度/分/秒】等。

图 1-22　【图形单位】对话框

1.3.14　预览打开的文件及在文件间切换

AutoCAD 是一个多文档环境，用户可同时打开多个图形文件。要预览打开的文件及在文件间切换，可采用以下方法。

将光标悬停在绘图窗口上部某一文件选项卡上，显示出该文件预览图片，如图 1-23 所示，单击其中之一，就切换到该图形。

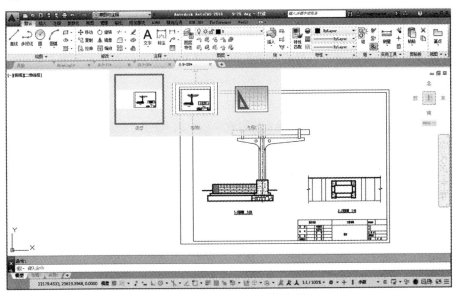

图 1-23　预览文件及在文件间切换

切换到【开始】选项卡，该选项卡【最近使用的文档】区域中显示了已打开文件的缩略图。

打开多个图形文件后，可利用【视图】选项卡【界面】面板上的相关按钮控制多个文件的显示方式。例如，可将它们以层叠、水平或竖直排列等形式布置在主窗口中。

多文档设计环境具有 Windows 窗口的剪切、复制和粘贴等功能，因而可以快捷地在各个图形文件间复制、移动对象。如果考虑到复制的对象需要在其他的图形中准确定位，那么还可在复制对象的同时指定基准点，这样在执行粘贴操作时就可根据基准点将图元复制到指定的位置。

1.3.15 阶段练习——布置用户界面及设定绘图区域大小

【练习 1-9】布置用户界面，练习 AutoCAD 基本操作。

STEP01 启动 AutoCAD 2016，创建新图形，显示主菜单，打开【绘图】及【修改】工具栏并调整工具栏的位置，如图 1-24 所示。

STEP02 在功能区的选项卡上单击鼠标右键，选择【浮动】命令，调整功能区的位置，如图 1-24 所示。

图 1-24 布置用户界面

STEP03 切换到【三维基础】工作空间，再切换到【草图与注释】工作空间。

STEP04 右键单击文件选项卡，利用快捷菜单上的【新建】选项创建新文件，采用的样板文件为"acadiso.dwt"。

STEP05 设定绘图区域的大小为 1500×1200，并显示出该区域范围内的栅格。单击鼠标右键，选择【缩放】命令调整视图。再次单击鼠标右键，选择【范围缩放】命令，使栅格充满整个绘图窗口。

STEP06 单击【绘图】面板上的⊙按钮，AutoCAD 提示如下。

命令：_circle 指定圆的圆心或 [三点 (3P)/ 两点 (2P)/ 切点、切点、半径 (T)]:

// 在屏幕空白处单击一点

指定圆的半径或 [直径 (D)] <30.0000>: 1 // 输入圆半径

命令： // 按 Enter 键重复上一个命令

CIRCLE 指定圆的圆心或 [三点 (3P)/ 两点 (2P)/ 切点、切点、半径 (T)]:

// 在屏幕上单击一点

指定圆的半径或 [直径 (D)] <1.0000>: 5 // 输入圆半径

命令： // 按 Enter 键重复上一个命令

CIRCLE 指定圆的圆心或 [三点 (3P)/ 两点 (2P)/ 切点、切点、半径 (T)]: * 取消 *

// 按 Esc 键取消命令

STEP07 单击导航栏上的 ▧ 按钮，或者双击鼠标滚轮，使圆充满整个绘图窗口。

STEP08 单击鼠标右键，选择【选项】命令，打开【选项】对话框，在【显示】选项卡的【圆弧和圆的平滑度】文本框中输入 10000。

STEP09 利用导航栏上的 ▧、▧ 按钮移动和缩放图形。

STEP10 单击右键，利用快捷菜单上的相关选项平移、缩放图形，并使图形充满绘图窗口。

STEP11 以文件名"User.dwg"保存图形。

1.4 模型空间及图纸空间

AutoCAD 提供了两种绘图环境：模型空间和图纸空间。

❶ 模型空间

默认情况下，AutoCAD 的绘图环境是模型空间。新建或打开图形文件后，绘图窗口中仅显示模型空间中的图形。此时，可以在屏幕的左下角看到世界坐标系的图标，图标只是显示了 x、y 轴。实际上，模型空间是一个三维空间，可以设置不同的观察方向，因而可获得不同方向的视图。默认情况下，绘图窗口左上角视图控件的选项为【俯视】，表明当前绘图窗口是 xy 平面，因而坐标系图标只有 x、y 轴。若将视图控件的选项设定为【西南轴测图】，绘图窗口中就显示出 3 个坐标轴。

在模型空间作图时，一般按 1∶1 的比例绘制图形，当绘制完成后，再把图样以放大或缩小的比例打印出来。

❷ 图纸空间

图纸空间是二维绘图空间。通过单击绘图窗口下边的 模型 或 布局1 按钮可在图纸与模型空间之间切换。

如果处于图纸空间，屏幕左下角的图标将变为 ▧，如图 1-25 所示。图纸空间可以认为是一张"虚拟的图纸"，当在模型空间按 1∶1 的比例绘制图形后，就可切换到图纸空间，把模型空间的图样按所需的比例布置在"虚拟图纸"上，最后从图纸空间以 1∶1 的出图比例将"图纸"打印出来。

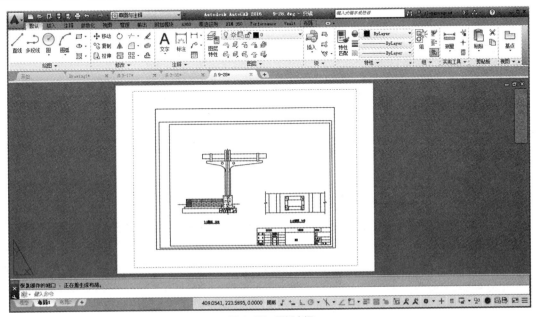

图 1-25　图纸空间

1.5　图形文件管理

图形文件管理一般包括创建新文件，打开已有的图形文件，保存文件及浏览、搜索图形文件，输入及输出其他格式文件等，下面分别进行介绍。

1.5.1　新建、打开及保存图形文件

❶ 建立新图形文件

建立新图形文件的方法有以下几种。

◎　**菜单命令**：【文件】/【新建】。

◎　**工具栏**：快速访问工具栏上的▢按钮。

◎　▣：【新建】/【图形】。

◎　**命令**：NEW。

启动新建图形命令后，AutoCAD 打开【选择样板】对话框，如图 1-26 所示。在该对话框中，用户可选择样板文件或基于公制、英制测量系统创建新图形。

图 1-26　【选择样板】对话框

　　AutoCAD 中有许多标准的样板文件，它们都保存在 AutoCAD 安装目录的 Template 文件夹中，扩展名为".dwt"，用户也可根据需要建立自己的标准样板。

　　样板文件包含了许多标准设置，如单位、精度、图形界限（绘图区域大小）、尺寸样式及文字样式等，以样板文件为原型新建图样后，该图样就具有与样板图相同的作图设置。

　　常用的样板文件有：acadiso.dwt、acad.dwt，前者是公制样板，图形界限 420×300，后者是英制样板，图形界限 12×9。

　　在【选择样板】对话框的 打开① 按钮旁边有一个带箭头的▣按钮，单击此按钮，弹出下拉列表，该列表部分选项如下。

◎　**【无样板打开 - 英制】**：基于英制测量系统创建新图形，AutoCAD 使用内部默认值控制文字、标注、默认线型和填充图案文件等。

◎　**【无样板打开 - 公制】**：基于公制测量系统创建新图形，AutoCAD 使用内部默认值控制文字、标注、默认线型和填充图案文件等。

❷ 打开图形文件

打开图形文件的方法有以下几种。

◎ **菜单命令**:【文件】/【打开】。

◎ **工具栏**: 快速访问工具栏上的 按钮。

◎ ■:【打开】/【图形】。

◎ **命令**: OPEN。

启动打开图形命令后，AutoCAD 打开【选择文件】对话框，如图 1-27 所示。该对话框与微软公司 Office 软件中相应对话框的样式及操作方式类似，用户可直接在对话框中选择要打开的文件，或在【文件名】栏中输入要打开文件的名称（可以包含路径）。此外，还可在文件列表框中通过双击文件名打开文件。该对话框顶部有【查找范围】下拉列表，左边有文件位置列表，用户可利用它们确定要打开文件的位置并打开它。

图 1-27 【选择文件】对话框

❸ **保存图形文件**

将图形文件存入磁盘时，一般采取两种方式：一种是以当前文件名快速保存图形，另一种是指定新文件名换名存储图形。

（1）快速保存方式。

◎ **菜单命令**:【文件】/【保存】。

◎ **工具栏**: 快速访问工具栏上的 按钮。

◎ ■:【保存】。

◎ **命令**: QSAVE。

发出快速保存命令后，系统将当前图形文件以原文件名直接存入磁盘，而不会给用户任何提示。若当前图形文件名是默认名且是第一次存储文件，则 AutoCAD 弹出【图形另存为】对话框，如图 1-28 所示，在该对话框中用户可指定文件的存储位置、文件类型及输入新文件名。

（2）换名存盘方式。

◎ **菜单命令**:【文件】/【另存为】。

◎ **工具栏**: 快速访问工具栏上的 按钮。

◎ ■:【另存为】。

◎ **命令**: SAVEAS。

启动换名保存命令后，AutoCAD 打开【图形另存为】对话框，如图 1-28 所示。用户在该对话框的【文件名】栏中输入新文件名，并可在【保存于】及【文件类型】下拉列表中分别设定文件的存储目录和类型。

图 1-28 【图形另存为】对话框

1.5.2 输入及输出其他格式文件

AutoCAD 2016 提供了图形输入与输出接口，这不仅可以将其他应用程序中处理好的数据传送给 AutoCAD，以显示图形，还可以把它们的信息传送给其他应用程序。

① 输入不同格式文件

输入文件的方法有如下几种。

◎ **菜单命令**：【文件】/【输入】。

◎ **面板**：【插入】选项卡中【输入】面板上的 按钮。

◎ **命令**：IMPORT。

启动输入命令后，AutoCAD 打开【输入文件】对话框，如图 1-29 所示。在其中的【文件类型】下拉列表框中可以看到，系统允许输入图元文件、ACIS 及 3D Studio 等格式的文件。

图 1-29 【输入文件】对话框

② 输出不同格式文件

输出文件的方法有如下几种。

◎ **菜单命令**：【文件】/【输出】。

◎ **命令**：EXPORT。

启动输出命令后，AutoCAD 打开【输出数据】对话框，如图 1-30 所示。用户可以在【保存于】下拉列表中设置文件输出的路径，在【文件名】栏中输入文件名称，在【文件类型】下拉列表中选择文件的输出类型，如图元文件、ACIS、平板印刷、封装 PS、DXX 提取、位图及块等。

图 1-30 【输出数据】对话框

1.6 习题

1. 以下练习内容包括重新布置用户界面、恢复用户界面及切换工作空间等。

（1）移动功能区并改变功能区的形状，如图 1-31 所示。

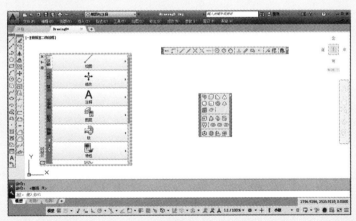

图 1-31 重新布置用户界面

（2）打开【绘图】、【修改】、【对象捕捉】及【建模】工具栏，移动所有工具栏的位置，并调整【建模】工具栏的形状，如图 1-31 所示。

（3）切换到【三维基础】工作空间，再切换到【草图与注释】工作空间。

2. 以下的练习内容包括创建及存储图形文件、熟悉 AutoCAD 命令执行过程及快速查看图形等。

（1）利用 AutoCAD 提供的样板文件"acadiso.dwt"创建新文件。

（2）用 LIMITS 命令设定绘图区域的大小为 1000×1000。

（3）仅显示出绘图区域范围内的栅格，并使栅格充满整个绘图窗口。

（4）单击【绘图】面板上的◎按钮，AutoCAD 提示如下。

命令：_circle 指定圆的圆心或 [三点 (3P)/ 两点 (2P)/ 切点、切点、半径 (T)]:

// 在绘图区中单击一点

指定圆的半径或 [直径 (D)] <30.0000>: 50　　　　// 输入圆半径

命令：　　　　　　　　　　　　　　　　　　　　// 按 Enter 键重复上一个命令

CIRCLE 指定圆的圆心或 [三点 (3P)/ 两点 (2P)/ 切点、切点、半径 (T)]:

// 在屏幕上单击一点

指定圆的半径或 [直径 (D)] <50.0000>: 100　　　 // 输入圆半径

命令：　　　　　　　　　　　　　　　　　　　　// 按 Enter 键重复上一个命令

CIRCLE 指定圆的圆心或 [三点 (3P)/ 两点 (2P)/ 切点、切点、半径 (T)]: * 取消 *

// 按 Esc 键取消命令

（5）单击导航栏上的 按钮使图形充满整个绘图窗口。

（6）利用导航栏上的 、 按钮移动和缩放图形。

（7）单击右键，利用快捷菜单上的相关选项平移、缩放图形，并使图形充满绘图窗口显示。

（8）以文件名"User.dwg"保存图形。

第2章
设置图层、线型、线宽及颜色

主要内容

- 创建及设置图层。
- 控制及修改图层状态。
- 切换当前图层、使某一个图形对象所在图层成为当前图层。
- 修改已有对象的图层、颜色、线型或线宽。
- 排序图层、删除图层及重新命名图层。
- 修改非连续线型的外观。

2.1 创建及设置图层

可以将 AutoCAD 图层想象成透明胶片，用户把各种类型的图形元素画在上面，AutoCAD 再将它们叠加在一起显示出来。图 2-1 所示，在图层 A 上绘有挡板，图层 B 上绘有支架，图层 C 上绘有螺钉，最终的显示结果是各层内容叠加后的效果。

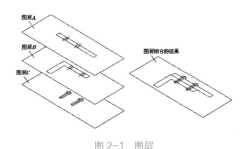

图 2-1　图层

用 AutoCAD 绘图时，图形元素处于某个图层上。默认情况下，当前层是 0 层，若没有切换至其他图层，则所画图形在 0 层上。每个图层都有与其相关联的颜色、线型和线宽等属性信息，用户可以对这些信息进行设定或修改。当在某一图层上作图时，生成图形元素的颜色、线型和线宽就与当前层的设置完全相同（默认情况下）。对象的颜色有助于辨别图样中的相似实体，而线型、线宽等特性可轻易地表示出不同类型的图形元素。

【练习 2-1】创建及设置图层。

名称	颜色	线型	线宽
建筑 – 轴线	蓝色	Center	默认

建筑 – 柱网	白色	Continuous	默认
建筑 – 墙线	白色	Continuous	0.7
建筑 – 门窗	红色	Continuous	默认
建筑 – 楼梯	红色	Continuous	默认
建筑 – 阳台	红色	Continuous	默认
建筑 – 文字	白色	Continuous	默认
建筑 – 标注	白色	Continuous	默认

① 创建图层

(STEP01) 单击【默认】选项卡【图层】面板上的█按钮，打开【图层特性管理器】对话框，再单击█按钮，在列表框中显示默认名为"图层 1"的图层。

(STEP02) 为便于区分不同图层，用户应取一个能表征图层上图元特性的新名字来取代默认名。直接输入"建筑 – 轴线"，列表框中的"图层 1"就被"建筑 – 轴线"代替，继续创建其他的图层，结果如图 2-2 所示。

请读者注意，图层"0"前有绿色标记"√"，表示该图层是当前层。

若在【图层特性管理器】对话框的列表框中事先选中一个图层，然后单击█按钮或按 Enter 键，则新图层与被选择的图层具有相同的颜色、线型和线宽等设置。

② 指定图层颜色

(STEP01) 在【图层特性管理器】对话框中选中图层。

(STEP02) 单击图层列表中与所选图层关联的图标█白时，打开【选择颜色】对话框，如图 2-3 所示。通过该对话框，用户可设置图层颜色。

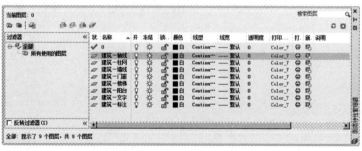

图 2-2 创建图层

图 2-3 【选择颜色】对话框

③ 给图层分配线型

(STEP01) 在【图层特性管理器】对话框中选中图层。

(STEP02) 该对话框图层列表的【线型】列中显示了与图层相关联的线型。默认情况下，图层线型是 Continuous。单击 Continuous，打开【选择线型】对话框，如图 2-4 所示，通过该对话框用户可以选择一种线型或从线型库文件中加载更多线型。

(STEP03) 单击 加载(L)... 按钮，打开【加载或重载线型】对话框，如图 2-5 所示。该对话框列出了线型文件中包含的所有线型，用户可在列表框中选择一种或几种所需的线型，再单击 确定 按钮，这些线型就被加载到当前文件中。当前线型文件是"acadiso.lin"，单击 文件(F)... 按钮，可选择其他的线型库文件。

图2-4 【选择线型】对话框

图2-5 【加载或重载线型】对话框

④ 设定线宽

(STEP01) 在【图层特性管理器】对话框中选中图层。

(STEP02) 单击图层列表【线宽】列中的—— 默认，打开【线宽】对话框，如图2-6所示，通过该对话框用户可设置线宽。

如果要使图形对象的线宽在模型空间中显示得更宽或更窄一些，可以调整线宽比例。在状态栏的 按钮上单击鼠标右键，弹出快捷菜单，选取【线宽设置】命令，打开【线宽设置】对话框，如图2-7所示，在该对话框的【调整显示比例】分组框中移动滑块就可改变显示比例值。

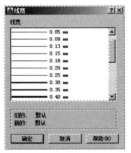

图2-6 【线宽】对话框

图2-7 【线宽设置】对话框

⑤ 在不同的图层上绘图

(STEP01) 在【图层特性管理器】对话框中选中"建筑－墙线"，单击 按钮，图层前出现绿色标记"√"，说明"建筑－墙线"变为当前层。

(STEP02) 关闭【图层特性管理器】对话框，单击【绘图】面板上的 按钮，绘制任意几条线段，这些线条的颜色为"白色"，线宽为"0.7mm"。单击状态栏上的 按钮，使这些线条显示出线宽。

(STEP03) 设定"建筑－轴线"为当前层，绘制线段，观察效果。

要点提示 | 中心线中的短画线及空格大小可通过线型全局比例因子（LTSCALE）调整，详见2.6节。

2.2 控制图层状态

图层状态主要包括打开与关闭、冻结与解冻、锁定与解锁、打印与不打印等，AutoCAD用不同形式的图标表示这些状态。用户可通过【图层特性管理器】对话框或【图层】面板上的【图层控制】下拉列表对图层状态进行控制，如图2-8所示。

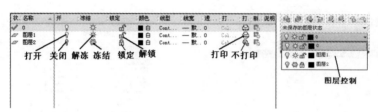

图 2-8 控制图层状态

下面，对图层状态进行详细说明。

◎ **打开／关闭**：单击图标 💡，将关闭或打开某一图层。打开的图层是可见的，而关闭的图层不可见，也不能被打印。当重新生成图形时，被关闭的图层将一起生成。

◎ **解冻／冻结**：单击图标 ☼，将冻结或解冻某一图层。解冻的图层是可见的，若冻结某个图层，则该层变为不可见，也不能被打印。当重新生成图形时，系统不再重新生成该图层上的对象，因而冻结一些图层后，可以加快 ZOOM、PAN 等命令和许多其他操作的运行速度。

要点提示

解冻一个图层将引起整个图形重新生成，而打开一个图层则不会导致这种现象发生（只是重画这个图层上的对象），因此，如果需要频繁地改变图层的可见性，应关闭该图层而不应冻结。

◎ **解锁／锁定**：单击图标 🔓，将锁定或解锁某一图层。被锁定的图层是可见的，但图层上的对象不能被编辑。用户可以将锁定的图层设置为当前层，并能向它添加图形对象。

◎ **打印／不打印**：单击图标 🖶，就可设定某一图层是否打印。指定某层不打印后，该图层上的对象仍会显示出来。图层的不打印设置只对图样中的可见图层（图层是打开的并且是解冻的）有效。若图层设为可打印，但该层是冻结的或关闭的，则该层不会打印输出。

2.3　有效地使用图层

控制图层的一种方法是单击【图层】面板上的 🖿 按钮，打开【图层特性管理器】对话框，通过该对话框完成上述任务。此外，还有另一种更简捷的方法——使用【图层】面板上的【图层控制】下拉列表，如图 2-9 所示。该下拉列表中包含了当前图形中的所有图层，并显示各层的状态图标。该列表主要包含以下 3 项功能。

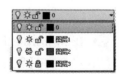

图 2-9　【图层控制】下拉列表

◎ 切换当前图层。

◎ 设置图层状态。

◎ 修改已有对象所在的图层。

【图层控制】下拉列表有 3 种显示模式。

◎ 若用户没有选择任何图形对象，则该下拉列表显示当前图层。

◎ 若用户选择了一个或多个对象，且这些对象又同属一个图层，则该下拉列表显示该层。

◎ 若用户选择了多个对象，而这些对象又不属于同一层，则该下拉列表是空白的。

2.3.1　切换当前图层

要在某个图层上绘图，必须先使该层成为当前层。通过【图层控制】下拉列表，用户可以快速地切换当前层，具体操作步骤如下。

STEP01 单击【图层控制】下拉列表右边的箭头，打开列表。

STEP02 选择欲设置成当前层的图层名称，操作完成后，该下拉列表自动关闭。

要点提示 此种方法只能在当前没有对象被选择的情况下使用。

切换当前图层也可在【图层特性管理器】对话框中完成。在该对话框中选择某一图层，然后单击对话框左上角的 ✍ 按钮，则被选择的图层变为当前层。显然，此方法比前一种要烦琐一些。

要点提示 在【图层特性管理器】对话框中选择某一图层，然后单击鼠标右键，弹出快捷菜单，如图2-10所示。利用此菜单，用户可以设置当前层、新建图层或选择某些图层。

2.3.2 使某一个图形对象所在的图层成为当前层

有两种方法可以将某个图形对象所在的图层修改为当前层。

（1）先选择图形对象，在【图层控制】下拉列表中将显示该对象所在的层，再按 Esc 键取消选择，然后通过【图层控制】下拉列表切换当前层。

（2）选择图形对象，单击【图层】面板上的 置为当前 按钮，则此对象所在的图层就成为当前层。显然，此方法更简捷一些。

2.3.3 修改图层状态

【图层控制】下拉列表中也显示了图层状态图标，单击图标就可以切换图层状态。在修改图层状态时，该下拉列表将保持打开状态，用户能一次在列表中修改多个图层的状态。修改完成后，单击列表框顶部将列表关闭。

修改对象所在图层的状态也可通过【图层】面板中的命令按钮完成，如表2-1所示。

图2-10 图层管理快捷菜单

表2-1 控制图层状态的命令按钮

按钮	功能	按钮	功能
![]	单击按钮，选择对象，则对象所在的图层被关闭	![]	解冻所有图层
![]	打开所有图层	![]	单击按钮，选择对象，则对象所在的图层被锁定
![]	单击按钮，选择对象，则对象所在的图层被冻结	![]	解锁所有图层

2.3.4 修改已有对象的图层

如果用户想把某个图层上的对象修改到其他图层上，可先选择该对象，然后在【图层控制】下拉列表中选取要放置的图层名称。操作结束后，列表框自动关闭，被选择的图形对象转移到新的图层上。

单击【图层】面板中的 ✍ 按钮，选择图形对象，然后通过选择对象或是图层名指定目标图层，则所选对象转移到目标层上。

选择图形对象，单击【图层】面板中的 ✍ 按钮，则所选对象转移到当前层上。

选择图形对象，单击【图层】面板中的 ✍ 按钮，再指定目标对象，则所选对象复制到目标图层上，且可指定复制的距离及方向。

2.3.5　动态查看图层上的对象

单击【图层】面板中的 按钮，打开【图层漫游】对话框，如图 2-11 所示，该对话框列出了图形中的所有图层，选择其中之一，则绘图窗口中仅显示被选层上的对象。

2.3.6　隔离图层

图层被隔离后，只有被隔离的图层可见，其他图层被关闭。选择对象，单击【图层】面板中的 按钮隔离图层，再单击 按钮解除隔离。

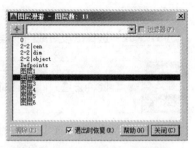

图 2-11　【图层漫游】对话框

2.4　改变对象颜色、线型及线宽

用户通过【特性】面板可以方便地设置对象的颜色、线型及线宽等。默认情况下，该面板上的【颜色控制】、【线型控制】和【线宽控制】3 个下拉列表中显示 ByLayer，如图 2-12 所示。ByLayer 的意思是所绘对象的颜色、线型和线宽等属性与当前层所设定的完全相同。本节将介绍怎样临时设置即将创建图形对象的这些特性，以及如何修改已有对象的这些特性。

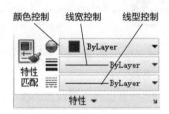

图 2-12　【特性】面板

2.4.1　修改对象颜色

要改变已有对象的颜色，可通过【特性】面板上的【颜色控制】下拉列表，具体操作步骤如下。

STEP01　选择要改变颜色的图形对象。

STEP02　在【特性】面板上打开【颜色控制】下拉列表，然后从列表中选择所需颜色。

STEP03　如果选取【更多颜色】选项，则打开【选择颜色】对话框，如图 2-13 所示。通过该对话框，用户可以选择更多种类的颜色。

2.4.2　设置当前颜色

默认情况下，用户在某一图层上创建的图形对象都将使用图层所设置的颜色。若想改变当前的颜色设置，可通过【特性】面板上的【颜色控制】下拉列表，具体步骤如下。

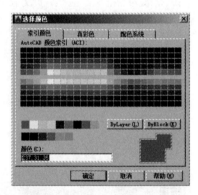

图 2-13　【选择颜色】对话框

STEP01　打开【特性】面板上的【颜色控制】下拉列表，从列表中选择一种颜色。

STEP02　当选取【更多颜色】选项时，AutoCAD 打开【选择颜色】对话框，如图 2-13 所示。在该对话框中用户可做更多选择。

2.4.3　修改对象的线型或线宽

修改已有对象线型、线宽的方法与改变对象颜色类似，具体步骤如下。

STEP01　选择要改变线型的图形对象。

STEP02　在【特性】面板上打开【线型控制】下拉列表，从列表中选择所需的线型。

STEP03　选取该列表的【其他】选项，则打开【线型管理器】对话框，如图 2-14 所示。在该对话框中，用户可选择一种或加载更多种线型。

图 2-14　【线型管理器】对话框

STEP04 单击【线型管理器】对话框右上角的 [加载(L)...] 按钮，打开【加载或重载线型】对话框，该对话框列出了当前线型库文件中的所有线型，用户可在列表框中选择一种或几种所需的线型，再单击 [确定] 按钮，加载这些线型。

STEP05 修改线宽也是利用【线宽控制】下拉列表，步骤与上述类似，这里不再重复。

2.4.4　设置当前线型或线宽

默认情况下，绘制的对象采用当前图层所设置的线型、线宽。若要使用其他种类的线型、线宽，则必须改变当前线型、线宽的设置，具体步骤如下。

STEP01 打开【特性】面板上的【线型控制】下拉列表，从列表中选择一种线型。

STEP02 若选取【其他】选项，则弹出【线型管理器】对话框。用户可在该对话框中选择所需线型或加载更多种类的线型。

STEP03 单击【线型管理器】对话框右上角的 [加载(L)...] 按钮，打开【加载或重载线型】对话框，该对话框列出了当前线型库文件中的所有线型，用户可在列表框中选择一种或几种所需的线型，再单击 [确定] 按钮，加载这些线型。

STEP04 在【线宽控制】下拉列表中可以方便地改变当前线宽的设置，步骤与上述类似，这里不再重复。

2.5　管理图层

管理图层主要包括排序图层、显示所需的一组图层、删除不再使用的图层和重新命名图层等，下面分别进行介绍。

2.5.1　排序图层及按名称搜索图层

在【图层特性管理器】对话框的列表框中可以很方便地对图层进行排序，单击列表框顶部的【名称】标题，AutoCAD 会将所有图层以字母顺序排列出来，再次单击此标题，排列顺序就会颠倒过来。单击列表框顶部的其他标题，也有类似的作用。

假设有几个图层名称均以某一字母开头，如"D-wall""D-door""D-window"等，若想从【图层特性管理器】对话框的列表中快速找出它们，可在【搜索图层】文本框中输入要寻找的图层名称，名称中可包含通配符"*"和"?"，其中"*"可用来代替任意数目的字符，"?"用来代替任意一个字符。例如，输入"D*"，则列表框中立刻显示所有以字母"D"开头的图层。

2.5.2 使用图层特性过滤器

如果图样中包含的图层较少，那么可以很容易地找到某个图层或具有某种特征的一组图层，但当图层数目达到几十个时，这项工作就变得相当困难了。图层特性过滤器可帮助用户轻松完成这一任务，该过滤器显示在【图层特性管理器】对话框左边的树状图中，如图 2-15 所示。树状图表明了当前图形中所有过滤器的层次结构，用户选中一个过滤器，AutoCAD 就在【图层特性管理器】对话框右边的列表框中列出满足过滤条件的所有图层。默认情况下，系统提供以下 4 个过滤器。

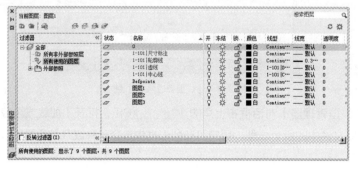

图 2-15 【图层特性管理器】对话框

◎ 【全部】: 显示当前图形中的所有图层。

◎ 【所有非外部参照层】: 不显示外部参照图形的图层。

◎ 【所有使用的图层】: 显示当前图形中所有对象所在的图层。

◎ 【外部参照】: 显示外部参照图形的所有图层。

【练习 2-2】创建及使用图层特性过滤器。

(STEP01) 打开资源包文件"dwg\ 第 2 章 \2-2.dwg"。

(STEP02) 单击【图层】面板上的 按钮，打开【图层特性管理器】对话框，单击该对话框左上角的 按钮，打开【图层过滤器特性】对话框，如图 2-16 所示。

图层特性过滤器

(STEP03) 在【过滤器名称】文本框中输入新过滤器的名称"名称和颜色过滤器"。

(STEP04) 在【过滤器定义】列表框的【名称】列中输入"no*"，在【颜色】列中选择红色，则符合这两个过滤条件的 3 个图层显示在【过滤器预览】列表框中，如图 2-16 所示。

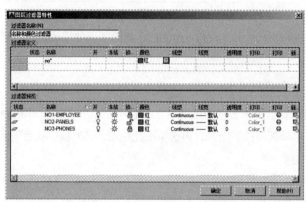

图 2-16 【图层过滤器特性】对话框

STEP05 单击 ▭确定▭ 按钮，返回【图层特性管理器】对话框。在该对话框左边的树状图中选择新建过滤器，此时右边列表框中列出所有满足过滤条件的图层。

2.5.3 使用图层组过滤器

用户可以将经常用到的一个或多个图层定义为图层组过滤器，该过滤器也显示在【图层特性管理器】左边的树状图中，如图 2-17 所示。当选中一个图层组过滤器时，AutoCAD 就在【图层特性管理器】右边的列表框中列出图层组中包含的所有图层。

要定义图层组过滤器中的图层，只需将图层列表中的图层拖入过滤器即可。若要从图层组中删除某个图层，则可先在图层列表框中选中图层，然后单击鼠标右键，选取【从组过滤器中删除】命令。

【练习 2-3】创建及使用图层组过滤器。

STEP01 打开资源包文件"dwg\第 2 章 \2-3.dwg"。

STEP02 单击【图层】面板上的 按钮，打开【图层特性管理器】，单击该管理器左上角的 按钮，则树状图中出现过滤器的名称，输入新名称"图层组 -1"，按Enter键，如图 2-17 所示。

图层组过滤器

STEP03 在树状图中单击节点【全部】，以显示图形中的所有图层。

STEP04 在列表框中按住Ctrl键并选择图层 CHAIRS、CPU 及 NO4-ROOM。

STEP05 把选定的图层拖入过滤器【图层组 -1】中。

STEP06 在树状图中选择【图层组 -1】，此时，图层列表框中列出图层 CHAIRS、CPU 及 NO4-ROOM，如图 2-17 所示。

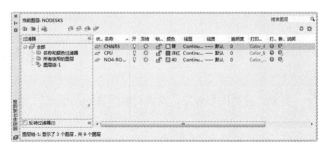

图 2-17 【图层特性管理器】对话框

2.5.4 保存及恢复图层设置

图层设置包括图层特性（如颜色、线型等）和图层状态（如关闭、锁定等），用户可以将当前图层设置命名并保存起来，当以后需要时再根据图层设置的名称恢复以前的设置。

【练习 2-4】保存及恢复图层设置。

STEP01 打开资源包文件"dwg\第 2 章 \2-4.dwg"。

STEP02 单击【图层】面板上的 按钮，打开【图层特性管理器】，在该管理器的树状图中选择过滤器【图层组 -1】，然后单击鼠标右键，选取快捷菜单上的【可见性】/【冻结】命令，则【图层组 -1】中的图层全部被冻结。

保存及恢复图层设置

STEP03 在树状图中选择过滤器【名称和颜色过滤器】，单击鼠标右键，选取快捷菜单上的【可见性】/【关】命令，则【名称和颜色过滤器】中的图层全部被关闭。

(STEP04) 单击【图层特性管理器】左上角的 ▦ 按钮，打开【图层状态管理器】对话框，再单击 新建(N)...
按钮，输入当前图层的设置名称"关闭及冻结图层"，如图 2-18 所示。

(STEP05) 返回【图层特性管理器】，单击树状图中的节点【全部】，以显示所有图层，然后单击鼠标右键，
选取快捷菜单上的【可见性】/【开】命令，打开所有图层。用同样的方法解冻所有图层。

(STEP06) 接下来恢复原来的图层设置。单击 ▦ 按钮，打开【图层状态管理器】对话框，单击对话框右
下角的 ⊙ 按钮，显示更多恢复选项。取消对【开/关】复选项的选取，单击 恢复(R) 按钮，则【图层组-1】
中的图层恢复原先的冻结状态。

(STEP07) 再次打开【图层状态管理器】对话框，选取【开/关】复选项，单击 恢复(R) 按钮，则【名称
和颜色过滤器】中被打开的图层又变为关闭状态。

(STEP08) 利用【图层】面板上的【图层状态】下拉列表，依据名称切换图层设置、新建图层设置及管理
图层设置等，如图 2-19 所示。

图 2-18 【图层状态管理器】对话框

图 2-19 【图层状态】下拉列表

2.5.5 删除图层

单击【图层】面板中的 ▦ 按钮，选择图形对象，则该对象所在的图层及层上所有对象被删除，但对当前
层无效。

删除不用图层的方法是在【图层特性管理器】对话框中选择图层名称，然后单击 ▦ 按钮，但当前层、0层、
定义点层（Defpoints）及包含图形对象的层不能被删除。

2.5.6 合并图层

合并图层的方法有如下两种。

（1）单击【图层】面板中的 ▦ 按钮，选择对象后指定要合并的一个或多个图层，然后选择对象指定目标
图层，则被指定的图层合并为目标图层。

（2）单击【图层】面板中的 ▦ 按钮，调用【命名(N)】选项，选择要合并的图层名称，然后选择目标图
层的名称，则所选图层合并为目标图层。

2.5.7 重新命名图层

良好的图层命名将有助于用户对图样进行管理。要重新命名一个图层，可打开【图层特性管理器】对话
框，先选中要修改的图层名称，该名称周围出现一个矩形框，在矩形框内单击一点，图层名称高亮显示。此时，
用户可输入新的图层名称，输入完成后，按 Enter 键确认。

2.6 修改非连续线型外观

非连续线型是由短横线、空格等构成的重复图案，图案中短线长度、空格大小是由线型比例来控制的。用户绘图时常会遇到以下情况，本来想画虚线或点画线，但最终绘制出的线型看上去却和连续线一样，其原因是线型比例设置得太大或太小。

2.6.1 改变全局线型比例因子以修改线型外观

LTSCALE 用于控制线型的全局比例因子，它将影响图样中所有非连续线型的外观，其值增加时，将使非连续线中的短横线及空格加长；反之，会使它们缩短。当用户修改全局比例因子后，AutoCAD 将重新生成图形，并使所有非连续线型发生变化。图 2-20 显示了使用不同比例因子时非连续线型的外观。

改变全局比例因子的具体步骤如下。

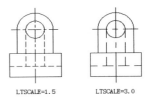

图 2-20　全局线型比例因子对非连续线外观的影响

STEP01 打开【特性】面板上的【线型控制】下拉列表，如图 2-21 所示。

STEP02 在此下拉列表中选取【其他】选项，打开【线型管理器】对话框，单击 显示细节(D) 按钮，该对话框底部出现【详细信息】分组框，如图 2-22 所示。

图 2-21　【线型控制】下拉列表

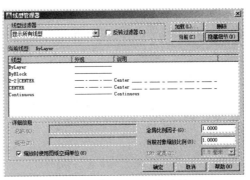

图 2-22　【线型管理器】对话框

STEP03 在【详细信息】分组框的【全局比例因子】文本框中输入新的比例值。

2.6.2 改变当前对象线型比例

有时用户需要为不同对象设置不同的线型比例，为此，就需单独控制对象的比例因子。当前对象线型比例是由系统变量 CELTSCALE 来设定的，调整该值后新绘制的非连续线型均会受到它的影响。

默认情况下 CELTSCALE=1，该因子与 LTSCALE 同时作用在线型对象上。例如，将 CELTSCALE 设置为 4，LTSCALE 设置为 0.5，则 AutoCAD 在最终显示线型时采用的缩放比例将为 2，即最终显示比例 =CELTSCALE×LTSCALE。图 2-23 所示的是 CELTSCALE 分别为 1、2 时虚线及中心线的外观。

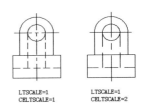

图 2-23　设置当前对象的线型比例因子

设置当前线型比例因子的方法与设置全局比例因子类似，具体步骤请参见上一小节。该比例因子也是在【线型管理器】对话框中设定。用户可在该对话框的【当前对象缩放比例】文本框中输入新比例值。

2.7 习题

1. 下面这个练习的内容包括创建图层、控制图层状态、将图形对象修改到其他图层上及改变对象的颜色及线型等。

（1）打开资源包文件"dwg\ 第 2 章 \2-5.dwg"。

（2）创建以下图层。

名称	颜色	线型	线宽
建筑－轴线	蓝色	Center	默认
建筑－墙线	白色	Continuous	0.7
建筑－门窗	红色	Continuous	默认
建筑－楼梯	白色	Continuous	默认
建筑－标注	绿色	Continuous	默认

（3）将图形中的轴线、标注、墙体、门窗及楼梯等修改到对应图层上。

（4）通过【特性】面板上的【颜色控制】下拉列表把楼梯的颜色修改为蓝色。

（5）通过【特性】面板上的【线型控制】下拉列表将墙体线的线型修改为 Dashed。

（6）修改全局线型比例因子为 1000。

（7）将墙体线的线宽修改为 1.0mm。

（8）关闭或冻结"建筑－标注"层。

2. 以下练习内容包括修改图层名称、利用图层特性过滤器查找图层。

（1）打开资源包文件"dwg\ 第 2 章 \2-6.dwg"。

（2）找到图层 LIGHT 及 DIMENSIONS，将图层名称分别改为"照明"和"尺寸标注"。

（3）创建图层特性过滤器，利用该过滤器查找所有颜色为黄色的图层，将这些图层锁定，并将颜色改为红色。

第3章
基本绘图和编辑（一）

主要内容

- 输入点的绝对坐标或相对坐标画线。
- 结合对象捕捉、极轴追踪及自动追踪功能画线。
- 绘制平行线及任意角度斜线。
- 修剪、打断线条及调整线条的长度。
- 画圆、圆弧连接及圆的切线。
- 倒圆角及倒角。
- 移动及复制对象。

3.1　绘制线段的方法

本节主要内容包括输入相对坐标画线、捕捉几何点、修剪线条及延伸线条等。

3.1.1　输入点的坐标绘制线段

LINE 命令可在二维或三维空间中创建线段。发出命令后，用户通过鼠标光标指定线段的端点或利用键盘输入端点坐标，AutoCAD 就将这些点连接成线段。

常用的点坐标形式如下。

◎ 绝对直角坐标或相对直角坐标。绝对直角坐标的输入格式为"X,Y"，相对直角坐标的输入格式为"@X,Y"。X 表示点的 x 坐标值，Y 表示点的 y 坐标值，两坐标值之间用","号分隔开。例如：（-60,30）、（40,70）分别表示图 3-1 中的 A、B 点。

◎ 绝对极坐标或相对极坐标。绝对极坐标的输入格式为"$R<\alpha$"，相对极坐标的输入格式为"@$R<\alpha$"。R 表示点到原点的距离，α 表示极轴方向与 x 轴正向间的夹角。若从 x 轴正向逆时针旋转到极轴方向，则 α 角为正；反之，α 角为负。例如：（70<120）、（50<-30）分别表示图 3-1 中的 C、D 点。

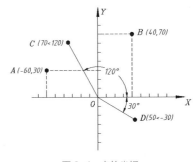

图 3-1　点的坐标

画线时若只输入"$<\alpha$"，而不输入"R"，则表示沿 α 角度方向绘制任意长度的直线，这种画线方式称为角度覆盖方式。

❶ 命令启动方法

◎ 菜单命令：【绘图】/【直线】。

◎ 面板：【默认】选项卡中【绘图】面板上的 ✎ 按钮。

◎ 命令：LINE 或简写 L。

画线命令

【练习 3-1】图形左下角点的绝对坐标及图形尺寸如图 3-2 所示，练习用 LINE 命令绘制此图形。

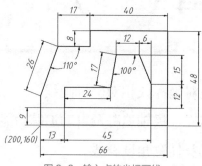

图 3-2　输入点的坐标画线

STEP01　设定绘图区域大小为 80 × 80，该区域左下角点的坐标为（190,150），右上角点的相对坐标为（@80,80）。双击鼠标滚轮，使绘图区域充满整个绘图窗口。

STEP02　单击【绘图】面板上的 ✎ 按钮或输入命令 LINE，启动画线命令。

命令：_line 指定第一点：200,160　　　　　// 输入 A 点的绝对直角坐标，如图 3-3 所示

指定下一点或 [放弃 (U)]：@66,0　　　　　// 输入 B 点的相对直角坐标

指定下一点或 [放弃 (U)]：@0,48　　　　　// 输入 C 点的相对直角坐标

指定下一点或 [闭合 (C)/ 放弃 (U)]：@-40,0　　// 输入 D 点的相对直角坐标

指定下一点或 [闭合 (C)/ 放弃 (U)]：@0,-8　　// 输入 E 点的相对直角坐标

指定下一点或 [闭合 (C)/ 放弃 (U)]：@-17,0　　// 输入 F 点的相对直角坐标

指定下一点或 [闭合 (C)/ 放弃 (U)]：@26<-110　// 输入 G 点的相对极坐标

指定下一点或 [闭合 (C)/ 放弃 (U)]：c　　　　// 使线框闭合

结果如图 3-3 所示。

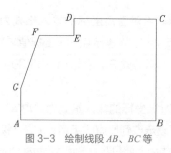

图 3-3　绘制线段 AB、BC 等

STEP03　绘制图形的其余部分。

❷ 命令选项

◎ 指定第一点：在此提示下，用户需指定线段的起始点，若此时按 Enter 键，则 AutoCAD 将以上一次所绘制线段或圆弧的终点作为新线段的起点。

◎ 指定下一点：在此提示下，输入线段的端点，按 Enter 键后，AutoCAD 继续提示"指定下一点"，用户可输入下一个端点。若在"指定下一点"提示下按 Enter 键，则命令结束。

◎ **放弃 (U)**：在"指定下一点"提示下，输入字母 U，将删除上一条线段，多次输入 U，则会删除多条线段。该选项可以及时纠正绘图过程中的错误。

◎ **闭合 (C)**：在"指定下一点"提示下，输入字母 C，AutoCAD 将使连续折线自动封闭。

3.1.2 使用对象捕捉精确绘制线段

用 LINE 命令绘制线段的过程中，可启动对象捕捉功能，以拾取一些特殊的几何点，如端点、圆心、切点等。调用对象捕捉功能的方法有以下 3 种。

（1）绘图过程中，当 AutoCAD 提示输入一个点时，可单击捕捉按钮或输入捕捉命令来启动对象捕捉，然后将鼠标光标移动到要捕捉的特征点附近，AutoCAD 就会自动捕捉该点。

（2）利用快捷菜单。发出 AutoCAD 命令后，按下 Shift 键并单击鼠标右键，在弹出的快捷菜单中选择捕捉何种类型的点，如图 3-4 所示。

（3）前面所述的捕捉方式仅对当前操作有效，命令结束后，捕捉模式自动关闭，这种捕捉方式称为覆盖捕捉方式。除此之外，用户还可以采用自动捕捉方式来定位点，按下状态栏上的 按钮，就可以打开此方式。单击此按钮右边的三角箭头，弹出快捷菜单，如图 3-5 所示。通过此菜单设定自动捕捉点的类型。

图 3-4 【对象捕捉】快捷菜单　　　　　　　图 3-5 自动捕捉点快捷菜单

常用对象捕捉方式的功能如下。

◎ **端点**：捕捉线段、圆弧等几何对象的端点，命令简称 END。启动端点捕捉后，将光标移动到目标点的附近，AutoCAD 会自动捕捉该点，再单击鼠标左键确认。

◎ **中点**：捕捉线段、圆弧等几何对象的中点，命令简称 MID。启动中点捕捉后，将光标的拾取框与线段、圆弧等几何对象相交，AutoCAD 会自动捕捉这些对象的中点，再单击鼠标左键确认。

◎ **圆心**：捕捉圆、圆弧、椭圆的中心，命令简称 CEN。启动中心点捕捉后，将光标的拾取框与圆弧、椭圆等几何对象相交，AutoCAD 会自动捕捉这些对象的中心点，再单击左键确认。

捕捉圆心时，只有当十字光标与圆、圆弧相交时才有效。

◎ **几何中心**：捕捉封闭多段线（多边形等）的形心。启动几何中心捕捉后，将光标的拾取框与封闭多段线相交，AutoCAD 会自动捕捉该对象的中心，再单击鼠标左键确认。

◎ **节点**：捕捉 POINT 命令创建的点对象，命令简称 NOD。操作方法与端点捕捉类似。

◎ **象限点:** 捕捉圆、圆弧、椭圆的 0°、90°、180° 或 270° 处的点（象限点），命令简称 QUA。启动象限点捕捉后，将光标的拾取框与圆弧、椭圆等几何对象相交，AutoCAD 会显示与拾取框最近的象限点，再单击鼠标左键确认。

◎ **交点:** 捕捉几何对象间真实的或延伸的交点，命令简称 INT。启动交点捕捉后，将光标移动到目标点附近，AutoCAD 会自动捕捉该点，单击鼠标左键确认。若两个对象没有直接相交，可先将光标的拾取框放在其中一个对象上，单击左键，然后把拾取框移到另一对象上，再单击左键，AutoCAD 就会捕捉到交点。

◎ **范围（延长线）:** 捕捉延伸点，命令简称 EXT。用户把光标从几何对象端点开始移动，此时系统沿该对象显示出捕捉辅助线及捕捉点的相对极坐标，如图 3-6 所示。输入捕捉距离后，AutoCAD 定位一个新点。

◎ **插入:** 捕捉图块、文字等对象的插入点，命令简称 INS。

◎ **垂足:** 在绘制垂直的几何关系时，该捕捉方式让用户可以捕捉垂足，命令简称 PER。启动垂足捕捉后，将光标的拾取框与线段、圆弧等几何对象相交，AutoCAD 会自动捕捉垂足点，再单击鼠标左键确认。

◎ **切点:** 在绘制相切的几何关系时，该捕捉方式使用户可以捕捉切点，命令简称 TAN。启动切点捕捉后，将光标的拾取框与圆弧、椭圆等几何对象相交，AutoCAD 会显示相切点，再单击鼠标左键确认。

◎ **最近点:** 捕捉距离光标中心最近的几何对象上的点，命令简称 NEA。操作方法与端点捕捉类似。

◎ **外观交点:** 在二维空间中与"交点"功能相同，该捕捉方式还可在三维空间中捕捉两个对象的视图交点（在投影视图中显示相交，但实际上并不一定相交），命令简称 APP。

◎ **平行:** 平行捕捉，可用于绘制平行线，命令简称 PAR。图 3-7 所示，用 LINE 命令绘制线段 *AB* 的平行线 *CD*。发出 LINE 命令后，首先指定线段起点 *C*，然后选择"平行"捕捉。移动光标到 *AB* 线段上，此时该线段上出现小的平行线符号，表示 *AB* 线段已被选定。再移动光标到即将创建平行线的位置，此时 AutoCAD 显示出平行线，输入该线长度，即绘制出平行线。

◎ **正交偏移捕捉:** 该捕捉方式可以使用户相对于一个已知点定位另一点，命令简称 FRO。下面的例子说明偏移捕捉的用法，已经绘制出一个矩形，现在想从 *B* 点开始画线，*B* 点与 *A* 点的关系如图 3-8 所示。

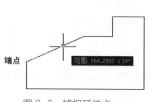

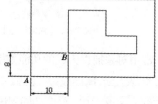

图 3-6 捕捉延伸点　　　　　图 3-7 平行捕捉　　　　　图 3-8 正交偏移捕捉

命令 : _line 指定第一点 : _from 基点 : _int 于

　　　　　　　　　　　　　　// 调用画线命令，启动正交偏移捕捉，再捕捉交点 *A* 作为偏移的基点

< 偏移 >: @10,8　　　　　　　　　　// 输入 *B* 点对于 *A* 点的相对坐标

指定下一点或 [放弃 (U)]:　　　　　　　// 拾取下一个端点

指定下一点或 [放弃 (U)]:　　　　　　　// 按 Enter 键结束

◎ **捕捉两点间连线的中点:** 命令简称 M2P。使用这种捕捉方式时，用户先指定两个点，AutoCAD 将捕捉到这两点连线的中点。

【练习 3-2】打开资源包文件"dwg\ 第 3 章 \3-2.dwg"，如图 3-9 左图所示，使用 LINE 命令将左图修改为右图。

对象捕捉

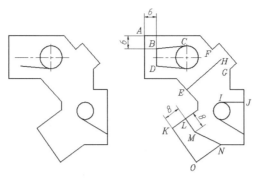

图 3-9 捕捉几何点

STEP01 单击状态栏上的 ▦ 按钮，打开自动捕捉方式，再单击此按钮右边的箭头按钮，弹出快捷菜单，选择【对象捕捉设置】命令，打开【草图设置】对话框，在该对话框的【对象捕捉】选项卡中设置自动捕捉类型为【端点】、【中点】及【交点】，如图 3-10 所示。

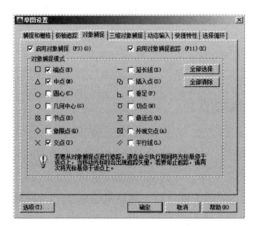

图 3-10 【草图设置】对话框

STEP02 绘制线段 *BC*、*BD*。*B* 点的位置用正交偏移捕捉确定。

命令：_line 指定第一点：from	// 输入正交偏移捕捉命令 FROM，按 Enter 键
基点：	// 将鼠标光标移动到 *A* 点处，AutoCAD 自动捕捉该点，单击鼠标左键确认
< 偏移 >: @6,−6	// 输入 *B* 点的相对坐标
指定下一点或 [放弃 (U)]: tan 到	// 输入切点捕捉命令 TAN 并按 Enter 键，捕捉切点 *C*
指定下一点或 [放弃 (U)]:	// 按 Enter 键结束
命令：	// 重复命令
LINE 指定第一点：	// 自动捕捉端点 *B*
指定下一点或 [放弃 (U)]:	// 自动捕捉端点 *D*
指定下一点或 [放弃 (U)]:	// 按 Enter 键结束

结果如图 3-9 右图所示。

STEP03 绘制线段 *EH*、*IJ*。

命令：_line 指定第一点：	// 自动捕捉中点 *E*
指定下一点或 [放弃 (U)]: m2p	// 输入捕捉命令 M2P，按 Enter 键

中点的第一点：	// 自动捕捉端点 *F*
中点的第二点：	// 自动捕捉端点 *G*
指定下一点或 [放弃 (U)]：	// 按 Enter 键结束
命令：	// 重复命令
LINE 指定第一点： qua 于	// 输入象限点捕捉命令 QUA，捕捉象限点 *I*
指定下一点或 [放弃 (U)]： per 到	// 输入垂足捕捉命令 PER，捕捉垂足 *J*
指定下一点或 [放弃 (U)]：	// 按 Enter 键结束

结果如图 3-9 右图所示。

(STEP04) 绘制线段 *LM*、*MN*。

命令： _line 指定第一点： EXT	// 输入延伸点捕捉命令 EXT 并按 Enter 键
于 8	// 从 *K* 点开始沿线段进行追踪，输入 *L* 点与 *K* 点的距离
指定下一点或 [放弃 (U)]： PAR	// 输入平行偏移捕捉命令 PAR 并按 Enter 键
到 8	// 将鼠标光标从线段 *KO* 处移动到 *LM* 处，再输入 *LM* 线段的长度
指定下一点或 [放弃 (U)]：	// 自动捕捉端点 *N*
指定下一点或 [闭合 (C)/ 放弃 (U)]：	// 按 Enter 键结束

结果如图 3-9 右图所示。

3.1.3 利用正交模式辅助绘制线段

单击状态栏上的 ┗ 按钮打开正交模式。在正交模式下光标只能沿水平或竖直方向移动。画线时若同时打开该模式，则只需输入线段的长度值，AutoCAD 会自动画出水平或竖直线段。

当调整水平或竖直方向线段的长度时，可利用正交模式限制鼠标光标的移动方向。选择线段，线段上出现关键点（实心矩形点），选中端点处的关键点后，移动鼠标光标，AutoCAD 会沿水平或竖直方向改变线段的长度。

3.1.4 结合捕捉和追踪功能绘制线段

本小节详细说明 AutoCAD 极轴追踪及自动追踪功能的使用方法。

❶ 极轴追踪

打开极轴追踪功能后，光标就按用户设定的极轴方向移动，AutoCAD 将在该方向上显示一条追踪辅助线及光标点的极坐标值，如图 3-11 所示。

图 3-11　极轴追踪

【练习 3-3】练习如何使用极轴追踪功能。

(STEP01) 用鼠标右键单击状态栏上的 ◎ ▾ 按钮，弹出快捷菜单，选取【正在追踪设置】选项，打开【草图设置】对话框，如图 3-12 所示。

极轴追踪

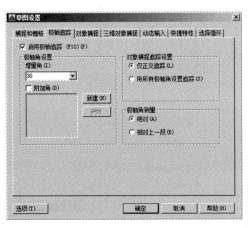

图 3-12 【草图设置】对话框

【极轴追踪】选项卡中与极轴追踪有关的选项功能如下。

◎ 【增量角】: 在此下拉列表中可选择极轴角变化的增量值, 也可以输入新的增量值。

◎ 【附加角】: 除了根据极轴增量角进行追踪外, 用户还能通过该选项添加其他的追踪角度。

◎ 【绝对】: 以当前坐标系的 x 轴作为计算极轴角的基准线。

◎ 【相对上一段】: 以最后创建的对象为基准线计算极轴角度。

(STEP02) 在【极轴追踪】选项卡的【增量角】下拉列表中设定极轴角增量为 30°。此后若用户打开极轴追踪画线, 则光标将自动沿 0°、30°、60°、90° 和 120° 等方向进行追踪, 再输入线段长度值, AutoCAD 就在该方向上画出线段。单击 确定 按钮关闭【草图设置】对话框。

(STEP03) 按下 ⊙ ▾ 按钮, 打开极轴追踪。键入 LINE 命令, AutoCAD 提示:

命令: _line 指定第一点:　　　　　　　　// 拾取点 A, 如图 3-13 所示

指定下一点或 [放弃 (U)]: 30　　　　　　// 沿 0° 方向追踪, 并输入 AB 长度

指定下一点或 [放弃 (U)]: 10　　　　　　// 沿 120° 方向追踪, 并输入 BC 长度

指定下一点或 [闭合 (C)/ 放弃 (U)]: 15　　// 沿 30° 方向追踪, 并输入 CD 长度

指定下一点或 [闭合 (C)/ 放弃 (U)]: 10　　// 沿 300° 方向追踪, 并输入 DE 长度

指定下一点或 [闭合 (C)/ 放弃 (U)]: 20　　// 沿 90° 方向追踪, 并输入 EF 长度

指定下一点或 [闭合 (C)/ 放弃 (U)]: 43　　// 沿 180° 方向追踪, 并输入 FG 长度

指定下一点或 [闭合 (C)/ 放弃 (U)]: C　　　// 使连续折线闭合

结果如图 3-13 所示。

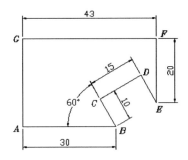

图 3-13　使用极轴追踪画线

如果线段的倾斜角度不在极轴追踪的范围内，则可使用角度覆盖方式画线。方法是，当 AutoCAD 提示"指定下一点或 [闭合 (C)/ 放弃 (U)]:"时，按照"< 角度"形式输入线段的倾角，这样 AutoCAD 将暂时沿设置的角度画线。

② 自动追踪

在使用自动追踪功能时，必须打开对象捕捉。AutoCAD 首先捕捉一个几何点作为追踪参考点，然后按水平、竖直方向或设定的极轴方向进行追踪，如图 3-14 所示。

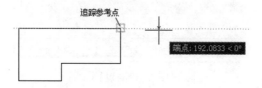

图 3-14　自动追踪

追踪参考点的追踪方向可通过【极轴追踪】选项卡中的两个选项进行设定，这两个选项是【仅正交追踪】及【用所有极轴角设置追踪】，如图 3-12 所示。它们的功能如下。

◎ 【仅正交追踪】：当自动追踪打开时，仅在追踪参考点处显示水平或竖直的追踪路径。

◎ 【用所有极轴角设置追踪】：如果自动追踪功能打开，则当指定点时，AutoCAD 将在追踪参考点处沿任何极轴角方向显示追踪路径。

【练习 3-4】练习如何使用自动追踪功能。

STEP01　打开资源包文件"dwg\ 第 3 章 \3-4.dwg"，如图 3-15 所示。

STEP02　在【草图设置】对话框中设置对象捕捉方式为【交点】和【中点】。取消【动态输入】页的【可能时启用标注输入】项。

STEP03　单击状态栏上的 ⊡ 和 ∠ 按钮，打开对象捕捉及自动追踪功能。

STEP04　输入 LINE 命令。

STEP05　将光标放置在 A 点附近，AutoCAD 自动捕捉 A 点（注意不要单击鼠标左键），并在此建立追踪参考点，同时显示追踪辅助线，如图 3-15 所示。

AutoCAD 把追踪参考点用符号"+"标记出来，当用户再次移动光标到这个符号的位置时，符号"+"将消失。

STEP06　向上移动光标，光标将沿竖直辅助线运动，输入距离值 10，按 Enter 键，则 AutoCAD 追踪到 B 点，该点是线段的起始点。

STEP07　再次在 A 点建立追踪参考点，并向右追踪，然后输入距离值 15，按 Enter 键，此时 AutoCAD 追踪到 C 点，如图 3-16 所示。

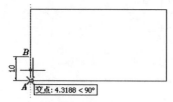

图 3-15　沿竖直辅助线追踪

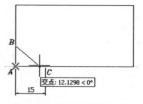

图 3-16　沿水平辅助线追踪

STEP08 将光标移动到中点 *M* 处，AutoCAD 自动捕捉该点（注意不要单击鼠标左键），并在此建立追踪参考点，如图 3-17 所示。用同样的方法在中点 *N* 处建立另一个追踪参考点。

STEP09 移动光标到 *D* 点附近，AutoCAD 显示两条追踪辅助线，如图 3-17 所示。在两条辅助线的交点处单击鼠标左键，则 AutoCAD 绘制出线段 *CD*。

STEP10 以 *F* 点为追踪参考点，向左或向上追踪就可以确定 *E*、*G* 点，结果如图 3-18 所示。

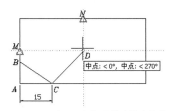

图 3-17 利用两条追踪辅助线定位点

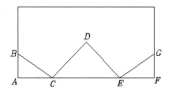

图 3-18 确定 *E*、*G* 点

上述例子中，AutoCAD 仅沿水平或竖直方向追踪，若想使 AutoCAD 沿设定的极轴角方向追踪，可在【草图设置】对话框的【对象捕捉追踪设置】分组框中选择【用所有极轴角设置追踪】，如图 3-12 所示。

以上通过两个练习说明了极轴追踪及自动追踪功能的用法。在实际绘图过程中，常将这两项功能结合起来使用，既能方便地沿极轴方向画线，又能轻易地沿极轴方向定位点。

【练习3-5】打开资源包文件"dwg\ 第 3 章 \3-5.dwg"，如图 3-19 左图所示，用 LINE 命令并结合极轴追踪、对象捕捉及自动追踪功能将左图修改为右图。

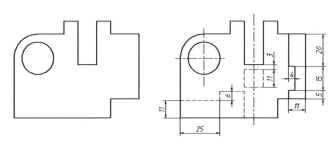

结合极轴追踪、对象捕捉及自动追踪功能

图 3-19 利用极轴追踪、对象捕捉及自动追踪功能画线

STEP01 打开极轴追踪、对象捕捉及自动追踪功能。设置极轴追踪角度增量为 90°，对象捕捉方式为端点、中点、圆心及交点，沿所有极轴角进行捕捉追踪。再设定线型全局比例因子为 0.2。

STEP02 切换到轮廓线层，绘制线段 *BC*、*EF* 等，如图 3-20 所示。

命令：_line 指定第一点：	// 从中点 *A* 向上追踪到 *B* 点
指定下一点或 [放弃 (U)]:	// 从 *B* 点向下追踪到 *C* 点
指定下一点或 [放弃 (U)]:	// 按 Enter 键结束
命令：	// 重复命令
LINE 指定第一点：11	// 从 *D* 点向上追踪并输入追踪距离
指定下一点或 [放弃 (U)]: 25	// 从 *E* 点向右追踪并输入追踪距离
指定下一点或 [放弃 (U)]: 6	// 从 *F* 点向上追踪并输入追踪距离
指定下一点或 [闭合 (C)/ 放弃 (U)]:	// 从 *G* 点向右追踪并以 *I* 点为追踪参考点确定 *H* 点
指定下一点或 [闭合 (C)/ 放弃 (U)]:	// 从 *H* 点向下追踪并捕捉交点 *J*
指定下一点或 [闭合 (C)/ 放弃 (U)]:	// 按 Enter 键结束

结果如图 3-20 所示。

STEP03 绘制图形的其余部分，然后修改某些对象所在的图层。

3.1.5 利用动态输入及动态提示功能画线

按下状态栏上的 █ 按钮，打开动态输入及动态提示功能。此时，若启动 AutoCAD 命令，则系统将在十字光标附近显示命令提示信息、光标点的坐标值及线段的长度和角度等。用户可直接在信息提示栏中选择命令选项，也可以输入新坐标值、线段长度或角度等参数。

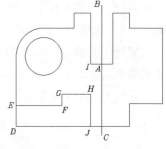

图 3-20　绘制线段 *BC*、*EF* 等

❶ 动态输入

动态输入包含两项功能。

◎ **指针输入**：在光标附近的信息提示栏中显示点的坐标值。默认情况下，第一点显示为绝对直角坐标，第二点及后续点显示为相对极坐标值。可在信息栏中输入新坐标值来定位点。输入坐标时，先在第一个框中输入数值，再按 Tab 键进入下一框中继续输入数值。每次切换坐标框时，前一框中的数值将被锁定，框中显示 🔒 图标。

◎ **标注输入**：在光标附近显示线段的长度及角度，按 Tab 键可在长度及角度值间切换，并可输入新的长度及角度值。

❷ 动态提示

在光标附近显示命令提示信息，可直接在信息栏（而不是在命令行）中输入所需的命令参数。若命令有多个选项，信息栏中将出现 ⬇ 图标，按向下的箭头键，弹出菜单，菜单上显示命令所包含的选项，用鼠标选择其中之一即可执行相应的功能。

【练习 3-6】 打开动态输入及动态提示功能，用 LINE 命令绘制图 3-21 所示的图形。

STEP01 用鼠标右键单击状态栏上的 █ 按钮，弹出快捷菜单，选取【动态输入设置】选项，打开【草图设置】对话框。进入【动态输入】选项卡，选取【启用指针输入】、【可能时启用标注输入】及【在十字光标附近显示命令提示和命令输入】选项，如图 3-22 所示。

动态输入绘线

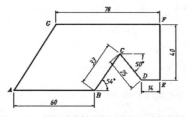

图 3-21　利用动态输入及动态提示功能画线

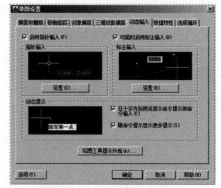

图 3-22　【草图设置】对话框

STEP02 按下 █ 按钮，打开动态输入及动态提示。键入 LINE 命令，AutoCAD 提示：

命令：_line 指定第一点：260,120　　　　　// 输入 *A* 点的 *x* 坐标值

指定下一点或 [放弃 (U)]: 0　　　　　　// 按 Tab 键，输入 A 点的 y 坐标值，按 Enter 键

　　　　　　　　　　　　　　　　　　// 输入线段 AB 的长度 60

　　　　　　　　　　　　　　　　　　// 按 Tab 键，输入线段 AB 的角度 0°，按 Enter 键

指定下一点或 [放弃 (U)]: 54　　　　　　// 输入线段 BC 的长度 33

　　　　　　　　　　　　　　　　　　// 按 Tab 键，输入线段 BC 的角度 54°，按 Enter 键

指定下一点或 [闭合 (C)/ 放弃 (U)]: 50　　// 输入线段 CD 的长度 25

　　　　　　　　　　　　　　　　　　// 按 Tab 键，输入线段 CD 的角度 50°，按 Enter 键

指定下一点或 [闭合 (C)/ 放弃 (U)]: 0　　　// 输入线段 DE 的长度 14

　　　　　　　　　　　　　　　　　　// 按 Tab 键，输入线段 DE 的角度 0°，按 Enter 键

指定下一点或 [闭合 (C)/ 放弃 (U)]: 90　　// 输入线段 EF 的长度 40

　　　　　　　　　　　　　　　　　　// 按 Tab 键，输入线段 EF 的角度 90°，按 Enter 键

指定下一点或 [闭合 (C)/ 放弃 (U)]: 180　　// 输入线段 FG 的长度 78

　　　　　　　　　　　　　　　　　　// 按 Tab 键，输入线段 FG 的角度 180°，按 Enter 键

指定下一点或 [闭合 (C)/ 放弃 (U)]: c　　　// 按 ↓ 键，选择"闭合"选项

结果如图 3-21 所示。

3.1.6 调整线条长度

调整线条长度，可采取以下 3 种方法。

（1）打开极轴追踪或正交模式，选择线段，线段上出现关键点（实心矩形点），选中端点处的关键点后，移动鼠标光标，AutoCAD 会沿水平或竖直方向改变线段的长度。

（2）选择线段，线段上出现关键点（实心矩形点），将鼠标光标悬停在端点处的关键点上，弹出快捷菜单，选择【拉长】命令调整线段长度，

（3）LENGTHEN 命令可一次改变线段、圆弧、椭圆弧等多个对象的长度。使用此命令时，经常采用的选项是"动态"，即直观地拖动对象来改变其长度。

❶ 命令启动方法

◎ **菜单命令**：【修改】/【拉长】。

◎ **面板**：【默认】选项卡中【修改】面板上的 按钮。

◎ **命令**：LENGTHEN 或简写 LEN。

【练习 3-7】打开资源包文件"dwg\ 第 3 章 \3-7.dwg"，如图 3-23 左图所示，用 LENGTHEN 等命令将左图修改为右图。

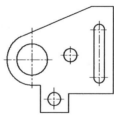
调整线条长度

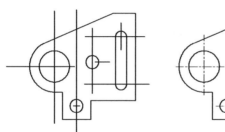

图 3-23　调整线条长度

STEP01 用 LENGTHEN 命令调整线段 *A*、*B* 的长度，如图 3-24 所示。

命令 : _lengthen

选择要测量的对象或 [增量 (DE)/ 百分比 (P)/ 总计 (T)/ 动态 (DY)]< 总计 (T)>:

// 使用"动态 (DY)"选项

选择要修改的对象或 [放弃 (U)]:　　　　　　// 在线段 *A* 的上端选中对象

指定新端点 :　　　　　　　　　　　　　　// 向下移动鼠标光标，单击一点

选择要修改的对象或 [放弃 (U)]:　　　　　　// 在线段 *B* 的上端选中对象

指定新端点 :　　　　　　　　　　　　　　// 向下移动鼠标光标，单击一点

选择要修改的对象或 [放弃 (U)]:　　　　　　// 按 Enter 键结束

结果如图 3-24 右图所示。

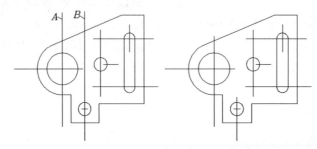

图 3-24　调整线段 *A*、*B* 的长度

STEP02 用 LENGTHEN 命令调整其他定位线的长度，然后将定位线修改到中心线层上。

❷ 命令选项

◎ 增量 (DE)：以指定的增量值改变线段或圆弧的长度。对于圆弧，还可通过设定角度增量改变其长度。

◎ 百分比 (P)：以对象总长度的百分比形式改变对象长度。

◎ 总计 (T)：通过指定线段或圆弧的新长度来改变对象总长。

◎ 动态 (DY)：拖动鼠标光标就可以动态地改变对象长度。

3.1.7　剪断线条

绘图过程中，常有许多线条交织在一起，若想将线条的某一部分修剪掉，可使用 TRIM 命令。启动该命令后，AutoCAD 提示用户指定一个或几个对象作为剪切边（可以想象为剪刀），然后用户就可以选择被剪掉的部分。剪切边可以是线段、圆弧、样条曲线等对象，剪切边本身也可作为被修剪的对象。

❶ 命令启动方法

◎ 菜单命令：【修改】/【修剪】。

◎ 面板：【默认】选项卡中【修改】面板上的 按钮。

◎ 命令：TRIM 或简写 TR。

【练习 3-8 】练习 TRIM 命令的使用。

STEP01 打开资源包文件"dwg\ 第 3 章 \3-8.dwg"，如图 3-25 左图所示，用 TRIM 命令将左图修改为右图。

STEP02 单击【修改】面板上的 按钮或输入命令 TRIM，启动修剪命令。

剪断线段

命令: _trim

选择对象或 < 全部选择 >: 找到 1 个　　　　　　　// 选择剪切边 A，如图 3-26 左图所示

选择对象:　　　　　　　　　　　　　　　　// 按 Enter 键

选择要修剪的对象，或按住 Shift 键选择要延伸的对象，或 [栏选 (F)/ 窗交 (C)/ 投影 (P)/ 边 (E)/ 删除 (R)/
放弃 (U)]:　　　　　　　　　　　　　// 在 B 点处选择要修剪的多余线条

选择要修剪的对象，或按住 Shift 键选择要延伸的对象，或 [栏选 (F)/ 窗交 (C)/ 投影 (P)/ 边 (E)/ 删除 (R)/
放弃 (U)]:　　　　　　　　　　　　　// 按 Enter 键结束

命令:TRIM　　　　　　　　　　　　　　// 重复命令

选择对象 : 总计 2 个　　　　　　　　　　// 选择剪切边 C、D

选择对象 :　　　　　　　　　　　　　　// 按 Enter 键

选择要修剪的对象或 [/ 边 (E)]: e　　　　// 选择"边 (E)"选项

输入隐含边延伸模式 [延伸 (E)/ 不延伸 (N)] < 不延伸 >: e　　　// 选择"延伸 (E)"选项

选择要修剪的对象 :　　　　　　　　　　// 在 E、F 及 G 点处选择要修剪的部分

选择要修剪的对象 :　　　　　　　　　　// 按 Enter 键结束

结果如图 3-26 右图所示。

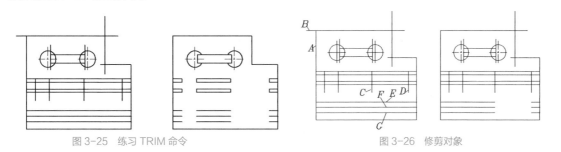

图 3-25　练习 TRIM 命令　　　　　　　　　　　　图 3-26　修剪对象

要点提示　　　为简化说明，仅将第 2 个 TRIM 命令与当前操作相关的提示信息罗列出来，而将其他信息省略，这种讲解方式在后续的练习中也将采用。

STEP03 利用 TRIM 命令修剪图中的其他多余线条。

❷ 命令选项

◎ **按住 Shift 键选择要延伸的对象：**将选定的对象延伸至剪切边。

◎ **栏选 (F)：**用户绘制连续折线，与折线相交的对象被修剪。

◎ **窗交 (C)：**利用交叉窗口选择对象。

◎ **投影 (P)：**该选项可以使用户指定执行修剪的空间。例如，三维空间中的两条线段呈交叉关系，用户可利用该选项假想将其投影到某一平面上执行修剪操作。

◎ **边 (E)：**该选项包含两个子选项。

延伸 (E)：如果剪切边太短，没有与被修剪对象相交，AutoCAD 假想将剪切边延长，然后执行修剪操作，如图 3-27 所示。

不延伸 (N)：只有当剪切边与被剪切对象实际相交，才进行修剪。

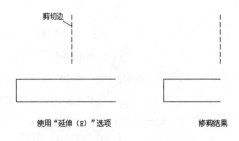

图 3-27　使用"延伸（E）"选项完成修剪操作

◎　**删除 (R)**：不退出 TRIM 命令就能删除选定的对象。

◎　**放弃 (U)**：若修剪有误，可输入字母"U"，撤销修剪。

3.1.8　阶段练习——画线的方法

【练习3-9】启动 LINE、TRIM 等命令，通过输入点坐标方式绘制平面图形，如图 3-28 所示。

输入相对坐标画线

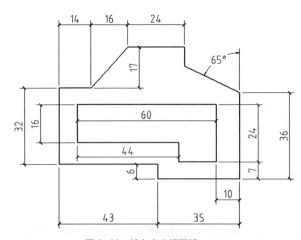

图 3-28　输入点坐标画线

【练习3-10】输入坐标并结合极轴追踪、对象捕捉及自动追踪功能画线，如图 3-29 所示。

利用辅助工具画线（1）

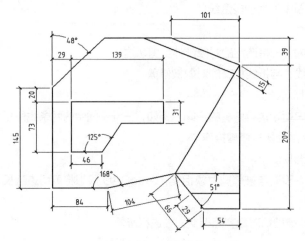

图 3-29　输入点坐标及利用辅助工具画线

【练习3-11】 利用LINE命令并结合极轴追踪、对象捕捉及自动追踪功能绘制平面图形，如图3-30所示。

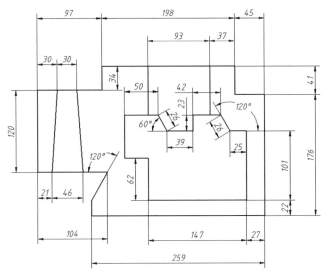

利用辅助工具画线（2）

图3-30 利用极轴追踪、自动追踪等功能绘图

主要作图步骤如图3-31所示。

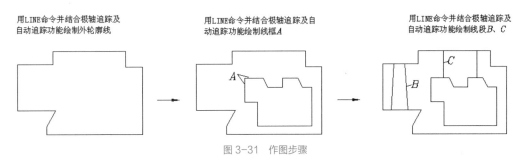

用LINE命令并结合极轴追踪及
自动追踪功能绘制外轮廓线　　　用LINE命令并结合极轴追踪及自
动追踪功能绘制线框A　　　用LINE命令并结合极轴追踪及
自动追踪功能绘制线段B、C

图3-31 作图步骤

3.2 延伸、打断线条

延伸操作可将直线和曲线延长或缩短，打断操作则可将两个指定的打断点之间的部分删除，此外，还可在一点处打断对象。下面介绍延伸及打断对象的方法。

3.2.1 延伸线条

利用EXTEND命令可以将线段、曲线等对象延伸到一个边界对象，使其与边界对象相交。有时对象延伸后并不与边界直接相交，而是与边界的延长线相交。

① **命令启动方法**

◎ **菜单命令**：【修改】/【延伸】。

◎ **面板**：【默认】选项卡中【修改】面板上的 ⊣按钮。

◎ **命令**：EXTEND 或简写 EX。

【练习3-12】 练习 EXTEND 命令的使用。

STEP01 打开资源包文件"dwg\ 第 3 章 \3-12.dwg"，如图 3-32 左图所示，用 EXTEND 及 TRIM 命令将左图修改为右图。

延伸线条

STEP02 单击【修改】面板上的 ~ 按钮或输入命令 EXTEND，启动延伸命令。

命令：_extend	
选择对象或 < 全部选择 >: 找到 1 个	// 选择边界线段 A，如图 3-33 左图所示
选择对象：	// 按 Enter 键
选择要延伸的对象，或按住 Shift 键选择要修剪的对象，或	
[栏选 (F)/ 窗交 (C)/ 投影 (P)/ 边 (E)/ 放弃 (U)]:	// 选择要延伸的线段 B
选择要延伸的对象，或按住 Shift 键选择要修剪的对象，或	
[栏选 (F)/ 窗交 (C)/ 投影 (P)/ 边 (E)/ 放弃 (U)]:	// 按 Enter 键结束
命令：EXTEND	// 重复命令
选择对象：总计 2 个	// 选择边界线段 A、C
选择对象：	// 按 Enter 键
选择要延伸的对象或 [/ 边 (E)]: e	// 选择"边 (E)"选项
输入隐含边延伸模式 [延伸 (E)/ 不延伸 (N)] < 不延伸 >: e	// 选择"延伸 (E)"选项
选择要延伸的对象：	// 选择要延伸的线段 A、C
选择要延伸的对象：	// 按 Enter 键结束

结果如图 3-33 右图所示。

图 3-32 练习 EXTEND 命令

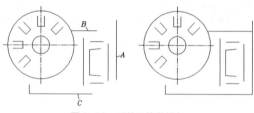

图 3-33 延伸及修剪线条

STEP03 利用 EXTEND 及 TRIM 命令继续修改图形中的其他部分。

❷ 命令选项

◎ **按住 Shift 键选择要修剪的对象**：将选择的对象修剪到边界而不是将其延伸。

◎ **栏选 (F)**：用户绘制连续折线，与折线相交的对象被延伸。

◎ **窗交 (C)**：利用交叉窗口选择对象。

◎ **投影 (P)**：该选项使用户可以指定延伸操作的空间。对于二维绘图来说，延伸操作是在当前用户坐标平面（*xy* 平面）内进行的。在三维空间作图时，用户可通过该选项将两个交叉对象投影到 *xy* 平面或当前视图平面内执行延伸操作。

◎ **边 (E)**：当边界边太短且延伸对象后不能与其直接相交时，就打开该选项，此时，AutoCAD 假想将边界边延长，然后延伸线条到边界边。

◎ **放弃 (U)**：取消上一次的操作。

3.2.2 打断线条

BREAK 命令可以删除对象的一部分，常用于打断线段、圆、圆弧和椭圆等。此命令既可以在一个点处打断对象，也可以在指定的两点间打断对象。

❶ 命令启动方法

◎ **菜单命令**：【修改】/【打断】。

◎ **面板**：【默认】选项卡中【修改】面板上的 或 按钮。

◎ **命令**：BREAK 或简写 BR。

【练习 3-13】打开资源包文件 "dwg\ 第 3 章 \3-13.dwg"，如图 3-34 左图所示，用
BREAK 等命令将左图修改为右图。

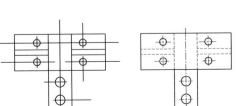

图 3-34　打断线条

STEP01 用 BREAK 命令打断线条。

命令：_break 选择对象：	// 在 A 点处选择对象，如图 3-35 左图所示
指定第二个打断点 或 [第一点 (F)]：	// 在 B 点处选择对象
命令：	// 重复命令
BREAK 选择对象：	// 在 C 点处选择对象
指定第二个打断点 或 [第一点 (F)]：	// 在 D 点处选择对象
命令：	// 重复命令
BREAK 选择对象：	// 选择线段 E
指定第二个打断点 或 [第一点 (F)]：f	// 使用 "第一点 (F)" 选项
指定第一个打断点：int 于	// 捕捉交点 F
指定第二个打断点：@	// 输入相对坐标符号，按 Enter 键，在同一点打断对象

再将线段 E 修改到虚线层上，结果如图 3-35 右图所示。

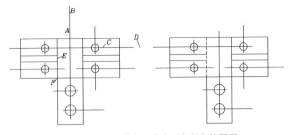

图 3-35　打断线条及改变对象所在的图层

STEP02 用 BREAK 等命令修改图形的其他部分。

❷ 命令选项

◎ **指定第二个打断点**：在图形对象上选取第二点后，AutoCAD 将第一打断点与第二打断点间的部分
删除。

◎ **第一点 (F)**：该选项使用户可以重新指定第一打断点。

53

3.2.3 阶段练习——绘制小住宅立面图

绘制如图 3-36 所示的建筑立面图，该立面图由水平、竖直及倾斜线段构成。启动 LINE 命令，通过输入点的坐标及利用对象捕捉、极轴追踪和自动追踪等工具绘制线段。

绘制小住宅立面图

【练习 3-14】 绘制小住宅立面图，如图 3-36 所示。

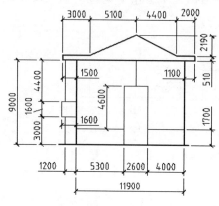

图 3-36 小住宅立面图

STEP01 设定绘图区域的大小为 20000×20000。

STEP02 打开极轴追踪、对象捕捉及自动追踪功能。设置极轴追踪角度增量为 90°，设定对象捕捉方式为端点和交点，设置仅沿正交方向自动追踪。

STEP03 使用 LINE 命令，通过输入线段长度绘制线段 AB、CD 等，如图 3-37 所示。

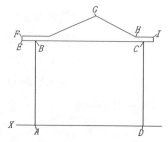

图 3-37 通过输入线段长度绘制线段

STEP04 利用画线辅助工具绘制线段 KL、LM 等，如图 3-38 所示。

STEP05 用类似的方法绘制出其余线段，结果如图 3-39 所示。

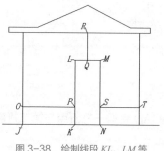

图 3-38 绘制线段 KL、LM 等

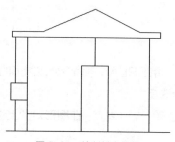

图 3-39 绘制其余线段

3.3 作平行线

作已知线段的平行线，一般采取以下的方法。

◎ 使用 OFFSET 命令画平行线。

◎ 利用平行捕捉命令 PAR 画平行线。

3.3.1 用 OFFSET 命令绘制平行线

OFFSET 命令可将对象平移指定的距离，创建一个与原对象类似的新对象。它可操作的图元包括线段、圆、圆弧、多段线、椭圆、构造线和样条曲线等。当平移一个圆时，可创建同心圆。当平移一条闭合的多段线时，可建立一个与原对象形状相同的闭合图形。

使用 OFFSET 命令时，用户可以通过两种方式创建新线段。一种是输入平行线间的距离，另一种是指定新平行线通过的点。

1 命令启动方法

◎ 菜单命令：【修改】/【偏移】。

◎ 面板：【默认】选项卡中【修改】面板上的 ⚏ 按钮。

◎ 命令：OFFSET 或简写 O。

【**练习3-15**】打开资源包文件"dwg\ 第 3 章 \3-15.dwg"，如图 3-40 左图所示，用 OFFSET、EXTEND、TRIM 等命令将左图修改为右图。

绘制平行线

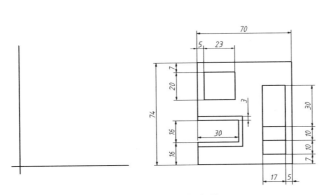

图 3-40　绘制平行线

STEP01 用 OFFSET 命令偏移线段 A、B，得到平行线 C、D，如图 3-41 所示。

命令 : _offset	
指定偏移距离或 [通过 (T)/ 删除 (E)/ 图层 (L)] <10.0000>: 70	// 输入偏移距离
选择要偏移的对象，或 [退出 (E)/ 放弃 (U)] < 退出 >:	// 选择线段 A
指定要偏移的那一侧上的点，或 [退出 (E)/ 多个 (M)/ 放弃 (U)] < 退出 >:	// 在线段 A 的右边单击一点
选择要偏移的对象，或 [退出 (E)/ 放弃 (U)] < 退出 >:	// 按 Enter 键结束
命令 :OFFSET	// 重复命令
指定偏移距离或 <70.0000>: 74	// 输入偏移距离
选择要偏移的对象，或 < 退出 >:	// 选择线段 B
指定要偏移的那一侧上的点 :	// 在线段 B 的上边单击一点
选择要偏移的对象，或 < 退出 >:	// 按 Enter 键结束

结果如图 3-41 左图所示。用 TRIM 命令修剪多余线条，结果如图 3-41 右图所示。

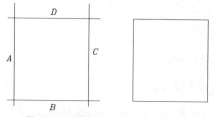

图 3-41　绘制平行线及修剪多余线条

STEP02 用 OFFSET、EXTEND 及 TRIM 命令绘制图形的其余部分。

❷ 命令选项

◎ **通过 (T)**：通过指定点创建新的偏移对象。

◎ **删除 (E)**：偏移源对象后将其删除。

◎ **图层 (L)**：指定将偏移后的新对象放置在当前图层或源对象所在的图层上。

◎ **多个 (M)**：在要偏移的一侧单击多次，就创建多个等距对象。

3.3.2　利用平行捕捉命令 PAR 绘制平行线

过某一点作已知线段的平行线，可利用平行捕捉命令 PAR，这种绘制平行线的方式使用户可以很方便地画出倾斜位置的图形结构。

【练习 3-16】平行捕捉方式的应用。

打开资源包文件 "dwg\ 第 3 章 \3-16.dwg"，如图 3-42 左图所示。下面用 LINE 命令并结合平行捕捉命令 PAR 将左图修改为右图。

平行捕捉

命令 :_line 指定第一点 : ext	// 用 EXT 捕捉 C 点，如图 3-42 右图所示
于 10	// 输入 C 点与 B 点的距离值
指定下一点或 [放弃 (U)]: par	// 利用 PAR 画线段 AB 的平行线 CD
到 15	// 输入线段 CD 的长度
指定下一点或 [放弃 (U)]: par	// 利用 PAR 画平行线 DE
到 30	// 输入线段 DE 的长度
指定下一点或 [闭合 (C)/ 放弃 (U)]: per 到	// 用 PER 绘制垂线 EF
指定下一点或 [闭合 (C)/ 放弃 (U)]:	// 按 Enter 键结束

结果如图 3-42 右图所示。

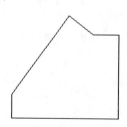
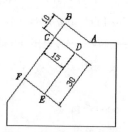

图 3-42　利用 PAR 绘制平行线

3.3.3 阶段练习1——用 OFFSET 和 TRIM 命令绘图

【练习3-17】利用 LINE、OFFSET 和 TRIM 等命令绘制平面图形，如图3-43 所示。

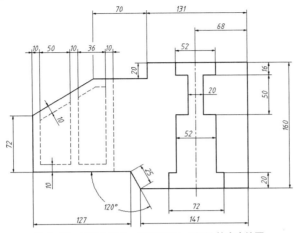

图 3-43 利用 LINE、OFFSET、TRIM 等命令绘图

主要作图步骤如图 3-44 所示。

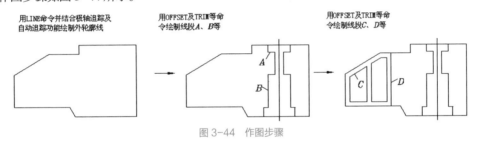

图 3-44 作图步骤

【练习3-18】利用 OFFSET、EXTEND 及 TRIM 等命令绘制如图 3-45 所示的图形。

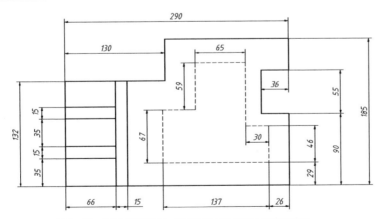

图 3-45 利用 OFFSET、EXTEND 及 TRIM 等命令绘图

3.3.4 阶段练习2——绘制建筑立面图

绘制如图 3-46 所示的建筑立面图，该立面图由水平、竖直及倾斜线段构成。首先绘制作图基准线，然后利用 OFFSET 和 TRIM 命令快速生成图形。

【练习 3-19】利用 LINE、OFFSET 及 TRIM 命令绘制建筑立面图，如图 3-46 所示。

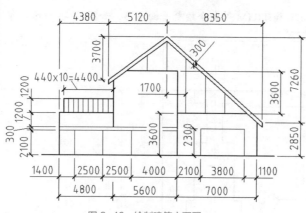

绘制建筑立面图

图 3-46　绘制建筑立面图

(STEP01)　设定绘图区域大小为 30000×20000。

(STEP02)　打开极轴追踪、对象捕捉及自动追踪功能。指定极轴追踪角度增量为 90°，设定对象捕捉方式为端点和交点，设置仅沿正交方向自动追踪。

(STEP03)　用 LINE 命令画水平及竖直的作图基准线 A、B，如图 3-47 所示。线段 A 的长度约为 20000，线段 B 的长度约为 10000。

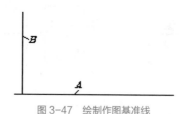

图 3-47　绘制作图基准线

(STEP04)　以 A、B 线为基准线，用 OFFSET 命令绘制平行线 C、D、E 和 F 等，如图 3-48 所示。

向右平移线段 B 至 C，平移距离为 4800。

向右平移线段 C 至 D，平移距离为 5600。

向右平移线段 D 至 E，平移距离为 7000。

向上平移线段 A 至 F，平移距离为 3600。

向上平移线段 F 至 G，平移距离为 3600。

修剪多余线条，结果如图 3-48 右图所示。

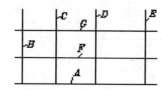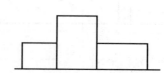

图 3-48　绘制平行线 C、D、E 和 F 等

(STEP05)　利用偏移捕捉及输入相对坐标的方法绘制两条倾斜作图基准线，如图 3-49 所示。

图 3-49　绘制两条倾斜作图基准线

STEP06 用 OFFSET、TRIM 等命令形成图形细节，如图 3-50 所示。

图 3-50　绘制图形细节

STEP07 用同样的方法绘制图形的其余细节。

3.4　画垂线、斜线及切线

工程设计中经常要画出某条线段的垂线、与圆弧相切的切线或与已知线段成某一夹角的斜线。下面介绍垂线、切线及斜线的画法。

3.4.1　利用垂足捕捉命令 PER 画垂线

若是过线段外的一点 A 作已知线段 BC 的垂线 AD，则可使用 LINE 命令并结合垂足捕捉命令 PER 绘制该条垂线，如图 3-51 所示。绘制完成后，可用移动命令将垂线移动到指定位置。

【练习 3-20】利用垂足捕捉命令 PER 画垂线。

命令：_line 指定第一点：　　　　　　　// 拾取 A 点，如图 3-51 所示

指定下一点或 [放弃 (U)]：per 到　　　　// 利用 PER 捕捉垂足 D

指定下一点或 [放弃 (U)]：　　　　　　　// 按 Enter 键结束

结果如图 3-51 所示。

垂足捕捉

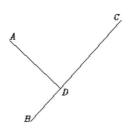

图 3-51　画垂线

3.4.2　利用角度覆盖方式画垂线及倾斜线段

可以用 LINE 命令沿指定方向绘制任意长度的线段。启动该命令，当 AutoCAD 提示输入点时，输入一个

小于号"<"及角度值，该角度表明了绘制线的方向，AutoCAD 将把鼠标光标锁定在此方向上。移动鼠标光标，线段的长度就会发生变化，获取适当长度后，单击鼠标左键结束，这种画线方式称为角度覆盖。

【练习3-21】画垂线及倾斜线段。

打开资源包文件"dwg\ 第 3 章 \3-21.dwg"，如图 3-52 所示。利用角度覆盖方式画垂线 *BC* 和斜线 *DE*。

角度覆盖

命令：_line 指定第一点：ext	// 使用延伸捕捉命令 EXT
于 20	// 输入 *B* 点与 *A* 点的距离
指定下一点或 [放弃 (U)]: <120	// 指定线段 *BC* 的方向
指定下一点或 [放弃 (U)]:	// 在 *C* 点处单击一点
指定下一点或 [放弃 (U)]:	// 按 Enter 键结束
命令：	// 重复命令
LINE 指定第一点：ext	// 使用延伸捕捉命令 EXT
于 50	// 输入 *D* 点与 *A* 点的距离
指定下一点或 [放弃 (U)]: <130	// 指定线段 *DE* 的方向
指定下一点或 [放弃 (U)]:	// 在 *E* 点处单击一点
指定下一点或 [放弃 (U)]:	// 按 Enter 键结束

结果如图 3-52 所示。

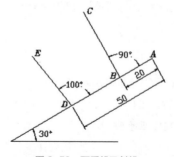

图 3-52　画垂线及斜线

3.4.3　用 XLINE 命令绘制任意角度斜线

XLINE 命令可以绘制无限长的构造线，利用它能直接绘制出水平方向、竖直方向及倾斜方向的直线。作图过程中采用此命令绘制定位线或辅助线是很方便的。

① **命令启动方法**
◎ **菜单命令**：【绘图】/【构造线】。
◎ **面板**：【默认】选项卡中【绘图】面板上的 按钮。
◎ **命令**：XLINE 或简写 XL。

【练习3-22】打开资源包文件"dwg\ 第 3 章 \3-22.dwg"，如图 3-53 左图所示，用 LINE、XLINE 和 TRIM 等命令将左图修改为右图。

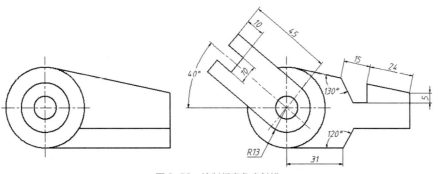

图 3-53　绘制任意角度斜线

STEP01 用 XLINE 命令绘制直线 *G*、*H*、*I*，用 LINE 命令绘制斜线 *J*，如图 3-54 左图所示。

命令：_xline 指定点或 [水平 (H)/ 垂直 (V)/ 角度 (A)/ 二等分 (B)/ 偏移 (O)]: v	
	// 使用 "垂直 (V)" 选项
指定通过点：ext	// 捕捉延伸点 *B*
于 24	// 输入 *B* 点与 *A* 点的距离
指定通过点：	// 按 Enter 键结束
命令：	// 重复命令
XLINE 指定点或 [水平 (H)/ 垂直 (V)/ 角度 (A)/ 二等分 (*B*)/ 偏移 (O)]: h	
	// 使用 "水平 (H)" 选项
指定通过点：ext	// 捕捉延伸点 *C*
于 5	// 输入 *C* 点与 *A* 点的距离
指定通过点：	// 按 Enter 键结束
命令：	// 重复命令
XLINE 指定点或 [水平 (H)/ 垂直 (V)/ 角度 (A)/ 二等分 (*B*)/ 偏移 (O)]: a	
	// 使用 "角度 (A)" 选项
输入构造线的角度 (0) 或 [参照 (R)]: r	// 使用 "参照 (R)" 选项
选择直线对象：	// 选择线段 *AB*
输入构造线的角度 <0>: 130	// 输入构造线与线段 *AB* 的夹角
指定通过点：ext	// 捕捉延伸点 *D*
于 39	// 输入 *D* 点与 *A* 点的距离
指定通过点：	// 按 Enter 键结束
命令：_line 指定第一点：ext	// 捕捉延伸点 *F*
于 31	// 输入 *F* 点与 *E* 点的距离
指定下一点或 [放弃 (U)]: <60	// 设定画线的角度
指定下一点或 [放弃 (U)]:	// 沿 60° 方向移动鼠标光标
指定下一点或 [放弃 (U)]:	// 单击一点结束

结果如图 3-54 左图所示。修剪多余线条，结果如图 3-54 右图所示。

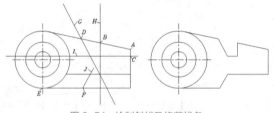

图 3-54 绘制斜线及修剪线条

STEP02 用 XLINE、OFFSET 和 TRIM 等命令绘制图形的其余部分。

② 命令选项

◎ **水平 (H)**：绘制水平方向直线。

◎ **垂直 (V)**：绘制竖直方向直线。

◎ **角度 (A)**：通过某点绘制一条与已知直线成一定角度的直线。

◎ **二等分 (B)**：绘制一条平分已知角度的直线。

◎ **偏移 (O)**：可输入一个偏移距离来绘制平行线，或者指定直线通过的点来创建新平行线。

3.4.4 画切线

画圆切线的情况一般有两种。

◎ 过圆外的一点作圆的切线。

◎ 绘制两个圆的公切线。

用户可利用 LINE 命令并结合切点捕捉命令 TAN 来绘制切线。此外，还有一种切线形式是沿指定的方向与圆或圆弧相切，可用 LINE 及 OFFSET 命令来绘制。

【**练习 3-23**】画圆的切线。

打开资源包文件"dwg\ 第 3 章 \3-23.dwg"，如图 3-55 左图所示。用 LINE 命令将左图修改为右图。

画圆的切线

命令：_line 指定第一点：end 于	// 捕捉端点 *A*，如图 3-55 右图所示
指定下一点或 [放弃 (U)]：tan 到	// 捕捉切点 *B*
指定下一点或 [放弃 (U)]：	// 按 Enter 键结束
命令：	// 重复命令
LINE 指定第一点：end 于	// 捕捉端点 *C*
指定下一点或 [放弃 (U)]：tan 到	// 捕捉切点 *D*
指定下一点或 [放弃 (U)]：	// 按 Enter 键结束
命令：	// 重复命令
LINE 指定第一点：tan 到	// 捕捉切点 *E*
指定下一点或 [放弃 (U)]:tan 到	// 捕捉切点 *F*
指定下一点或 [放弃 (U)]：	// 按 Enter 键结束
命令：	// 重复命令
LINE 指定第一点：tan 到	// 捕捉切点 *G*
指定下一点或 [放弃 (U)]:tan 到	// 捕捉切点 *H*
指定下一点或 [放弃 (U)]：	// 按 Enter 键结束

结果如图 3-55 右图所示。

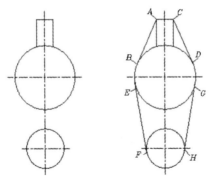

图 3-55　画切线

3.4.5　阶段练习——用斜线、切线及垂线绘图

【练习 3-24】打开资源包文件 "dwg\ 第 3 章 \3-24.dwg"，如图 3-56 左图所示，将左图修改为右图。

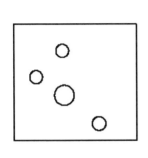
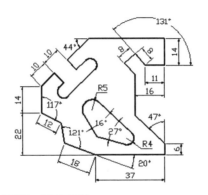

图 3-56　画斜线、切线及垂线

STEP01　打开极轴追踪、对象捕捉及捕捉追踪功能。设置极轴追踪角度增量为 90°，设定对象捕捉方式为端点和交点，设置仅沿正交方向进行捕捉追踪。

STEP02　用 LINE 命令绘制线段 *BC*，使用 XLINE 命令绘制斜线，结果如图 3-57 所示。修剪多余线条，结果如图 3-58 所示。

图 3-57　画斜线

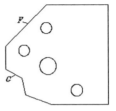

图 3-58　修剪结果

STEP03　绘制切线 *HI*、*JK* 及垂线 *NP*、*MO*，结果如图 3-59 所示。修剪多余线条，结果如图 3-60 所示。

STEP04　画线段 *FG*、*GH*、*JK*，结果如图 3-61 所示。

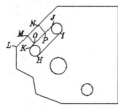

图 3-59　画切线和垂线

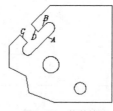

图 3-60　修剪结果

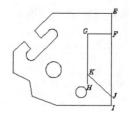

图 3-61　画线段 FG、GK 等

STEP05 用 XLINE 命令画斜线 O、P、R 等，结果如图 3-62 所示。修剪及删除多余线条，结果如图 3-63 所示。

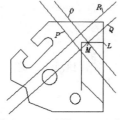

图 3-62　画斜线 O、P、R 等

图 3-63　修剪结果

STEP06 用 LINE、XLINE 及 OFFSET 等命令画切线 G、H 等，结果如图 3-64 所示。修剪及删除多余线条，结果如图 3-65 所示。

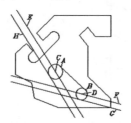

图 3-64　画切线 G、H 等

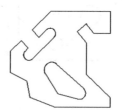

图 3-65　修剪结果

【练习 3-25】利用 LINE、XLINE、OFFSET 及 TRIM 等命令绘制平面图形，如图 3-66 所示。

绘制斜线、平行线等

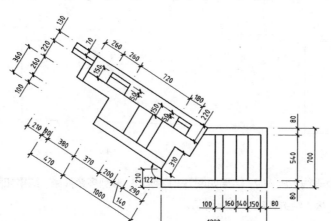

图 3-66　利用 OFFSET、TRIM 等命令绘图

主要作图步骤如图 3-67 所示。

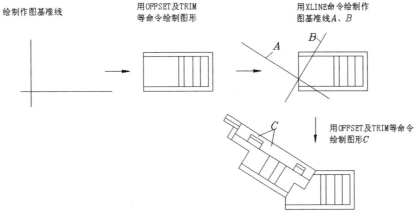

图 3-67　作图步骤

3.5　画圆及圆弧连接

工程图中画圆及圆弧连接的情况是很多的，本节将介绍画圆及圆弧连接的方法。

3.5.1　画圆

用 CIRCLE 命令绘制圆，默认的画圆方法是指定圆心和半径，此外，还可通过两点或三点来画圆。

①　命令启动方法

◎　**菜单命令**:【绘图】/【圆】。

◎　**面板**:【默认】选项卡中【绘图】面板上的 ⊙ 按钮。

◎　**命令**: CIRCLE 或简写 C。

【练习 3-26】 练习 CIRCLE 命令。

　　　命令：_circle 指定圆的圆心或 [三点 (3P)/ 两点 (2P)/ 切点、切点、半径 (T)]:

　　　　　　　　　　　　　　　// 指定圆心，如图 3-68 所示

　　　指定圆的半径或 [直径 (D)] <16.1749>:20　　// 输入圆半径

结果如图 3-68 所示。

画圆

图 3-68　画圆

②　命令选项

◎　**指定圆的圆心**: 默认选项。输入圆心坐标或拾取圆心后，AutoCAD 提示输入圆半径或直径值。

◎　**三点 (3P)**: 输入 3 个点绘制圆周。

◎　**两点 (2P)**: 指定直径的两个端点画圆。

◎ 切点、切点、半径 (T)：选取与圆相切的两个对象，然后输入圆半径。

3.5.2 绘制切线、圆及圆弧连接

用户可利用 LINE 命令并结合切点捕捉命令 TAN 绘制切线，用 CIRCLE 及 TRIM 命令形成各种圆弧连接。

【练习3-27】打开资源包文件"dwg\ 第 3 章 \3-27.dwg"，如图 3-69 左图所示，用 LINE、CIRCLE 等命令将左图修改为右图。

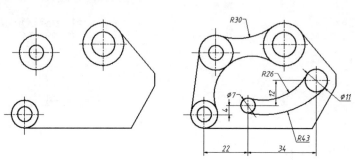

图 3-69　绘制圆及过渡圆弧

STEP01　绘制切线及过渡圆弧，如图 3-70 所示。

命令：_line 指定第一点：tan 到	// 捕捉切点 A
指定下一点或 [放弃 (U)]：tan 到	// 捕捉切点 B
指定下一点或 [放弃 (U)]：	// 按 Enter 键结束
命令：_circle 指定圆的圆心或 [三点 (3P)/ 两点 (2P)/ 相切、相切、半径 (T)]：3p	
	// 使用"三点 (3P)"选项
指定圆上的第一点：tan 到	// 捕捉切点 D
指定圆上的第二点：tan 到	// 捕捉切点 E
指定圆上的第三点：tan 到	// 捕捉切点 F
命令：	// 重复命令
CIRCLE 指定圆的圆心或 [三点 (3P)/ 两点 (2P)/ 相切、相切、半径 (T)]：t	
	// 利用"相切、相切、半径 (T)"选项
指定对象与圆的第一个切点：	// 捕捉切点 G
指定对象与圆的第二个切点：	// 捕捉切点 H
指定圆的半径 <10.8258>：30	// 输入圆半径
命令：	// 重复命令
命令：CIRCLE 指定圆的圆心或 [三点 (3P)/ 两点 (2P)/ 相切、相切、半径 (T)]：from	
	// 使用正交偏移捕捉
基点：int 于	// 捕捉交点 C
< 偏移 >：@22,4	// 输入相对坐标
指定圆的半径或 [直径 (D)] <30.0000>：3.5	// 输入圆半径

结果如图 3-70 左图所示。修剪多余线条，结果如图 3-70 右图所示。

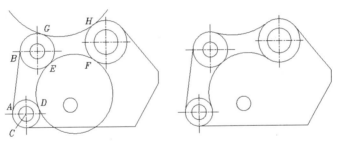

图 3-70　绘制切线及过渡圆弧

(STEP02) 用 LINE、CIRCLE、TRIM 等命令绘制图形的其余部分。

3.5.3　阶段练习——用圆弧连接绘图

【练习 3-28】用 LINE、CIRCLE、OFFSET、TRIM 等命令绘制图 3-71 所示的图形。

简单圆弧连接（1）

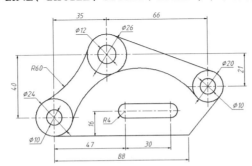

图 3-71　用 LINE、CIRCLE 等命令绘图

(STEP01) 创建两个图层。

名称	颜色	线型	线宽
轮廓线层	白色	Continuous	0.5
中心线层	红色	Center	默认

(STEP02) 通过【线型控制】下拉列表打开【线型管理器】对话框，在此对话框中设定线型全局比例因子为 0.2。

(STEP03) 打开极轴追踪、对象捕捉及自动追踪功能。指定极轴追踪角度增量为 90°，设定对象捕捉方式为端点和交点。

(STEP04) 设定绘图区域大小为 100×100。双击鼠标滚轮，使绘图区域充满整个绘图窗口。

(STEP05) 切换到中心线层，用 LINE 命令绘制圆的定位线 A、B，其长度约为 35，再用 OFFSET 及 LENGTHEN 命令形成其他定位线，如图 3-72 所示。

(STEP06) 切换到轮廓线层，绘制圆、过渡圆弧及切线，如图 3-73 所示。

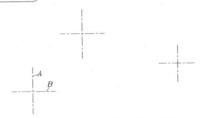

图 3-72　绘制圆的定位线

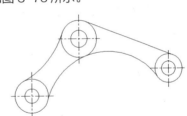

图 3-73　绘制圆、过渡圆弧及切线

STEP07 用 LINE 命令绘制线段 *C*、*D*，再用 OFFSET 及 LENGTHEN 命令形成定位线 *E*、*F* 等，如图 3-74 左图所示。绘制线框 *G*，结果如图 3-74 右图所示。

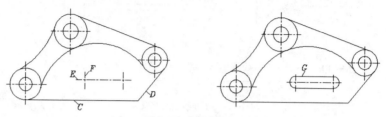

图 3-74 绘制线框 *G*

【练习 3-29】 用 LINE、CIRCLE 及 TRIM 等命令绘制图 3-75 所示的图形。

简单圆弧连接（2）

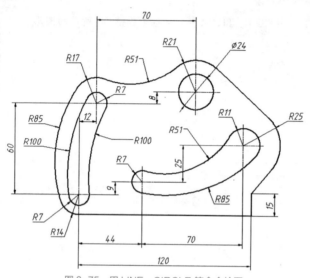

图 3-75 用 LINE、CIRCLE 等命令绘图

3.6 移动及复制对象

移动图形实体的命令是 MOVE，复制图形实体的命令是 COPY，这两个命令都可以在二维、三维空间中操作，它们的使用方法相似。

3.6.1 移动对象

启动 MOVE 命令后，先选择要移动的对象，然后指定对象移动的距离和方向，AutoCAD 就会将图形元素从原位置移动到新位置。

可通过以下方式指明对象移动的距离和方向。

◎ 在屏幕上指定两个点，这两点的距离和方向代表了实体移动的距离和方向，在指定第二点时，应该采用相对坐标。

◎ 以"*X*,*Y*"方式输入对象沿 *x*、*y* 轴移动的距离，或用"距离＜角度"方式输入对象位移的距离和方向。

◎ 打开正交状态或极轴追踪功能，就能方便地将对象只沿 *x*、*y* 轴及极轴方向移动。

命令启动方法

◎ 菜单命令：【修改】/【移动】。

◎ **面板**：【默认】选项卡中【修改】面板上的⊹按钮。

◎ **命令**：MOVE 或简写 M。

【练习3-30】练习 MOVE 命令。

打开资源包文件"dwg\ 第 3 章 \3-30.dwg"，如图 3-76 左图所示，用 MOVE 命令将左图修改为右图。

命令：_move	
选择对象：指定对角点：找到 3 个	// 选择圆，如图 3-76 左图所示
选择对象：	// 按 Enter 键确认
指定基点或 [位移 (D)] < 位移 >：	// 捕捉交点 A
指定第二个点或 < 使用第一个点作为位移 >：	// 捕捉交点 B
命令：	// 重复命令
MOVE	
选择对象：指定对角点：找到 1 个	// 选择小矩形
选择对象：	// 按 Enter 键确认
指定基点或 [位移 (D)] < 位移 >：90,30	// 输入沿 x、y 轴移动的距离
指定第二个点或 < 使用第一个点作为位移 >：	// 按 Enter 键结束
命令：MOVE	// 重复命令
选择对象：找到 1 个	// 选择大矩形
选择对象：	// 按 Enter 键确认
指定基点或 [位移 (D)] < 位移 >：45<-60	// 输入移动的距离和方向
指定第二个点或 < 使用第一个点作为位移 >：	// 按 Enter 键结束

结果如图 3-76 右图所示。

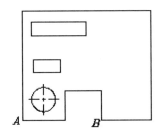 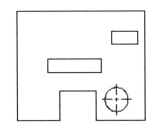

图 3-76　移动对象

3.6.2　复制对象

启动 COPY 命令后，先选择要复制的对象，然后指定对象复制的距离和方向，AutoCAD 就会将图形元素从原位置复制到新位置。

可通过以下方式指明对象复制的距离和方向。

◎ 在屏幕上指定两个点，这两点的距离和方向代表了实体复制的距离和方向，在指定第二点时，应该采用相对坐标。

◎ 以"*X,Y*"方式输入对象沿 *x*、*y* 轴复制的距离，或用"距离 < 角度"方式输入对象复制的距离和方向。

◎ 打开正交状态或极轴追踪功能，就能方便地将对象只沿 x、y 轴及极轴方向复制。

命令启动方法

◎ 菜单命令：【修改】/【复制】。

◎ 面板：【常用】选项卡中【修改】面板上的 按钮。

◎ 命令：COPY 或简写 CO。

【练习 3-31】 练习 COPY 命令。

打开资源包文件"dwg\ 第 3 章 \3-31.dwg"，如图 3-77 左图所示，用 COPY 命令将左图修改为右图。

命令：_copy

选择对象：指定对角点：找到 3 个　　　　　　　// 选择圆，如图 3-77 左图所示

选择对象：　　　　　　　　　　　　　　　　// 按 Enter 键确认

指定基点或 [位移 (D)/ 模式 (O)] < 位移 >：　　// 捕捉交点 A

指定第二个点或 [阵列 (A)] < 使用第一个点作为位移 >：　　　　// 捕捉交点 B

指定第二个点或 [阵列 (A)/ 退出 (E)/ 放弃 (U)] < 退出 >：　　　　// 捕捉交点 C

指定第二个点或 [阵列 (A)/ 退出 (E)/ 放弃 (U)] < 退出 >：　　　　// 按 Enter 键结束

命令：　　　　　　　　　　　　　　　　　　// 重复命令

COPY

选择对象：找到 1 个　　　　　　　　　　　　// 选择矩形

选择对象：　　　　　　　　　　　　　　　　// 按 Enter 键确认

指定基点或 [位移 (D) / 模式 (O)] < 位移 >：-90,-20　　// 输入沿 x、y 轴复制的距离

指定第二个点或 [阵列 (A)] < 使用第一个点作为位移 >：　　　　// 按 Enter 键结束

结果如图 3-77 右图所示。

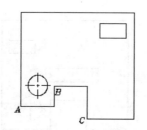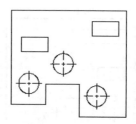

图 3-77　复制对象

3.6.3　复制时阵列

使用 COPY 命令的"阵列（A）"选项可在复制对象的同时阵列对象。启动该命令，指定复制的距离、方向及沿复制方向上的阵列数目，就会创建出线性阵列，如图 3-78 所示。操作时，可设定两个对象间的距离，也可设定阵列的总距离值。

图 3-78　复制时阵列对象

【练习 3-32】利用 COPY 命令阵列对象，如图 3-78 所示。

打开极轴追踪、对象捕捉及自动追踪功能。

命令：_copy

选择对象：找到 1 个　　　　　　　　　　　　　// 选择矩形 *A*，如图 3-78 所示

选择对象：　　　　　　　　　　　　　　　　　// 按 Enter 键

指定基点或 [位移 (D)/ 模式 (O)] < 位移 >：　　// 捕捉 *B* 点

指定第二个点或 [阵列 (A)] < 使用第一个点作为位移 >：a　// 选取"阵列 (A)"选项

输入要进行阵列的项目数：6　　　　　　　　　// 输入阵列数目

指定第二个点或 [布满 (F)]：16　　　　　　　　// 输入对象间的距离

指定第二个点或 [阵列 (A)/ 退出 (E)/ 放弃 (U)] < 退出 >：　// 按 Enter 键结束

结果如图 3-78 所示。

COPY 命令阵列对象

3.6.4　阶段练习——用 MOVE 及 COPY 命令绘图

【练习 3-33】打开资源包文件"dwg\ 第 3 章 \3-33.dwg"，如图 3-79 左图所示，用
MOVE、COPY 等命令将左图修改为右图。

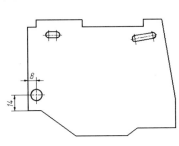
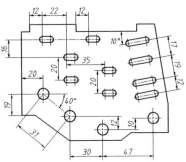

图 3-79　移动及复制对象

STEP01　移动及复制对象，如图 3-80 左图所示。

命令：_move　　　　　　　　　　　　　　　// 启动移动命令

选择对象：指定对角点：找到 3 个　　　　　　// 选择对象 *A*

选择对象：　　　　　　　　　　　　　　　　// 按 Enter 键确认

指定基点或 [位移 (D)] < 位移 >：12,5　　　　// 输入沿 *x*、*y* 轴移动的距离

指定第二个点或 < 使用第一个点作为位移 >：　// 按 Enter 键结束

命令：_copy　　　　　　　　　　　　　　　// 启动复制命令

选择对象：指定对角点：找到 7 个　　　　　　// 选择对象 *B*

选择对象：　　　　　　　　　　　　　　　　// 按 Enter 键确认

指定基点或 [位移 (D)/ 模式 (O)] < 位移 >：　// 捕捉交点 *C*

指定第二个点或 [阵列 (A)] < 使用第一个点作为位移 >：　// 捕捉交点 *D*

指定第二个点或 [阵列 (A) / 退出 (E)/ 放弃 (U)] < 退出 >：　// 按 Enter 键结束

命令：_copy　　　　　　　　　　　　　　　// 重复命令

选择对象：指定对角点：找到 7 个　　　　　　// 选择对象 *E*

选择对象：　　　　　　　　　　　　　　　　// 按 Enter 键

MOVE 及 COPY 命令
绘图

指定基点或 [位移 (D)/ 模式 (O)] < 位移 >: 17<-80   // 指定复制的距离及方向

指定第二个点或 [阵列 (A)] < 使用第一个点作为位移 >:   // 按 Enter 键结束

结果如图 3-80 右图所示。

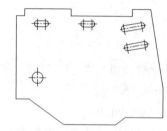

图 3-80　移动对象 *A* 及复制对象 *B*、*E*

(STEP02) 绘制图形的其余部分。

3.7　倒圆角和倒角

在工程图中，经常要绘制圆角和斜角。用户可分别利用 FILLET 和 CHAMFER 命令创建这些几何特征，下面介绍这两个命令的用法。

3.7.1　倒圆角

倒圆角是利用指定半径的圆弧光滑地连接两个对象，操作的对象包括直线、多段线、样条线、圆和圆弧等。对于多段线可一次将多段线的所有顶点都光滑地过渡（在第 5 章将详细介绍多段线）。

❶ 命令启动方法

◎　**菜单命令**:【修改】/【圆角】。

◎　**面板**:【默认】选项卡中【修改】面板上的 ⬜ 按钮。

◎　**命令**: FILLET 或简写 F。

【练习 3-34】练习 FILLET 命令。

打开资源包文件 "dwg\ 第 3 章 \3-34.dwg"，如图 3-81 左图所示，用 FILLET 命令将左图修改为右图。

倒圆角

命令 : _fillet

选择第一个对象或 [放弃 (U)/ 多段线 (P)/ 半径 (R)/ 修剪 (T)/ 多个 (M)]: r

　　　　　　　　　　　　　　　　// 设置圆角半径

指定圆角半径 <3.0000>: 5　　　　　// 输入圆角半径值

选择第一个对象或 [放弃 (U)/ 多段线 (P)/ 半径 (R)/ 修剪 (T)/ 多个 (M)]:

　　　　　　　　　　　　　　　　// 选择要倒圆角的第一个对象，如图 3-81 左图所示

选择第二个对象，或按住 Shift 键选择对象以应用角点或 [半径 (R)]:

　　　　　　　　　　　　　　　　// 选择要倒圆角的第二个对象

结果如图 3-81 右图所示。

❷ 命令选项

◎　**多段线** (P) : 选择多段线后，AutoCAD 对多段线的每个顶点进行倒圆角操作，如图 3-82 左图所示。

◎　**半径 (R)**：设定圆角半径。若圆角半径为 0，则系统将使被修剪的两个对象交于一点。

◎　**修剪 (T)**：指定倒圆角操作后是否修剪对象，如图 3-82 右图所示。

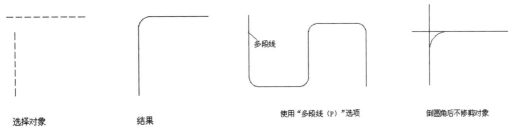

<table>
<tr><td>选择对象</td><td>结果</td><td>使用"多段线 (P)"选项</td><td>倒圆角后不修剪对象</td></tr>
</table>

图 3-81　倒圆角　　　　　　　　　　图 3-82　倒圆角的两种情况

◎　**多个 (M)**：可一次创建多个圆角。AutoCAD 将重复提示"选择第一个对象"和"选择第二个对象"，直到用户按 Enter 键结束命令。

◎　**按住 Shift 键选择对象以应用角点**：若按住 Shift 键选择第二个圆角对象，则以 0 值替代当前的圆角半径。

3.7.2　倒角

倒角使用一条斜线连接两个对象。倒角时既可以输入每条边的倒角距离，也可以指定某条边上倒角的长度及与此边的夹角。

①　命令启动方法

◎　**菜单命令**：【修改】/【倒角】。

◎　**面板**：【默认】选项卡中【修改】面板上的 ⬜ 按钮。

◎　**命令**：CHAMFER 或简写 CHA。

【练习 3-35】练习 CHAMFER 命令。

打开资源包文件 "dwg\ 第 3 章 \3-35.dwg"，如图 3-83 左图所示，用 CHAMFER 命令将左图修改为右图。

倒斜角

选择第一条直线 [放弃 (U)/ 多段线 (P)/ 距离 (D)/ 角度 (A)/ 修剪 (T)/ 方式 (E)/ 多个 (M)]: d

　　　　　　　　　　　　　　　　// 设置倒角距离

指定第一个倒角距离 <5.0000>: 5　　　　// 输入第一个边的倒角距离

指定第二个倒角距离 <5.0000>: 8　　　　// 输入第二个边的倒角距离

选择第一条直线或 [放弃 (U)/ 多段线 (P)/ 距离 (D)/ 角度 (A)/ 修剪 (T)/ 方式 (E)/ 多个 (M)]:

　　　　　　　　　　　　　　// 选择第一个倒角边，如图 3-83 左图所示

选择第二条直线，或按住 Shift 键选择直线以应用角点或 [距离 (D)/ 角度 (A)/ 方法 (M)]:

　　　　　　　　　　　　　　// 选择第二个倒角边

结果如图 3-83 右图所示。

②　命令选项

◎　**多段线 (P)**：选择多段线后，AutoCAD 将对多段线的每个顶点执行倒斜角操作，如图 3-84 左图所示。

◎　**距离 (D)**：设定倒角距离。若倒角距离为 0，则系统将被倒角的两个对象交于一点。

◎ **角度 (A)**：指定倒角角度，如图 3-84 右图所示。

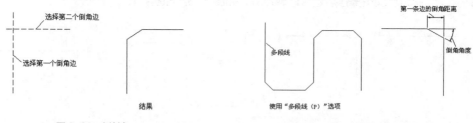

图 3-83 倒斜角   图 3-84 倒斜角的两种情况

◎ **修剪 (T)**：设置倒斜角时是否修剪对象。该选项与 FILLET 命令的"修剪 (T)"选项相同。

◎ **方式 (E)**：设置使用两个倒角距离还是一个距离一个角度来创建倒角，如图 3-84 右图所示。

◎ **多个 (M)**：可一次创建多个圆角。AutoCAD 将重复提示"选择第一条直线"和"选择第二条直线"，直到用户按 Enter 键结束命令。

◎ **按住 Shift 键选择直线以应用角点**：若按住 Shift 键选择第二个倒角对象，则以 0 值替代当前的倒角距离。

3.7.3 阶段练习——倒圆角及倒角

【练习 3-36】打开资源包文件"dwg\ 第 3 章 \3-36.dwg"，如图 3-85 左图所示，用 FILLET 及 CHAMFER 命令将左图修改为右图。

倒圆角及倒角

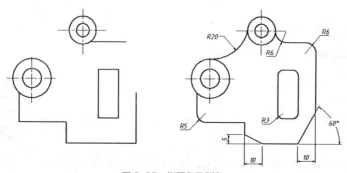

图 3-85 倒圆角及倒角

STEP01 倒圆角，圆角半径为 R5，如图 3-85 所示。

命令：_fillet

选择第一个对象或 [放弃 (U)/ 多段线 (P)/ 半径 (R)/ 修剪 (T)/ 多个 (M)]: r　　　　// 设置圆角半径

指定圆角半径 <3.0000>: 5　　　　　　　　　　　　　　　　　　　　// 输入圆角半径值

选择第一个对象或 [放弃 (U)/ 多段线 (P)/ 半径 (R)/ 修剪 (T)/ 多个 (M)]://选择线段 A

选择第二个对象：　　　　　　　　　　　　　　　　　　　　　　　// 选择线段 B

结果如图 3-86 所示。

STEP02 倒角，倒角距离分别为 5 和 10，如图 3-85 所示。

命令：_chamfer

选择第一条直线 [放弃 (U)/ 多段线 (P)/ 距离 (D)/ 角度 (A)/ 修剪 (T)/ 方式 (E)/ 多个 (M)]: d

　　　　　　　　　　　　　　　// 设置倒角距离

指定第一个倒角距离 <3.0000>: 5　　　　　　// 输入第一个边的倒角距离

指定第二个倒角距离 <5.0000>: 10　　　　　// 输入第二个边的倒角距离

选择第一条直线或 [放弃 (U)/ 多段线 (P)/ 距离 (D)/ 角度 (A)/ 修剪 (T)/ 方式 (E)/ 多个 (M)]: // 选择线段 C

选择第二条直线：　　　　　　　　　　　　// 选择线段 D

结果如图 3-86 所示。

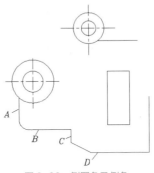

图 3-86　倒圆角及倒角

(STEP03) 创建其余圆角及斜角。

3.8　综合练习 1 ——画线段构成的图形

【练习 3-37】用 LINE、OFFSET 及 TRIM 等命令绘制如图 3-87 所示的图形。

画直线构成的图形（1）

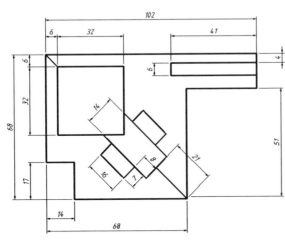

图 3-87　画线段构成的图形

(STEP01) 打开极轴追踪、对象捕捉及自动追踪功能。设置极轴追踪角度增量为 90°，设定对象捕捉方式为端点和交点，设置仅沿正交方向进行捕捉追踪。

(STEP02) 设定绘图区域大小为 150×150，并使该区域充满整个绘图窗口。

(STEP03) 画两条水平及竖直的作图基准线 A、B，如图 3-88 所示。线段 A 的长度约为 130，线段 B 的长度约为 80。

(STEP04) 使用 OFFSET 及 TRIM 命令绘制线框 C，如图 3-89 所示。

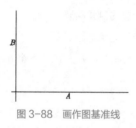

图 3-88　画作图基准线

图 3-89　绘制线框 C

STEP05　连线 EF，再用 OFFSET 及 TRIM 命令画线框 G，如图 3-90 所示。

STEP06　用 XLINE、OFFSET 及 TRIM 命令绘制线段 A、B、C 等，如图 3-91 所示。

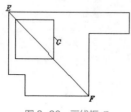

图 3-90　画线框 G

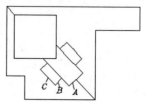

图 3-91　绘制线段 A、B、C 等

STEP07　用 LINE 命令绘制线框 H，结果如图 3-92 所示。

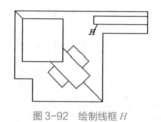

图 3-92　绘制线框 H

【练习 3-38】用 LINE、OFFSET、EXTEND 及 TRIM 等命令绘制如图 3-93 所示的图形。

画直线构成的图形（2）

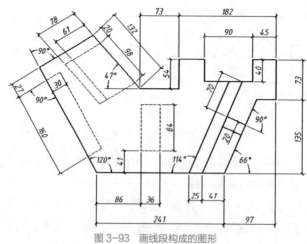

图 3-93　画线段构成的图形

3.9　综合练习 2 ——用 OFFSET 和 TRIM 命令构图

【练习 3-39】用 LINE、OFFSET 及 TRIM 等命令绘制如图 3-94 所示的图形。

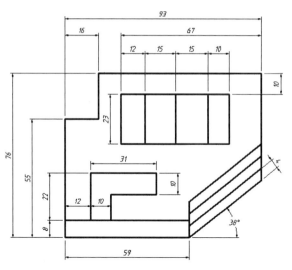

图 3-94　用 OFFSET 和 TRIM 命令画图

STEP01 打开极轴追踪、对象捕捉及捕捉追踪功能。设置极轴追踪角度增量为 90°，设定对象捕捉方式为端点和交点，设置仅沿正交方向进行捕捉追踪。

STEP02 设定绘图区域大小为 150×150，并使该区域充满整个绘图窗口。

STEP03 画水平及竖直的作图基准线 A、B，如图 3-95 所示。线段 A 的长度约为 120，线段 B 的长度约为 110。

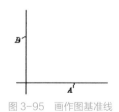

图 3-95　画作图基准线

STEP04 用 OFFSET 命令画平行线 C、D、E、F，如图 3-96 所示。修剪多余线条，结果如图 3-97 所示。

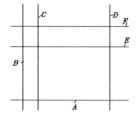

图 3-96　画平行线 C、D、E、F

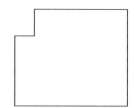

图 3-97　修剪结果

STEP05 以线段 G、H 为作图基准线，用 OFFSET 命令形成平行线 I、J、K、L 等，如图 3-98 所示。修剪多余线条，结果如图 3-99 所示。

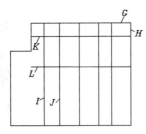

图 3-98　画平行线 *I*、*J*、*K*、*L* 等

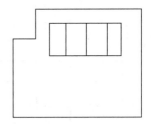

图 3-99　修剪结果

STEP06　画平行线 *A*，再用 XLINE 命令画斜线 *B*，如图 3-100 所示。

STEP07　画平行线 *C*、*D*、*E*，然后修剪多余线条，结果如图 3-101 所示。

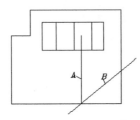

图 3-100　画直线 *A*、*B* 等

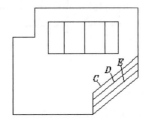

图 3-101　画平行线 *C*、*D*、*E*

STEP08　画平行线 *F*、*G*、*H*、*I* 和 *J* 等，如图 3-102 所示。修剪多余线条，结果如图 3-103 所示。

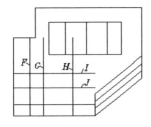

图 3-102　画平行线 *F*、*G*、*H* 等

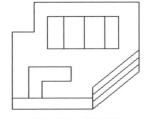

图 3-103　修剪结果

【练习 3-40】用 LINE、CIRCLE、XLINE、OFFSET、TRIM 等命令绘制图 3-104 所示的图形。

用偏移和修剪命令快速绘图（2）

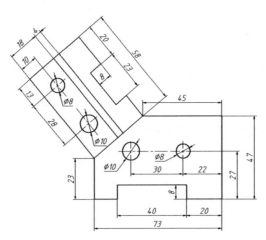

图 3-104　用 LINE、OFFSET 等命令绘图

主要作图步骤如图 3-105 所示。

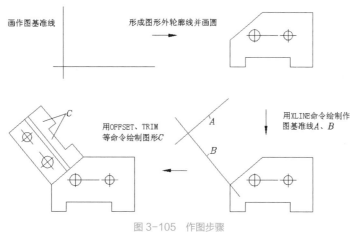

图 3-105　作图步骤

3.10　综合练习 3——画线段及圆弧连接

【练习 3-41】用 LINE、CIRCLR、OFFSET 及 TRIM 等命令绘制如图 3-106 所示的图形。

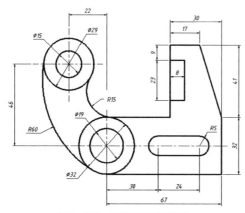

画线段及圆弧连接（1）

图 3-106　画线段及圆弧连接

STEP01 打开极轴追踪、对象捕捉及捕捉追踪功能。设置极轴追踪角度增量为 90°，设定对象捕捉方式为端点、圆心和交点，设置仅沿正交方向进行捕捉追踪。

STEP02 画圆 A、B、C 和 D，如图 3-107 所示，圆 C、D 的圆心可利用正交偏移捕捉确定。

STEP03 利用 CIRCLE 命令的"切点、切点、半径 (T)"选项画过渡圆弧 E、F，如图 3-108 所示。

STEP04 用 LINE 命令绘制线段 G、H、I 等，如图 3-109 所示。

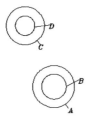

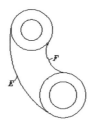

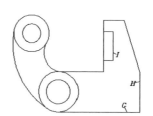

图 3-107　画圆　　　　图 3-108　画过渡圆弧 E、F　　　　图 3-109　绘制线段 G、H、I 等

STEP05 画圆 *A*、*B* 及两条切线 *C*、*D*，如图 3-110 所示。修剪多余线条，结果如图 3-111 所示。

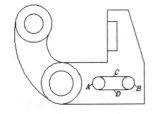

图 3-110　画圆及切线

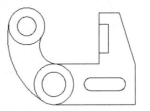

图 3-111　修剪多余线条

【练习 3-42 】用 LINE、CIRCLR、OFFSET 及 TRIM 等命令绘制如图 3-112 所示的图形。

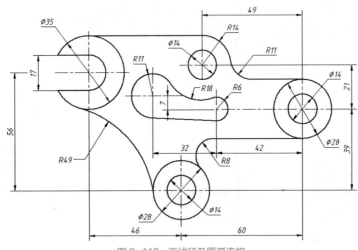

图 3-112　画线段及圆弧连接

画线段及圆弧连接（2）

3.11　综合练习 4 ——画圆及圆弧连接

【练习 3-43 】用 LINE、CIRCLR 及 TRIM 等命令绘制如图 3-113 所示的图形。

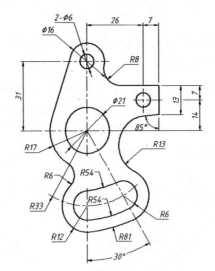

图 3-113　画切线及圆弧连接

画圆及圆弧连接（1）

STEP01 创建以下两个图层。

名称	颜色	线型	线宽
粗实线	白色	Continuous	0.7
中心线	白色	Center	默认

STEP02 设置作图区域的大小为 100×100，再设定全局线型比例因子为 0.2。

STEP03 利用 LINE 和 OFFSET 命令绘制图形元素的定位线 A、B、C、D、E 等，如图 3-114 所示。

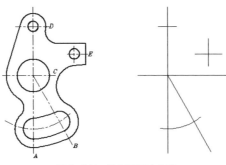

图 3-114　绘制图形定位线

STEP04 使用 CIRCLE 命令绘制图 3-115 所示的圆。

STEP05 利用 LINE 命令绘制圆的切线 A，再利用 FILLET 命令绘制过渡圆弧 B，如图 3-116 所示。

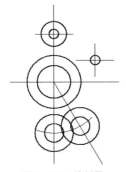

图 3-115　绘制圆

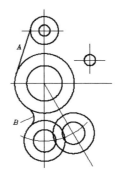

图 3-116　绘制切线及倒圆角

STEP06 使用 LINE 和 OFFSET 命令绘制平行线 C、D 及斜线 E，如图 3-117 所示。

STEP07 使用 CIRCLE 和 TRIM 命令绘制过渡圆弧 G、H、M、N，如图 3-118 所示。

STEP08 修剪多余线段，再将定位线的线型修改为中心线，结果如图 3-119 所示。

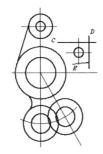

图 3-117　绘制线段 C、D、E

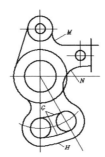

图 3-118　绘制过渡圆弧

图 3-119　修剪线段并调整线型

【练习3-44】用 LINE、CIRCLR 及 TRIM 等命令绘制如图 3-120 所示的图形。

画圆及圆弧连接（2）

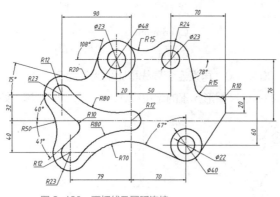

图 3-120　画切线及圆弧连接

3.12　习题

1. 利用点的相对坐标画线，如图 3-121 所示。

2. 打开极轴追踪、对象捕捉及自动追踪功能画线，如图 3-122 所示。

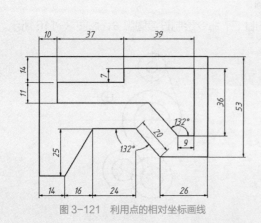

图 3-121　利用点的相对坐标画线

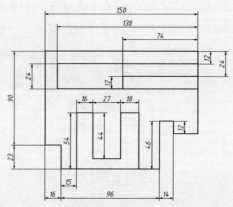

图 3-122　利用极轴追踪、自动追踪等功能画线

3. 用 OFFSET 及 TRIM 命令绘图，如图 3-123 所示。

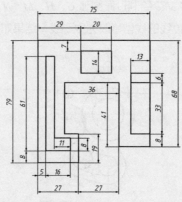

图 3-123　用 OFFSET 及 TRIM 命令绘图

4. 用 OFFSET 及 TRIM 等命令绘图，如图 3–124 所示。

5. 用 OFFSET 及 TRIM 等命令绘图，如图 3–125 所示。

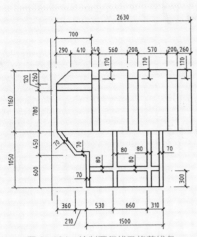

图 3–124　绘制平行线及修剪线条

图 3–125　绘制平行线及修剪线条

6. 绘制如图 3–126 所示的图形。

7. 绘制如图 3–127 所示的图形。

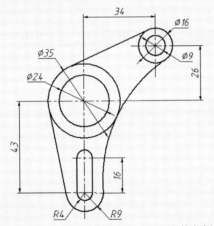

图 3–126　用 LINE、CIRCLE 及 OFFSET 等命令绘图

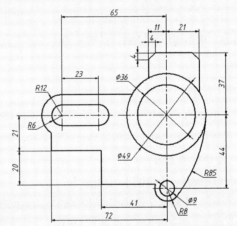

图 3–127　用 LINE、CIRCLE 及 OFFSET 等命令绘图

第4章
基本绘图及编辑（二）

主要内容

- 绘制矩形、正多边形及椭圆。
- 矩形、环形及沿路径阵列对象。
- 镜像、对齐及拉伸图形。
- 按比例缩放图形。
- 关键点编辑方式。
- 绘制断裂线及填充剖面图案。

4.1 绘制矩形、正多边形及椭圆

矩形、正多边形及椭圆等是构成图形的基本元素，在绘图过程中的使用频率较高，本节主要介绍它们的绘制方法。

4.1.1 绘制矩形

RECTANG 命令用于绘制矩形，用户只需指定矩形对角线的两个端点就能画出矩形。绘制时，也可通过参数的设置指定顶点处的倒角距离及圆角半径。矩形的各边并非单一对象，它们构成一个单独对象（多段线）。

① 命令启动方法

◎ 菜单命令:【绘图】/【矩形】。

◎ 面板:【默认】选项卡中【绘图】面板上的□按钮。

◎ 命令: RECTANG 或简写 REC。

【练习4-1】打开资源包文件"\dwg\第 4 章\4-1.dwg"，如图 4-1 左图所示，用 RECTANG 和 OFFSET 命令将左图修改为右图。

 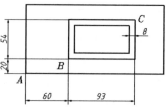 

画矩形

图 4-1　绘制矩形

命令：_rectang

指定第一个角点或 [倒角 (C)/ 标高 (E)/ 圆角 (F)/ 厚度 (T)/ 宽度 (W)]: from

　　　　　　　　　　　　　　　　　　　　　　// 使用正交偏移捕捉

基点：int 于　　　　　　　　　　　　　　　　// 捕捉 A 点

< 偏移 >: @60,20　　　　　　　　　　　　　　// 输入 B 点的相对坐标

指定另一个角点或 [面积 (A)/ 尺寸 (D)/ 旋转 (R)]: @93,54　　// 输入 C 点的相对坐标

用 OFFSET 命令将矩形向内偏移，偏移距离为 8，结果如图 4-1 右图所示。

② 命令选项

◎ **指定第一个角点**：在此提示下，用户指定矩形的一个角点。拖动鼠标光标时，屏幕上显示出一个矩形。

◎ **指定另一个角点**：在此提示下，用户指定矩形的另一角点。

◎ **倒角 (C)**：指定矩形各顶点倒角的大小。

◎ **标高 (E)**：确定矩形所在的平面高度。默认情况下，矩形是在 xy 平面内（z 坐标值为 0）。

◎ **圆角 (F)**：指定矩形各顶点倒圆角半径。

◎ **厚度 (T)**：设置矩形的厚度，在三维绘图时常使用该选项。

◎ **宽度 (W)**：该选项使用户可以设置矩形边的宽度。

◎ **面积 (A)**：先输入矩形面积，再输入矩形长度或宽度值创建矩形。

◎ **尺寸 (D)**：输入矩形的长、宽尺寸创建矩形。

◎ **旋转 (R)**：设定矩形的旋转角度。

4.1.2　绘制正多边形

POLYGON 命令用于绘制正多边形，其边数可以在 3 ～ 1024 之间。正多边形的各边并非单一对象，它们构成一个单独对象（多段线）。正多边形有以下两种画法。

◎ 指定正多边形边数及多边形中心。

◎ 指定正多边形边数及某一边的两个端点。

① 命令启动方法

◎ **菜单命令**:【绘图】/【正多边形】。

◎ **面板**:【默认】选项卡中【绘图】面板上的⬡按钮。

◎ **命令**: POLYGON 或简写 POL。

【**练习 4-2**】打开资源包文件 "\dwg\ 第 4 章 \4-2.dwg"，该文件包含一个大圆和一个小圆，用 POLYGON 命令绘制出圆的内接正多边形和外切正多边形，如图 4-2 所示。

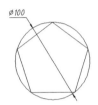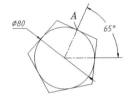

图 4-2　绘制正多边形

命令：_polygon 输入侧面数 <4>: 5　　　　　// 输入正多边形的边数

指定正多边形的中心点或 [边 (E)]: cen 于　　// 捕捉大圆的圆心，如图 4-2 左图所示

输入选项 [内接于圆 (I)/ 外切于圆 (C)] <I>: I	// 采用内接于圆的方式绘制正多边形
指定圆的半径 : 50	// 输入半径值
命令 :	// 重复命令
POLYGON 输入边的数目 <5>:	// 按 Enter 键接受默认值
指定正多边形的中心点或 [边 (E)]: cen 于	// 捕捉小圆的圆心，如图 4-2 右图所示
输入选项 [内接于圆 (I)/ 外切于圆 (C)] <I>: c	// 采用外切于圆的方式绘制正多边形
指定圆的半径 : @40<65	// 输入 A 点的相对坐标

结果如图 4-2 所示。

❷ 命令选项

◎ **指定正多边形的中心点**：用户输入多边形边数后，再拾取多边形中心点。

◎ **内接于圆 (I)**：根据外接圆生成正多边形。

◎ **外切于圆 (C)**：根据内切圆生成正多边形。

◎ **边 (E)**：输入正多边形边数后，再指定某条边的两个端点即可绘制出正多边形。

4.1.3 绘制椭圆

ELLIPSE 命令用于创建椭圆，椭圆包含椭圆中心、长轴及短轴等几何特征。画椭圆的默认方法是指定椭圆第一根轴线的两个端点及另一轴长度的一半。另外，也可通过指定椭圆中心、第一轴的端点及另一轴线的半轴长度来创建椭圆。

❶ 命令启动方法

◎ **菜单命令**：【绘图】/【椭圆】。

◎ **面板**：【默认】选项卡中【绘图】面板上的 按钮。

◎ **命令**：ELLIPSE 或简写 EL。

【练习 4-3】利用 ELLIPSE 命令绘制椭圆，如图 4-3 所示。

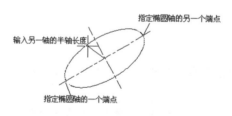

图 4-3 绘制椭圆

命令 : _ellipse

指定椭圆的轴端点或 [圆弧 (A)/ 中心点 (C)]:	// 拾取椭圆轴的一个端点，如图 4-3 所示
指定轴的另一个端点 : @500<30	// 输入椭圆轴另一端点的相对坐标
指定另一轴半轴长度或 [旋转 (R)]: 130	// 输入另一轴的半轴长度

结果如图 4-3 所示。

❷ 命令选项

◎ **圆弧 (A)**：该选项使用户可以绘制一段椭圆弧。过程是先绘制一个完整的椭圆，随后系统提示用户指定椭圆弧的起始角及终止角。

◎ **中心点 (C)**：通过椭圆中心点、长轴及短轴来绘制椭圆。

◎ **旋转 (R)**：按旋转方式绘制椭圆，即将圆绕直径转动一定角度后，再投影到平面上形成椭圆。

4.1.4　阶段练习——绘制由矩形、正多边形及椭圆等构成的图形

【练习 4-4】用 LINE、RECTANG、POLYGON、ELLIPSE 等命令绘制平面图形，如图 4-4 所示。

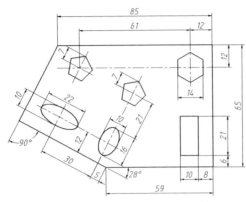

图 4-4　绘制矩形、正多边形及椭圆等

(STEP01) 打开极轴追踪、对象捕捉及自动追踪功能。设置极轴追踪角度增量为 90°，设置对象捕捉方式为端点和交点。

(STEP02) 用 LINE、OFFSET、LENGTHEN 等命令绘制外轮廓线、正多边形和椭圆的定位线，如图 4-5 左图所示。然后绘制矩形、多边形及椭圆。

命令：_rectang	// 绘制矩形
指定第一个角点或 [倒角 (C)/ 标高 (E)/ 圆角 (F)/ 厚度 (T)/ 宽度 (W)]: from	
	// 使用正交偏移捕捉
基点：	// 捕捉交点 A
＜偏移＞: @-8,6	// 输入 B 点的相对坐标
指定另一个角点或 [面积 (A)/ 尺寸 (D)/ 旋转 (R)]: @-10,21	
	// 输入 C 点的相对坐标
命令：_polygon 输入边的数目 <4>: 5	// 输入多边形的边数
指定正多边形的中心点或 [边 (E)]:	// 捕捉交点 D
输入选项 [内接于圆 (I)/ 外切于圆 (C)] <I>: I	// 按内接于圆的方式画多边形
指定圆的半径：@7<62	// 输入 E 点的相对坐标
命令：_ellipse	// 绘制椭圆
指定椭圆的轴端点或 [圆弧 (A)/ 中心点 (C)]: c	// 使用"中心点 (C)"选项
指定椭圆的中心点：	// 捕捉 F 点
指定轴的端点：@8<62	// 输入 G 点的相对坐标
指定另一条半轴长度或 [旋转 (R)]: 5	// 输入另一半轴长度

结果如图 4-5 右图所示。

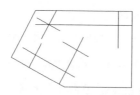
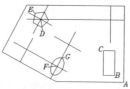

图 4-5　绘制矩形、五边形及椭圆

STEP03 绘制图形的其余部分，然后修改定位线所在的图层。

【练习 4-5】 用 LINE、ELLIPSE 及 POLYGON 等命令绘制出图 4-6 所示的图形。

画矩形、椭圆及多边形
（2）

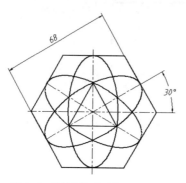

图 4-6　绘制六边形、椭圆及三角形

主要作图步骤如图 4-7 所示。

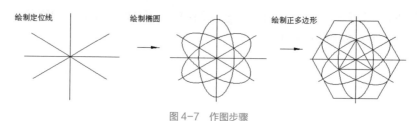

图 4-7　作图步骤

4.2 阵列及镜像对象

几何元素的均布特征以及图形的对称关系在作图中经常遇到。绘制均布特征时使用 ARRAY 命令，可指定矩形阵列或是环形阵列。对于图形中的对称关系，用户可用 MIRROR 命令创建，操作时可选择删除或保留原来的对象。

下面说明均布及对称几何特征的绘制方法。

4.2.1 矩形阵列对象

ARRAYRECT 命令用于创建矩形阵列。矩形阵列是指将对象按行、列方式进行排列。操作时，用户一般应提供阵列的行数、列数、行间距及列间距等。对于已生成的矩形阵列，可利用旋转命令或通过关键点编辑方式改变阵列方向，形成倾斜的阵列。

除可在 xy 平面阵列对象外，还可沿 z 轴方向均布对象，用户只需设定阵列的层数及层间距即可。默认层数为 1。

创建的阵列分为关联阵列及非关联阵列，前者包含的所有对象构成一个对象，后者中的每个对象都是独立的。

命令启动方法

◎ 菜单命令：【修改】/【阵列】/【矩形阵列】。

◎ 面板：【默认】选项卡中【修改】面板上的按钮。

◎ 命令：ARRAYRECT 或简写 AR（ARRAY）。

【练习 4-6】打开资源包文件“dwg\第 4 章\4-6.dwg”，如图 4-8 左图所示，用 ARRAYRECT 命令将左图修改为右图。

矩形阵列对象

A
B
列间距
20
行间距
18
15
40°
10

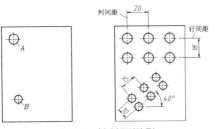

图 4-8 创建矩形阵列

STEP01 启动矩形阵列命令，选择要阵列的图形对象 *A*，按 Enter 键后，弹出【阵列创建】选项卡，如图 4-9 所示。

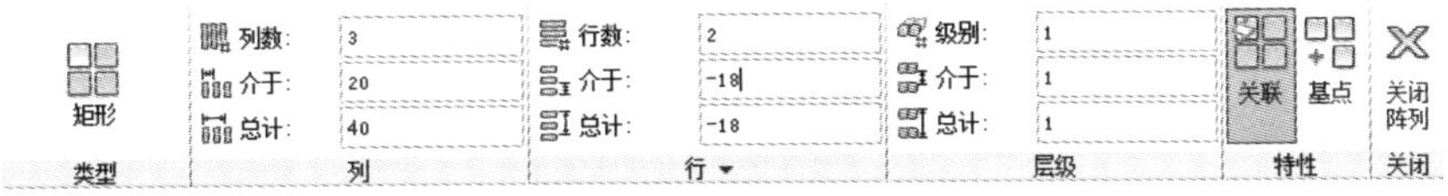

矩形
类型
列数: 3
介于: 20
总计: 40
列
行数: 2
介于: -18
总计: -18
行
级别: 1
介于: 1
总计: 1
层级
关联
基点
特性
关闭阵列
关闭

图 4-9 【阵列创建】选项卡

STEP02 分别在【行数】、【列数】文本框中输入阵列的行数及列数，如图 4-9 所示。行的方向与坐标系的 x 轴平行，列的方向与 y 轴平行。每输入完一个数值，按 Enter 键或单击其他文本框，系统显示预览效果图片。

STEP03 分别在【列】、【行】面板的【介于】文本框中输入列间距及行间距，如图 4-9 所示。行、列间距的数值可为正或负。若是正值，则 AutoCAD 沿 x、y 轴的正方向形成阵列；反之，沿反方向形成阵列。

STEP04 【层级】面板的参数用于设定阵列的层数及层高，层的方向是沿着 z 轴方向。默认情况下，（关联）按钮是按下的，表明创建的矩形阵列是一个整体对象，否则，每个项目为单独对象。

STEP05 创建圆的矩形阵列后，再选中它，弹出【阵列】选项卡，如图 4-10 所示。通过此选项卡可编辑阵列参数。此外，还可重新设定阵列基点，以及通过修改阵列中的某个图形对象使所有阵列对象发生变化。

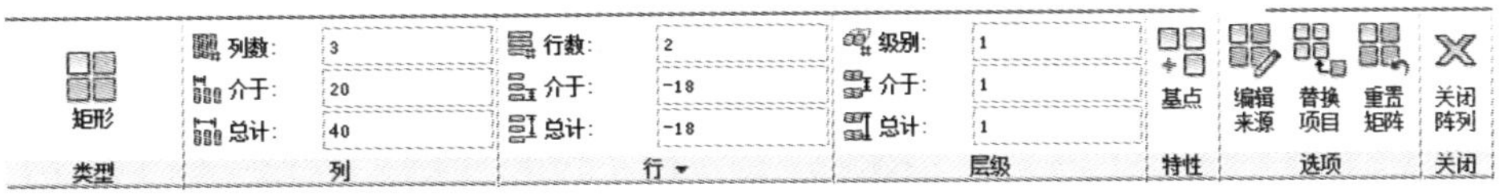

矩形
类型
列数: 3
介于: 20
总计: 40
列
行数: 2
介于: -18
总计: -18
行
级别: 1
介于: 1
总计: 1
层级
基点
特性
编辑来源
替换项目
重置矩阵
选项
关闭阵列
关闭

图 4-10 【阵列】选项卡

【阵列】选项卡中一些选项的功能如下。

◎ 【基点】：设定阵列的基点。

◎ 【编辑来源】：选择阵列中的一个对象进行修改，完成后将使所有对象更新。

◎ 【替换项目】：用新对象替换阵列中的多个对象。操作时，先选择新对象，并指定基点，再选择阵列中要替换的对象即可。若想一次替换所有对象，可单击命令行中的“源对象 (S)”选项。

◎ 【重置矩阵】：对阵列中的对象进行替换操作时，若有错误，按 Esc 键，再单击 ▦（重置矩阵）按钮进行恢复。

STEP06 创建图形对象 *B* 的矩形阵列，如图 4-11 左图所示。阵列参数为行数"2"、列数"3"、行间距"-10"、列间距"15"。创建完成后，使用 ROTATE 命令将该阵列旋转到指定的倾斜方向。

STEP07 利用关键点改变两个阵列方向间的夹角。选中阵列对象，将鼠标光标移动到箭头形状的关键点处，出现快捷菜单，如图 4-11 所示。利用【轴角度】命令可以设定行、列两个方向间的夹角。设置完成后，鼠标光标所在处的阵列方向将变动，而另一方向不变。

旋转矩形阵列

图 4-11 创建倾斜方向的矩形阵列

4.2.2 环形阵列对象

ARRAYPOLAR 命令用于创建环形阵列。环形阵列是指把对象绕阵列中心等角度均匀分布。决定环形阵列的主要参数有阵列中心、阵列总角度及阵列数目。此外，用户也可通过输入阵列总数及每个对象间的夹角来生成环形阵列。

如果要沿径向或 *z* 轴方向分布对象，还可设定环形阵列的行数（同心分布的圈数）及层数。

命令启动方法

◎ 菜单命令：【修改】/【阵列】/【环形阵列】。

◎ 面板：【默认】选项卡中【修改】面板上的 ▦ 按钮。

◎ 命令：ARRAYPOLAR 或简写 AR。

【练习 4-7】打开资源包文件"dwg\ 第 4 章 \4-7.dwg"，如图 4-12 左图所示，用ARRAYPOLAR 命令将左图修改为右图。

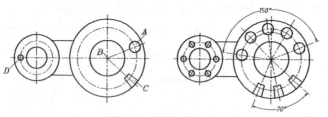

环形阵列对象

图 4-12 创建环形阵列

STEP01 启动环形阵列命令，选择要阵列的图形对象 *A*，再指定阵列中心点 *B*，弹出【阵列创建】选项卡，如图 4-13 所示。

极轴	项目数	5	行数	1	级别	1	关联	基点	旋转项目	方向	关闭阵列
	介于	38	介于	18.362	介于	1					
	填充	150	总计	18.362	总计	1					
类型	项目		行 ▾		层级		特性				关闭

图 4-13 创建环形阵列

STEP02 在【项目数】及【填充】文本框中输入阵列的数目及阵列分布的总角度值，也可在【介于】文本框中输入阵列项目间的夹角，如图 4-13 所示。

STEP03 单击 （方向）按钮，设定环形阵列沿顺时针或逆时针方向。

STEP04 在【行】面板中可以设定环形阵列沿径向分布的数目及间距；在【层级】面板中可以设定环形阵列沿 z 轴方向阵列的数目及间距。

STEP05 继续创建对象 C、D 的环形阵列，结果如图 4-12 右图所示。

STEP06 默认情况下， （关联）按钮是按下的，表明创建的阵列是一个整体对象，否则，每个项目为单独对象。 （旋转项目）按钮控制阵列时，各个项目是否与源对象保持平行。

STEP07 选中已创建的环形阵列，弹出【阵列】选项卡，可编辑阵列参数。此外，还可通过修改阵列中的某个图形对象使得所有阵列对象发生变化。该选项卡中一些按钮的功能，可参见上一节的内容。

4.2.3 沿路径阵列对象

ARRAYPATH 命令用于沿路径阵列对象。沿路径阵列是指将对象沿路径均匀分布或按指定的距离进行分布。路径可以是直线、多段线、样条曲线、圆弧及圆等。创建路径阵列时可指定阵列对象间和路径是否关联，还可设置对象在阵列时的方向及是否与路径对齐。

命令启动方法

◎ **菜单命令:**【修改】/【阵列】/【路径阵列】。

◎ **面板:**【默认】选项卡中【修改】面板上的 按钮。

◎ **命令:** ARRAYPATH 或简写 AR。

【**练习 4-8**】绘制圆、矩形及阵列路径——直线和圆弧，将圆和矩形分别沿直线和圆弧阵列，如图 4-14 所示。

沿路径阵列对象

图 4-14 沿路径阵列对象

STEP01 启动路径阵列命令，选择阵列对象"圆"，按 Enter 键，再选择阵列路径"直线"，弹出【阵列创建】选项卡，如图 4-15 所示。

类型	项目			行 ▾			层级			特性						关闭
路径	项目数:	5		行数:	1		级别:	1		关联	基点	切线方向	定数等分	对齐项目	Z 方向	关闭阵列
	介于:	895.7336		介于:	936.7707		介于:	1								
	总计:	3582.9344		总计:	936.7707		总计:	1								

图 4-15 【阵列】对话框

STEP02 单击 按钮，再在【项目数】文本框中输入阵列数目，按 Enter 键预览阵列效果。也可单击 按钮，然后输入项目间距形成阵列。

STEP03 用同样的方法将矩形沿圆弧均布阵列，阵列数目为 8。在【阵列创建】选项卡中单击 按钮，设定矩形底边中点为阵列基点；再单击 按钮指定矩形底边为切线方向。

STEP04 工具用于观察阵列时对齐的效果。若是单击该按钮，则每个矩形底边都与圆弧的切线方向一致；否则，各个项目都与第一个起始对象保持平行。

(STEP05) 若选择 （关联）选项，则创建的阵列是一个整体对象（否则，每个项目为单独对象）。选中该对象，弹出【阵列】选项卡，可编辑阵列参数及路径。此外，还可通过修改阵列中的某个图形对象，使得所有阵列对象发生变化。

4.2.4　编辑关联阵列

选中关联阵列，弹出【阵列】选项卡，通过此选项卡可修改"阵列"的以下属性。

◎ 阵列的行数、列数及层数，行间距、列间距及层间距。

◎ 阵列的数目、项目间的夹角。

◎ 沿路径分布的对象间的距离，对齐方向。

◎ 修改阵列的源对象（其他对象自动改变），替换阵列中的个别对象。

【练习 4-9】打开资源包文件"dwg\ 第 4 章 \4-9.dwg"，沿路径阵列对象，如图 4-16左图所示，然后将左图修改为右图。

图 4-16　编辑阵列

(STEP01) 沿路径阵列对象，如图 4-16 左图所示。阵列基点为 *A* 点，*BC* 连线与路径切线方向一致。

(STEP02) 选中阵列，弹出【阵列】选项卡，单击 按钮，选择任意一个阵列对象，然后以矩形对角线交点为圆心画圆。

(STEP03) 单击【编辑阵列】面板中的 按钮，结果如图 4-16 右图所示。

4.2.5　沿倾斜方向阵列对象

沿倾斜方向阵列对象的情况如图 4-17 所示，对于此类形式的阵列可采取以下方法进行绘制。

① 阵列（a）

阵列（a）的绘制过程如图 4-18 所示。先沿水平、竖直方向阵列对象，然后利用旋转命令将阵列旋转到倾斜位置。

图 4-17　沿倾斜方向阵列　　　　　　　　　　图 4-18　阵列及旋转（1）

② 阵列（b）

阵列（b）的绘制过程如图 4-19 所示。先沿水平、竖直方向阵列对象；然后选中阵列，将鼠标光标移动到箭头形状的关键点处，出现快捷菜单，利用【轴角度】命令设定行、列两个方向间的夹角；设置完成后，利用旋转命令将阵列旋转到倾斜位置。

图 4-19　阵列及旋转（2）

③ 阵列（a）、（b）

阵列（a）、（b）都可采用路径阵列命令进行绘制，如图 4-20 所示。首先绘制阵列路径，然后沿路径阵列对象。路径长度等于行、列的总间距值，阵列完成后，删除路径线段。

图 4-20　沿路径阵列

4.2.6　镜像对象

对于对称图形，用户只需画出图形的一半，另一半可由 MIRROR 命令镜像出来。操作时，用户需先指定要镜像的对象，再指定镜像线的位置。

命令启动方法

◎ **菜单命令**：【修改】/【镜像】。

◎ **面板**：【默认】选项卡中【修改】面板上的 ⚟ 按钮。

◎ **命令**：MIRROR 或简写 MI。

【练习4-10】打开资源包文件"dwg\第 4 章 \4-10.dwg"，如图 4-21 左图所示，用 MIRROR 命令将左图修改为中图。

镜像对象

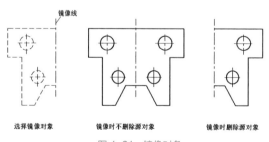

图 4-21　镜像对象

命令：_mirror	// 启动镜像命令
选择对象：指定对角点：找到 13 个	// 选择镜像对象
选择对象：	// 按 Enter 键
指定镜像线的第一点：	// 拾取镜像线上的第一点
指定镜像线的第二点：	// 拾取镜像线上的第二点
要删除源对象吗？[是 (Y)/ 否 (N)] <N>:	// 按 Enter 键，默认镜像时不删除源对象

结果如图 4-21 中图所示。如果删除源对象，则结果如图 4-21 右图所示。

> **要点提示** 当对文字及属性进行镜像操作时，会出现文字及属性倒置的情况。为避免这一点，用户需将 MIRRTEXT 系统变量设置为 0。

4.2.7 阶段练习 1 ——用阵列及镜像命令绘图

【练习 4-11】利用 LINE、OFFSET、ARRAY 和 MIRROR 等命令绘制平面图形，如图 4-22 所示。

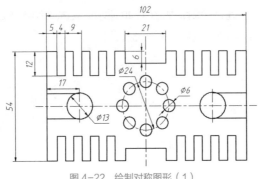

图 4-22 绘制对称图形（1）

用阵列及镜像命令绘图
（1）

主要作图步骤如图 4-23 所示。

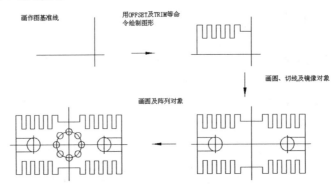

图 4-23 主要作图步骤

【练习 4-12】利用 LINE、OFFSET、ARRAY 和 MIRROR 等命令绘制平面图形，如图 4-24 所示。

用阵列及镜像命令绘图
（2）

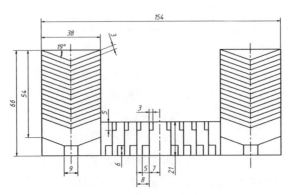

图 4-24 绘制对称图形（2）

4.2.8 阶段练习2——绘制装饰图案

【练习4-13】绘制如图4-25所示的装饰图案。

绘制装饰图案

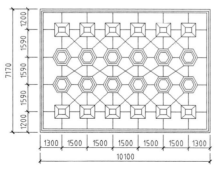

图4-25 绘制装饰图案

STEP01 设定绘图区域的大小为 20000×15000。

STEP02 打开极轴追踪、对象捕捉及自动追踪功能。设置极轴追踪角度增量为90°，设定对象捕捉方式为端点和交点，设置仅沿正交方向自动追踪。

STEP03 使用 RECTANG、POLYGON 及 OFFSET 命令绘制矩形及六边形，然后连线，细节尺寸如图4-26 左图所示，结果如图4-26 右图所示。

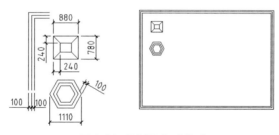

图4-26 绘制矩形及六边形

STEP04 创建矩形阵列，结果如图4-27 左图所示。镜像图形，再使用 LINE、COPY 命令绘制图中的连线，结果如图4-27 右图所示。

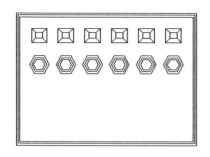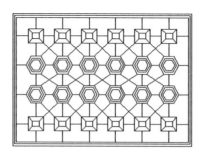

图4-27 创建矩形阵列、镜像图形及绘制连线

4.3 旋转及对齐图形

编辑图形时，常常将对象旋转指定角度或是旋转到指定位置，有时也需将一个对象的边与另一对象的边对齐。下面介绍旋转及对齐图形的方法。

4.3.1　旋转对象

ROTATE 命令可以旋转图形对象，改变图形对象方向。使用此命令时，用户指定旋转基点并输入旋转角度就可以转动图形实体。此外，也可以某个方位作为参照位置，然后选择一个新对象或输入一个新角度值来指明要旋转到的位置。

❶ 命令启动方法

◎ **菜单命令：**【修改】/【旋转】。

◎ **面板：**【常用】选项卡中【修改】面板上的 按钮。

◎ **命令：** ROTATE 或简写 RO。

【练习 4-14】 打开资源包文件"dwg\ 第 4 章 \4-14.dwg"，如图 4-28 左图所示，用 LINE、CIRCLE、ROTATE 等命令将左图修改为右图。

旋转实体

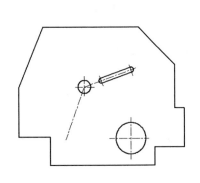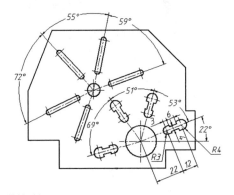

图 4-28　旋转对象

STEP01 用 ROTATE 命令旋转对象 *A*，如图 4-29 所示。

命令：_rotate

选择对象：指定对角点：找到 7 个　　　　　　　// 选择图形对象 *A*，如图 4-29 左图所示

选择对象：　　　　　　　　　　　　　　　　// 按 Enter 键

指定基点：　　　　　　　　　　　　　　　　// 捕捉圆心 *B*

指定旋转角度，或 [复制 (C)/ 参照 (R)] <70>: c // 使用"复制 (C)"选项

指定旋转角度，或 [复制 (C)/ 参照 (R)] <70>: 59　　　// 输入旋转角度

命令：ROTATE　　　　　　　　　　　　　　// 重复命令

选择对象：指定对角点：找到 7 个　　　　　　　// 选择图形对象 *A*

选择对象：　　　　　　　　　　　　　　　　// 按 Enter 键

指定基点：　　　　　　　　　　　　　　　　// 捕捉圆心 *B*

指定旋转角度，或 [复制 (C)/ 参照 (R)] <59>: c // 使用"复制 (C)"选项

指定旋转角度，或 [复制 (C)/ 参照 (R)] <59>: r // 使用"参照 (R)"选项

指定参照角 <0>:　　　　　　　　　　　　　// 捕捉 *B* 点

指定第二点：　　　　　　　　　　　　　　　// 捕捉 *C* 点

指定新角度或 [点 (P)] <0>:　　　　　　　　// 捕捉 *D* 点

结果如图 4-29 右图所示。

图 4-29　旋转对象 *A*

STEP02　绘制图形的其余部分。

2 命令选项

◎　**指定旋转角度**：指定旋转基点并输入绝对旋转角度来旋转实体。旋转角度是基于当前用户坐标系测量的。如果输入负的旋转角度，则选定的对象顺时针旋转；否则，将逆时针旋转。

◎　**复制（C）**：旋转对象的同时复制对象。

◎　**参照（R）**：指定某个方向作为起始参照角，然后拾取一个点或两个点来指定原对象要旋转到的位置，也可以输入新角度值来指明要旋转到的位置。

4.3.2　对齐对象

ALIGN 命令可以同时移动、旋转一个对象使之与另一对象对齐。例如，用户可以使图形对象中某点、某条直线或某一个面（三维实体）与另一实体的点、线和面对齐。操作过程中用户只需按照 AutoCAD 提示，指定源对象与目标对象的一点、两点或三点对齐就可以了。

命令启动方法

◎　**菜单命令**：【修改】/【三维操作】/【对齐】。

◎　**面板**：【默认】选项卡中【修改】面板上的 按钮。

◎　**命令**：ALIGN 或简写 AL。

【**练习 4-15**】用 LINE、CIRCLE、ALIGN 等命令绘制平面图形，如图 4-30 所示。

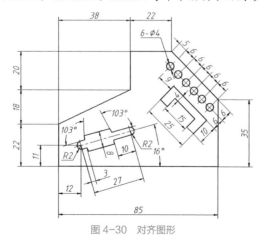

图 4-30　对齐图形

STEP01　绘制轮廓线及图形 *E*，再用 XLINE 命令绘制定位线 *C*、*D*，如图 4-31 左图所示，然后用 ALIGN 命令将图形 *E* 定位到正确的位置，如图 4-31 右图所示。

命令: _xline 指定点或 [水平 (H)/ 垂直 (V)/ 角度 (A)/ 二等分 (B)/ 偏移 (O)]: from	
	// 使用正交偏移捕捉
基点:	// 捕捉基点 *A*
< 偏移 >: @12,11	// 输入 *B* 点的相对坐标
指定通过点: <16	// 设定画线 *D* 的角度
指定通过点:	// 单击一点
指定通过点: <106	// 设定画线 *C* 的角度
指定通过点:	// 单击一点
指定通过点:	// 按 Enter 键结束
命令: align	// 启动对齐命令
选择对象: 指定对角点: 找到 15 个	// 选择图形 *E*
选择对象:	// 按 Enter 键
指定第一个源点:	// 捕捉第一个源点 *F*
指定第一个目标点:	// 捕捉第一个目标点 *B*
指定第二个源点:	// 捕捉第二个源点 *G*
指定第二个目标点: nea 到	// 在直线 *D* 上捕捉一点
指定第三个源点或 < 继续 >:	// 按 Enter 键
是否基于对齐点缩放对象? [是 (Y)/ 否 (N)] < 否 >:	// 按 Enter 键不缩放源对象

结果如图 4-31 右图所示。

STEP02 绘制定位线 *H*、*I* 及图形 *J*，如图 4-32 左图所示。用 ALIGN 命令将图形 *J* 定位到正确的位置，结果如图 4-32 右图所示。

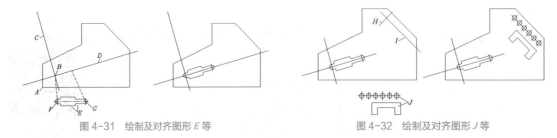

图 4-31　绘制及对齐图形 *E* 等　　　　图 4-32　绘制及对齐图形 *J* 等

4.3.3　阶段练习——用旋转及对齐命令绘图

图样中图形实体最常见的位置关系一般是水平或竖直方向，这类实体如果利用正交或极轴追踪功能辅助作图就会非常方便。另一类实体是处于倾斜的位置关系，这给作图带来了许多不便。绘制这类图形对象时，可先在水平或竖直位置作图，然后利用 ROTATE 或 ALIGN 命令将图形定位到倾斜方向。

【练习 4-16】利用 LINE、CIRCLE、COPY、ROTATE、ALIGN 等命令绘制平面图形，如图 4-33 所示。

用旋转及对齐命令绘图
（1）

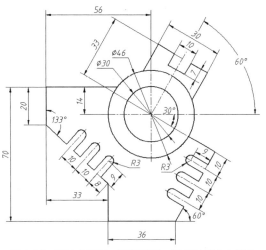

图 4-33　利用 COPY、ROTATE、ALIGN 等命令绘图

主要作图步骤如图 4-34 所示。

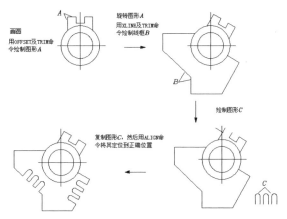

图 4-34　主要作图步骤

【练习4-17】绘制如图 4-35 所示图形，该图的特点是所有三角形的尺寸相同。另外，还有两处局部细节的形状和大小也相同。

用复制及旋转命令绘图

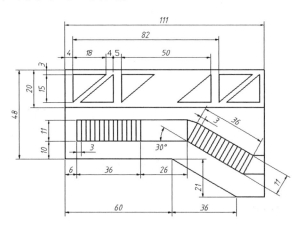

图 4-35　用 COPY、ROTATE 等命令绘图

STEP01 打开极轴追踪、对象捕捉及捕捉追踪功能，设置极轴追踪角度增量为 90°，设定对象捕捉方式为端点和交点，设置仅沿正交方向进行捕捉追踪。

STEP02 用 LINE 命令绘制闭合线框及三角形，如图 4-36 所示。A 点可利用正交偏移捕捉确定。

STEP03 用 COPY 命令复制直线 C、B、D 形成新三角形，如图 4-37 所示。

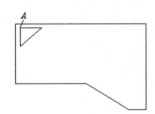

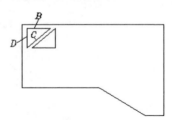

图 4-36　绘制闭合线框及三角形　　　　　　图 4-37　复制直线形成新三角形

STEP04 用 COPY 命令形成三角形 E、F、G、H，如图 4-38 所示。

STEP05 用 OFFSET 命令画平行线 I、J、K、L、M，如图 4-39 所示。延伸直线 K、J，然后修剪多余线条，结果如图 4-40 所示。

STEP06 创建直线 N 的矩形阵列，如图 4-41 所示。

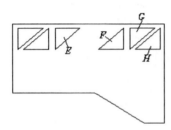

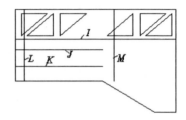

图 4-38　形成三角形 E、F 等　　　　　　　图 4-39　画平行线

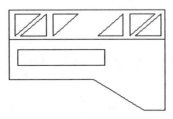

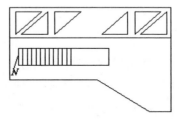

图 4-40　修剪结果　　　　　　　　　　图 4-41　创建矩形阵列

STEP07 用 COPY、ROTATE 和 MOVE 命令形成对象 O，如图 4-42 所示。

STEP08 画直线 A、B、C，再修剪多余线条，结果如图 4-43 所示。

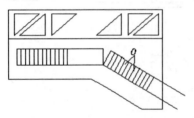

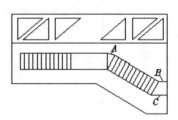

图 4-42　形成对象 O　　　　　　　　　　图 4-43　修剪结果

【练习4-18】用 LINE、CIRCLE、RECTANG、ROTATE 及 ALIGN 等命令绘制出图 4-44 所示的图形。

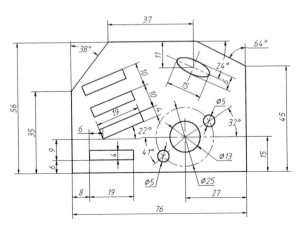

图 4-44　利用 ROTATE、ALIGN 等命令绘图

主要作图步骤如图 4-45 所示。

图 4-45　主要作图步骤

4.4　拉伸图形

利用 STRETCH 命令可以一次将多个图形对象沿指定的方向进行拉伸。编辑过程中必须用交叉窗口选择对象，除被选中的对象外，其他图元的大小及相互间的几何关系将保持不变。

① 命令启动方法

◎ **菜单命令**:【修改】/【拉伸】。

◎ **面板**:【默认】选项卡中【修改】面板上的按钮。

◎ **命令**: STRETCH 或简写 S。

【练习4-19】打开资源包文件 "dwg\ 第 4 章 \4-19.dwg"，如图 4-46 左图所示，用 STRETCH 命令将左图修改为右图。

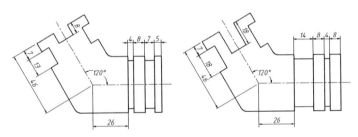

图 4-46　拉伸图形

STEP01 打开极轴追踪、对象捕捉及自动追踪功能。

STEP02 调整槽 A 的宽度及槽 D 的深度，如图 4-47 左图所示。

命令：_stretch	// 启动拉伸命令
选择对象：	// 单击 B 点，如图 4-47 左图所示
指定对角点：找到 17 个	// 单击 C 点
选择对象：	// 按 Enter 键
指定基点或 [位移 (D)] < 位移 >:	// 单击一点
指定第二个点或 < 使用第一个点作位移 >: 10	// 向右追踪并输入追踪距离
命令：STRETCH	// 重复命令
选择对象：	// 单击 E 点，如图 4-47 左图所示
指定对角点：找到 5 个	// 单击 F 点
选择对象：	// 按 Enter 键
指定基点或 [位移 (D)] < 位移 >: 10<-60	// 输入拉伸的距离及方向
指定第二个点或 < 使用第一个点作为位移 >:	// 按 Enter 键结束

结果如图 4-47 右图所示。

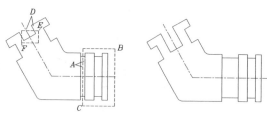

图 4-47　拉伸对象

STEP03 用 STRETCH 命令修改图形的其他部分。

❷ 命令选项

使用 STRETCH 命令时，首先应利用交叉窗口选择对象，然后指定对象拉伸的距离和方向。凡在交叉窗口中的对象顶点都被移动，而与交叉窗口相交的对象将被延伸或缩短。

设定拉伸距离和方向的方式如下。

◎ 在屏幕上指定两个点，这两点的距离和方向代表了拉伸实体的距离和方向。

当 AutoCAD 提示"指定基点"时，指定拉伸的基准点。当 AutoCAD 提示"指定第二个点"时，捕捉第二点或输入第二点相对于基准点的相对直角坐标或极坐标。

◎ 以"X，Y"方式输入对象沿 x、y 轴拉伸的距离，或者用"距离 < 角度"方式输入拉伸的距离和方向。

当 AutoCAD 提示"指定基点"时，输入拉伸值。在 AutoCAD 提示"指定第二个点"时，按 Enter 键确认，这样 AutoCAD 就以输入的拉伸值来拉伸对象。

◎ 打开正交或极轴追踪功能，就能方便地将实体只沿 x 轴或 y 轴方向拉伸。

当 AutoCAD 提示"指定基点"时，单击一点并把实体向水平或竖直方向拉伸，然后输入拉伸值。

◎ 使用"位移（D）"选项。选择该选项后，AutoCAD 提示"指定位移"，此时，以"X，Y"方式输入沿 x、y 轴拉伸的距离，或者以"距离 < 角度"方式输入拉伸的距离和方向。

4.5 按比例缩放图形

SCALE 命令可将对象按指定的比例因子相对于基点放大或缩小。使用此命令时，可以用下面的两种方式缩放对象。

（1）选择缩放对象的基点，然后输入缩放比例因子。比例变换图形的过程中，缩放基点在屏幕上的位置将保持不变，它周围的图元以此点为中心按给定的比例因子放大或缩小。

（2）输入一个数值或拾取两点来指定一个参考长度（第 1 个数值），然后再输入新的数值或拾取另外一点（第 2 个数值），则 AutoCAD 计算两个数值的比率，并以此比率作为缩放比例因子。当用户想将某一对象放大到特定尺寸时，就可使用这种方法。

❶ 命令启动方法

◎ **菜单命令**:【修改】/【缩放】。

◎ **面板**:【默认】选项卡中【修改】面板上的⬜按钮。

◎ **命令**: SCALE 或简写 SC。

【练习 4-20】打开资源包文件"dwg\ 第 4 章 \4-20.dwg"，如图 4-48 左图所示，用 SCALE 命令将左图修改为右图。

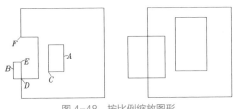

图 4-48　按比例缩放图形

命令：_scale	// 启动比例缩放命令
选择对象：找到 1 个	// 选择矩形 *A*，如图 4-48 左图所示
选择对象：	// 按 Enter 键
指定基点：	// 捕捉交点 *C*
指定比例因子或 [复制 (C)/ 参照 (R)] <1.0000>: 2	// 输入缩放比例因子
命令：_SCALE	// 重复命令
选择对象：找到 4 个	// 选择线框 *B*
选择对象：	// 按 Enter 键
指定基点：	// 捕捉交点 *D*
指定比例因子或 [复制 (C)/ 参照 (R)] <2.0000>: r	// 使用"参照 (R)"选项
指定参照长度 <1.0000>:	// 捕捉交点 *D*
指定第二点：	// 捕捉交点 *E*
指定新的长度或 [点 (P)] <1.0000>:	// 捕捉交点 *F*

结果如图 4-48 右图所示。

❷ 命令选项

◎ **指定比例因子**: 直接输入缩放比例因子，AutoCAD 根据此比例因子缩放图形。若比例因子小于 1，则缩小对象; 反之，则放大对象。

◎ **复制（C）:** 缩放对象的同时复制对象。

◎ **参照（R）:** 以参照方式缩放图形。用户输入参考长度及新长度，AutoCAD 把新长度与参考长度的比值作为缩放比例因子进行缩放。

◎ **点（P）:** 使用两点来定义新的长度。

4.6 关键点编辑方式

关键点编辑方式是一种集成的编辑模式，该模式包含了以下 5 种编辑方法。

◎ 拉伸。

◎ 移动。

◎ 旋转。

◎ 比例缩放。

◎ 镜像。

默认情况下，AutoCAD 的关键点编辑方式是开启的。当用户选择实体后，实体上将出现若干方框，这些方框被称为关键点。把鼠标光标靠近并捕捉关键点，然后单击鼠标左键，激活关键点编辑状态，此时，AutoCAD 自动进入【拉伸】编辑方式，连续按下 Enter 键，就可以在所有的编辑方式间切换。此外，用户也可在激活关键点后，单击鼠标右键，弹出快捷菜单，如图 4-49 所示，通过此快捷菜单选择某种编辑方法。

在不同的编辑方式间切换时，AutoCAD 为每种编辑方法提供的选项基本相同，其中"基点（B）""复制（C）"选项是所有编辑方式所共有的。

◎ **基点（B）:** 使用该选项用户可以拾取某一个点作为编辑过程的基点。例如，当进入了旋转编辑模式要指定一个点作为旋转中心时，就使用"基点（B）"选项。默认情况下，编辑的基点是热关键点（选中的关键点）。

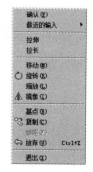

图 4-49　快捷菜单

◎ **复制（C）:** 如果用户在编辑的同时还需复制对象，就选择此选项。

下面通过一个例子来熟悉关键点的各种编辑方式。

【练习 4-21】打开资源包文件"dwg\ 第 4 章 \4-21.dwg"，如图 4-50 左图所示，利用关键点编辑方式将左图修改为右图。

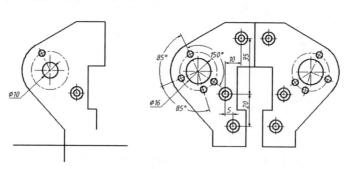

图 4-50　利用关键点编辑方式修改图形

4.6.1　利用关键点拉伸对象

在拉伸编辑模式下，当热关键点是线段的端点时，用户可有效地拉伸或缩短对象。如果热关键点是线段的中点、圆或圆弧的圆心或者属于块、文字、尺寸数字等实体时，这种编辑方式就只移动对象。

利用关键点拉伸线段的操作如下。

打开极轴追踪、对象捕捉及自动追踪功能。设置极轴追踪角度增量为90°，设置对象捕捉方式为端点、圆心及交点。

命令： // 选择线段 *A*，如图 4-51 左图所示

命令： // 选中关键点 *B*

** 拉伸 ** // 进入拉伸模式

指定拉伸点或 [基点 (B)/ 复制 (C)/ 放弃 (U)/ 退出 (X)]:// 向下移动鼠标光标并捕捉 *C* 点

继续调整其他线段的长度，结果如图 4-51 右图所示。

图 4-51 利用关键点拉伸对象

打开正交状态后用户就可利用关键点拉伸方式很方便地改变水平线段或竖直线段的长度。

4.6.2 利用关键点移动及复制对象

关键点移动模式可以编辑单一对象或一组对象，在此方式下使用"复制（C）"选项就能在移动实体的同时进行复制，这种编辑模式的使用与普通的 MOVE 命令很相似。

利用关键点复制对象的操作如下。

命令： // 选择对象 *D*，如图 4-52 左图所示

命令： // 选中一个关键点

** 拉伸 **

指定拉伸点或 [基点 (B)/ 复制 (C)/ 放弃 (U)/ 退出 (X)]: // 进入拉伸模式

** 移动 ** // 按 Enter 键进入移动模式

指定移动点或 [基点 (B)/ 复制 (C)/ 放弃 (U)/ 退出 (X)]: c // 利用"复制 (C)"选项进行复制

** 移动 (多重) **

指定移动点或 [基点 (B)/ 复制 (C)/ 放弃 (U)/ 退出 (X)]: b // 使用"基点 (B)"选项

指定基点： // 捕捉对象 *D* 的圆心

** 移动 (多重) **

指定移动点或 [基点 (B)/ 复制 (C)/ 放弃 (U)/ 退出 (X)]: @10,35 // 输入相对坐标

** 移动 (多重) **

指定移动点或 [基点 (B)/ 复制 (C)/ 放弃 (U)/ 退出 (X)]: @5,-20 // 输入相对坐标

指定移动点或 [基点 (B)/ 复制 (C)/ 放弃 (U)/ 退出 (X)]: // 按 Enter 键结束

结果如图 4-52 右图所示。

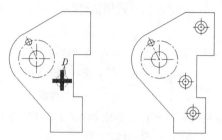

图 4-52　利用关键点移动及复制对象

4.6.3　利用关键点旋转对象

旋转对象是绕旋转中心进行的，当使用关键点编辑模式时，热关键点就是旋转中心，但用户也可以指定其他点作为旋转中心。这种编辑方法与 ROTATE 命令相似，它的优点在于一次可将对象旋转且复制到多个方位。

旋转操作中的"参照（R）"选项有时非常有用，使用该选项用户可以旋转图形实体使其与某个新位置对齐。

利用关键点旋转对象的操作如下。

命令：	// 选择对象 E，如图 4-53 左图所示
命令：	// 选中一个关键点
** 拉伸 **	// 进入拉伸模式
指定拉伸点或 [基点 (B)/ 复制 (C)/ 放弃 (U)/ 退出 (X)]: _rotate	
	// 单击鼠标右键，选择【旋转】命令
** 旋转 **	// 进入旋转模式
指定旋转角度或 [基点 (B)/ 复制 (C)/ 放弃 (U)/ 参照 (R)/ 退出 (X)]: c	
	// 利用"复制 (C)"选项进行复制
** 旋转 (多重) **	
指定旋转角度或 [基点 (B)/ 复制 (C)/ 放弃 (U)/ 参照 (R)/ 退出 (X)]: b	// 使用"基点 (B)"选项
指定基点：	// 捕捉圆心 F
** 旋转 (多重) **	
指定旋转角度或 [基点 (B)/ 复制 (C)/ 放弃 (U)/ 参照 (R)/ 退出 (X)]:85	// 输入旋转角度
** 旋转 (多重) **	
指定旋转角度或 [基点 (B)/ 复制 (C)/ 放弃 (U)/ 参照 (R)/ 退出 (X)]:170	// 输入旋转角度
** 旋转 (多重) **	
指定旋转角度或 [基点 (B)/ 复制 (C)/ 放弃 (U)/ 参照 (R)/ 退出 (X)]:-150	// 输入旋转角度
** 旋转 (多重) **	
指定旋转角度或 [基点 (B)/ 复制 (C)/ 放弃 (U)/ 参照 (R)/ 退出 (X)]:	// 按 Enter 键结束

结果如图 4-53 右图所示。

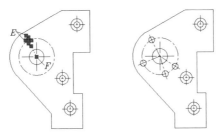

图 4-53　利用关键点旋转对象

4.6.4　利用关键点缩放对象

关键点编辑方式也提供了缩放对象的功能，当切换到缩放模式时，当前激活的热关键点是缩放的基点。用户可以输入比例系数对实体进行放大或缩小，也可利用"参照（R)"选项将实体缩放到某一尺寸。

利用关键点缩放模式缩放对象的操作如下。

命令：	// 选择圆 G，如图 4-54 左图所示
命令：	// 选中任意一个关键点
** 拉伸 **	// 进入拉伸模式
指定拉伸点或 [基点 (B)/ 复制 (C)/ 放弃 (U)/ 退出 (X)]: _scale	
	// 单击鼠标右键，选择【缩放】命令
** 比例缩放 **	// 进入比例缩放模式
指定比例因子或 [基点 (B)/ 复制 (C)/ 放弃 (U)/ 参照 (R)/ 退出 (X)]: b	
	// 使用"基点 (B)"选项
指定基点：	// 捕捉圆 G 的圆心
** 比例缩放 **	
指定比例因子或 [基点 (B)/ 复制 (C)/ 放弃 (U)/ 参照 (R)/ 退出 (X)]: 1.6	
	// 输入缩放比例值

结果如图 4-54 右图所示。

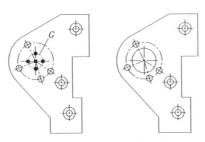

图 4-54　利用关键点缩放对象

4.6.5　利用关键点镜像对象

进入镜像模式后，AutoCAD 直接提示"指定第二点"。默认情况下，热关键点是镜像线的第一点，在拾取第二点后，此点便与第一点一起形成镜像线。如果用户要重新设定镜像线的第一点，就要利用"基点（B）"选项。

利用关键点镜像对象。

命令:　　　　　　　　　　　　　　　　　// 选择要镜像的对象,如图 4-55 左图所示

命令:　　　　　　　　　　　　　　　　　// 选中关键点 *H*

** 拉伸 **　　　　　　　　　　　　　　// 进入拉伸模式

指定拉伸点或 [基点 (B)/ 复制 (C)/ 放弃 (U)/ 退出 (X)]: _mirror

　　　　　　　　　　　　　　　　　　　　// 单击鼠标右键,选择【镜像】命令

** 镜像 **　　　　　　　　　　　　　　// 进入镜像模式

指定第二点或 [基点 (B)/ 复制 (C)/ 放弃 (U)/ 退出 (X)]: c　// 镜像并复制

** 镜像 (多重) **

指定第二点或 [基点 (B)/ 复制 (C)/ 放弃 (U)/ 退出 (X)]:　// 捕捉 *I* 点

** 镜像 (多重) **

指定第二点或 [基点 (B)/ 复制 (C)/ 放弃 (U)/ 退出 (X)]:　// 按 Enter 键结束

结果如图 4-55 右图所示。

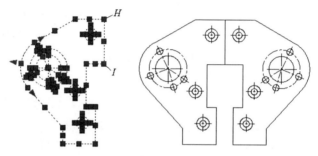

图 4-55　利用关键点镜像对象

4.6.6　利用关键点编辑功能改变线段、圆弧的长度

选中线段、圆弧等对象,出现关键点,将鼠标光标悬停在关键点上,弹出快捷菜单,如图 4-56 所示。选择【拉长】命令,执行相应功能,按 Ctrl 键切换执行【拉伸】功能。

图 4-56　关键点编辑功能扩展

4.6.7　阶段练习——利用关键点编辑方式绘图

【练习 4-22】利用关键点编辑方式绘图,如图 4-57 所示。

利用关键点编辑方式绘图 (1)

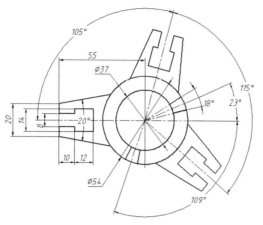

图 4-57　利用关键点编辑方式绘图（1）

主要作图步骤如图 4-58 所示。

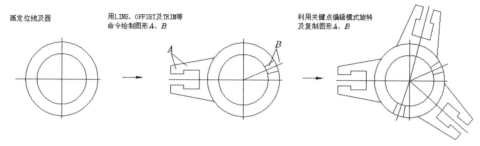

图 4-58　主要作图步骤

【练习 4-23】利用关键点编辑方式绘图，如图 4-59 所示。图中图形对象的分布形式，可利用关键点编辑方式一次形成。

利用关键点编辑方式绘图（2）

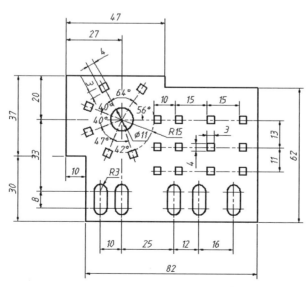

图 4-59　利用关键点编辑方式绘图（2）

4.7 绘制样条曲线及断裂线

用户可用 SPLINE 命令绘制光滑曲线。样条曲线使用拟合点或控制点进行定义。默认情况下，拟合点与样条曲线重合，而控制点定义多边形控制框，如图 4-60 所示。利用控制框可以很方便地调整样条曲线的形状。

图 4-60　样条曲线

可以通过拟合公差及样条曲线的多项式阶数改变样条线的精度。公差值越小，样条曲线与拟合点越接近。多项式阶数越高，曲线越光滑。

在绘制工程图时，用户还可以利用 SPLINE 命令画断裂线。

❶ 命令启动方法

◎ **菜单命令:**【绘图】/【样条曲线】/【拟合点】或【绘图】/【样条曲线】/【控制点】。

◎ **面板:**【常用】选项卡中【绘图】面板上的 或 按钮。

◎ **命令:** SPLINE 或简写 SPL。

绘制样条曲线

【练习 4-24】使用 SPLINE 命令绘制样条曲线。

单击【绘图】面板上的 按钮。

指定第一个点或 [方式 (M)/ 节点 (K)/ 对象 (O)]:　　　　　// 拾取 A 点，如图 4-61 所示

输入下一个点或 [起点切向 (T)/ 公差 (L)]:　　　　　　　　// 拾取 B 点

输入下一个点或 [端点相切 (T)/ 公差 (L)/ 放弃 (U)]:　　　　// 拾取 C 点

输入下一个点或 [端点相切 (T)/ 公差 (L)/ 放弃 (U)/ 闭合 (C)]:　　// 拾取 D 点

输入下一个点或 [端点相切 (T)/ 公差 (L)/ 放弃 (U)/ 闭合 (C)]:　　// 拾取 E 点

输入下一个点或 [端点相切 (T)/ 公差 (L)/ 放弃 (U)/ 闭合 (C)]:　　// 按 Enter 键结束命令

结果如图 4-61 所示。

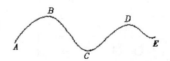

图 4-61　绘制样条曲线

❷ 命令选项

◎ **方式 (M):** 控制是使用拟合点还是使用控制点来创建样条曲线。

◎ **节点 (K):** 指定节点参数化，它是一种计算方法，用来确定样条曲线中连续拟合点之间的零部件曲线如何过渡。

◎ **对象 (O):** 将二维或三维的二次或三次样条曲线拟合多段线转换成等效的样条曲线。

◎ **起点切向 (T):** 指定在样条曲线起点的相切条件。

◎ **端点相切 (T)**: 指定在样条曲线终点的相切条件。

◎ **公差 (L)**: 指定样条曲线可以偏离指定拟合点的距离。

◎ **闭合 (C)**: 使样条线闭合。

4.8 填充剖面图案

工程图中的剖面线一般总是绘制在一个对象或几个对象围成的封闭区域中。在绘制剖面线时，用户首先要指定填充边界。一般可用两种方法画剖面线的边界，一种是在闭合的区域中选一点，AutoCAD自动搜索闭合的边界；另一种是通过选择对象来定义边界。

AutoCAD为用户提供了许多标准填充图案，用户也可定制自己的图案。此外，用户还能控制剖面图案的疏密及剖面线条的倾角。

4.8.1 填充封闭区域

HATCH命令用于生成填充图案。启动该命令后，AutoCAD打开【图案填充创建】选项卡，用户通过该选项卡选择填充图案，设定填充比例、角度及指定填充区域后，就可以创建图案填充了。

命令启动方法

◎ **菜单命令**:【绘图】/【图案填充】。

◎ **面板**:【默认】选项卡中【绘图】面板上的 按钮。

◎ **命令**: HATCH 或简写 H。

【练习4-25】打开资源包文件 "dwg\第4章\4-25.dwg"，如图4-62左图所示，下面用HATCH命令将左图修改为右图。

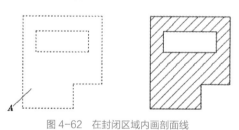

填充封闭区域

图 4-62　在封闭区域内画剖面线

STEP01 单击【绘图】面板上的 按钮，弹出【图案填充创建】选项卡，如图4-63所示。默认情况下，AutoCAD提示"拾取内部点"（否则，单击 按钮），将光标移动到要填充的区域，系统显示填充效果。

图 4-63　【图案填充创建】选项卡

该选项卡中常用选项的功能介绍如下。

◎ **图案** ▼: 通过下拉列表设定填充类型，包含【图案】、【渐变色】及【用户定义】等选项。

◎ 205, 105, 40 ▼: 设定填充图案的颜色。

◎ 19, 155, 72 ▼: 设定填充图案的背景颜色。

◎ **按钮**: 单击 按钮，然后在填充区域中单击一点，AutoCAD自动分析边界集，并从中确定包围该点的闭合边界。

◎ 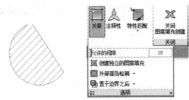 按钮：单击 ⬚ 按钮，然后选择一些对象作为填充边界，此时无须对象构成闭合的边界。

◎ ⬚删除 按钮：在填充区域内单击一点，系统显示填充效果时，该按钮可用。填充边界中常常包含一些闭合区域，这些区域称为孤岛。若希望在孤岛中也填充图案，则单击此按钮，选择要删除的孤岛。

◎ ⬚重新创建 按钮：编辑填充图案时，可利用此按钮生成与图案边界相同的多段线或面域。

◎ 图案填充透明度 ⬚0：设定新图案填充或填充的透明度，替代当前对象的透明度。

◎ 角度 ⬚0：指定图案填充的旋转角度（相对于当前 UCS 的 x 轴），有效值为 0 ~ 359。

◎ ⬚1 ⬚：放大或缩小预定义或自定义的填充图案。

◎ 【原点】面板：控制填充图案生成的起始位置。某些图案填充（例如砖块图案）需要与图案填充边界上的一点对齐。默认情况下，所有图案填充原点都对应于当前的 UCS 原点。

◎ ⬚（关联）按钮：设定填充图案与边界是否关联。若关联，则图案会随着边界的改变而变化。

◎ ⬚（注释性）按钮：设定填充图案是否是注释性对象，详见 4.8.8 小节。

◎ ⬚（特性匹配）按钮：单击此按钮，选择已有填充图案，则已有图案的参数将赋予【图案填充创建】选项卡。

◎ 【关闭】面板：退出【图案填充创建】选项卡，也可以按 Enter 键或 Esc 键退出。

(STEP02) 在【图案】面板中选择剖面线 ANSI31，将光标移动到填充区域观察填充效果。

(STEP03) 在想要填充的区域中选定点 A，如图 4-62 左图所示，此时 AutoCAD 自动寻找一个闭合的边界并填充。

(STEP04) 在【角度】及【比例】栏中分别输入数值 45 和 2，每输入一个数值，按 Enter 键观察填充效果。再将这两个值改为 0 和 1.5，观察效果。

(STEP05) 如果满意，按 Enter 键，完成剖面图案的绘制，结果如图 4-62 右图所示；若不满意，重新设定有关参数。

4.8.2 填充不封闭的区域

AutoCAD 允许用户填充不封闭的区域，如图 4-64 左图所示，直线和圆弧的端点不重合，存在间距。若该间距值小于或等于设定的最大间距值，则 AutoCAD 将忽略此间隙，认为边界是闭合的，从而生成填充图案。填充边界两端点间的最大间距值可在【图案填充创建】选项卡的【选项】面板中设定，如图 4-64 右图所示。此外，该值也可通过系统变量 HPGAPTOL 设定。

图 4-64 填充不封闭的区域

4.8.3 填充复杂图形的方法

在图形不复杂的情况下，常通过在填充区域内指定一点的方法来定义边界。但若图形很复杂，这种方法就会浪费很多时间，因为 AutoCAD 要在当前视口中搜寻所有可见的对象。为避免这种情况，用户可在【图案填充创建】选项卡的【边界】面板中为 AutoCAD 定义要搜索的边界集，这样就能很快地生成填充区域边界。

定义 AutoCAD 搜索边界集的具体步骤如下。

STEP01　单击【边界】面板下方的 ▼ 按钮，完全展开面板，如图 4-65 所示。

STEP02　单击 🖽（选择新边界集）按钮，AutoCAD 提示如下。

　　　选择对象：　　　　　　　　　　　// 用交义窗口、矩形窗口等方法选择实体

STEP03　在填充区域内拾取一点，此时 AutoCAD 仅分析选定的实体来创建填充区域边界。

图 4-65　【边界】面板

4.8.4　使用渐变色填充图形

颜色的渐变是指一种颜色的不同灰度之间或两种颜色之间的平滑过渡。在 AutoCAD 中，用户可以使用渐变色填充图形，填充后的区域将呈现类似光照后的反射效应，因而可大大增强图形的演示效果。

在【图案填充创建】选项卡的【图案填充类型】下拉列表中选择【渐变色】选项，系统就在【图案】面板中显示 9 种渐变色图案，如图 4-66 所示。用户可在【渐变色 1】和【渐变色 2】下拉列表中指定一种或两种颜色形成渐变色进行填充。

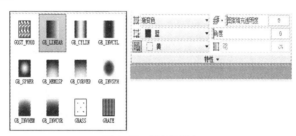

图 4-66　渐变色填充

4.8.5　剖面线的比例

在 AutoCAD 中，预定义剖面线图案的默认缩放比例是 1，但用户可在【图案填充创建】选项卡的 🔲 1 ▭▭▭▭▭▭▭▭：文本框中设定其他比例值。画剖面线时，若没有指定特殊比例值，AutoCAD 按默认值绘制剖面线。当输入一个不同于默认值的图案比例时，可以增加或减小剖面线的间距，图 4-67 所示分别是剖面线比例为 1、2 和 0.5 时的情况。

缩放比例=1.0　　缩放比例=2.0　　缩放比例=0.5

图 4-67　不同比例剖面线的形状

4.8.6　剖面线角度

除剖面线间距可以控制外，剖面线的倾斜角度也可以控制。用户可在【图案填充创建】选项卡的 角度 ▭▭▭▭ 0 文本框中设定图案填充的角度。当图案的角度是 0 时，剖面线 ANSI31 与 x 轴的夹角是 45°，在【角度】文本框中显示的角度值并不是剖面线与 x 轴的倾斜角度，而是剖面线的转动角度。

当分别输入角度值 45°、90° 和 15° 时，剖面线将逆时针转动到新的位置，它们与 x 轴的夹角分别是 90°、135° 和 60°，如图 4-68 所示。

输入角度=45°　　　输入角度=90°　　　输入角度=15°

图 4-68　输入不同角度时的剖面线

4.8.7　编辑图案填充

单击填充图案，打开【图案填充编辑】对话框，可以利用它进行相关的编辑操作。

HATCHEDIT 命令也可用于修改填充图案的外观及类型，如改变图案的角度、比例或用其他样式的图案填充图形等。启动该命令，将打开【图案填充编辑】对话框。

命令启动方法

◎ **菜单命令**:【修改】/【对象】/【图案填充】。

◎ **面板**:【默认】选项卡中【修改】面板上的█按钮。

◎ **命令**: HATCHEDIT 或简写 HE。

【练习 4-26】使用 HATCHEDIT 命令编辑图案。

STEP01 打开资源包文件"dwg\ 第 4 章 \4-26.dwg"，如图 4-69 左图所示。

STEP02 启动 HE 命令，AutoCAD 提示"选择图案填充对象"，选择图案填充后，打开【图案填充编辑】对话框，如图 4-70 所示。通过该对话框，用户就能修改剖面图案、比例及角度等。

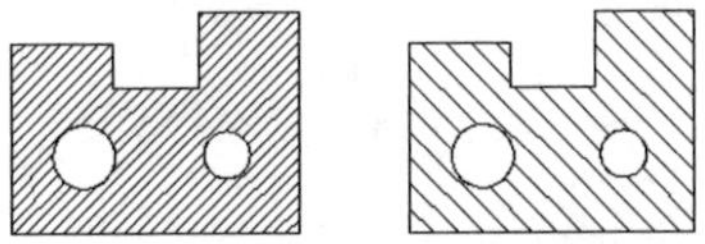

编辑图案填充

图 4-69　修改图案角度及比例　　　　　　图 4-70　【图案填充编辑】对话框

STEP03 在【角度】文本框中输入数值 90，在【比例】文本框中输入数值 3，单击 确定 按钮，结果如图 4-69 右图所示。

4.8.8　创建注释性填充图案

在工程图中填充图案时，要考虑打印比例对于最终图案疏密程度的影响。一般应设定图案填充比例为打印比例的倒数，这样打印出图后，图纸上图案的间距与最初系统的定义值一致。为实现这一目标，也可以采用另外一种方式，即创建注释性图案。在【图案填充创建】选项卡中按下█（注释性）按钮，就会生成注释性填充图案。

注释性填充图案具有注释比例属性，比例值为当前系统设置值，单击图形窗口状态栏上的 1:2 / 50% 按钮，可以设定当前注释比例值。选择注释对象，通过右键快捷菜单上"特性"选项可添加或去除注释对象的注释比例。

可以认为注释比例就是打印比例，只要使得注释对象的注释比例、系统当前注释比例与打印比例一致，就能保证出图后图案填充的间距与系统的原始定义值相同。例如，在直径为 30000 的圆内填充图案，出图比例为 1 ：100，若采用非注释性对象进行填充，图案的缩放比例一般要设定为 100，打印后图案的外观才合适。若采用注释性对象填充，图案的缩放比例仍是默认值 1，只需设定当前注释比例为 1 ：100，就能打印出合适的图案了。

4.8.9　阶段练习——创建填充图案

【练习 4-27】打开资源包文件 "dwg\ 第 4 章 \4-27.dwg"，在平面图形中填充图案，如图 4-71 所示。

创建填充图案（1）

图 4-71　图案填充

STEP01　在 6 个小椭圆内填充图案，如图 4-72 所示。图案名称为 ANSI31，角度为 45°，填充比例为 0.5。

STEP02　在 6 个小圆内填充图案，如图 4-73 所示。图案名称为 ANSI31，角度为 -45°，填充比例为 0.5。

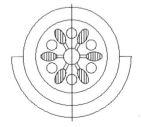

图 4-72　在 6 个小椭圆内填充图案

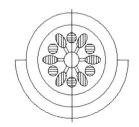

图 4-73　在 6 个小圆内填充图案

STEP03　在区域 A 中填充图案，如图 4-74 所示。图案名称为 AR-CONC，角度为 0°，填充比例为 0.05。

STEP04　在区域 B 中填充图案，如图 4-75 所示。图案名称为 EARTH，角度为 0°，填充比例为 1.0。

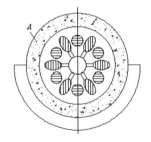

图 4-74　在区域 A 中填充图案

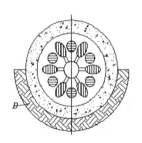

图 4-75　在区域 B 中填充图案

【练习4-28】打开资源包文件"dwg\ 第 4 章 \4-28.dwg"，在平面图形中填充图案，如图 4-76 所示。

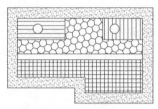

创建填充图案（2）

图 4-76　图案填充

STEP01　在区域 *G* 中填充图案，如图 4-77 所示。图案名称为 AR-SAND，角度为 0°，填充比例为 0.05。

STEP02　在区域 *H* 中填充图案，如图 4-78 所示。图案名称为 ANSI31，角度为 –45°，填充比例为 1.0。

STEP03　在区域 *I* 中填充图案，如图 4-79 所示。图案名称为 ANSI31，角度为 45°，填充比例为 1.0。

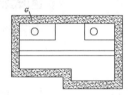
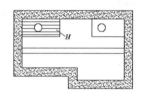
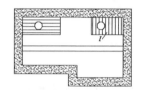

图 4-77　在区域 *G* 中填充图案　　图 4-78　在区域 *H* 中填充图案　　图 4-79　在区域 *I* 中填充图案

STEP04　在区域 *J* 中填充图案，如图 4-80 所示。图案名称为 HONEY，角度为 45°，填充比例为 1.0。

STEP05　在区域 *K* 中填充图案，如图 4-81 所示。图案名称为 NET，角度为 0°，填充比例为 1.0。

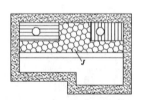
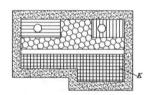

图 4-80　在区域 *J* 中填充图案　　　　　　图 4-81　在区域 *K* 中填充图案

4.9　编辑图形元素属性

在 AutoCAD 中，对象属性是指系统赋予对象的包括颜色、线型、图层、高度及文字样式等属性，如直线和曲线包含图层、线型及颜色等属性，而文本则具有图层、颜色、字体及字高等属性。改变对象属性一般可通过 PROPERTIES 命令，使用该命令时，AutoCAD 打开【特性】对话框，该对话框列出所选对象的所有属性，用户通过此对话框就可以很方便地进行修改。

改变对象属性的另一种方法是采用 MATCHPROP 命令，该命令可以使被编辑对象的属性与指定的源对象的属性完全相同，即把源对象的属性传递给目标对象。

4.9.1　用 PROPERTIES 命令改变对象属性

❶ **命令启动方法**

◎ 菜单命令:【修改】/【特性】。

◎ 命令: PROPERTIES 或简写 PR。

下面通过修改非连续线当前线型比例因子的例子来说明 properties 命令的用法。

【练习4-29】打开资源包文件"dwg\ 第 4 章 \4-29.dwg"，如图 4-82 左图所示，用 PROPERTIES 命令将左图修改为右图。

选择非连续线
当前对象线型比例因子＝1

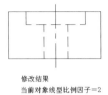
修改结果
当前对象线型比例因子＝2

图 4-82　修改非连续线外观

STEP01 选择要编辑的非连续线，如图 4-82 左图所示。

STEP02 单击鼠标右键，选择【特性】命令，或者输入 PROPERTIES 命令，AutoCAD 打开【特性】对话框，如图 4-83 所示。根据所选对象不同，【特性】对话框中显示的属性项目也不同，但有一些属性项目几乎是所有对象都拥有的，如颜色、图层、线型等。当在绘图区中选择单个对象时，【特性】对话框就显示此对象的特性。若选择多个对象，则【特性】对话框显示它们所共有的特性。

STEP03 单击【线型比例】文本框，该比例因子默认值是 1，输入新线型比例因子 2 后，按 Enter 键，图形窗口中的非连续线立即更新，显示修改后的结果，如图 4-82 右图所示。

❷ 命令选项

【特性】对话框顶部的 3 个按钮用于选择对象，以下分别介绍。

◎ 按钮：单击此按钮将改变系统变量 PICKADD 的值。当前状态下，PICKADD 的值为 1，用户选择的每个对象都将添加到选择集中。单击 按钮，按钮变为 ，PICKADD 值为 0，选择的新对象将替换以前的对象。

◎ 按钮：单击此按钮，AutoCAD 提示"选择对象 :"，此时，用户选择要编辑的对象。

◎ 按钮：单击此按钮，打开【快速选择】对话框，如图 4-84 所示。通过该对话框用户可设置图层、颜色及线型等过滤条件来选择对象。

图 4-83　【特性】对话框

图 4-84　【快速选择】对话框

【快速选择】对话框中的常用选项功能。

◎ 【应用到】：在此下拉列表中可指定是否将过滤条件应用到整个图形或当前选择集。如果存在当前选择集，【当前选择】为默认设置；如果不存在当前选择集，【整个图形】为默认设置。

◎ 【对象类型】：设定要过滤的对象类型。默认值为"所有图元"。如果没有建立选择集，该列表将包含图样中所有可用图元的对象类型；若已建立选择集，则该列表只显示所选对象的对象类型。

◎ 【特性】：在此列表框中设置要过滤的对象特性。

◎ 【运算符】：控制过滤的范围。该下拉列表一般包括【等于】、【大于】和【小于】等选项。

◎ 【值】：设置运算符右端的值，即指定过滤的特性值。例如，图 4-84 中显示了运算符右端的值为"红色"，则过滤条件可表述成"颜色 = 红色"。

4.9.2　对象特性匹配

MATCHROP 命令是一个非常有用的编辑工具。用户可使用此命令将源对象的属性（如颜色、线型、图层和线型比例等）传递给目标对象。操作时，用户要选择两个对象，第一个为源对象，第二个是目标对象。

命令启动方法

◎ **菜单命令**：【修改】/【特性匹配】。

◎ **面板**：【默认】选项卡中【特性】面板上的 ▓ 按钮。

◎ **命令**：MATCHPROP 或简写 MA。

【练习 4-30】 打开资源包文件"dwg\ 第 4 章 \4-30.dwg"，如图 4-85 左图所示，用 MATCHPROP 命令将左图修改为右图。

STEP01 键入 MA 命令，AutoCAD 提示：

命令：'_matchprop

选择源对象：　　　　　　　　　　　　　// 选择源对象，如图 4-85 左图所示

选择目标对象或 [设置 (S)]：　　　　　　// 选择第一个目标对象

选择目标对象或 [设置 (S)]：　　　　　　// 选择第二个目标对象

选择目标对象或 [设置 (S)]：　　　　　　// 按 Enter 键结束

选择源对象后，光标变成类似"刷子"形状，用此"刷子"来选取接受属性匹配的目标对象，结果如图 4-85 右图所示。

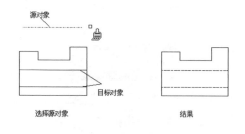

图 4-85　特性匹配

图 4-86　【特性设置】对话框

STEP02 如果用户仅想使目标对象的部分属性与源对象相同，可在选择源对象后，键入 S。此时，AutoCAD 打开【特性设置】对话框，如图 4-86 所示。默认情况下，AuotCAD 选中该对话框中所有源对象的属性进行复制，但用户也可指定仅将其中部分属性传递给目标对象。

4.10　综合练习 1——绘制对称图形

【练习 4-31】 利用 LINE、OFFSET、ARRAY 及 MIRROR 等命令绘制平面图形，如图 4-87 所示。

画具有均布特征的图形
（1）

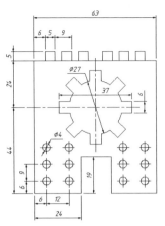

图 4-87　绘制具有均布特征的图形

(STEP01) 创建以下两个图层。

名称	颜色	线型	线宽
轮廓线层	白色	Continuous	0.5
中心线层	红色	Center	默认

(STEP02) 打开极轴追踪、对象捕捉及自动追踪功能。设置极轴追踪角度增量为 90°，设定对象捕捉方式为端点、圆心和交点，设置仅沿正交方向进行捕捉追踪。

(STEP03) 设定绘图区域大小为 100×100，并使该区域充满整个绘图窗口。

(STEP04) 画两条作图基准线 A、B，线段 A 的长度约为 80，线段 B 的长度约为 100，如图 4-88 所示。

(STEP05) 用 OFFSET、TRIM 命令形成线框 C，如图 4-89 所示。

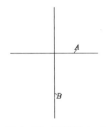

图 4-88　画线段 A、B

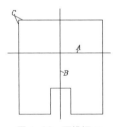

图 4-89　画线框 C

(STEP06) 用 LINE 命令画线框 D，用 CIRCLE 命令画圆 E，如图 4-90 所示。圆 E 的圆心用正交偏移捕捉确定。

(STEP07) 创建线框 D 及圆 E 的矩形阵列，结果如图 4-91 所示。

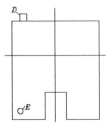

图 4-90　画线框和圆

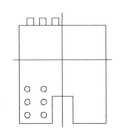

图 4-91　环形创建矩形阵列

(STEP08) 镜像对象，结果如图 4-92 所示。

(STEP09) 用 CIRCLE 命令画圆 *A*，再用 OFFSET、TRIM 命令形成线框 *B*，如图 4-93 所示。

(STEP10) 创建线框 *B* 的环形阵列，再修剪多余线条，结果如图 4-94 所示。

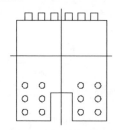 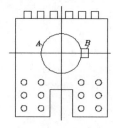 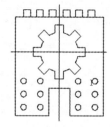

图 4-92　镜像对象　　　　　　　图 4-93　画圆和线框　　　　　图 4-94　环形阵列并修剪多余线条

【练习 4-32】利用 LINE、OFFSET、ARRAY 及 MIRROR 等命令绘制平面图形，如图 4-95 所示。

画具有均布特征的图形（2）

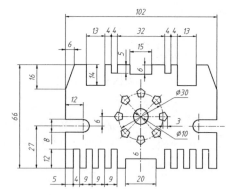

图 4-95　绘制对称图形

主要作图步骤如图 4-96 所示。

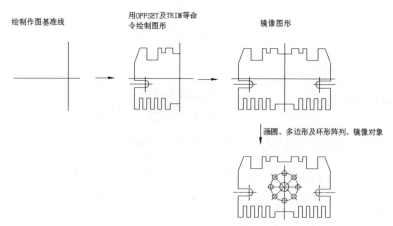

绘制作图基准线　　用 OFFSET 及 TRIM 等命令绘制图形　　镜像图形

画圆、多边形及环形阵列、镜像对象

图 4-96　主要作图步骤

4.11　综合练习2——创建矩形阵列及环形阵列

【练习4-33】利用LINE、CIRCLE及ARRAY等命令绘制平面图形，如图4-97所示。

创建矩形阵列及环形阵列（1）

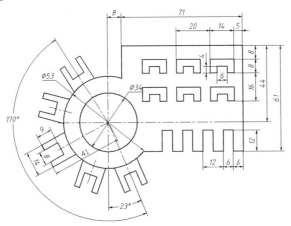

图 4-97　创建矩形阵列及环形阵列

STEP01　创建以下两个图层。

名称	颜色	线型	线宽
轮廓线层	白色	Continuous	0.5
中心线层	红色	Center	默认

STEP02　打开极轴追踪、对象捕捉及自动追踪功能。设置极轴追踪角度增量为 90°，设定对象捕捉方式为端点和交点，设置仅沿正交方向进行捕捉追踪。

STEP03　设定绘图区域大小为 150×150，并使该区域充满整个绘图窗口。

STEP04　画水平及竖直的作图基准线 A、B，如图 4-98 所示。线段 A 的长度约为 120，线段 B 的长度约为 80。

STEP05　分别以线段 A、B 的交点为圆心画圆 C、D，再绘制平行线 E、F、G 和 H，如图 4-99 所示。修剪多余线条，结果如图 4-100 所示。

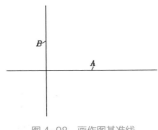

图 4-98　画作图基准线

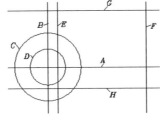

图 4-99　画圆和平行线

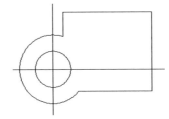

图 4-100　修剪结果

STEP06　以 I 点为起点，用 LINE 命令绘制闭合线框 K，如图 4-101 所示。I 点的位置可用正交偏移捕捉确定，J 点为偏移的基准点。

STEP07　创建线框 K 的矩形阵列，结果如图 4-102 所示。阵列行数为 2，列数为 3，行间距为 -16，列间距为 -20。

STEP08　绘制线段 L、M、N，如图 4-103 所示。

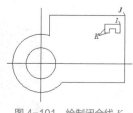
图 4-101　绘制闭合线 K

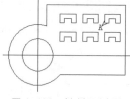
图 4-102　创建矩形阵列

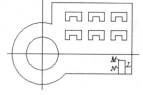
图 4-103　绘制线段 L、M、N

STEP09 创建线框 A 的矩形阵列，结果如图 4-104 所示。阵列行数为 1，列数为 4，列间距为 –12。修剪多余线条，结果如图 4-105 所示。

STEP10 用 XLINE 命令绘制两条相互垂直的直线 B、C，如图 4-106 所示，直线 C 与 D 的夹角为 23°。

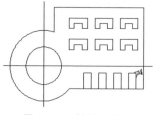
图 4-104　创建矩形阵列

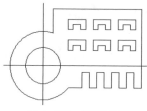
图 4-105　修剪结果

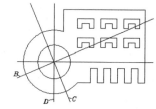
图 4-106　绘制相互垂直的直线 B、C

STEP11 以直线 B、C 为基准线，用 OFFSET 命令绘制平行线 E、F、G 等，如图 4-107 所示。修剪及删除多余线条，结果如图 4-108 所示。

STEP12 创建线框 H 的环形阵列，阵列数目为 5，总角度为 170°，结果如图 4-109 所示。

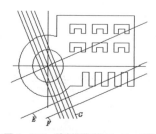
图 4-107　绘制平行线 E、F、G 等

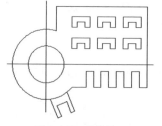
图 4-108　修剪结果

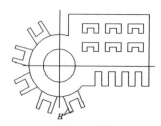
图 4-109　创建环形阵列

【练习 4-34】利用 LINE、CIRCLE 及 ARRAY 等命令绘制平面图形，如图 4-110 所示。

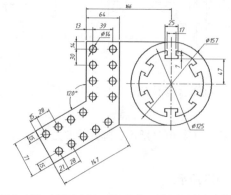

创建矩形阵列及环形阵列（2）

图 4-110　利用 LINE、CIRCLE、ARRAY 等命令绘图

4.12 综合练习3——画由多边形、椭圆等对象组成的图形

【练习4-35】利用 RECTANG、POLYGON 及 ELLIPSE 等命令绘图，如图 4-111 所示。

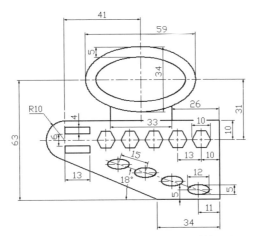

画由多边形、椭圆等对象组成的图形（1）

图 4-111 画由多边形、椭圆等对象组成的图形

STEP01 用 LINE 命令画水平线段 A 及竖直线段 B，线段 A 的长度约为 80，线段 B 的长度约为 50，如图 4-112 所示。

STEP02 画椭圆 C、D 及圆 E，如图 4-113 所示。圆 E 的圆心用正交偏移捕捉确定。

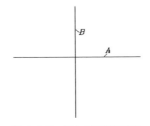

图 4-112 画水平及竖直线段

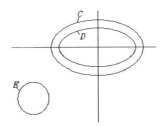

图 4-113 画椭圆和圆

STEP03 用 OFFSET、LINE 及 TRIM 命令绘制线框 F，如图 4-114 所示。

STEP04 画正六边形及椭圆，其中心点的位置可利用正交偏移捕捉确定，如图 4-115 所示。

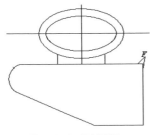

图 4-114 绘制线框 F

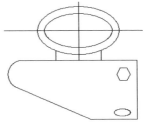

图 4-115 画正六边形及椭圆

STEP05 创建六边形及椭圆的矩形阵列，结果如图 4-116 所示。椭圆阵列的倾斜角度为 162°。

STEP06 画矩形，其角点 A 的位置可利用正交偏移捕捉确定，如图 4-117 所示。

STEP07 镜像矩形，结果如图 4-118 所示。

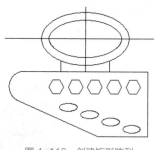

图 4-116　创建矩形阵列

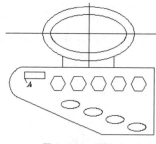

图 4-117　画矩形

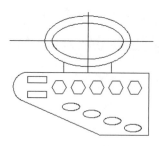

图 4-118　镜像矩形

【练习 4-36】利用 RECTANG、POLYGON 及 ELLIPSE 等命令绘图，如图 4-119 所示。

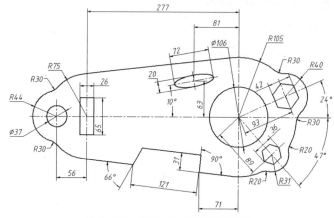

图 4-119　绘制矩形、正多边形及椭圆

画由多边形、椭圆等对象组成的图形（2）

4.13　综合练习 4 ——利用已有图形生成新图形

【练习 4-37】利用 LINE、OFFSET、COPY、ROTATE 及 STRETCH 等命令绘制平面图形，如图 4-120 所示。

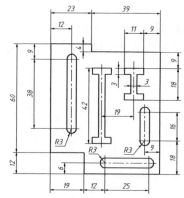

图 4-120　利用已有图形生成新图形

利用已有图形生成新图形（1）

STEP01 创建以下两个图层。

名称	颜色	线型	线宽
轮廓线层	白色	Continuous	0.5
中心线层	红色	Center	默认

STEP02 打开极轴追踪、对象捕捉及自动追踪功能。设置极轴追踪角度增量为 90°，设定对象捕捉方式为端点、圆心和交点，设置仅沿正交方向进行捕捉追踪。

STEP03 设定绘图区域大小为 100×100，并使该区域充满整个绘图窗口。

STEP04 画两条作图基准线 A、B，线段 A 的长度约为 80，线段 B 的长度约为 90，如图 4-121 所示。

STEP05 用 OFFSET、TRIM 命令形成线框 C，如图 4-122 所示。

STEP06 用 LINE 及 CIRCLE 命令绘制线框 D，如图 4-123 所示。

图 4-121　画线段 A、B

图 4-122　画线框 C

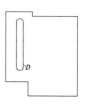

图 4-123　绘制线框 D

STEP07 把线框 D 复制到 E、F 处，结果如图 4-124 所示。

STEP08 把线框 E 绕 G 点旋转 90°，结果如图 4-125 所示。

STEP09 用 STRETCH 命令改变线框 E、F 的长度，结果如图 4-126 所示。

图 4-124　复制对象

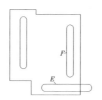

图 4-125　旋转对象

图 4-126　拉伸对象

STEP10 用 LINE 命令绘制线框 A，如图 4-127 所示。

STEP11 把线框 A 复制到 B 处，结果如图 4-128 所示。

STEP12 用 STRETCH 命令拉伸线框 B，结果如图 4-129 所示。

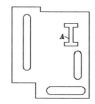

图 4-127　绘制线框 A

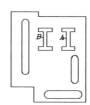

图 4-128　复制对象

图 4-129　拉伸对象

【练习4-38】 利用 LINE、OFFSET、COPY、ROTATE 及 STRETCH 等命令绘制平面图形，如图 4-130 所示。

利用已有图形生成新图形（2）

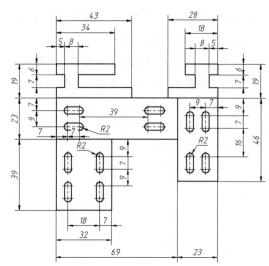

图 4-130 利用 COPY、ROTATE 及 STRETCH 等命令绘图

主要作图步骤如图 4-131 所示。

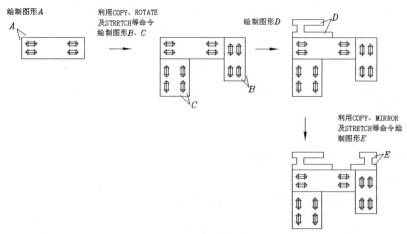

图 4-131 主要作图步骤

4.14 综合练习 5 ——绘制墙面展开图

【练习 4-39】用 LINE、OFFSET 及 ARRAY 等命令绘制如图 4-132 所示的墙体展开图。

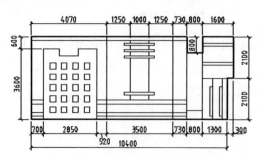

图 4-132 画墙体展开图

墙体展开

STEP01 创建以下图层。

名称	颜色	线型	线宽
墙面－轮廓	白色	Continuous	0.7
墙面－装饰	青色	Continuous	默认

(STEP02) 设定绘图区域大小为 20000×10000。

(STEP03) 打开极轴追踪、对象捕捉及自动追踪功能。指定极轴追踪角度增量为 90°，设定对象捕捉方式为端点和交点；设置仅沿正交方向自动追踪。

(STEP04) 切换到"墙面－轮廓"层。用 LINE 命令绘制墙面轮廓线，如图 4-133 所示。

图 4-133　绘制墙面轮廓线

(STEP05) 用 LINE、OFFSET 及 TRIM 命令绘制图形 A，如图 4-134 所示。

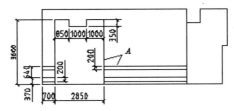

图 4-134　绘制图形 A

(STEP06) 用 LINE 命令绘制正方形 B，然后用 ARRAY 命令创建矩形阵列，相关尺寸如图 4-135 左图所示，结果如图 4-135 右图所示。

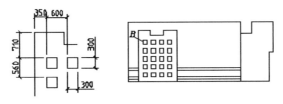

图 4-135　绘制正方形及创建矩形阵列

(STEP07) 用 OFFSET、TRIM 及 COPY 命令形成图形 C，细节尺寸如图 4-136 左图所示，结果如图 4-136 右图所示。

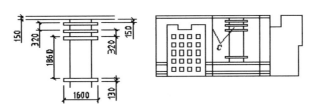

图 4-136　形成图形 C

(STEP08) 用 OFFSET、TRIM 及 COPY 命令形成图形 D，细节尺寸如图 4-137 左图所示，结果如图 4-137 右图所示。

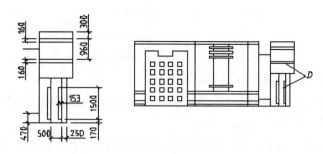

图 4-137　形成最终图形

4.15　综合练习 6 ——绘制顶棚平面图

【练习 4-40】用 PLINE、LINE、OFFSET 及 ARRAY 等命令绘制图 4-138 所示的顶棚平面图。

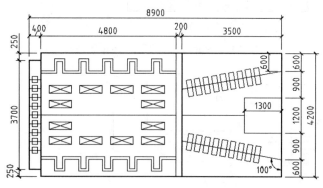

顶棚平面图

图 4-138　画顶棚平面图

(STEP01) 创建以下图层。

名称	颜色	线型	线宽
顶棚－轮廓	白色	Continuous	0.7
顶棚－装饰	青色	Continuous	默认

(STEP02) 设定绘图区域大小为 15000×10000。

(STEP03) 打开极轴追踪、对象捕捉及自动追踪功能。指定极轴追踪角度增量为 90°，设定对象捕捉方式为端点和交点，设置仅沿正交方向自动追踪。

(STEP04) 切换到"顶棚－轮廓"层。用 LINE、PLINE 及 OFFSET 命令绘制顶棚轮廓线及图形 A 等。细节尺寸如图 4-139 左图所示，结果如图 4-139 右图所示。

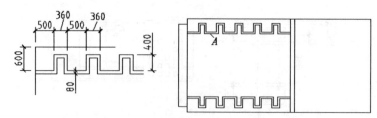

图 4-139　绘制顶棚轮廓线及图形 A 等

(STEP05) 切换到"顶棚－装饰"层。用 OFFSET、TRIM、LINE、COPY 及 MIRROR 等命令绘制图

形 B。细节尺寸如图 4-140 左图所示，结果如图 4-140 右图所示。

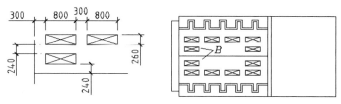

图 4-140　形成图形 B

STEP06　用 OFFSET、TRIM 及 ARRAY 等命令绘制图形 C。细节尺寸如图 4-141 左图所示，结果如图 4-141 右图所示。

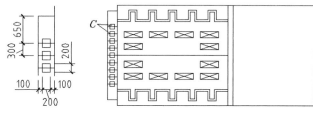

图 4-141　形成图形 C

STEP07　用 XLINE、LINE、OFFSET、TRIM 及 ARRAY 等命令绘制图形 D。细节尺寸如图 4-142 左图所示，结果如图 4-142 右图所示。

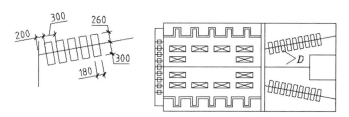

图 4-142　形成最终图形

4.16　习题

1. 绘制如图 4-143 所示的图形。

2. 绘制如图 4-144 所示的图形。

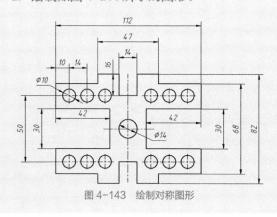

图 4-143　绘制对称图形

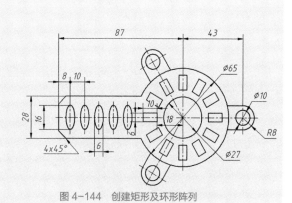

图 4-144　创建矩形及环形阵列

3. 绘制如图 4-145 所示的图形。

4. 绘制如图 4-146 所示的图形。

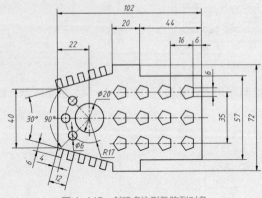

图 4-145　创建多边形及阵列对象

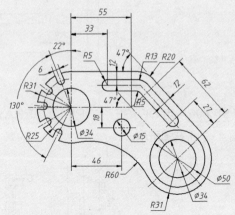

图 4-146　绘制圆、切线及阵列对象

5. 绘制如图 4-147 所示的图形。

6. 绘制如图 4-148 所示的图形。

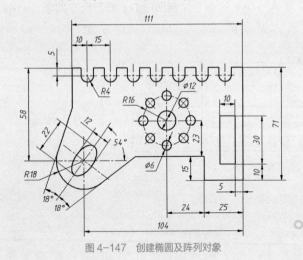

图 4-147　创建椭圆及阵列对象

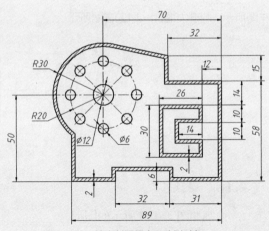

图 4-148　填充剖面图案及阵列对象

第5章
高级绘图与编辑

主要内容

● 创建及编辑多段线、多线。

● 绘制云状线及徒手画线。

● 生成等分点和测量点。

● 创建圆环及圆点。

● 分解、合并及清理对象。

● 选择对象的一些高级方法。

● 控制视图显示及命名视图。

● 利用面域对象构建图形。

5.1 绘制多段线

PLINE 命令可用来创建二维多段线。多段线是由几段线段和圆弧构成的连续线条，它是一个单独的图形对象。二维多段线具有以下特点。

（1）能够设定多段线中直线及圆弧的宽度。

（2）可以利用有宽度的多段线形成实心圆、圆环和带锥度的粗线等。

（3）能在指定的线段交点处或对整个多段线进行倒圆角或倒斜角处理。

（4）可以使直线、圆弧构成闭合的多段线。

❶ 命令启动方法

◎ 菜单命令：【绘图】/【多段线】。

◎ 面板：【默认】选项卡中【绘图】面板上的 ⌐ 按钮。

◎ 命令：PLINE 或简写 PL。

【练习 5-1】用 PLINE 命令绘制多段线。

命令：_pline

指定起点：   // 单击 *A* 点，如图 5-1 所示

指定下一个点或 [圆弧 (A)/ 半宽 (H)/ 长度 (L)/ 放弃 (U)/ 宽度 (W)]: 100

                                      // 从 *A* 点向右追踪并输入追踪距离

指定下一点或 [圆弧 (A)/ 闭合 (C)/ 半宽 (H)/ 长度 (L)/ 放弃 (U)/ 宽度 (W)]: a

                                      // 使用"圆弧 (A)"选项画圆弧

绘制多段线

指定圆弧的端点 (按住 Ctrl 键以切换方向) 或

[角度 (A)/ 圆心 (CE)/ 闭合 (CL)/ 方向 (D)/ 半宽 (H)/ 直线 (L)/ 半径 (R)/ 第二个点 (S)/ 放弃 (U)/ 宽度 (W)]: 30

// 从 B 点向下追踪并输入追踪距离

指定圆弧的端点 (按住 Ctrl 键以切换方向) 或

[角度 (A)/ 圆心 (CE)/ 闭合 (CL)/ 方向 (D)/ 半宽 (H)/ 直线 (L)/ 半径 (R)/ 第二个点 (S)/ 放弃 (U)/ 宽度 (W)]: 1

// 使用 "直线 (L)" 选项切换到画直线模式

指定下一点或 [圆弧 (A)/ 闭合 (C)/ 半宽 (H)/ 长度 (L)/ 放弃 (U)/ 宽度 (W)]: 100

// 从 C 点向左追踪并输入追踪距离

指定下一点或 [圆弧 (A)/ 闭合 (C)/ 半宽 (H)/ 长度 (L)/ 放弃 (U)/ 宽度 (W)]: a

// 使用 "圆弧 (A)" 选项画圆弧

指定圆弧的端点 (按住 Ctrl 键以切换方向) 或

[角度 (A)/ 圆心 (CE)/ 闭合 (CL)/ 方向 (D)/ 半宽 (H)/ 直线 (L)/ 半径 (R)/ 第二个点 (S)/ 放弃 (U)/ 宽度 (W)]:

end 于   // 捕捉端点 A

指定圆弧的端点 (按住 Ctrl 键以切换方向) 或

[角度 (A)/ 圆心 (CE)/ 闭合 (CL)/ 方向 (D)/ 半宽 (H)/ 直线 (L)/ 半径 (R)/ 第二个点 (S)/ 放弃 (U)/ 宽度 (W)]:

// 按 Enter 键结束

结果如图 5-1 所示。

图 5-1　画多段线

❷ 命令选项

（1）圆弧 (A)：使用此选项可以画圆弧。当选择它时，AutoCAD 将有下面的提示。

指定圆弧的端点或 [角度 (A)/ 圆心 (CE)/ 闭合 (CL)/ 方向 (D)/ 半宽 (H)/ 直线 (L)/ 半径 (R)/ 第二个点 (S)/ 放弃 (U)/ 宽度 (W)]：

◎ **角度 (A)**：指定圆弧的夹角，负值表示沿顺时针方向画弧。

◎ **圆心 (CE)**：指定圆弧的中心。

◎ **闭合 (CL)**：以多段线的起始点和终止点为圆弧的两端点绘制圆弧。

◎ **方向 (D)**：设定圆弧在起始点的切线方向。

◎ **半宽 (H)**：指定圆弧在起始点及终止点的半宽度。

◎ **直线 (L)**：从画圆弧模式切换到画直线模式。

◎ **半径 (R)**：根据半径画弧。

◎ **第二个点 (S)**：根据 3 点画弧。

◎ **放弃 (U)**：删除上一次绘制的圆弧。

◎ **宽度 (W)**：设定圆弧在起始点及终止点的宽度。

（2）按住 Ctrl 键以切换方向：按住 Ctrl 键切换圆弧的方向。

（3）闭合 (C)：此选项使多段线闭合，它与 LINE 命令的 C 选项作用相同。

（4）半宽 (H)：该选项使用户可以指定本段多段线的半宽度，即线宽的一半。

（5）长度 (L)：指定本段多段线的长度，其方向与上一直线段相同或是沿上一段圆弧的切线方向。

（6）放弃 (U)：删除多段线中最后一次绘制的直线段或圆弧段。

（7）宽度 (W)：设置多段线的宽度，此时 AutoCAD 将提示"指定起点宽度"和"指定端点宽度"，用户可输入不同的起始宽度和终点宽度值以绘制一条宽度逐渐变化的多段线。

5.2 编辑多段线

编辑多段线的命令是 PEDIT，该命令有以下主要功能。

（1）将直线与圆弧构成的连续线修改为一条多段线。

（2）移动、增加或打断多段线的顶点。

（3）可以为整个多段线设定统一的宽度值或是分别控制各段的宽度。

（4）用样条曲线或双圆弧曲线拟合多段线。

（5）将开式多段线闭合或使闭合多段线变为开式。

此外，利用关键点编辑方式也能够修改多段线，可以移动、删除及添加多段线的顶点，或者使其中的直线段与圆弧段互换，还可按住 Ctrl 键选择多段线中的一段或几段进行编辑。

① **命令启动方法**

◎ **菜单命令**：【修改】/【对象】/【多段线】。

◎ **面板**：【默认】选项卡中【修改】面板上的 按钮。

◎ **命令**：PEDIT 或简写 PE。

编辑多段线

【练习 5-2】打开资源包文件"dwg\ 第 5 章 \5-2.dwg"，如图 5-2 左图所示，用 PEDIT 命令将多段线 *A* 修改为闭合多段线，将直线 *B*、*C* 及圆弧 *D* 组成的连续折线修改为一条多段线。

命令：_pedit 选择多段线或 [多条 (M)]:	// 选择多段线 *A*，如图 5-2 左图所示
输入选项 [闭合 (C)/ 合并 (J)/ 宽度 (W)/ 编辑顶点 (E)/ 拟合 (F)/ 样条曲线 (S)/ 非曲线化 (D)/ 线型生成 (L)/ 反转 (R)/ 放弃 (U)]: c	// 使用"闭合 (C)"选项
输入选项 [打开 (O)/ 合并 (J)/ 宽度 (W)/ 编辑顶点 (E)/ 拟合 (F)/ 样条曲线 (S)/ 非曲线化 (D)/ 线型生成 (L)/ 反转 (R)/ 放弃 (U)]:	// 按 Enter 键结束
命令：	// 重复命令
PEDIT 选择多段线或 [多条 (M)]:	// 选择直线 *B*
选定的对象不是多段线是否将其转换为多段线 ?<Y> y	// 将直线 *B* 转化为多段线
输入选项 [闭合 (C)/ 合并 (J)/ 宽度 (W)/ 编辑顶点 (E)/ 拟合 (F)/ 样条曲线 (S)/ 非曲线化 (D)/ 线型生成 (L)/ 反转 (R)/ 放弃 (U)]: j	// 使用"合并 (J)"选项
选择对象：找到 1 个	// 选择直线 *C*
选择对象：找到 1 个，总计 2 个	// 选择圆弧 *D*
选择对象：	// 按 Enter 键
输入选项 [闭合 (C)/ 合并 (J)/ 宽度 (W)/ 编辑顶点 (E)/ 拟合 (F)/ 样条曲线 (S)/ 非曲线化 (D)/ 线型生成 (L)/ 反转 (R)/ 放弃 (U)]:	// 按 Enter 键结束

结果如图 5-2 右图所示。

❷ 命令选项

◎ **闭合 (C)**：该选项使多段线闭合。若被编辑的多段线是闭合状态，则此选项变为"打开（O）"，其功能与"闭合 (C)"恰好相反。

◎ **合并 (J)**：将直线、圆弧或多段线与所编辑的多段线连接以形成一条新的多段线。

◎ **宽度 (W)**：修改整条多段线的宽度。

◎ **编辑顶点 (E)**：增加、移动或删除多段线的顶点。

◎ **拟合 (F)**：采用双圆弧曲线拟合多段线，如图 5-3 所示。

◎ **样条曲线 (S)**：用样条曲线拟合多段线，如图 5-3 所示。

◎ **非曲线化 (D)**：取消"拟合 (F)"或"样条曲线 (S)"的拟合效果。

◎ **线型生成 (L)**：该选项对非连续线型起作用。当选项处于打开状态时，AutoCAD 将多段线作为整体应用线型。否则，对多段线的每一段分别应用线型。

◎ **反转 (R)**：反转多段线顶点的顺序。若多段线包含文字，则其中的文字将倒置。

◎ **放弃 (U)**：取消上一次的编辑操作，可连续使用该选项。

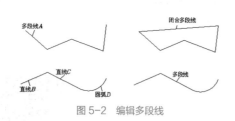

图 5-2　编辑多段线　　　　　　　　图 5-3　用光滑曲线拟合多段线

使用 PEDIT 命令时，若选取的对象不是多段线，则 AutoCAD 提示：

选定的对象不是多段线是否将其转换为多段线？<Y>

选取"Y"选项，AutoCAD 将图形对象转化为多段线。

5.3　多线

在 AutoCAD 中用户可以创建多线，如图 5-4 所示。多线是由多条平行直线组成的对象，其最多可包含 16 条平行线，线间的距离、线的数量、线条颜色及线型等都可以调整。该对象常用于绘制墙体、公路或管道等。

图 5-4　多线

5.3.1　创建多线

MLINE 命令用于创建多线。绘制时，用户可通过选择多线样式来控制多线外观。在多线样式中规定了各平行线的特性，如线型、线间距离和颜色等。

❶ 命令启动方法

◎ **菜单命令**：【绘图】/【多线】。

◎ **命令**：MLINE 或简写 ML。

【练习 5-3】用 MLINE 命令创建多线。

命令：_mline

指定起点或 [对正 (J)/ 比例 (S)/ 样式 (ST)]:　　　　// 拾取 A 点，如图 5-5 所示

创建多线

指定下一点：	// 拾取 B 点
指定下一点或 [放弃 (U)]:	// 拾取 C 点
指定下一点或 [闭合 (C)/ 放弃 (U)]:	// 拾取 D 点
指定下一点或 [闭合 (C)/ 放弃 (U)]:	// 拾取 E 点
指定下一点或 [闭合 (C)/ 放弃 (U)]:	// 拾取 F 点
指定下一点或 [闭合 (C)/ 放弃 (U)]:	// 按 Enter 键结束

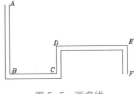

图 5-5　画多线

结果如图 5-5 所示。

❷ 命令选项

（1）对正 (J)：设定多线对正方式，即多线中哪条直线的端点与光标重合并随光标移动。该选项有 3 个子选项：

◎ 上 (T)：若从左往右绘制多线，则对正点将在最顶端直线的端点处。

◎ 无 (Z)：对正点位于多线中偏移量为 0 的位置。多线中线条的偏移量可在多线样式中设定。

◎ 下 (B)：若从左往右绘制多线，则对正点将在最底端直线的端点处。

（2）比例 (S)：指定多线宽度相对于定义宽度（在多线样式中定义）的比例因子，该比例不影响线型比例。

（3）样式 (ST)：该选项使用户可以选择多线样式，默认样式是 STANDARD。

5.3.2　创建多线样式

多线的外观由多线样式决定。在多线样式中，用户可以设定多线中线条的数量、每条线的颜色和线型以及线间的距离，还能指定多线两个端头的形式，如弧形端头、平直端头等。

命令启动方法

◎ **菜单命令**：【格式】/【多线样式】。

◎ **命令**：MLSTYLE。

【练习 5-4】创建多线样式及多线。

(STEP01) 打开资源包文件 "dwg\ 第 5 章 \5-4.dwg"。

(STEP02) 启动 MLSTYLE 命令，弹出【多线样式】对话框，如图 5-6 所示。

(STEP03) 单击 [新建 (N)...] 按钮，弹出【创建新的多线样式】对话框，如图 5-7 所示。

在【新样式名】文本框中输入新样式的名称 "样式 -240"，在【基础样式】下拉列表中选择样板样式，默认的样板样式是【STANDARD】。

创建多线样式

图 5-6 【多线样式】对话框

图 5-7 【创建新的多线样式】对话框

(STEP04) 单击 [继续] 按钮，弹出【新建多线样式】对话框，如图 5-8 所示。在该对话框中完成以下设置。

（1）在【说明】文本框中输入关于多线样式的说明文字。

（2）在【图元】列表框中选中 0.5，然后在【偏移】文本框中输入数值 120。

（3）在【图元】列表框中选中 –0.5，然后在【偏移】文本框中输入数值 –120。

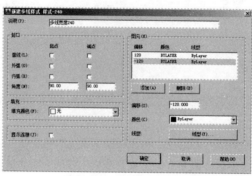

图 5-8 【新建多线样式】对话框

STEP05 单击 确定 按钮，返回【多线样式】对话框，然后单击 置为当前(U) 按钮，使新样式成为当前样式。

STEP06 前面创建了多线样式，下面用 MLINE 命令生成多线。

命令：_mline	
指定起点或 [对正 (J)/ 比例 (S)/ 样式 (ST)]: s	// 选用"比例 (S)"选项
输入多线比例 <20.00>: 1	// 输入缩放比例值
指定起点或 [对正 (J)/ 比例 (S)/ 样式 (ST)]: j	// 选用"对正 (J)"选项
输入对正类型 [上 (T)/ 无 (Z)/ 下 (B)] < 无 >: z	// 设定对正方式为"无"
指定起点或 [对正 (J)/ 比例 (S)/ 样式 (ST)]:	// 捕捉 *A* 点，如图 5-9 右图所示
指定下一点：	// 捕捉 *B* 点
指定下一点或 [放弃 (U)]:	// 捕捉 *C* 点
指定下一点或 [闭合 (C)/ 放弃 (U)]:	// 捕捉 *D* 点
指定下一点或 [闭合 (C)/ 放弃 (U)]:	// 捕捉 *E* 点
指定下一点或 [闭合 (C)/ 放弃 (U)]:	// 捕捉 *F* 点
指定下一点或 [闭合 (C)/ 放弃 (U)]: c	// 使多线闭合
命令：MLINE	// 重复命令
指定起点或 [对正 (J)/ 比例 (S)/ 样式 (ST)]:	// 捕捉 *G* 点
指定下一点：	// 捕捉 *H* 点
指定下一点或 [放弃 (U)]:	// 按 Enter 键结束
命令：MLINE	// 重复命令
指定起点或 [对正 (J)/ 比例 (S)/ 样式 (ST)]:	// 捕捉 *I* 点
指定下一点：	// 捕捉 *J* 点
指定下一点或 [放弃 (U)]:	// 按 Enter 键结束

结果如图 5-9 右图所示。

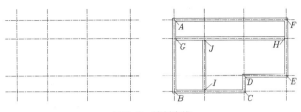

图 5-9　绘制多线

【新建多线样式】对话框中的各选项介绍如下。

◎ 　添加(A)　按钮：单击此按钮，系统在多线中添加一条新线，该线的偏移量可在【偏移】文本框中输入。

◎ 　删除(D)　按钮：删除【图元】列表框中选定的线元素。

◎ 【颜色】下拉列表：通过此下拉列表修改【图元】列表框中选定线元素的颜色。

◎ 　线型(T)　按钮：指定【图元】列表框中选定线元素的线型。

◎ 【显示连接】：选中该复选项，则系统在多线拐角处显示连接线，如图 5-10 左图所示。

◎ 【直线】：在多线的两端产生直线封口形式，如图 5-10 右图所示。

◎ 【外弧】：在多线的两端产生外圆弧封口形式，如图 5-10 右图所示。

◎ 【内弧】：在多线的两端产生内圆弧封口形式，如图 5-10 右图所示。

◎ 【角度】：该角度是指多线某一端的端口连线与多线的夹角，如图 5-10 右图所示。

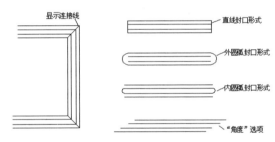

图 5-10　多线的各种特性

◎ 【填充颜色】下拉列表：通过此下拉列表设置多线的填充色。

5.3.3　编辑多线

MLEDIT 命令用于编辑多线，其主要功能如下。

（1）改变两条多线的相交形式。例如，使它们相交成"十"字形或"T"字形。

（2）在多线中加入控制顶点或删除顶点。

（3）将多线中的线条切断或接合。

命令启动方法

◎ **菜单命令**：【修改】/【对象】/【多线】。

◎ **命令**：MLEDIT。

【练习 5-5】用 MLEDIT 命令编辑多线。

(STEP01)　打开资源包文件"dwg\ 第 5 章 \5-5.dwg"，如图 5-11 左图所示。

(STEP02)　启动 MLEDIT 命令，打开【多线编辑工具】对话框，如图 5-12 所示。该对话框中的小型图片形象地说明了各项编辑功能。

编辑多线

STEP03 选择【T 形合并】选项，AutoCAD 提示如下。

命令：_mledit

选择第一条多线：	// 在 *A* 点处选择多线，如图 5-11 左图所示
选择第二条多线：	// 在 *B* 点处选择多线
选择第一条多线 或 [放弃 (U)]：	// 在 *C* 点处选择多线
选择第二条多线：	// 在 *D* 点处选择多线
选择第一条多线 或 [放弃 (U)]：	// 在 *E* 点处选择多线
选择第二条多线：	// 在 *F* 点处选择多线
选择第一条多线 或 [放弃 (U)]：	// 在 *G* 点处选择多线
选择第二条多线：	// 在 *H* 点处选择多线
选择第一条多线 或 [放弃 (U)]：	// 按 Enter 键结束

结果如图 5-11 右图所示。

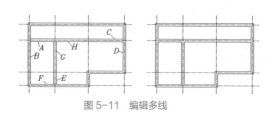

图 5-11　编辑多线

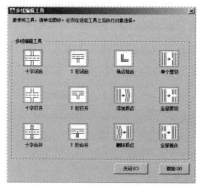

图 5-12　【多线编辑工具】对话框

5.3.4　阶段练习——用 MLINE 命令画墙体

使用 MLINE 命令可以很方便地绘制出墙体线。绘制前，先根据墙体的厚度建立相应的多线样式，这样，每当创建不同厚度的墙体时，只需使对应的多线样式成为当前样式即可。

【练习 5-6】用 LINE、OFFSET 和 MLINE 等命令绘制如图 5-13 所示的建筑平面图。

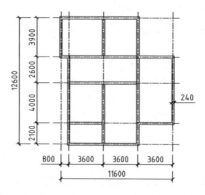

用 MLINE 命令画墙体

图 5-13　用 LINE、OFFSET、MLINE 等命令画图

STEP01 创建以下图层。

名称	颜色	线型	线宽
建筑－轴线	红色	Center	默认
建筑－墙线	白色	Continuous	0.7

STEP02 设定绘图区域的大小为 20000×20000，设置全局线型比例因子为 20。

STEP03 打开极轴追踪、对象捕捉及自动追踪功能。设置极轴追踪角度增量为 90°，设定对象捕捉方式为端点和交点，设置仅沿正交方向自动追踪。

STEP04 切换到"建筑－轴线"层。使用 LINE 命令绘制出水平及竖直的作图基准线 *A*、*B*，其长度约为 15000，如图 5-14 左图所示。用 OFFSET 命令偏移线段 *A*、*B*，以形成其他轴线，结果如图 5-14 右图所示。

STEP05 创建一个多线样式，样式名为"墙体 24"。该多线包含两条线段，偏移量分别为 120 和－120。

STEP06 切换到"建筑－墙线"层，用 MLINE 命令绘制墙体，结果如图 5-15 所示。

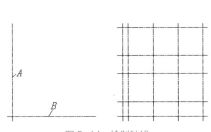

图 5-14　绘制轴线

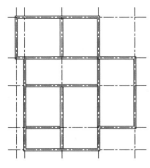

图 5-15　绘制墙体

STEP07 关闭"建筑－轴线"层，利用 MLEDIT 命令的【T 形合并】选项编辑多线交点 *C*、*D*、*E*、*F*、*G*、*H*、*I* 和 *J*，如图 5-16 左图所示。用 EXPLODE 命令分解所有多线，然后用 TRIM 命令修剪交点 *K*、*L*、*M* 处的多余线条，结果如图 5-16 右图所示。

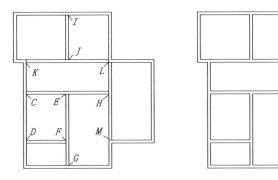

图 5-16　编辑多线

STEP08 打开"建筑－轴线"层，结果如图 5-13 所示。

5.4 综合练习——用多段线及多线命令绘图

【练习 5-7】 利用 MLINE、PLINE 等命令绘制平面图形，如图 5-17 所示。

多线命令绘图

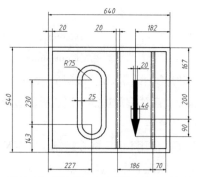

图 5-17 画多线、多段线构成的平面图形

STEP01 创建以下两个图层。

名称	颜色	线型	线宽
轮廓线层	白色	Continuous	0.5
中心线层	红色	Center	默认

STEP02 设定绘图区域大小为 700×700，并使该区域充满整个绘图窗口。

STEP03 打开极轴追踪、对象捕捉及自动追踪功能。设置极轴追踪角度增量为 90°，设定对象捕捉方式为端点和交点，设置仅沿正交方向进行捕捉追踪。

STEP04 画闭合多线，结果如图 5-18 所示。

STEP05 画闭合多段线，结果如图 5-19 所示。用 OFFSET 命令将闭合多段线向其内部偏移，偏移距离为 25，结果如图 5-20 所示。

图 5-18 画闭合多线

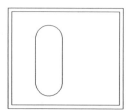

图 5-19 画闭合多段线

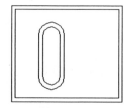

图 5-20 偏移闭合多段线

STEP06 用 PLINE 命令绘制箭头，结果如图 5-21 所示。

STEP07 设置多线样式。选取菜单命令【格式】/【多线样式】，打开【多线样式】对话框，单击 新建(N)... 按钮，打开【创建新的多线样式】对话框，在【新样式名】文本框中输入新的多线样式名称"新多线样式"，如图 5-22 所示。

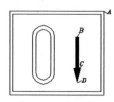

图 5-21 绘制箭头

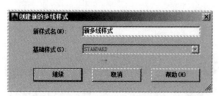

图 5-22 【创建新的多线样式】对话框

STEP08 单击 继续 按钮，打开【新建多线样式】对话框，如图 5-23 所示。在该对话框中完成以下任务。

（1）单击 添加(A) 按钮给多线中添加一条直线，该直线位于原有两条直线的中间，即偏移量为 0.000。

（2）改变新加入直线的线型。单击 线型(Y)... 按钮，打开【选择线型】对话框，利用该对话框设定新元素的线型为 CENTER。

STEP09 返回 AutoCAD 绘图窗口，绘制多线，结果如图 5-24 所示。

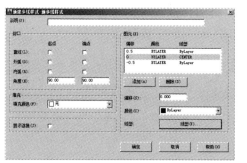

图 5-23 【新建多线样式】对话框

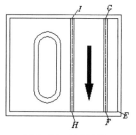

图 5-24 绘制多线

【练习 5-8】利用 LINE、CIRCLE、PEDIT 等命令绘制平面图形，如图 5-25 所示。绘制图形外轮廓后，将其编辑成多段线，然后偏移它。

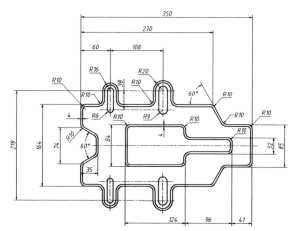

图 5-25 用 LINE、PEDIT 等命令绘图

5.5 画云状线

使用 REVCLOUD 命令可创建云状线，该线是由连续圆弧组成的多段线，线中弧长的最大值及最小值可以设定。云状线的形式包括徒手线、矩形及多边形等。在圈阅图形时，用户可以使用云状线进行标记。

❶ 命令启动方法

◎ 菜单命令：【绘图】/【修订云线】。

◎ 面板：【默认】选项卡中【绘图】面板上的 ▱、▱ 及 ▱ 按钮。

◎ 命令：REVCLOUD。

【练习 5-9】用 REVCLOUD 命令画云状线。

　　命令：_revcloud　　　　　　　　　　　　　// 单击按钮 ▱

画云状线

指定第一个点或 [弧长 (A)/ 对象 (O)/ 矩形 (R)/ 多边形 (P)/ 徒手画 (F)/ 样式 (S)/ 修改 (M)] < 对象 >: A

// 设定云状线中弧长的最大值及最小值

指定最小弧长 <10>: 40　　　　　　　　　　 // 输入弧长最小值

指定最大弧长 <10>: 60　　　　　　　　　　 // 输入弧长最大值

指定第一个点或 [弧长 (A)/ 对象 (O)/ 矩形 (R)/ 多边形 (P)/ 徒手画 (F)/ 样式 (S)/ 修改 (M)] < 对象 >:

// 拾取一点以指定云状线的起始点

沿云线路径引导十字光标 …　　　　　　　 // 拖动光标，AutoCAD 画出云状线

// 当光标移动到起始点时，AutoCAD 自动形成闭合云线

单击▢按钮，再指定两个对角点，绘制矩形云状线；单击▢按钮，指定多个点，形成多边形云状线。结果如图 5-26 所示。

图 5-26　画云状线

② 命令选项

◎ **弧长 (A)** ：设定云状线中弧线长度的最大及最小值，最大弧长不能大于最小弧长的 3 倍。

◎ **对象 (O)** ：将闭合对象（如矩形、圆和闭合多段线等）转化为云状线，还能调整云状线中弧线的方向，如图 5-27 所示。

◎ **矩形 (R)** ：创建矩形云状线。

◎ **多边形 (P)** ：创建多边形云状线。

◎ **徒手画 (F)** ：以徒手画形式绘制云状线。

◎ **样式 (S)** ：利用该选项指定云状线样式为"普通"或"手绘"。"普通"云状线的外观如图 5-28 左图所示。若选择"手绘"，则云状线看起来像是用画笔绘制的，如图 5-28 右图所示。

图 5-27　将闭合对象转化为云状线　　　　　　　　图 5-28　云状线外观

◎ **修改 (M)** ：编辑现有云状线。形成新的一段云状线替换已有云状线的一部分。

5.6　徒手画线

SKETCH 可以作为徒手绘图的工具，绘制效果如图 5-29 所示。发出此命令后，通过移动鼠标光标就能绘制出曲线（徒手画线），鼠标光标移动到哪里，线条就画到哪里。使用这个命令时，可以设定所绘制的线条是多段线、样条曲线或是由一系列直线构成的连续线。

徒手画线

【练习 5-10】用 SKETCH 命令徒手画线。

键入 SKETCH 命令，AutoCAD 提示如下。

命令 : sketch

指定草图或 [类型 (T)/ 增量 (I)/ 公差 (L)]: i   // 使用"增量"选项

指定草图增量 <1.0000>: 1.5   // 设定线段的最小长度

指定草图或 [类型 (T)/ 增量 (I)/ 公差 (L)]: // 单击鼠标左键，移动鼠标光标画曲线 *A*

指定草图 :   // 单击鼠标左键，完成画线。再单击鼠标左键移动鼠标 光标画曲线 *B*，
          // 继续单击鼠标左键，完成画线。按 Enter 键结束

结果如图 5-30 所示。

图 5-29 徒手线

图 5-30 徒手画线

命令选项

◎ **类型 (T)** : 指定徒手画线的对象类型（直线、多段线或样条曲线）。

◎ **增量 (I)** : 定义每条徒手画线的长度。定点设备所移动的距离必须大于增量值，才能生成一条直线。

◎ **公差 (L)** : 对于样条曲线，指定样条曲线的曲线布满徒手画线草图的紧密程度。

5.7　点对象

在 AutoCAD 中可创建单独的点对象，点的外观由点样式控制。一般在创建点之前要先设置点的样式，但也可先绘制点，再设置点样式。

5.7.1　设置点样式

可用 POINT 命令创建单独的点对象，这些点可用 NOD 命令进行捕捉。点的外观由点样式控制，一般在创建点之前要先设置点的样式，但也可先绘制点，再设置点样式。

单击【默认】选项卡中【实用工具】面板上的 点样式 按钮或选取菜单命令【格式】/【点样式】，AutoCAD 打开【点样式】对话框，如图 5-31 所示。该对话框提供了多种样式的点，用户可根据需要进行选择，此外，还能通过【点大小】文本框指定点的大小。点的大小既可相对于屏幕大小来设置，也可直接输入点的绝对尺寸。

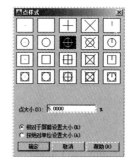

图 5-31　【点样式】对话框

5.7.2　创建点

POINT 命令可创建点对象，此类对象可以作为绘图的参考点。节点捕捉命令 NOD 可以拾取该对象。

命令启动方法

◎ **菜单命令** :【绘图】/【点】/【多点】。

◎ **面板** :【常用】选项卡中【绘图】面板上的 按钮。

◎ **命令** : POINT 或简写 PO。

【练习 5-11 】用 POINT 命令创建点对象。

创建点

命令：_point

指定点：// 输入点的坐标或在屏幕上拾取点，AutoCAD 在指定位置创建点对象，如图 5-32 所示。

* 取消 *   // 按 Esc 键结束

图 5-32　创建点对象

要点提示 | 若将点的尺寸设置成绝对数值，则缩放图形后将引起点的大小发生变化。而相对于屏幕大小设置点尺寸时，则不会出现这种情况（要用 REGEN 命令重新生成图形）。

5.7.3　画测量点

MEASURE 命令在图形对象上按指定的距离放置点对象（POINT 对象），这些点可用 NOD 命令进行捕捉。对于不同类型的图形元素，测量距离的起始点是不同的。若是线段或非闭合的多段线，则起点是离选择点最近的端点。若是闭合多段线，则起点是多段线的起点。如果是圆，则一般从 0° 角开始进行测量。

该命令有一个选项"块 (B)"，功能是将图块把指定的测量长度放置在对象上，图块是多个对象组成的整体，是一个单独的对象。

❶ 命令启动方法

◎ **菜单命令:** 【绘图】/【点】/【定距等分】。

◎ **面板:** 【默认】选项卡中【绘图】面板上的 按钮。

◎ **命令:** MEASURE 或简写 ME。

画测量点

【练习 5-12】打开资源包文件"dwg\ 第 5 章 \5-12.dwg"，如图 5-33 所示，用 MEASURE 命令创建两个测量点 C、D。

命令：_measure

选择要定距等分的对象：　　　　　　// 在 A 端附近选择对象，如图 5-33 所示

指定线段长度或 [块 (B)]: 160　　　　// 输入测量长度

命令：

MEASURE　　　　　　　　　　// 重复命令

选择要定距等分的对象：　　　　　　// 在 B 端处选择对象

指定线段长度或 [块 (B)]: 160　　　　// 输入测量长度

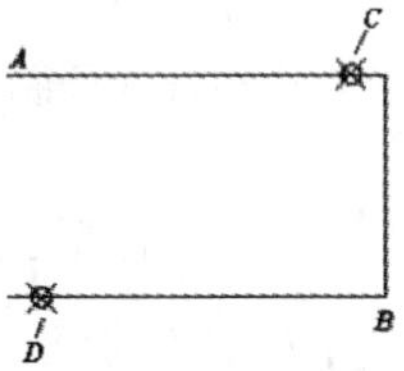

结果如图 5-33 所示。

图 5-33　测量对象

❷ 命令选项

◎ **块 (B):** 按指定的测量长度在对象上插入图块（在第 14 章中将介绍块对象）。

5.7.4　画等分点

DIVIDE 命令可根据等分数目在图形对象上放置等分点，这些点并不分割对象，只是标明等分的位置。AutoCAD 中可等分的图形元素包括线段、圆、圆弧、样条线和多段线等。对于圆，等分的起始点位于 0° 线与圆的交点处。

该命令有一个选项"块 (B)"，功能是将图块放置在对象的等分点处。图块是多个对象组成的整体，是一个单独对象。

❶ 命令启动方法

◎ **菜单命令:** 【绘图】/【点】/【定数等分】。

◎ **面板:**【默认】选项卡中【绘图】面板上的 按钮。

◎ **命令:** DIVIDE 或简写 DIV。

【练习5-13】打开资源包文件"dwg\ 第 5 章 \5-13.dwg",如图 5-34 所示,用
DIVIDE 命令创建等分点。

高级绘图与编辑 第5章

命令 : DIVIDE

选择要定数等分的对象 :   // 选择直线,如图 5-34 所示

输入线段数目或 [块 (B)]: 4   // 输入等分的数目

命令 :

DIVIDE   // 重复命令

选择要定数等分的对象 :   // 选择圆弧

输入线段数目或 [块 (B)]: 5   // 输入等分数目

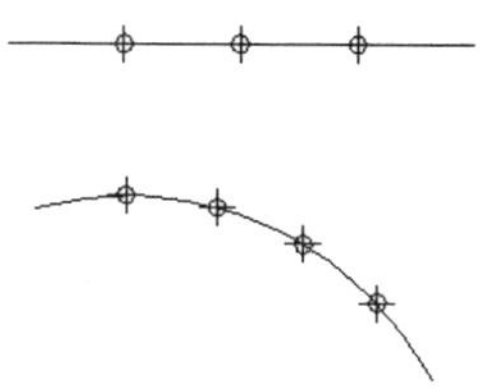

结果如图 5-34 所示。

② 命令选项

图 5-34 等分对象

145

◎ **块 (B):** AutoCAD 在等分处插入图块。

5.7.5 阶段练习——等分多段线及沿曲线均布对象

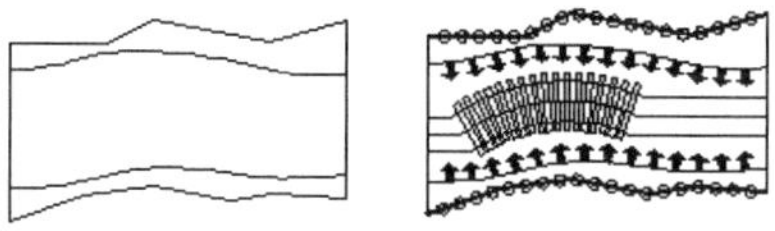

【练习5-14】打开资源包文件"dwg\ 第 5 章 \5-14.dwg",如图 5-35 左图所示,用
PEDIT、PLINE 及 DIVIDE 等命令将左图修改为右图。

图 5-35 沿曲线均布对象

(STEP01) 打开极轴追踪、对象捕捉及自动追踪功能。指定极轴追踪角度增量为 90°,设定对象捕捉方
式为端点、中点及交点,设置仅沿正交方向自动追踪。

(STEP02) 用 LINE、ARC 和 OFFSET 命令绘制图形 A,如图 5-36 所示。圆弧命令 ARC 的操作过程如下。

命令 :_arc   // 选取菜单命令【绘图】/【圆弧】/【起点、端点、半径】

指定圆弧的起点或 [圆心 (C)]:   // 捕捉端点 C

指定圆弧的端点 :   // 捕捉端点 B

指定圆弧的半径 (按住 Ctrl 键以切换方向): 300   // 输入圆弧半径值

(STEP03) 用 PEDIT 命令将线条 D、E 编辑为一条多段线,并将多段线的宽度修改为 5。指定点样式为
"圆",再设定其绝对大小为 20。用 DIVIDE 命令等分线条 D、E,等分数目为 20,结果如图 5-37 所示。

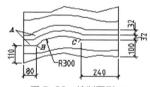

图 5-36 绘制图形 A

图 5-37 等分线条 D、E

(STEP04) 用 PLINE 命令绘制箭头,用 RECTANG 命令画矩形,然后用 BLOCK 命令 (详见 14.1.1 节)

将它们创建成图块"上箭头"、"下箭头"和"矩形",插入点定义在 *F*、*G* 和 *H* 点处,如图 5-38 所示。

STEP05 用 DIVIDE 命令沿曲线均布图块"上箭头"、"下箭头"和"矩形",上箭头、下箭头和矩形的数量分别为 14、14 和 17,如图 5-39 所示。

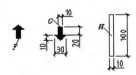

图 5-38 创建图块

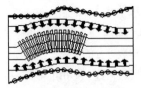

图 5-39 沿曲线均布图块

5.8 绘制圆环及圆点

DONUT 命令用于创建填充圆环或实心填充圆。启动该命令后,用户依次输入圆环内径、外径及圆心,AutoCAD 就会生成圆环。若要画实心圆,则指定内径为 0 即可。

命令启动方法

◎ 菜单命令:【绘图】/【圆环】。

◎ 面板:【默认】选项卡中【绘图】面板上的 ◎ 按钮。

◎ 命令: DONUT。

【练习 5-15】用 DONUT 命令画圆环。

命令: _donut	
指定圆环的内径 <2.0000>: 3	// 输入圆环内径
指定圆环的外径 <5.0000>: 6	// 输入圆环外径
指定圆环的中心点或 < 退出 >:	// 指定圆心
指定圆环的中心点或 < 退出 >:	// 按 Enter 键结束

结果如图 5-40 所示。

绘制圆环

图 5-40 画圆环

DONUT 命令生成的圆环实际上是具有宽度的多段线,用户可用 PEDIT 命令编辑该对象。此外,还可以设定是否对圆环进行填充,当把变量 FILLMODE 设置为 1 时,系统将填充圆环;否则,不填充。

5.9 画无限长射线

RAY 命令用于创建无限延伸的单向射线。操作时,用户只需指定射线的起点及另一通过点。该命令可一次创建多条射线。

命令启动方法

◎ 菜单命令:【绘图】/【射线】。

◎ 面板:【默认】选项卡中【绘图】面板上的 ✏ 按钮。

◎ 命令: RAY。

【练习 5-16】绘制两个圆,然后用 RAY 命令绘制射线,如图 5-41 所示。

命令: _ray 指定起点: cen 于	// 捕捉圆心
指定通过点: <20	// 设定画线角度
指定通过点:	// 单击 *A* 点
指定通过点: <110	// 设定画线角度

画无限长射线

指定通过点：	// 单击 *B* 点
指定通过点：<130	// 设定画线角度
指定通过点：	// 单击 *C* 点
指定通过点：<−100	// 设定画线角度
指定通过点：	// 单击 *D* 点
指定通过点：	// 按 Enter 键结束

结果如图 5-41 所示。

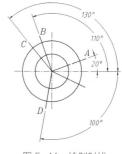

图 5-41 绘制射线

5.10 画实心多边形

SOLID 命令可生成填充多边形，如图 5-42 所示。发出命令后，AutoCAD 提示用户指定多边形的顶点（3 个点或 4 个点），命令结束后，系统自动填充多边形。指定多边形顶点时，顶点的选取顺序是很重要的，如果顺序出现错误，将使多边形成打结状。

命令启动方法

◎ 命令：SOLID 或简写 SO。

【练习 5-17】用 SOLID 命令画实心多边形。

画实心多边形

命令：SOLID	
指定第一点：	// 拾取 *A* 点，如图 5-42 所示
指定第二点：	// 拾取 *B* 点
指定第三点：	// 拾取 *C* 点
指定第四点或 < 退出 >：	// 按 Enter 键
指定第三点：	// 按 Enter 键结束
命令：	// 重复命令
SOLID 指定第一点：	// 拾取 *D* 点
指定第二点：	// 拾取 *E* 点
指定第三点：	// 拾取 *F* 点
指定第四点或 < 退出 >：	// 拾取 *G* 点
指定第三点：	// 拾取 *H* 点
指定第四点或 < 退出 >：	// 拾取 *I* 点
指定第三点：	// 按 Enter 键结束
命令：	// 重复命令
SOLID 指定第一点：	// 拾取 *J* 点
指定第二点：	// 拾取 *K* 点
指定第三点：	// 拾取 *L* 点
指定第四点或 < 退出 >：	// 拾取 *M* 点
指定第三点：	// 按 Enter 键结束

结果如图 5-42 所示。

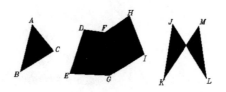

图 5-42　区域填充

> **要点提示**　若想将图 5-42 中的对象修改为不填充，可把 FILL 设置为 OFF，然后用 REGEN 命令更新图形。

5.11　创建空白区域以覆盖对象

WIPEOUT 命令可在现有对象上生成一个空白区域。该区域使用当前背景色屏蔽底层的对象，用户可在空白区中为图形添加其他一些设计信息。空白区是一块多边形区域，用户通过一系列点来设定此区域，另外，也可将闭合多段线转化为空白区。

❶ 命令启动方法

◎ **菜单命令**：【绘图】/【区域覆盖】。

◎ **面板**：【默认】选项卡中【绘图】面板上的 按钮。

◎ **命令**：WIPEOUT。

创建空白区域

【练习 5-18】打开资源包文件 "dwg\ 第 5 章 \5-18.dwg"，如图 5-43 左图所示，用 WIPEOUT 命令创建空白区域。

命令：_wipeout 指定第一点或 [边框 (F)/ 多段线 (P)] < 多段线 >：

　　　　　　　　　　　　　　　　　　// 拾取 *A* 点，如图 5-43 所示

指定下一点：　　　　　　　　　　　// 拾取 *B* 点

指定下一点或 [放弃 (U)]：　　　　　// 拾取 *C* 点

指定下一点或 [闭合 (C)/ 放弃 (U)]：　// 拾取 *D* 点

指定下一点或 [闭合 (C)/ 放弃 (U)]：　// 按 Enter 键结束

结果如图 5-43 所示。

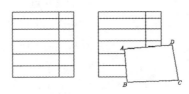

图 5-43　创建空白区域

❷ 命令选项

◎ **边框 (F)**：设置是否显示空白区域的边框。

◎ **多段线 (P)**：将闭合多段线转化为空白区域，此多段线中不能包含圆弧。

5.12　更改对象的显示顺序

在 AutoCAD 中，重叠的图形对象是按它们绘制的顺序显示出来的，即新创建的对象显示在已有对象之前。

这种默认的显示顺序可用 DRAWORDER 命令改变，这样往往能保证在多个对象彼此覆盖的情况下，正确地显示或打印输出。例如，当一个光栅图像遮住了图形对象时，用户可用 DRAWORDER 命令把图形对象放在光栅图像的前面显示出来。

命令启动方法

◎ 菜单命令：【工具】/【绘图次序】。

◎ 面板：【默认】选项卡中【绘图】面板上的 按钮。

◎ 命令：DRAWORDER。

单击【绘图次序】按钮旁的箭头，弹出下拉工具栏，该工具栏包含"前置"、"后置"及"将文字前置"等工具按钮。

【练习5-19】打开资源包文件"dwg\ 第 5 章 \5-19.dwg"，如图 5-44 左图所示，用 DRAWORDER 命令使圆被遮住的部分显示出来。

单击 按钮，选择圆，按 Enter 键，结果如图 5-44 右图所示。

图 5-44　调整圆的显示顺序

对象的显示顺序

5.13　分解、合并及清理对象

分解操作可将整体对象分解成原有对象，清理操作主要用于删除重合在一起的对象，合并命令可将连续线修改为单一多段线。下面介绍分解、清理及合并对象的方法。

5.13.1　分解对象

EXPLODE 命令（简写 X）可将多线、多段线、块、标注及面域等复杂对象分解成 AutoCAD 基本图形对象。例如，连续的多段线是一个单独对象，用 EXPLODE 命令"炸开"后，多段线的每一段都是独立对象。

命令启动方法

◎ 菜单命令：【修改】/【分解】。

◎ 面板：【默认】选项卡中【修改】面板上的 按钮。

◎ 命令：EXPLODE 或简写 X。

启动该命令，系统提示"选择对象"，选择图形对象后，AutoCAD 即对其进行分解。

5.13.2　合并对象

JOIN 命令具有以下功能。

（1）把相连的直线及圆弧等对象合并为一条多段线。

（2）将共线的、断开的线段连接为一条线段。

（3）把重叠的直线或圆弧合并为单一对象。

命令启动方法

◎ 菜单命令：【修改】/【合并】。

◎ 面板：【默认】选项卡中【修改】面板上的 按钮。

◎ **命令**: JOIN。

启动该命令，选择首尾相连的直线及曲线对象，或者是断开的共线对象，AutoCAD 就会分别将其创建成多段线及直线，如图 5-45 所示。

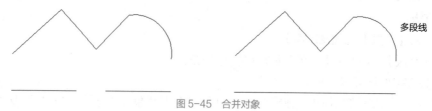

多段线

图 5-45　合并对象

5.13.3　清理重叠对象

OVERKILL 命令可删除重叠的线段、圆弧和多段线等对象。此外，对部分重叠或共线的连续对象进行合并。

命令启动方法

◎ **菜单命令**:【修改】/【删除重复对象】。

◎ **面板**:【默认】选项卡中【修改】面板上的 按钮。

◎ **命令**: OVERKILL。

启动该命令，弹出【删除重复对象】对话框，如图 5-46 所示。通过此对话框控制 OVERKILL 处理重复对象的方式，包括以下几个方面。

（1）设置精度值，以判别是否合并对象。

（2）处理重叠对象时，可忽略的属性，如图层、颜色及线型等。

（3）将全部或部分重叠的共线对象合并为单一对象。

（4）将首尾相连的共线对象合并为单一对象。

5.13.4　清理命名对象

PURGE 命令用于清理图形中没有使用的命名对象。

命令启动方法

◎ **下拉菜单**:【文件】（或菜单浏览器）/【图形实用程序】/【清理】。

◎ **命令**: PURGE。

启动 PURGE 命令，AutoCAD 打开【清理】对话框，如图 5-47 所示。选中【查看能清理的项目】选项，则【图形中未使用的项目】列表框中显示当前图中所有未使用的命名项目。

单击项目前的加号以展开它，选择未使用的命名对象，单击 清理(P) 按钮进行清除。若单击 全部清理(A) 按钮，则图形中所有未使用的命名对象全部被清除。

5.14　选择对象的高级方法

在 AutoCAD 中，用户能够逐个拾取被编辑的对象，或是利用矩形，或是利用交叉窗口来选取对象。下面介绍选择对象的其他一些方法。

图 5-46　【删除重复对象】对话框

图 5-47　【清理】对话框

5.14.1 套索选择方式

按住鼠标左键，在绘图窗口拖动它，出现类似套索围成的区域，利用该区域选择对象。

◎ 从左向右拖动光标形成实线套索，套索中包围的所有对象被选中，与套索相交的对象被忽略。

◎ 从右向左拖动光标形成虚线套索，套索中包围的对象以及与其相交的对象全被选中。

5.14.2 画折线选择对象

用户可以画一条连续折线来选择图形对象，凡与该线相交的图形对象都将被选中。当 AutoCAD 提示"选择对象 :"时，键入 F 并按 Enter 键，就进入这种选择模式。

下面的练习演示了 F 选项的运用。首先设定剪切边 *A*，然后用折线选择被修剪的对象，结果如图 5-48 右图所示。

【练习 5-20】 打开资源包文件"dwg\ 第 5 章 \5-20.dwg"，如图 5-48 左图所示，用 TRIM 命令将左图修改为右图。

命令 : _trim	
选择对象 : 找到 1 个	// 选取直线 *A* 作为剪切边
选择对象 :	// 按 Enter 键
选择要修剪的对象或 [栏选 (F)/ 窗交 (C)/ 放弃 (U)]:f	// 利用选项 F 选择被修剪的对象
指定第一个栏选点 :	// 拾取折线的第一点 *B*
指定下一个栏选点或 [放弃 (U)]:	// 拾取折线的第一点 *C*
指定下一个栏选点或 [放弃 (U)]:	// 拾取折线的第一点 *D*
指定下一个栏选点或 [放弃 (U)]:	// 拾取折线的第一点 *E*
指定下一个栏选点或 [放弃 (U)]:	// 按 Enter 键结束

结果如图 5-48 右图所示。

图 5-48 利用折线选择对象

5.14.3 使用任意多边形选择对象

当 AutoCAD 提示"选择对象 :"时，WP 选项允许用户画一个封闭的多边形来选择对象，凡在多边形内的对象将被选中。CP 选项（交叉多边形）也允许利用封闭多边形来选取对象，但它可选定多边形内以及与多边形相交的所有实体。在下面的练习中，使用交叉多边形选择要擦去的图形元素，结果如图 5-49 右图所示。

【练习 5-21】 打开资源包文件"dwg\ 第 5 章 \5-21.dwg"，如图 5-49 左图所示，用 ERASE 命令将左图修改为右图。

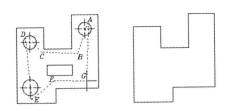

图 5-49 利用交叉多边形选择对象

命令 : _erase	
选择对象 : cp	// 利用交叉多边形选择对象

第一圈围点或拾取 / 拖动光标 ::	// 拾取多边形的顶点 A
指定直线的端点或 [放弃 (U)]:	// 拾取多边形的顶点 B
指定直线的端点或 [放弃 (U)]:	// 拾取多边形的顶点 C
指定直线的端点或 [放弃 (U)]:	// 拾取多边形的顶点 D
指定直线的端点或 [放弃 (U)]:	// 拾取多边形的顶点 E
指定直线的端点或 [放弃 (U)]:	// 拾取多边形的顶点 F
指定直线的端点或 [放弃 (U)]:	// 拾取多边形的顶点 G
指定直线的端点或 [放弃 (U)]:	// 按 Enter 键结束

结果如图 5-49 右图所示。

5.14.4　对象编组

GROUP 命令可以将一组没有任何关系的图形对象构建成一个选择集，该选择集称为组。对象编组后，选择组中任意一个对象即选中了该编组中的所有对象，并可对其进行移动、复制、旋转和阵列等编辑操作。用户可以给组命名，并能在绘图过程中通过组的名称来调用它。此外，还能向组内添加或从组内删除图形对象，也可在不需要组的时候，分解组。

命令启动方法

◎ **菜单命令**:【工具】/【组】。

◎ **面板**:【默认】选项卡中【组】面板上的 按钮。

◎ **命令**: GROUP 或简写 G。

启动 GROUP，选择要编组的对象，按 Enter 键就会创建默认名称的组对象。该命令的"名称 (N)"、"说明 (D)"选项，分别用于命名编组及输入相关说明文字。

【练习 5-22】打开资源包文件"dwg\ 第 5 章 \5-22.dwg"，如图 5-50 左图所示。用 GROUP 命令将圆及矩形编组，再用 ERASE 命令把左图修改为右图。

命令 : _group 选择对象或 [名称 (N)/ 说明 (D)]: 指定对角点 : 找到 3 个	
	// 启动 GROUP 命令，选择圆 A、B 和矩形 C,
	// 如图 5-50 左图所示
选择对象或 [名称 (N)/ 说明 (D)]:	// 按 Enter 键，创建默认名称的组对象
命令 : _erase	// 启动删除命令
选择对象 : 找到 3 个，1 个编组	// 选择组中的任意对象
选择对象 :	// 按 Enter 键结束

结果如图 5-50 右图所示。

当 AutoCAD 提示"选择对象 :"时，用户可以利用 G 选项根据组的名称选择组对象。输入 G 后，AutoCAD 提示"输入编组名 :"，输入编组名称，该组中的对象将全部被选中。

编辑及管理组对象的命令按钮包含在【组】面板中，各按钮功能如下。

◎ 按钮: 分解组对象。

◎ 按钮: 向组内添加或从组内删除对象。

◎ 按钮: 打开或禁止组选择。禁止组选择后，就能选中组中的对象，并进行编辑，但其仍然在编组中。

◎ 组边界框 按钮：显示或隐藏组对象的边界框。

◎ 品 编组管理器 按钮：单击此按钮，打开【对象编组】对话框，如图 5-51 所示。利用这个对话框就能创建、修改及管理组对象。

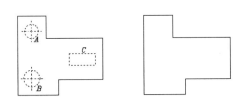

图 5-50　编组对象

图 5-51　【对象编组】对话框

对话框中的一些常用项目功能如下。

◎ 【编组名】列表框：该列表框包含了所有的编组名称，并显示各组是否可以被选择。组的可选择性是通过单击 可选择的(L) 按钮来改变的。

> 组的可选方式也受 PICKSTYLE 系统变量的影响，当 PICKSTYLE 等于 1 时，才能通过选择组中任意实体的方法选取全部的编组对象。
>
> 要点提示

◎ 【编组名】文本框：用于输入组的名称。

◎ 【说明】：输入有关组的简短说明信息。

◎ 新建(N) < 按钮：单击此按钮后，AutoCAD 提示用户选择构成编组的对象。

◎ 亮显(H) < 按钮：在【编组名】列表框中选中一个编组，再单击此按钮，则 AutoCAD 高亮显示编组中的所有对象。

◎ 删除(R) < 按钮：从当前组中移出对象。

◎ 添加(A) < 按钮：向当前组中添加对象。

◎ 可选择的(L) 按钮：控制编组是否能被选择。

◎ 分解(E) 按钮：单击此按钮，将删除选定编组的定义。

5.14.5　设置对象选择方式

在 AutoCAD 中，用户一般是先发出编辑命令，然后选择操作对象。选择对象时，用户可以不断地拾取新对象以扩大选择集，而当按住 Shift 键并选择对象时，就可从当前选择集中删除对象。以上是选择对象的默认方式，若想改变这种方式，可在【选项】对话框的【选择】选项卡中进行设置，该选项卡如图 5-52 所示。下面介绍一些常用选项的功能。

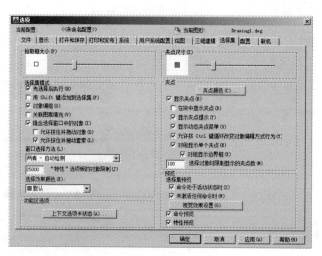

图 5-52 【选择】选项卡

◎【先选择后执行】：若选中该复选框，则打开"名词／动词"选择方式。此时，AutoCAD 允许用户先选择编辑对象，再启动相关编辑命令。

◎【用 Shift 键添加到选择集】：默认情况下该选项是关闭的。此时用户可以连续选择想要编辑的图形对象，若要取消某个对象的选择，可先按下 Shift 键，再选择该对象即可。若是打开此选项，则每次只有最新选择的对象才有效，而原先被选中的对象自动被取消，除非按下 Shift 键后，原先已选中的对象才能被加入选择集中。

◎【对象编组】：打开该选项，当选择组（GROUP 命令生成组）中任意对象时，该对象所在组会自动被选择。

◎【关联图案填充】：该选项用于控制选择一个填充图案时，填充边界是否被选中。若打开此选项，则选中图案填充时，填充边界也同时被选中。

◎【隐含选择窗口中的对象】：默认情况下，该选项是选中的。此时，用户可利用矩形窗口或交叉窗口选择对象。否则，需使用 W 或 C 选项才能构建选择窗口。

◎【允许按住并拖动套索】：选择此选项，单击并拖动光标形成任意形状的区域选择对象。选择原理与矩形窗口及交叉窗口类似。

5.15 视图显示控制

AutoCAD 提供了多种控制图形显示的方法，如实时平移及实时缩放、平铺视口和命名视图等。利用这些功能，用户可以灵活地观察图形的任何一个部分。

5.15.1 控制图形显示的各种方法

导航栏中包含了控制图形显示的许多选项，单击▓按钮中的三角形，弹出快捷菜单，该菜单上列出了这些选项，如图 5-53 所示。其中的实时缩放、窗口缩放及范围缩放等功能已经在第 1 章中介绍过了，下面介绍其他一些常用选项的功能。

（1）【全部缩放】：选择此选项，AutoCAD 将全部图形及图形界限显示在图形窗口中。该选项与【范围缩放】的区别是：【范围缩放】与图形界限无关。图 5-54 所示，左图是全部缩放的效果，右图是范围缩放的效果。【范围缩放】只是将所有图形充满绘图窗口显示。

图 5-53 导航栏

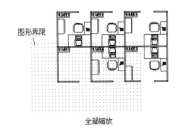

全部缩放

范围缩放

图 5-54 全部缩放及范围缩放

（2）【动态缩放】：利用一个可平移并能改变其大小的矩形框缩放图形。选择该选项，系统首先将所有图形显示在绘图窗口中，并提供一个随光标移动的矩形框，将此框移动到要缩放的位置，然后调整其大小，按 Enter 键后，AutoCAD 将矩形框中的图形布满整个视口。

【练习 5-23】练习动态缩放。

STEP01 打开资源包文件"dwg\ 第 5 章 \5-23.dwg"。

STEP02 启动动态缩放功能，AutoCAD 将图形界限及全部图形都显示在绘图窗口中（否则，全部缩放图形后，再启动动态缩放命令），并提供给用户一个缩放矩形框。该框表示当前视口的大小，框中包含一个"×"号，表明处于平移状态，如图 5-55 所示。此时，移动鼠标，矩形框将跟随移动。

动态缩放

STEP03 单击鼠标左键，矩形框中的"×"号变成一个水平箭头，表明处于缩放状态，向左或向右移动鼠标，会增大或减小矩形框。若向上或向下移动鼠标，矩形框则随着鼠标沿竖直方向移动。注意，此时，矩形框左端线在水平方向的位置是不变的。

STEP04 调整完矩形框的大小后，若再想移动矩形框，可再单击鼠标左键切换回平移状态，此时，矩形框中又出现"×"号。

STEP05 将矩形框的大小及位置都确定后，如图 5-55 所示，按 Enter 键，则 AutoCAD 在整个绘图窗口显示矩形框中的图形。

矩形框

图 5-55 动态缩放

（3）【缩放比例】：以输入的比例值缩放视图，输入缩放比例的方式有以下 3 种。

◎ 直接输入缩放比例数值。此时，AutoCAD 并不以当前视图为准来缩放图形，而是放大或缩小图形界限，从而使当前视图的显示比例发生变化。

◎ 如果要相对于当前视图进行缩放，则需在比例因子的后面加入字母 x。例如，0.5x 表示将当前视图缩小一倍。

◎ 若相对于图纸空间缩放图形，则需在比例因子后面加上字母 xp。

（4）【中心缩放：启动中心缩放方式后，AutoCAD 提示：

指定中心点：   // 指定缩放中心点

输入比例或高度 <200.1670>：   // 输入缩放比例或绘图窗口的高度值

AutoCAD 将以指定点为显示中心，并根据缩放比例因子或绘图窗口的高度值显示一个新视图。缩放比例因子的输入方式是 nx，n 表示放大倍数。

（5）【缩放对象】：把选择的一个或多个对象充满整个绘图窗口，并使其位于绘图窗口中心位置。

（6）【放大】按钮：围绕绘图窗口中心点将当前绘图窗口中的视图放大一倍。

（7）【缩小】按钮：围绕绘图窗口中心点将当前绘图窗口中的视图缩小一倍。

在设计过程中，导航栏中【缩放上一个】选项的使用频率是很高的。单击此选项，AutoCAD 将显示上一次的视图。若用户连续单击此选项，则系统将恢复前几次显示过的图形（最多 10 次）。作图时，常利用此项功能返回到原来的某个视图。

5.15.2 命名视图

在作图的过程中，常常要返回到前面的显示状态，此时可以利用 ZOOM 命令的"上一个 (P)"选项，但如果要观察很早以前使用的视图，而且需要经常切换到这个视图时，"上一个 (P)"选项就无能为力了。此外，若图形很复杂，用户使用 ZOOM 和 PAN 命令寻找想要显示的图形部分或经常返回图形的相同部分时，就要花费大量时间。要解决这些问题最好的办法是将以前显示的图形命名成一个视图，这样就可以在需要的时候根据它的名字恢复它。

【练习 5-24】使用命名视图。

(STEP01) 打开资源包文件"dwg\ 第 5 章 \5-24.dwg"。

(STEP02) 选取菜单命令【视图】\【命名视图】，打开【视图管理器】对话框，如图 5-56 所示。

(STEP03) 单击 ▭▭▭ 新建 (N)... 按钮，打开【新建视图】对话框，在【视图名称】文本框中输入"主视图"，如图 5-57 所示。

命名视图

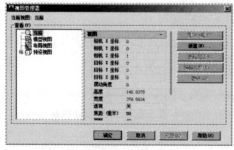

图 5-56 【视图管理器】对话框

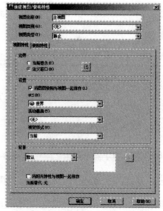

图 5-57 【新建视图】对话框

(STEP04) 选择【定义窗口】选项，AutoCAD 提示：

指定第一个角点：   // 在 A 点处单击一点，如图 5-58 所示

指定对角点：   // 在 B 点处单击一点

(STEP05) 用同样的方法将矩形 *CD* 内的图形命名为"局部剖视图",如图 5-58 所示。

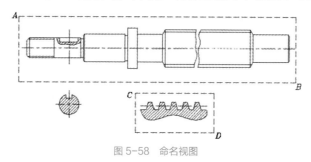

图 5-58 命名视图

(STEP06) 选取菜单命令【视图】/【命名视图】,打开【视图管理器】对话框,如图 5-59 所示。在【查看】列表框中列出了已创建的两个命名视图。若是在图纸空间创建命名视图,则视图名称显示在【布局视图】选项下。

(STEP07) 选择【局部剖视图】,然后单击  按钮,则屏幕显示"局部剖视图"的图形,如图 5-60 所示。

图 5-59 【视图管理器】对话框

图 5-60 调用"局部剖视图"

要点提示

调用命名视图时,AutoCAD 不再重新生成图形。它是保存屏幕上某部分图形的好方法,对于大型复杂图样特别有用。

5.15.3 平铺视口

在模型空间作图时,一般是在一个充满整个屏幕的单视口中工作。但也可将作图区域划分成几个部分,使屏幕上出现多个视口,这些视口称为平铺视口。对于每一个平铺视口都能进行以下操作。

◎ 平移、缩放、设置栅格和建立用户坐标等。

◎ 在 AutoCAD 执行命令的过程中,能随时单击任一视口,使其成为当前视口,从而进入这个激活的视口中继续绘图。

在有些情况下,常常把图形局部放大以方便编辑,但这可能使用户不能同时观察到图样修改后的整体效果。此时可以利用平铺视口,让其中之一显示局部细节,而另一视口显示图样的整体,这样在修改局部的同时就能观察图形的整体了。图 5-61 所示,在左上角、左下角的视口中可以看到图形的细部特征,而右边的视口里显示了整个图形。

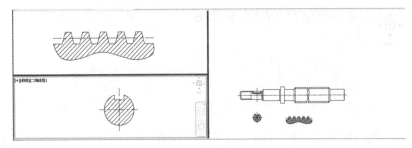

图 5-61　在不同视口中操作

【练习 5-25】建立平铺视口。

(STEP01) 打开资源包文件"dwg\第 5 章\5-25.dwg"。

(STEP02) 选取菜单命令【视图】/【视口】/【命名视口】，打开【视口】对话框，在该对话框中选取【新建视口】选项卡，如图 5-62 所示。

平铺视口

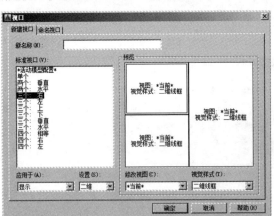

图 5-62　【视口】对话框

(STEP03) 在【标准视口】列表框中选择视口布置形式【三个: 右】，单击 [确定] 按钮，如图 5-62 所示。利用【视图】选项卡中【模型视口】面板上的 [视口配置] 按钮也可设定视口的布置形式。

(STEP04) 单击左上角视口以激活它，将视图中梯形螺纹部分放大，再激活左下角视口，然后放大轴的剖面图，结果如图 5-63 所示。

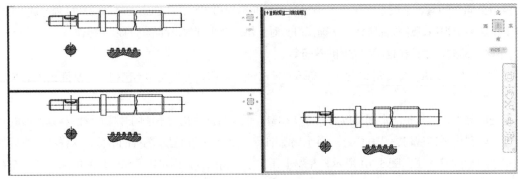

图 5-63　创建平铺视口

5.16 面域造型

域（REGION）是指二维的封闭图形，它可由直线、多段线、圆、圆弧和样条曲线等对象围成，但应保证相邻对象间共享连接的端点，否则，将不能创建域。域是一个单独的实体，具有面积、周长及形心等几何特征。使用域作图与传统的作图方法是截然不同的，此时可采用"并"、"交"和"差"等布尔运算来构造不同形状的图形，图 5-64 显示了 3 种布尔运算的结果。

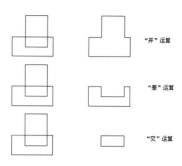

图 5-64　布尔运算

5.16.1 创建面域

REGION 命令用于生成面域。启动该命令后，用户选择一个或多个封闭图形，就能创建出面域。

命令启动方法

◎ 菜单命令：【绘图】/【面域】。

◎ 面板：【默认】选项卡中【绘图】面板上的 按钮。

◎ 命令：REGION 或简写 REG。

【练习 5-26】打开资源包文件"dwg\ 第 5 章 \5-26.dwg"，如图 5-65 所示，用 REGION 命令将该图创建成面域。

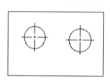

创建面域

```
命令：_region
选择对象：指定对角点：找到 7 个          // 用交叉窗口选择矩形及两个圆，
                                        // 如图 5-65 所示
选择对象：                              // 按 Enter 键结束
```

图 5-65 中包含了 3 个闭合区域，因而 AutoCAD 可创建 3 个面域。

面域是以线框的形式显示出来的。用户可以对面域进行移动、复制等操作，还可用 EXPLODE 命令分解面域，使其还原为原始图形对象。

选择矩形及两个圆创建面域

图 5-65　创建面域

要点提示

默认情况下，REGION 命令在创建面域的同时将删除原对象。如果用户希望原对象被保留，需设置 DELOBJ 系统变量为 0。

5.16.2 并运算

并运算是将所有参与运算的面域合并为一个新面域。

命令启动方法

◎ 菜单命令：【修改】/【实体编辑】/【并集】。

◎ 命令：UNION 或简写 UNI。

并运算

【练习 5-27】打开资源包文件"dwg\ 第 5 章 \5-27.dwg"，如图 5-66 左图所示，用 UNION 命令将左图修改为右图。

```
命令：union
选择对象：指定对角点：找到 7 个          // 用交叉窗口选择 5 个面域，如图 5-66 左图所示
选择对象：                              // 按 Enter 键结束
```

结果如图 5-66 右图所示。

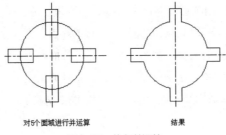

对5个面域进行并运算　　　　　结果

图 5-66　执行并运算

5.16.3　差运算

用户可利用差运算从一个面域中去掉一个或多个面域，从而形成一个新面域。

命令启动方法

◎ 菜单命令：【修改】/【实体编辑】/【差集】。

◎ 命令：SUBTRACT 或简写 SU。

【练习 5-28】打开资源包文件 "dwg\ 第 5 章 \5-28.dwg"，如图 5-67 左图所示，用 SUBTRACT 命令将左图修改为右图。

命令：subtract

选择对象：找到 1 个　　　　　　// 选择大圆面域，如图 5-67 左图所示

选择对象：　　　　　　　　　　// 按 Enter 键

选择对象：总计 4 个　　　　　　// 选择 4 个小矩形面域

选择对象　　　　　　　　　　　// 按 Enter 键结束

结果如图 5-67 右图所示。

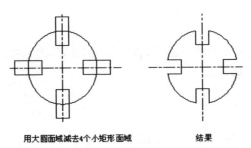

用大圆面域减去4个小矩形面域　　　　结果

图 5-67　执行差运算

5.16.4　交运算

交运算可以求出各个相交面域的公共部分。

命令启动方法

◎ 菜单命令：【修改】/【实体编辑】/【交集】。

◎ 命令：INTERSECT 或简写 IN。

【练习 5-29】打开资源包文件 "dwg\ 第 5 章 \5-29.dwg"，如图 5-68 左图所示，用 INTERSECT 命令将左图修改为右图。

交运算

160

命令：intersect

选择对象：指定对角点：找到 2 个　　　　// 选择圆面域及矩形面域，如图 5-68 左图所示

选择对象：　　　　　　　　　　　　　　// 按 Enter 键结束

结果如图 5-68 右图所示。

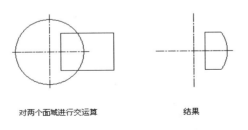

对两个面域进行交运算　　　　　　结果

图 5-68　执行交运算

5.16.5　阶段练习 1——面域造型应用

面域造型的特点是通过面域对象的并、交或差运算来创建图形，当图形边界比较复杂时，这种作图法的效率是很高的。要采用这种方法作图，首先必须对图形进行分析，以确定应生成哪些面域对象，然后考虑如何进行布尔运算形成最终的图形。例如，图 5-69 所示的图形可以看成是由一系列矩形面域组成的，对这些面域进行并运算就形成了所需的图形。

【练习 5-30】利用面域造型法绘制如图 5-69 所示的图形。

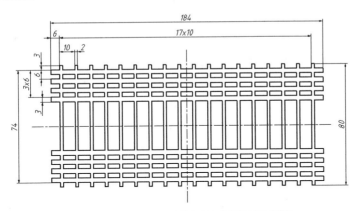

面域造型应用（1）

图 5-69　面域及布尔运算

STEP01　绘制两个矩形并将它们创建成面域，结果如图 5-70 所示。

STEP02　阵列矩形，再进行镜像操作，结果如图 5-71 所示。

图 5-70　创建面域

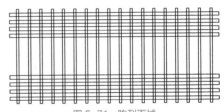

图 5-71　阵列面域

STEP03　对所有矩形面域执行并运算，结果如图 5-72 所示。

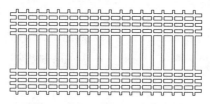

图 5-72　执行并运算

5.16.6　阶段练习 2——用面域造型法绘制装饰图案

【练习 5-31】绘制如图 5-73 所示的装饰图案。

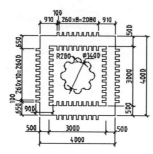

图 5-73　面域造型

STEP01　设定绘图区域大小为 10000×10000。

STEP02　打开极轴追踪、对象捕捉及自动追踪功能。指定极轴追踪角度增量为 90°；设定对象捕捉方式为端点和交点，设置仅沿正交方向自动追踪。

STEP03　绘制两条作图辅助线 A、B，用 OFFSET、TRIM 及 CIRCLE 命令形成两个正方形、一个矩形和两个圆，再用 REGION 命令将它们创建成面域，如图 5-74 所示。

STEP04　用大正方形面域"减去"小正方形面域，形成一个方框面域。

STEP05　用 ARRAY、MIRROR 及 ROTATE 等命令形成图形 C、D 及 E 等，如图 5-75 所示。

STEP06　将所有的圆面域合并在一起，再将方框面域与所有矩形面域合并在一起，然后删除辅助线，结果如图 5-76 所示。

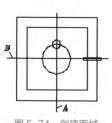

图 5-74　创建面域

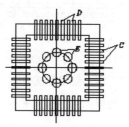

图 5-75　形成图形 C、D 等

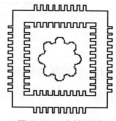

图 5-76　合并面域

5.17　综合练习 1——绘制植物及填充图案

【练习 5-32】打开资源包文件"5-32.dwg"，如图 5-77 左图所示，用 PLINE、SPLINE 及 HATCH 等命令将左图修改为右图。

绘制植物及填充图案

面域造型应用（2）

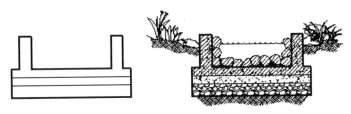

图 5-77　画植物及填充图案

STEP01 用 PLINE、SPLINE 及 SKETCH 命令绘制植物及石块，再用 REVCLOUD 命令画云状线，云状线的弧长为 100，该线代表水平面，如图 5-78 所示。

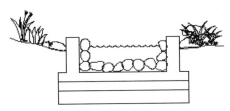

图 5-78　绘制植物、石块及水平面

STEP02 用 PLINE 命令绘制辅助线 A、B、C，然后填充剖面图案，如图 5-79 所示。

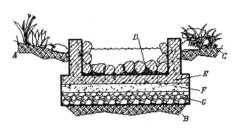

图 5-79　填充剖面图案

（1）石块的剖面图案为 ANSI33，角度为 0°，填充比例 16。

（2）区域 D 中的图案为 AR-SAND，角度为 0°，填充比例 0.5。

（3）区域 E 中有两种图案，分别为 ANSI31 和 AR-CONC，角度都为 0°，填充比例 16 和 1。

（4）区域 F 中的图案为 AR-CONC，角度为 0°，填充比例 1。

（5）区域 G 中的图案为 GRAVEL，角度为 0°，填充比例 8。

（6）其余图案为 EARTH，角度为 45°，填充比例 12。

STEP03 删除辅助线，结果如图 5-77 右图所示。

5.18　综合练习 2 —— 绘制钢筋混凝土梁的断面图

【练习 5-33】绘制如图 5-80 所示的钢筋混凝土梁的断面图，混凝土保护层的厚度为 25。

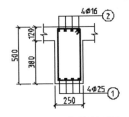

图 5-80　画梁的断面图

钢筋混凝土梁的断面图

STEP01 创建以下图层。

名称	颜色	线型	线宽
结构－轮廓	白色	Continuous	默认
结构－钢筋	白色	Continuous	0.7

STEP02 设定绘图区域大小为 1000×1000。

STEP03 打开极轴追踪、对象捕捉及自动追踪功能。指定极轴追踪角度增量为 90°，设定对象捕捉方式为端点和交点，设置仅沿正交方向自动追踪。

STEP04 切换到"结构－轮廓"层，画两条作图基准线 A、B，其长度约为 700，如图 5-81 左图所示。用 OFFSET 及 TRIM 命令形成梁断面轮廓线及钢筋线，再用 PLINE 命令画折断线，如图 5-81 右图所示。

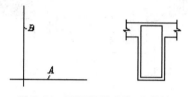

图 5-81　画梁断面轮廓线及钢筋线

STEP05 用 LINE 命令画线段 E、F，再用 DONUT、COPY 及 MIRROR 命令形成黑色圆点，然后将钢筋线及黑色圆点修改到"结构－钢筋"层上。相关尺寸如图 5-82 左图所示，结果如图 5-82 右图所示。绘制黑色圆点沿水平、竖直或倾斜方向的均匀分布，可以利用复制命令的"阵列"选项或是使用路径阵列命令。

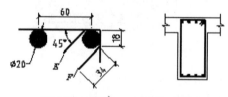

图 5-82　画线段 E、F 及黑色圆点

5.19　综合练习3——绘制服务台节点大样图

【练习 5-34】绘制服务台节点大样图，如图 5-83 所示。

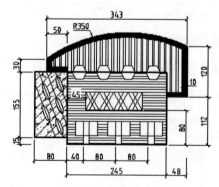

服务台节点大样图

图 5-83　绘制椭圆、多边形及填充剖面图案

STEP01 设定绘图区域大小为 800×800。

STEP02 打开极轴追踪、对象捕捉及自动追踪功能。指定极轴追踪角度增量为 90°，设定对象捕捉方式为端点和交点，设置仅沿正交方向自动追踪。

STEP03 用 LINE、ARC、PEDIT 及 OFFSET 命令绘制图形 A，如图 5-84 所示。

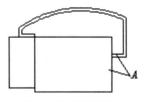

图 5-84　绘制图形 A

STEP04 用 OFFSET、TRIM、LINE 及 COPY 命令绘制图形 B、C，细节尺寸及结果如图 5-85 所示。

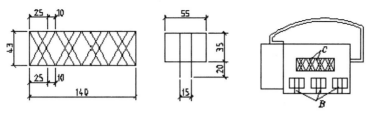

图 5-85　绘制图形 B、C

STEP05 用 ELLIPSE、POLYGON、LINE 及 COPY 命令绘制图形 D、E，细节尺寸及结果如图 5-86 所示。

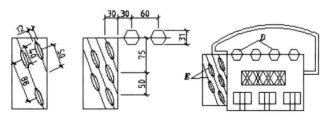

图 5-86　绘制图形 D、E

STEP06 填充剖面图案，结果如图 5-87 所示。

（1）区域 F 中有两种图案，分别为 ANSI31 和 AR-CONC，角度都为 0°，填充比例 5 和 0.2。

（2）区域 G 中的图案为 LINE，角度为 0°，填充比例 2。

（3）区域 H 中的图案为 ANSI32，角度为 45°，填充比例 1.5。

（4）区域 I 中的图案为 SOLID。

图 5-87　填充剖面图案

5.20 综合练习 4——沿线条均布对象

【练习 5-35】用 LINE、PLINE、DONUT 及 ARRAY 等命令绘制图形，如图 5-88 所示。

圆环、实心多边形及沿线条均布对象（1）

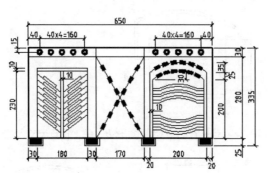

图 5-88 绘制椭圆、多边形及填充剖面图案

STEP01 设定绘图区域大小为 1000×800。

STEP02 打开极轴追踪、对象捕捉及自动追踪功能。指定极轴追踪角度增量为 90°，设定对象捕捉方式为端点和交点，设置仅沿正交方向自动追踪。

STEP03 画两条作图基准线 A、B，其长度约为 800、400，如图 5-89 左图所示。用 OFFSET、TRIM 及 LINE 命令形成图形 C，如图 5-89 右图所示。

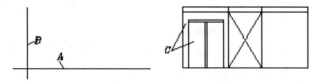

图 5-89 绘制图形 C

STEP04 用 LINE、XLINE、OFFSET、COPY、TRIM 及 MIRROR 命令绘制图形 D，细节尺寸及结果如图 5-90 所示。

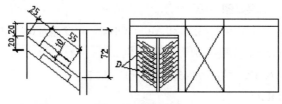

图 5-90 绘制图形 D

STEP05 用 LINE、ARC、COPY 及 MIRROR 命令绘制图形 E，细节尺寸及结果如图 5-91 所示。

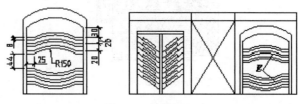

图 5-91 绘制图形 E

STEP06 用 DONUT、LINE、SOLID 及 COPY 命令绘制图形 *F*、*G* 等，细节尺寸及结果如图 5-92 所示。

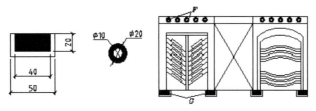

图 5-92 绘制图形 *F*、*G* 等

STEP07 画 20×10 的实心矩形，然后用路径阵列命令将实心矩形沿直线及圆弧均布，结果如图 5-93 所示。

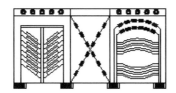

图 5-93 将图块沿直线及圆弧均布

【练习 5-36】用 LINE、PLINE、DONUT、SOLID 及 ARRAY 等命令绘制图形，如图 5-94 所示。

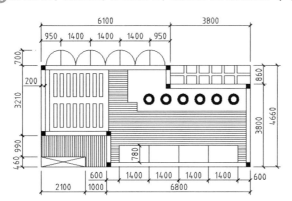

圆环、实心多边形及沿线条均布对象（2）

图 5-94 绘制椭圆、多边形及填充剖面图案

STEP01 设定绘图区域大小为 15000×10000。

STEP02 打开极轴追踪、对象捕捉及自动追踪功能。指定极轴追踪角度增量为 90°，设定对象捕捉方式为端点和交点，设置仅沿正交方向自动追踪。

STEP03 用 PLINE、OFFSET 及 LINE 等命令绘制图形 *A*，如图 5-95 所示。

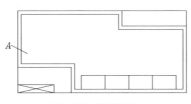

图 5-95 绘制图形 *A*

STEP04 用 LINE、RECTANG 及 COPY 命令绘制图形 *B*，细节尺寸及结果如图 5-96 所示。

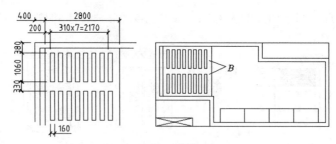

图 5-96　绘制图形 *B*

STEP05 用 SOLID、DONUT、COPY 及 LINE 命令绘制实心矩形、圆环及折线 *C*，细节尺寸及结果如图 5-97 所示。

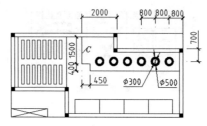

图 5-97　绘制实心矩形、圆环及折线 *C*

STEP06 用 LINE、OFFSET、CIRCLE 及 COPY 等命令绘制图形 *D*，细节尺寸及结果如图 5-98 所示。

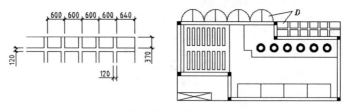

图 5-98　绘制图形 *D*

STEP07 填充剖面图案，结果如图 5-99 所示。

（1）区域 *E* 中的图案为 LINE，角度为 0°，填充比例 30。

（2）区域 *F* 中的图案为 LINE，角度为 90°，填充比例 30。

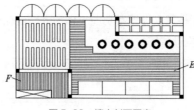

图 5-99　填充剖面图案

5.21　习题

1.　利用 LINE、PLINE、OFFSET 等命令绘制平面图形，如图 5-100 所示。

2.　利用 LINE、DONUT、HATCH 等命令绘制平面图形，如图 5-101 所示。

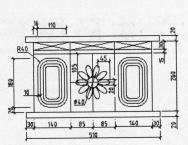

图 5-100　利用 LINE、PLINE 等命令绘图

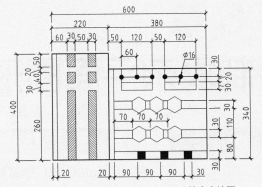

图 5-101　利用 DONUT、HATCH 等命令绘图

3. 利用 **MLINE、PLINE、DONUT** 等命令绘制平面图形，如图 **5-102** 所示。

4. 利用 **DIVIDE、DONUT、REGION 和 UNION** 等命令绘制平面图形，如图 **5-103** 所示。

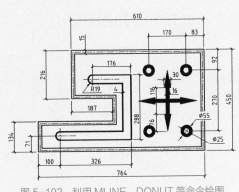

图 5-102　利用 MLINE、DONUT 等命令绘图

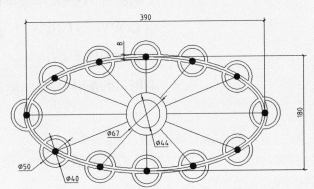

图 5-103　利用 DIVIDE、REGION、UNION 等命令绘图

5. 利用面域造型法绘制如图 **5-104** 所示的图形。

6. 利用面域造型法绘制如图 **5-105** 所示的图形。

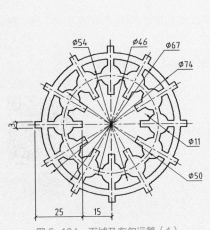

图 5-104　面域及布尔运算（1）

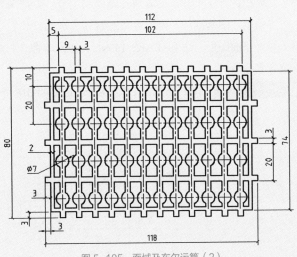

图 5-105　面域及布尔运算（2）

第6章
绘制复杂平面图形的方法及技巧

主要内容

- 用 AutoCAD 绘制复杂平面图形的一般步骤。
- 绘制复杂圆弧连接。
- 用 OFFSET、TRIM 命令快速作图的技巧。
- 绘制对称图形及有均布特征的复杂图形。
- 用 COPY、STRETCH 等命令从已有图形生成新图形。
- 绘制倾斜图形的技巧。
- 采用"装配法"生成复杂图形。

6.1 绘制复杂图形的一般步骤

平面图形是由直线、圆、圆弧、多边形等图形元素组成的，作图时应从哪一部分入手呢？怎样才能更高效地绘图呢？一般应采取以下作图步骤。

（1）首先绘制图形的主要作图基准线，然后利用基准线定位形成其他图形元素。图形的对称线、大圆中心线、重要轮廓线等可作为绘图基准线。

（2）绘制出主要轮廓线，形成图形的大致形状。一般不从某一局部细节开始绘图。

（3）绘制出图形主要轮廓后就可开始绘制细节。先把图形细节分成几部分，然后依次绘制。对于复杂的细节，可先绘制作图基准线，再形成完整细节。

（4）修饰平面图形。用 BREAK、LENGTHEN 等命令打断及调整线条长度，再改正不适当的线型，然后修剪、擦去多余线条。

【练习6-1】使用 LINE、CIRCLE、OFFSET 及 TRIM 等命令绘制图 6-1 所示的图形。

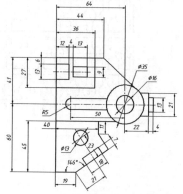

绘制复杂图形的一般
步骤（1）

图 6-1 绘制平面图形的一般步骤（1）

(STEP01) 创建两个图层。

名称	颜色	线型	线宽
轮廓线层	白色	Continuous	0.5
中心线层	红色	Center	默认

(STEP02) 设定线型总体比例因子为 0.2。设定绘图区域大小为 150×150，并使该区域充满整个绘图窗口。

(STEP03) 打开极轴追踪、对象捕捉及自动追踪功能。指定极轴追踪角度增量为 90°，设定对象捕捉方式为端点和交点。

(STEP04) 切换到轮廓线层，绘制两条作图基准线 A、B，如图 6-2 左图所示。线段 A、B 的长度约为 200。

(STEP05) 利用 OFFSET、LINE 及 CIRCLE 等命令绘制图形的主要轮廓，如图 6-2 右图所示。

(STEP06) 利用 OFFSET 及 TRIM 命令绘制图形 C，如图 6-3 左图所示。再依次绘制图形 D、E，如图 6-3 右图所示。

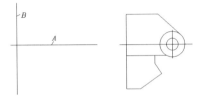

图6-2 绘制图形的主要轮廓

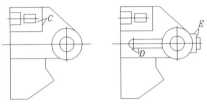

图6-3 绘制细节 C、D、E

(STEP07) 绘制两条定位线 F、G，如图 6-4 左图所示。用 CIRCLE、OFFSET 及 TRIM 命令绘制图形 H，如图 6-4 右图所示。

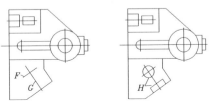

图6-4 绘制细节 H

【练习 6-2】绘制如图 6-5 所示的图形。

绘制复杂图形的一般步骤（2）

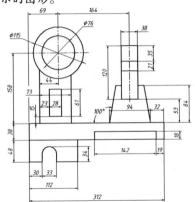

图6-5 绘制平面图形的一般步骤（2）

主要作图步骤如图 6-6 所示。

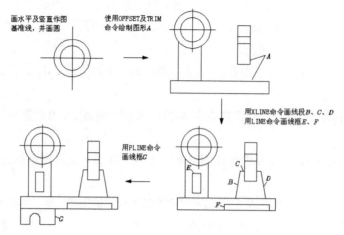

图 6-6　主要绘图过程

6.2　绘制复杂圆弧连接

平面图中图形元素的相切关系是一类典型的几何关系，如直线与圆弧相切，圆弧与圆弧相切等，如图 6-7 所示。绘制此类图形的步骤如下。

（1）画主要圆的定位线。

（2）绘制圆，并根据已绘制的圆画切线及过渡圆弧。

（3）绘制图形的其他细节。首先把图形细节分成几个部分，然后依次绘制。对于复杂的细节，可先画出作图基准线，再形成完整细节。

（4）修饰平面图形。用 BREAK、LENGTHEN 等命令打断及调整线条长度，再改正不适当的线型，然后修剪、擦去多余线条。

【练习 6-3】使用 LINE、CIRCLE、OFFSET 及 TRIM 等命令绘制图 6-7 所示的图形。

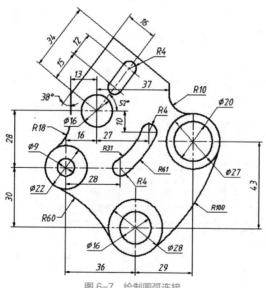

图 6-7　绘制圆弧连接

绘制复杂圆弧连接（1）

(STEP01) 创建两个图层。

名称	颜色	线型	线宽
轮廓线层	绿色	Continuous	0.5
中心线层	红色	Center	默认

(STEP02) 设定线型总体比例因子为 0.2。设定绘图区域大小为 150×150，并使该区域充满整个绘图窗口。

(STEP03) 打开极轴追踪、对象捕捉及自动追踪功能。指定极轴追踪角度增量为 90°，设定对象捕捉方式为端点和交点。

(STEP04) 切换到轮廓线层，用 LINE、OFFSET 及 LENGTHEN 等命令绘制圆的定位线，如图 6-8 左图所示。画圆及过渡圆弧 A、B，如图 6-8 右图所示。

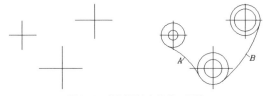

图 6-8　绘制圆的定位线及圆等

(STEP05) 用 OFFSET、XLINE 等命令绘制定位线 C、D、E 等，如图 6-9 左图所示。绘制圆 F 及线框 G、H，如图 6-9 右图所示。

(STEP06) 绘制定位线 I、J 等，如图 6-10 左图所示。绘制线框 K，如图 6-10 右图所示。

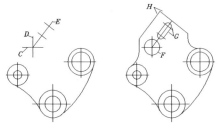

图 6-9　绘制圆 F 及线框 G、H 等

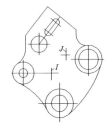

图 6-10　绘制线框 K

【练习 6-4】利用 LINE、CIRCLE、OFFSET 及 TRIM 等命令绘制图 6-11 所示的图形。

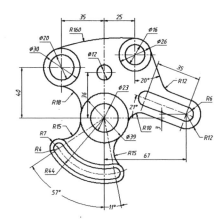

图 6-11　画圆及圆弧连接

绘制复杂圆弧连接（2）

173

主要作图步骤如图 6-12 所示。

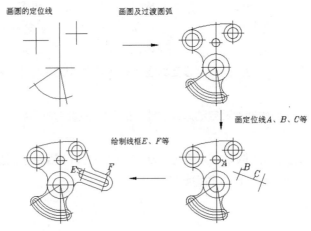

图 6-12　主要作图步骤

6.3　用 OFFSET 及 TRIM 命令快速作图

如果要绘制图 6-13 所示的图形，用户可采取两种作图方式。一种是用 LINE 命令将图中的每条线准确地绘制出来，这种作图方法往往效率较低。实际作图时，常用 OFFSET 和 TRIM 命令来构建图形。采用此法绘图的主要步骤如下。

（1）绘制作图基准线。

（2）用 OFFSET 命令平移基准线创建新的图形实体，然后用 TRIM 命令剪掉多余线条形成精确图形。

这种作图方法有一个显著的优点：仅反复使用两个命令就可完成几乎 90% 的工作。下面通过绘制图 6-13 所示的图形来演示此法。

【练习 6-5】利用 LINE、OFFSET 及 TRIM 等命令绘制图 6-13 所示的图形。

快速作图技巧（1）

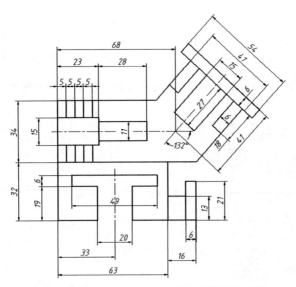

图 6-13　用 OFFSET 及 TRIM 等命令快速作图（1）

STEP01　创建两个图层。

名称	颜色	线型	线宽
轮廓线层	绿色	Continuous	0.5
中心线层	红色	Center	默认

(STEP02) 设定线型总体比例因子为 0.2。设定绘图区域大小为 180×180，并使该区域充满整个绘图窗口。

(STEP03) 打开极轴追踪、对象捕捉及自动追踪功能。指定极轴追踪角度增量为 90°，设定对象捕捉方式为端点和交点。

(STEP04) 切换到轮廓线层，画水平及竖直作图基准线 A、B，两线长度分别为 90、60 左右，如图 6-14 左图所示。用 OFFSET 及 TRIM 命令绘制图形 C，如图 6-14 右图所示。

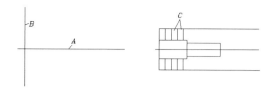

图 6-14　画作图基准线及细节 C

(STEP05) 用 XLINE 命令绘制作图基准线 D、E，两线相互垂直，如图 6-15 左图所示。用 OFFSET、TRIM 及 BREAK 等命令绘制图形 F，如图 6-15 右图所示。

(STEP06) 用 LINE 命令绘制线段 G、H，这两条线是下一步作图的基准线，如图 6-16 左图所示。用 OFFSET、TRIM 命令绘制图形 J，如图 6-16 右图所示。

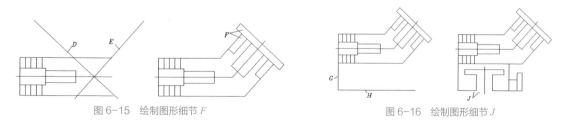

图 6-15　绘制图形细节 F　　　　　图 6-16　绘制图形细节 J

【练习 6-6】利用 LINE、CIRCLE、OFFSET 及 TRIM 等命令绘制图 6-17 所示的图形。

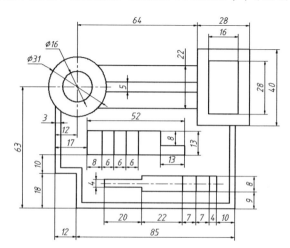

快速作图技巧（2）

图 6-17　用 OFFSET 及 TRIM 等命令快速作图（2）

主要作图步骤如图 6-18 所示。

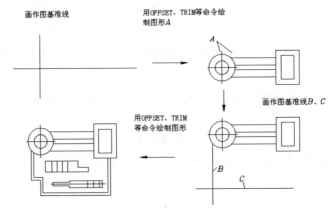

画作图基准线

用OFFSET、TRIM等命令绘
制图形 A

画作图基准线 B、C

用OFFSET、TRIM
等命令绘制图形

图 6-18　绘图过程

6.4　绘制具有均布几何特征的复杂图形

平面图形中几何对象按矩形阵列或环形阵列方式均匀分布的现象是很常见的。对于这些对象，将阵列命令 ARRAY 与 MOVE、MIRROR 等命令结合使用就能轻易地创建它们。

【练习 6-7】利用 OFFSET、ARRAY 及 MIRROR 等命令绘制图 6-19 所示的图形。

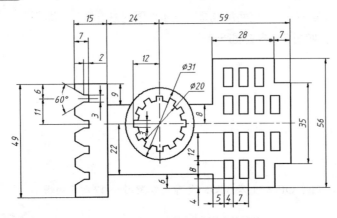

均布几何特征的复杂
图形（1）

图 6-19　绘制具有均布几何特征的图形

STEP01　创建两个图层。

名称	颜色	线型	线宽
轮廓线层	绿色	Continuous	0.5
中心线层	红色	Center	默认

STEP02　设定线型总体比例因子为 0.2。设定绘图区域大小为 120×120，并使该区域充满整个绘图窗口。

STEP03　打开极轴追踪、对象捕捉及自动追踪功能。指定极轴追踪角度增量为 90°，设定对象捕捉方式为端点、圆心及交点。

STEP04　切换到轮廓线层，绘制圆的定位线 A、B，两线长度分别为 130、90 左右，如图 6-20 左图所示。绘制圆及线框 C、D，如图 6-20 右图所示。

STEP05 用 OFFSET 及 TRIM 绘制线框 E，如图 6-21 左图所示。用 ARRAY 命令创建线框 E 的环形阵列，如图 6-21 右图所示。

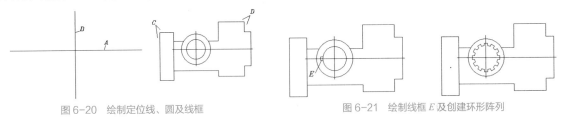

图 6-20　绘制定位线、圆及线框　　　　　　　图 6-21　绘制线框 E 及创建环形阵列

STEP06 用 LINE、OFFSET 及 TRIM 等命令绘制线框 F、G，如图 6-22 左图所示。用 ARRAY 命令创建线框 F、G 的矩形阵列，再对矩形进行镜像操作，如图 6-22 右图所示。

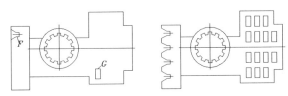

图 6-22　创建矩形阵列及镜像对象

【练习 6-8】利用 CIRCLE、OFFSET 及 ARRAY 等命令绘制图 6-23 所示的图形。

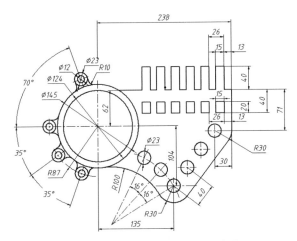

均布几何特征的复杂
图形（2）

图 6-23　创建矩形及环形阵列

主要作图步骤如图 6-24 所示。

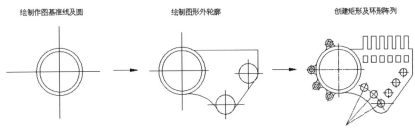

绘制作图基准线及圆　　　　绘制图形外轮廓　　　　创建矩形及环形阵列

图 6-24　主要作图步骤

6.5 绘制倾斜图形的技巧

工程图中多数图形对象是沿水平或竖直方向的，对于此类图形实体，如果利用正交或极轴追踪功能辅助绘图，则非常方便。当图形元素处于倾斜方向时，常给作图带来许多不便。对于这类图形实体可以采用以下方法绘制。

（1）在水平或竖直位置绘制图形。

（2）用 ROTATE 命令把图形旋转到倾斜方向，或用 ALIGN 命令调整图形位置及方向。

【练习 6-9】利用 OFFSET、ROTATE 及 ALIGN 等命令绘制图 6-25 所示的图形。

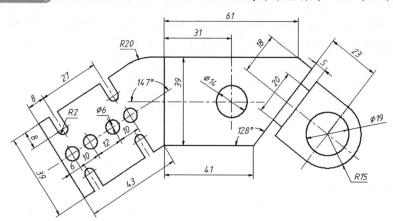

绘制倾斜图形（1）

图 6-25　绘制倾斜图形的技巧（1）

STEP01 创建两个图层。

名称	颜色	线型	线宽
轮廓线层	白色	Continuous	0.5
中心线层	红色	Center	默认

STEP02 设定线型总体比例因子为 0.2。设定绘图区域大小为 150×150，并使该区域充满整个绘图窗口。

STEP03 打开极轴追踪、对象捕捉及自动追踪功能。指定极轴追踪角度增量为 90°，设定对象捕捉方式为端点和交点。

STEP04 切换到轮廓线层，绘制闭合线框及圆，如图 6-26 所示。

STEP05 绘制图形 A，如图 6-27 左图所示。将图形 A 绕 B 点旋转 33°，然后创建圆角，如图 6-27 右图所示。

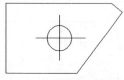

图 6-26　绘制闭合线框及圆

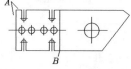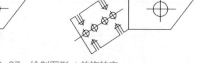

图 6-27　绘制图形 A 并旋转它

STEP06 绘制图形 C，如图 6-28 左图所示。用 ALIGN 命令将图形 C 定位到正确的位置，如图 6-28 右图所示。

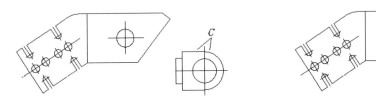

图 6-28　绘制图形 C 并调整其位置

【练习 6-10】绘制如图 6-29 所示的图形。

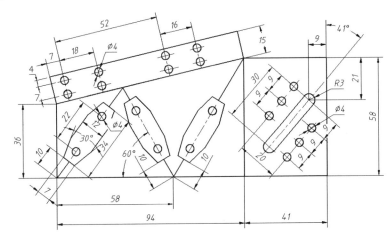

图 6-29　绘制倾斜图形的技巧（2）

主要作图步骤如图 6-30 所示。

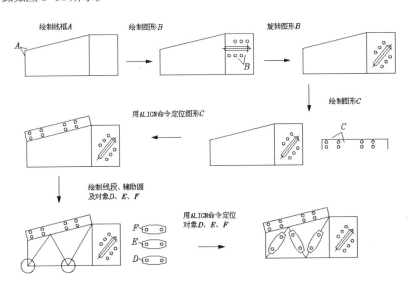

图 6-30　主要绘图过程

6.6　利用已有图形生成新图形

　　平面图形中常有一些局部细节的形状是相似的，只是尺寸不同。在绘制这些对象时，应尽量利用已有图形细节创建新图形。例如，可以先用 COPY 及 ROTATE 命令把图形细节复制到新位置并调整方向，然后利用 STRETCH 及 SCALE 等命令改变图形细节的大小。

【练习6-11】利用 OFFSET、COPY、ROTATE 及 STRETCH 等命令绘制图 6-31 所示的图形。

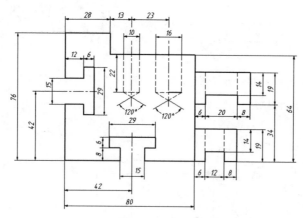

利用已有图形生成
新图形（1）

图 6-31　编辑已有图形生成新图形（1）

STEP01 创建 3 个图层。

名称	颜色	线型	线宽
轮廓线层	绿色	Continuous	0.5
中心线层	红色	Center	默认
虚线层	黄色	Dashed	默认

STEP02 设定线型总体比例因子为 0.2。设定绘图区域大小为 150×150，并使该区域充满整个绘图窗口。

STEP03 打开极轴追踪、对象捕捉及自动追踪功能。指定极轴追踪角度增量为 90°，设定对象捕捉方式为端点和交点。

STEP04 切换到轮廓线层，画作图基准线 A、B，其长度为 110 左右，如图 6-32 左图所示。用 OFFSET 及 TRIM 命令形成线框 C，如图 6-32 右图所示。

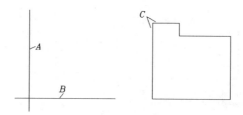

图 6-32　绘制作图基准线及线框

STEP05 绘制线框 B、C、D，如图 6-33 左图所示。用 COPY、ROTATE、SCALE 及 STRETCH 等命令形成线框 E、F、G，如图 6-33 右图所示。

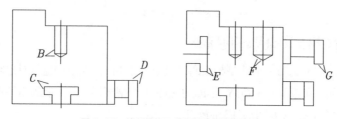

图 6-33　绘制线框及编辑线框形成新图形

【练习6-12】绘制如图6-34所示的图形。

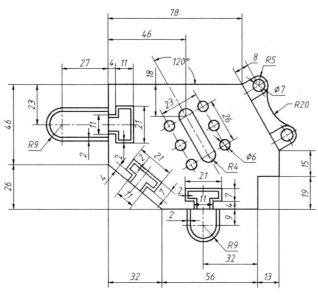

图 6-34　编辑已有图形生成新图形（2）

主要作图步骤如图6-35所示。

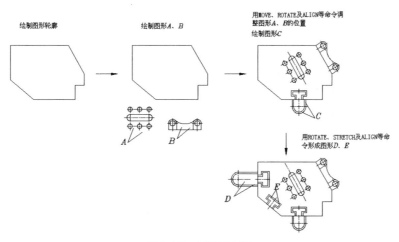

图 6-35　主要绘图过程

6.7　利用"装配法"绘制复杂图形

可以将复杂平面图形分成几个简单图形的组合，分别进行绘制，然后将其组合，形成复杂图形。

【练习6-13】绘制图6-36所示的图形。该图形可认为由4个部分组成，每一部分的形状都不复杂。作图时，先分别画出这些部分（倾斜部分可在水平或竖直方向绘制），然后用 MOVE、ROTATE 或 ALIGN 命令将各部分"装配"在一起。

利用"装配法"画复杂
图形（1）

利用已有图形生成
新图形（2）

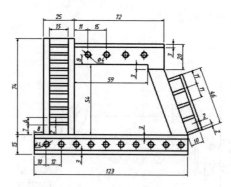

图 6-36　利用"装配法"绘制复杂图形（1）

STEP01 打开极轴追踪、对象捕捉及自动追踪功能。指定极轴追踪角度增量为 90°，设定对象捕捉方式为端点和交点，设置仅沿正交方向自动追踪。

STEP02 用 LINE、OFFSET、CIRCLE、ARRAY 等命令绘制图形 *A*、*B*、*C*，如图 6-37 所示。

STEP03 用 MOVE 命令将图形 *B*、*C* 移动到正确的位置，如图 6-38 所示。

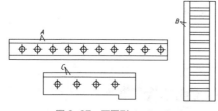

图 6-37　画图形 *A*、*B*、*C*

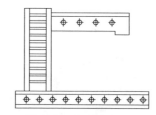

图 6-38　移动图形 *B*、*C*

STEP04 绘制线段 *D*、*E*，再画图形 *F*，如图 6-39 所示。

STEP05 用 ALIGN 命令将图形 *F* "装配"到正确的位置，如图 6-40 所示。

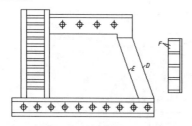

图 6-39　绘制线段 *D*、*E* 及图形 *F*

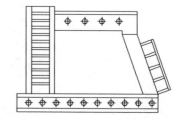

图 6-40　把图形 *F* "装配"到正确的位置

【练习 6-14】绘制如图 6-41 所示的图形。

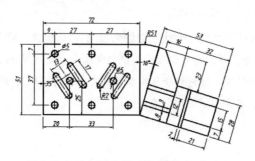

利用"装配法"画复杂图形（2）

图 6-41　利用"装配法"绘制复杂图形（2）

6.8 习题

1. 绘制如图 6-42 所示的图形。

2. 绘制如图 6-43 所示的图形。

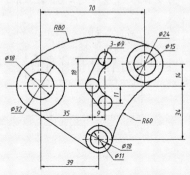

图 6-42 绘制圆弧连接（1）

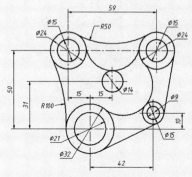

图 6-43 绘制圆弧连接（2）

3. 绘制如图 6-44 所示的图形。

4. 绘制如图 6-45 所示的图形。

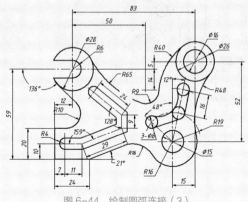

图 6-44 绘制圆弧连接（3）

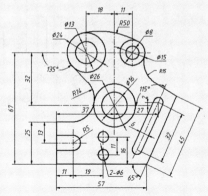

图 6-45 绘制圆弧连接（4）

5. 绘制如图 6-46 所示的图形。

6. 绘制如图 6-47 所示的图形。

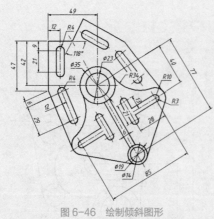

图 6-46 绘制倾斜图形

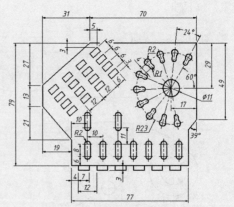

图 6-47 创建矩形及环形阵列

7. 绘制如图 6-48 所示的图形。

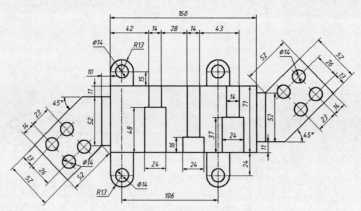

图 6-48 利用已有对象生成新对象

第7章
组合体视图及剖面图

7.1 绘制组合体视图的一般过程及技巧

本练习演示了绘制组合体三视图的一般步骤及绘图技巧。

【练习 7-1】根据组合体轴测图绘制三视图，如图 7-1 所示。

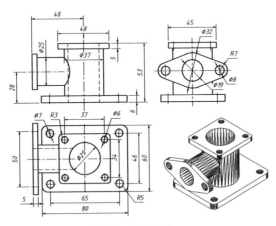

绘制组合体视图的一般
过程（1）

图 7-1　画三视图

STEP01 创建以下图层。

名称	颜色	线型	线宽
轮廓线层	白色	Continuous	0.50
中心线层	红色	Center	默认
虚线层	黄色	Continuous	默认

(STEP02) 设定绘图区域的大小为 150×150。双击鼠标滚轮，使设定的绘图区域充满绘图窗口。

(STEP03) 打开极轴追踪、对象捕捉及自动追踪功能，设定对象捕捉方式为端点和交点。

(STEP04) 切换到轮廓线层，绘制主视图的主要作图基准线，结果如图 7-2 右图所示。

(STEP05) 通过平移直线 A、B 来形成图形细节 C，结果如图 7-3 所示。

(STEP06) 画水平作图基准线 D，然后平移直线 B、D 就可形成图形细节 E，如图 7-4 所示。

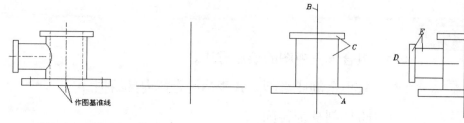

图 7-2　画主视图作图基准线　　　　图 7-3　画图形细节 C　　　　图 7-4　形成图形细节 E

(STEP07) 从主视图向左视图画水平投影线，再画出左视图的对称线，如图 7-5 所示。

(STEP08) 以直线 A 为作图基准线，平移此线条以形成图形细节 B，如图 7-6 所示。

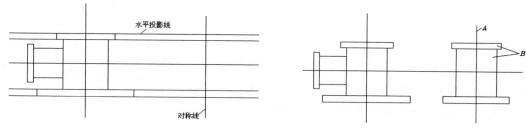

图 7-5　画水平投影线及左视图的对称线　　　　　　图 7-6　形成图形细节 B

(STEP09) 画左视图的其余细节特征，如图 7-7 所示。

(STEP10) 绘制俯视图的对称线，再从主视图向俯视图作竖直投影线，如图 7-8 所示。

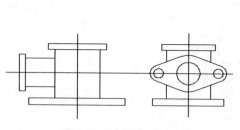

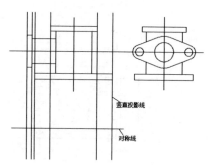

图 7-7　画左视图细节　　　　　　图 7-8　画对称线及投影线

(STEP11) 平移直线 A 以形成俯视图细节 B，如图 7-9 所示。

(STEP12) 绘制俯视图中的圆，结果如图 7-10 所示。

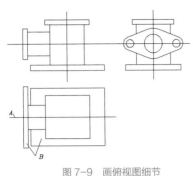

图 7-9　画俯视图细节

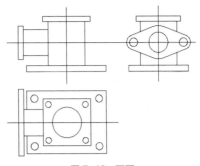

图 7-10　画圆

STEP13　补画主视图、俯视图的其余细节特征，然后将轴线、不可见轮廓线等修改到相应图层上，结果如图 7-11 所示。

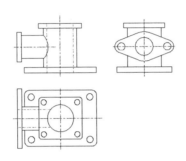

图 7-11　补画细节

【**练习 7-2**】根据轴测图及视图轮廓绘制三视图，如图 7-12 所示。

绘制组合体视图的一般过程（2）

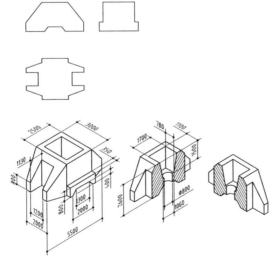

图 7-12　绘制三视图

主要绘图过程如图 7-13 所示。

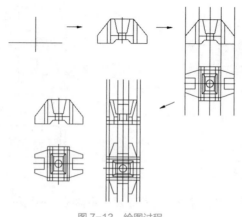

图 7-13　绘图过程

作图步骤如下。

STEP01　首先绘制主视图的作图基准线，利用基准线通过 OFFSET 及 TRIM 等命令形成主视图的大致轮廓，然后画出主视图细节。

STEP02　用 XLINE 命令绘制竖直投影线向俯视图投影，再画对称线等，形成俯视图大致轮廓并绘制细节。

STEP03　将俯视图复制到新位置并旋转 90°，然后分别从主视图和俯视图绘制水平及竖直投影线向左视图投影，形成左视图大致轮廓并绘制细节。

7.2　根据两个视图绘制第三个视图

【练习 7-3】打开资源包文件"dwg\ 第 7 章 \7-3.dwg"，如图 7-14 所示，根据立体的 V、H 投影，补画 W 投影。

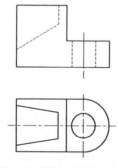

图 7-14　补画 W 投影（1）

【练习 7-4】打开资源包文件"dwg\ 第 7 章 \7-4.dwg"，如图 7-15 所示，根据立体的 V、W 投影，补画 H 投影。

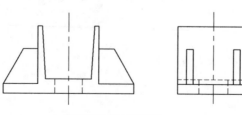

图 7-15　补画 H 投影

【练习 7-5】打开资源包文件"dwg\ 第 7 章 \7-5.dwg"，如图 7-16 所示，根据立体的 V、H 投影，补画

W 投影。

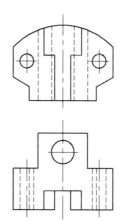

补画视图（3）

图 7-16　补画 W 投影（2）

【练习 7-6】打开资源包文件"dwg\ 第 7 章 \7-6.dwg"，如图 7-17 所示，根据立体的 V、H 投影，补画
W 投影。

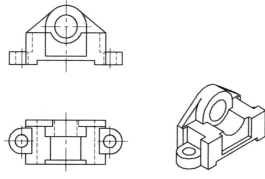

图 7-17　补画 W 投影（3）

7.3　根据轴测图绘制视图及剖面图

【练习 7-7】根据轴测图绘制立体三视图，如图 7-18 所示。

三视图（1）

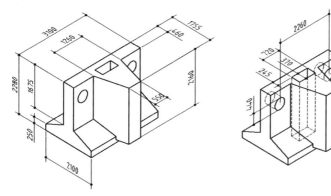

图 7-18　绘制三视图（1）

三视图（2）

【练习 7-8】根据轴测图绘制立体三视图，如图 7-19 所示。

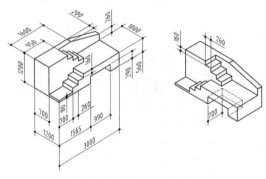

图 7-19　绘制三视图（2）

【练习 7-9】根据轴测图绘制三视图，平面图为外形视图，其他视图采用半剖方式绘制，如图 7-20 所示。

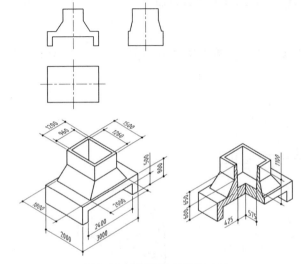

图 7-20　绘制视图及剖视图（1）

视图及剖面图（1）

【练习 7-10】根据立体轴测图及正立面图轮廓绘制视图及 1–1、2–2 剖面图，如图 7-21 所示。

视图及剖面图（2）

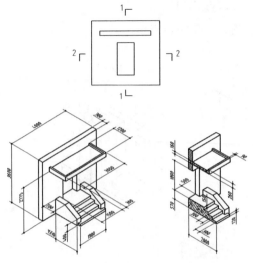

图 7-21　绘制视图及剖视图（2）

7.4 全剖及半剖面图

【练习7-11】根据立体轴测图及视图轮廓绘制视图，正立面图采用全剖方式绘制，平面图为外形视图，如图7-22所示。

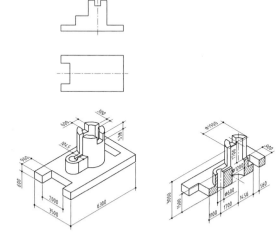

图 7-22 绘制全剖面图（1）

【练习7-12】根据立体轴测图及视图轮廓绘制视图，正立面图采用全剖方式绘制，平面图为外形视图，如图7-23所示。

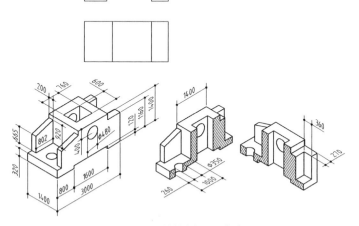

图 7-23 绘制全剖面图（2）

【练习7-13】根据立体轴测图及视图轮廓绘制视图，正立面图采用全剖方式绘制，平面图为1-1半剖面图，如图7-24所示。

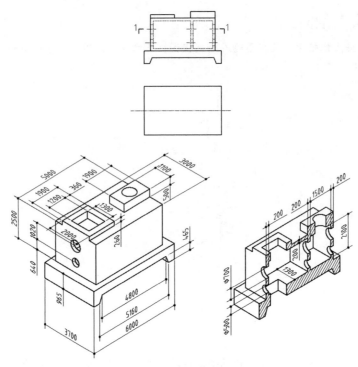

图 7-24　绘制全剖及半剖面图

【练习 7-14】根据立体轴测图及视图轮廓绘制视图，正立面图采用全剖方式绘制，其他视图为外形视图，如图 7-25 所示。

全剖面图（3）

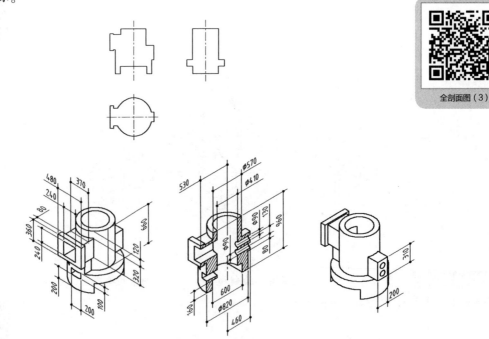

图 7-25　绘制全剖面图（3）

7.5 阶梯剖面图及旋转剖面图

【练习7-15】根据立体轴测图及视图轮廓绘制 1-1、2-2 剖面图，如图 7-26 所示。

阶梯剖面图（1）

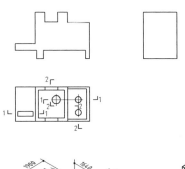

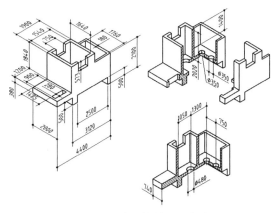

图 7-26　绘制阶梯剖面图（1）

【练习7-16】根据立体轴测图及视图轮廓绘制视图，正立面图为阶梯剖面图，平面图为外形图，如图 7-27 所示。

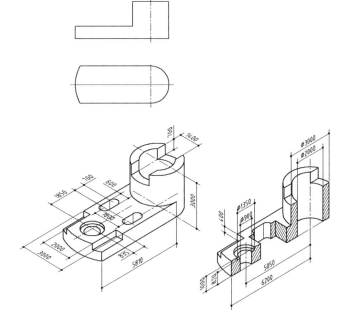

阶梯剖面图（2）

图 7-27　绘制阶梯剖面图（2）

【练习7-17】根据立体轴测图及视图轮廓绘制视图，正立面图为 1-1 阶梯剖面图，平面图为外形图，侧立面图为半剖面图，如图 7-28 所示。

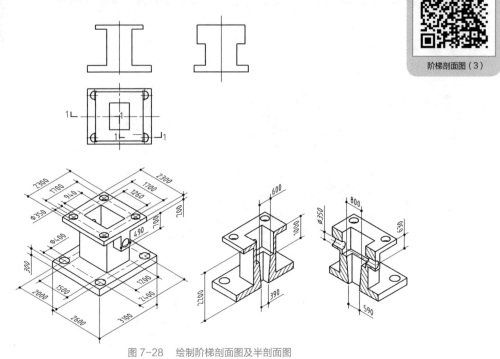

图 7-28　绘制阶梯剖面图及半剖面图

【练习7-18】根据立体轴测图及视图轮廓绘制视图，正立面图为 1-1 旋转剖面图，平面图为外形图，如图 7-29 所示。

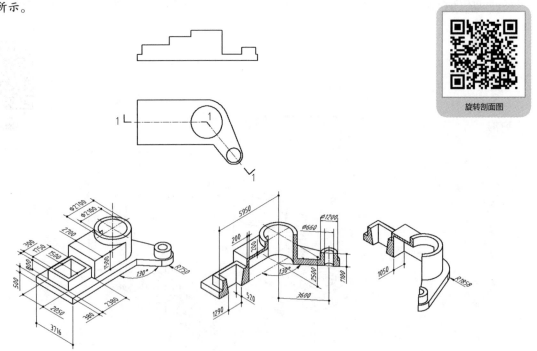

图 7-29　绘制旋转剖面图

7.6　断面图

【练习 7-19】打开资源包文件"dwg\第 7 章 \7-19.dwg"，如图 7-30 所示，根据梁的视图绘制 1-1、2-2 断面图。

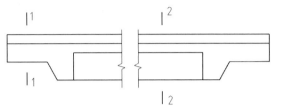

图 7-30　绘制断面图（1）

【练习 7-20】打开资源包文件"dwg\第 7 章 \7-20.dwg"，如图 7-31 所示，根据立体视图绘制 1-1、2-2 及 3-3 断面图。

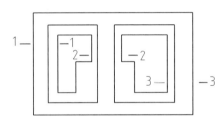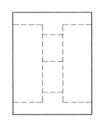

图 7-31　绘制断面图（2）

7.7　习题

1. 根据轴测图绘制三视图，如图 7-32 所示。

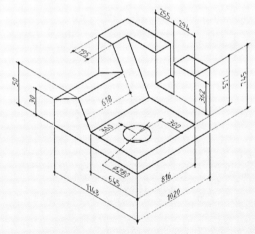

图 7-32　绘制三视图（1）

2. 根据轴测图绘制三视图，如图 7-33 所示。

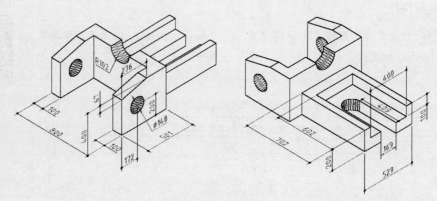

图 7-33　绘制三视图（2）

3.　根据轴测图绘制三视图，如图 7-34 所示。

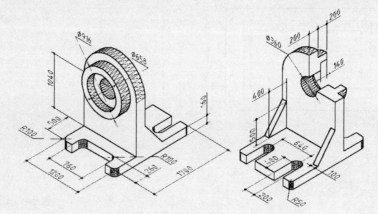

图 7-34　绘制三视图（3）

第8章
查询图形信息

主要内容

- 获取点的坐标。
- 测量长度及距离。
- 计算图形面积及周长。
- 用 CAL 计算器完成加、减、乘、除及一般数学函数表达式运算。
- 用 CAL 计算器进行点及矢量的加、减、乘、除运算。

8.1 获取点的坐标

ID 命令用于查询图形对象上某点的绝对坐标，坐标值以"x,y,z"形式显示出来。对于二维图形，z 坐标值为零。

命令启动方法

- 菜单命令：【工具】/【查询】/【点坐标】。
- 面板：【默认】选项卡中【实用工具】面板上的 点坐标 按钮。
- 命令：ID。

【练习8-1】练习 ID 命令的使用。

打开资源包文件"dwg\ 第 8 章 \8-1.dwg"。单击【实用工具】面板上的 按钮，启动 ID 命令，AutoCAD 提示如下。

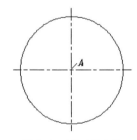

命令：'_id 指定点：cen 于   // 捕捉圆心 A，如图 8-1 所示

X = 1463.7504   Y = 1166.5606   Z = 0.0000   //AutoCAD 显示圆心坐标值

图 8-1 查询点的坐标

要点提示 ID 命令显示的坐标值与当前坐标系的位置有关。如果用户创建新坐标系，则 ID 命令测量的同一点坐标值也将发生变化。

8.2 测量距离及连续线长度

MEA 命令的"距离 (D)"选项（或 DIST 命令）可测量两点间距离，还可计算两点连线与 xy 平面的夹角以及在 xy 平面内的投影与 x 轴的夹角。此外，还能测出连续线的长度。

命令启动方法

◎ 菜单命令:【工具】/【查询】/【距离】。

◎ 面板:【默认】选项卡中【实用工具】面板上的 ▤ 按钮。

◎ 命令: MEASUREGEOM 或简写 MEA。

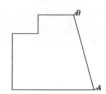

测量距离及长度

 练习 MEA 命令的使用。

打开资源包文件"dwg\ 第 8 章 \8-2.dwg"。单击【实用工具】面板上的 ▤ 按钮,启动 MEA 命令,AutoCAD 提示如下。

指定第一点:　　　　　　　　　　　　　// 捕捉端点 A,如图 8-2 所示

指定第二个点或 [多个点 (M)]:　　　　　// 捕捉端点 B

距离 = 206.9383,XY 平面中的倾角 = 106,与 XY 平面的夹角 = 0

X 增量 = −57.4979,Y 增量 = 198.7900,Z 增量 = 0.0000

输入选项 [距离 (D)/ 半径 (R)/ 角度 (A)/ 面积 (AR)/ 体积 (V)/ 退出 (X)] < 距离 >: x　　　// 结束

图 8-2　测量距离

MEA 命令显示的测量值的意义如下。

◎ **距离**:两点间的距离。

◎ **XY 平面中的倾角**:两点连线在 xy 平面上的投影与 x 轴间的夹角,如图 8-3 左图所示。

◎ **与 XY 平面的夹角**:两点连线与 xy 平面间的夹角。

◎ **X 增量**:两点的 x 坐标差值。

◎ **Y 增量**:两点的 y 坐标差值。

◎ **Z 增量**:两点的 z 坐标差值。

要点提示　　　使用 MEA 命令时,两点的选择顺序不影响距离值,但影响该命令的其他测量值。

MEA 命令经常用在以下几个方面。

(1)计算线段构成的连续线长度。

启动 MEA 命令,选择"多个点 (M)"选项,然后指定连续线的端点就能计算出连续线的长度,如图 8-3 右图所示。

(2)计算包含圆弧的连续线长度。

启动 MEA 命令,选择"多个点 (M)"/"圆弧 (A)"及"直线 (L)"选项,就可以像绘制多段线一样测量含圆弧的连续线的长度,如图 8-3 右图所示。

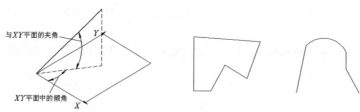

图 8-3　测量距离及长度

启动 MEA 命令后,再打开动态提示,AutoCAD 将在屏幕上显示测量的结果。完成一次测量的同时将弹出快捷菜单,选择【距离】命令,可继续测量另一条连续线的长度。

8.3 测量半径及直径

MEA 命令的"半径 (R)"选项可测量圆弧的半径或直径值。

命令启动方法

◎ 菜单命令:【工具】/【查询】/【半径】。

◎ 面板:【默认】选项卡中【实用工具】面板上的 按钮。

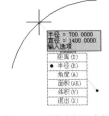

图 8-4 测量半径及直径

启动该命令,选择圆弧或圆,系统在命令窗口显示半径及直径值。若同时打开动态提示,则 AutoCAD 在屏幕上直接显示测量的结果,如图 8-4 所示。完成一次测量后,还将弹出快捷菜单,选择其中的选项,可继续进行测量。

8.4 测量角度

MEA 命令的"角度 (A)"选项可测量角度值,包括圆弧的圆心角、两条直线夹角及 3 点确定的角度等,如图 8-5 所示。

命令启动方法

◎ 菜单命令:【工具】/【查询】/【角度】。

◎ 面板:【默认】选项卡中【实用工具】面板上的 按钮。

打开动态提示,启动该命令,测量角度,AutoCAD 将在屏幕上直接显示测量的结果。

(1)两条线段的夹角。

单击 按钮,选择夹角的两条边,如图 8-5 左图所示。

(2)测量圆心角。

单击 按钮,选择圆弧,如图 8-5 中图所示。

(3)测量 3 点构成的角度。

单击 按钮,先选择夹角的顶点,再选择另外两点,如图 8-5 右图所示。

图 8-5 测量角度

8.5 计算图形面积及周长

MEA 命令的"面积 (AR)"选项(或 AREA 命令)可测量图形面积及周长。

命令启动方法

◎ 菜单命令:【工具】/【查询】/【面积】。

◎ 面板:【默认】选项卡中【实用工具】面板上的 按钮。

启动该命令的同时打开动态提示,则 AutoCAD 将在屏幕上直接显示测量结果。

(1)测量多边形区域的面积及周长。

启动 MEA(或 AREA)命令,然后指定折线的端点就能计算出折线包围区域的面积及周长,如图 8-6 左图所示。若折线不闭合,则

图 8-6 测量图形面积及周长

AutoCAD 假定将其闭合进行计算，所得周长是折线闭合后的数值。

（2）测量包含圆弧区域的面积及周长。

启动 MEA（或 AREA）命令，选择"圆弧 (A)"或"直线 (L)"选项，就可以像创建多段线一样"绘制"图形的外轮廓，如图 8-6 右图所示。"绘制"完成，AutoCAD 显示面积及周长。

若轮廓不闭合，则 AutoCAD 假定将其闭合进行计算，所得周长是轮廓闭合后的数值。

【练习 8-3】用 MEA 命令计算图形面积，如图 8-7 所示。

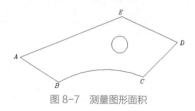

图 8-7　测量图形面积

计算图形面积

打开资源包文件"dwg\ 第 8 章 \8-3.dwg"，单击【实用工具】选项卡中【查询】面板上的 🗌 按钮，启动 MEA 命令，AutoCAD 提示如下。

```
指定第一个角点或 [ 对象 (O)/ 增加面积 (A)/ 减少面积 (S)/ 退出 (X)] < 对象 (O)>: A
                                                // 使用"增加面积 (A)"选项
指定第一个角点或 [ 对象 (O)/ 减少面积 (S)/ 退出 (X)]:        // 捕捉 A 点
（"加"模式 ) 指定下一个点或 [ 圆弧 (A)/ 长度 (L)/ 放弃 (U)]:// 捕捉 B 点
（"加"模式 ) 指定下一个点或 [ 圆弧 (A)/ 长度 (L)/ 放弃 (U)]: A
                                                // 使用"圆弧 (A)"选项
指定圆弧的端点 ( 按住 Ctrl 键以切换方向 ) 或
[ 角度 (A)/ 圆心 (CE)/ 闭合 (CL)/ 方向 (D)/ 直线 (L)/ 半径 (R)/ 第二个点 (S)/ 放弃 (U)]: S
                                                // 使用"第二个点 (S)"选项
指定圆弧上的第二个点 : nea 到                      // 捕捉圆弧上的一点
指定圆弧的端点 :                                   // 捕捉 C 点
指定圆弧的端点 ( 按住 Ctrl 键以切换方向 ) 或
[ 角度 (A)/ 圆心 (CE)/ 闭合 (CL)/ 方向 (D)/ 直线 (L)/ 半径 (R)/ 第二个点 (S)/ 放弃 (U)]: L
                                                // 使用"直线 (L)"选项
（"加"模式 ) 指定下一个点或 [ 圆弧 (A)/ 长度 (L)/ 放弃 (U)/ 总计 (T)] < 总计 >:
                                                // 捕捉 D 点
（"加"模式 ) 指定下一个点或 [ 圆弧 (A)/ 长度 (L)/ 放弃 (U)/ 总计 (T)] < 总计 >:
                                                // 捕捉 E 点
（"加"模式 ) 指定下一个点或 [ 圆弧 (A)/ 长度 (L)/ 放弃 (U)/ 总计 (T)] < 总计 >:
                                                // 按 Enter 键
区域 = 933629.2416，周长 = 4652.8657
总面积 = 933629.2416
指定第一个角点或 [ 对象 (O)/ 减少面积 (S)/ 退出 (X)]: S     // 使用"减少面积 (S)"选项
指定第一个角点或 [ 对象 (O)/ 增加面积 (A)/ 退出 (X)]: O     // 使用"对象 (O)"选项
```

（"减"模式) 选择对象 :　　　　　　　　　　　　　// 选择圆

区域 = 36252.3386，圆周长 = 674.9521

总面积 = 897376.9029

（"减"模式) 选择对象 :　　　　　　　　　　　　　// 按 Enter 键结束

命令选项

（1）对象 (O)：求出所选对象的面积，有以下两种情况。

◎ 用户选择的对象是圆、椭圆、面域、正多边形及矩形等闭合图形。

◎ 对于非封闭的多段线及样条曲线，AutoCAD 将假定有一条连线使其闭合，然后计算出闭合区域的面积，而所计算出的周长却是多段线或样条曲线的实际长度。

（2）增加面积 (A)：进入"加"模式。该选项使用户可以将新测量的面积加入到总面积中。

（3）减少面积 (S)：利用此选项可使 AutoCAD 把新测量的面积从总面积中扣除。

用户可以将复杂的图形创建成面域，然后利用"对象 (O)"选项查询面积及周长。

8.6　列出对象的图形信息

LIST 命令将列表显示对象的图形信息，这些信息随对象类型的不同而不同，一般包括以下内容。

（1）对象类型、图层及颜色等。

（2）对象的一些几何特性，如线段的长度、端点坐标、圆心位置、半径大小、圆的面积及周长等。

命令启动方法

◎ 菜单命令：【工具】/【查询】/【列表】。

◎ 面板：【默认】选项卡中【特性】面板上的 列表 按钮。

◎ 命令：LIST 或简写 LI。

【练习 8-4】练习 LIST 命令的使用。

打开资源包文件"dwg\ 第 8 章 \8-4.dwg"，单击【特性】面板上的 按钮，启动 LIST 命令，AutoCAD 提示如下。

命令：_list

选择对象：找到 1 个　　　　　　　　　　// 选择圆，如图 8-8 所示

选择对象：　　　　　　　　　　　　　// 按 Enter 键结束，AutoCAD 打开【文本窗口】

　　圆　　　　图层 : 0

空间 : 模型空间

句柄 = 1e9

圆心 点，X=1643.5122　Y=1348.1237　Z=　0.0000

半径　59.1262

周长　371.5006

面积 10982.7031

图 8-8　练习 LIST 命令

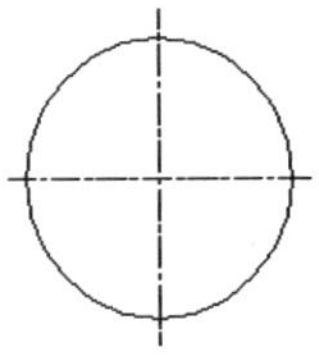

要点提示　用户可以将复杂的图形创建成面域，然后用 LIST 命令查询面积及周长等。

8.7　综合练习——查询图形信息

【练习 8-5】打开资源包文件"dwg\ 第 8 章 \8-5.dwg"，如图 8-9 所示。试计算：

（1）图形外轮廓线的周长。

（2）图形面积。

（3）圆心 *A* 到中心线 *B* 的距离。

（4）中心线 *B* 的倾斜角度。

（STEP01）用 REGION 命令将图形外轮廓线框 *C*（见图 8-10）创建成面域，然后用 LIST 命令获取此线框周长，数值为 1766.97。

（STEP02）将线框 *D*、*E* 及 4 个圆创建成面域，用面域 *C* "减去" 面域 *D*、*E* 及 4 个圆面域，如图 8-10 所示。

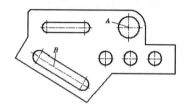

图 8-9　获取面积、周长等信息

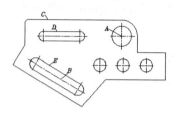

图 8-10　差运算

（STEP03）用 LIST 命令查询面域面积，数值为 117908.46。

（STEP04）用 DIST 命令计算圆心 *A* 到中心线 *B* 的距离，数值为 284.95。

（STEP05）用 LIST 命令获取中心线 *B* 的倾斜角度，数值为 150°。

8.8　使用 CAL 计算器

CAL 是 AutoCAD 内部功能很强的计算器，该计算器不仅能完成一般的数值计算，还能进行点、矢量的计算。此外，它还包含一组专门用于几何计算的函数。

要启动该计算器，可直接输入 CAL 命令。若要在某个命令执行过程中使用它，可输入 "'CAL"。下面将介绍 CAL 计算器的各项功能。

8.8.1　数值计算

用 CAL 计算器可以很方便地完成加、减、乘、除及一般数学函数的表达式运算。计算规则与标准数学运算规则一致。表达式中的数学运算符号如表 8-1 所示。

表 8-1　算术运算符

运算符	运算	运算符	运算
()	将表达式中的部分运算编组	+ －	加、减运算
^	指数运算	* /	乘、运算除

典型的算术运算表达式如下。

　　(3+11)*5+3^2　　　　(2^6+19)/8−10

CAL 支持许多标准数学函数，如表 8-2 所示。

表8-2　数学函数

函数	功能	函数	功能
sin(*angle*)	角度的正弦值	sqr(*real*)	实数的平方
cos(*angle*)	角度的余弦值	sqrt(*real*)	求平方根
tang(*angle*)	角度的正切值	ln(*real*)	自然对数
asin(*real*)	反正弦值	log(*real*)	以 10 为底的对数
acos(*real*)	反余弦值	exp(*real*)	自然指数
atan(*real*)	反正切值	exp10(*real*)	以 10 为底的指数

下面通过一个画圆的练习来演示 CAL 计算器的应用。

【练习8-6】用 CAL 进行计算。

数值计算

203

命令 :_circle 指定圆的圆心或 [三点 (3P)/ 两点 (2P)/ 切点、切点、半径 (T)]:

　　　　　　　　　　　　　　　　　　// 捕捉圆心

指定圆的半径或 [直径 (D)] <53.5703>:'cal　// 执行 CAL 命令（请注意发出命令

　　　　　　　　　　　　　　　　　　// 的方法）

表达式 : 12.5*11.3　　　　　　　　　// 输入计算表达式

指定圆的半径或 [直径 (D)] <218.0339>: 141.25　// 计算结果即为圆半径

8.8.2　在 CAL 表达式中使用点坐标及矢量

点和矢量是用两个（平面图）或三个实数的组合来表示的。可以用 CAL 进行点及矢量的加、减、乘及除运算，在计算表达式中，点坐标值及矢量应用 "〔 〕" 括起来。

（1）点的坐标表示形式如下。

◎ **绝对直角坐标**: [*x*,*y*,*z*]。若是平面图形，点的坐标为 [*x*,*y*]，也可表示成 [*x*,*y*,0]。

◎ **绝对极坐标**: [距离 < 角度]。

◎ **相对直角坐标**: [@ *x*,*y*,*z*]。

◎ **相对极坐标**: [@距离 < 角度]。

（2）矢量的表示形式为: 〔 *x*,*y*,*z* 〕。

矢量及点运算的运算符如表 8-3 所示。

表8-3　矢量及点的运算符

运算符	运算
( )	将表达式中的部分运算编组
&	计算矢量叉积 [a,b,c]&[x,y,z] = [(b*z) − (c*y) , (c*x) − (a*z) , (a*y) − (b*x)]
*	计算矢量点积 [a,b,c]*[x,y,z] = ax + by + cz
*, /	实数与矢量（点）进行乘、除运算 a*[x,y,z] = [a*x,a*y,a*z]
+，−	矢量与矢量（点与点）相加、减 [a,b,c] + [x,y,z] = [a+x,b+y,c+z]

8.8.3 在 CAL 运算中使用对象捕捉

在 CAL 运算式中可以使用对象捕捉（如 END 和 CEN 等）来表示一个点，例如表达式的形式可以是"（END + CEN）/2"。CAL 命令在处理此类运算式时，将提示用户选择用于捕捉的图元，用户选取对象后，AutoCAD 进行捕捉并返回捕捉点的坐标值。显然，采用这种方式来指定一个点，比直接使用点坐标要方便许多。

【练习 8-7】在 CAL 运算式中使用对象捕捉。

命令：_circle 指定圆的圆心或 [三点 (3P)/ 两点 (2P)/ 切点、切点、半径 (T)]: 'cal

// 使用 CAL 计算器

表达式：(cen+mid)/2   // 输入计算表达式

选择图元用于 CEN 捕捉：   // 选择圆 *A*，如图 8-11 所示

选择图元用于 MID 捕捉：   // 选择直线 *B*

指定圆的圆心或 [三点 (3P)/ 两点 (2P)/ 切点、切点、半径 (T)]: 161.289

99.0636 0.0

指定圆的半径或 [直径 (D)] <8.8497>: 6   // 输入圆半径

结果如图 8-11 所示。

图 8-11 画圆

8.8.4 用 CAL 计算距离

CAL 命令中常用的计算距离函数如下。

（1）dist($P1$, $P2$)：计算 $P1$、$P2$ 点间的距离，点的表示方式可以是捕捉命令或是坐标值。

（2）dpl(P, $P1$, $P2$)：测量 P 点到 $P1$、$P2$ 连线间的距离，如图 8-12 所示。

（3）dpp(P, $P1$, $P2$, $P3$)：测量点 P 与平面（$P1$, $P2$, $P3$）的距离，如图 8-13 所示。

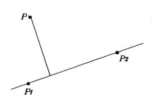

图 8-12 测量点与直线间的距离

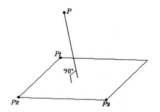

图 8-13 测量点与平面间的距离

8.8.5 用 CAL 计算角度

CAL 命令中常用的计算角度的函数如下。

（1）ang(V)：计算矢量 V 在 xy 平面上的投影与 x 轴间的夹角。

（2）ang($P1$, $P2$)：测量 $P1$、$P2$ 点的连线在 xy 平面上的投影与 x 轴间的夹角，如图 8-14 所示。

（3）ang(*apex*, $P1$, $P2$)：测量直线（*apex*, $P1$）和（*apex*, $P2$）在 xy 平面的投影间的夹角，如图 8-15 所示。

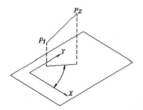

图 8-14 测量直线的投影与 X 轴间的夹角

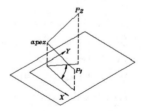

图 8-15 测量两条直线投影间的夹角

8.9　习题

1. 打开资源包文件"dwg\ 第8章 \8-8.dwg",如图 8-16 所示,计算该图形面积及周长。

2. 打开资源包文件"dwg\ 第8章 \8-9.dwg",如图 8-17 所示,试计算:

(1)图形外轮廓线的周长。

(2)线框 *A* 的周长及围成的面积。

(3)3 个圆弧槽的总面积。

(4)去除圆弧槽及内部异形孔后的图形总面积。

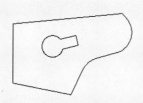

图 8-16　计算图形面积及周长

图 8-17　获取面积、周长等信息

第9章
在图形中添加文字

主要内容

- 创建及修改文字样式。
- 书写单行文字及多行文字。
- 添加特殊符号。
- 使用注释性文字。
- 编辑文字内容及格式。
- 表格样式及表格对象。

9.1　创建及修改文字样式

在 AutoCAD 中创建文字对象时，它们的外观都由与其关联的文字样式所决定。默认情况下，Standard 文字样式是当前样式，用户也可根据需要创建新的文字样式。

文字样式主要是控制与文本连接的字体文件、字符宽度、文字倾斜角度及高度等项目，另外，还可通过它设计出相反的、颠倒的以及竖直方向的文本。

命令启动方法

◎ 菜单命令:【格式】/【文字样式】。

◎ 面板:【默认】选项卡中【注释】面板上的 按钮。

◎ 命令: STYLE 或简写 ST。

下面我们在图形文件中建立新的尺寸样式。

【练习 9-1】创建文字样式。

STEP01　单击【注释】面板上的 按钮，打开【文字样式】对话框，如图 9-1 所示。

STEP02　单击 新建(N)... 按钮，打开【新建文字样式】对话框，在【样式名】文本框中输入文字样式的名称"工程文字"，如图 9-2 所示。

STEP03　单击 确定 按钮，返回【文字样式】对话框，在【字体】下拉列表中选择 gbeitc.shx。再选择【使用大字体】复选项，然后在【大字体】下拉列表中选择 gbcbig.shx，如图 9-1 所示。

STEP04　单击 应用(A) 按钮完成。

创建文字样式

图 9-1 【文字样式】对话框 　　　　　　　　　　　　图 9-2 【新建文字样式】对话框

设置字体、字高和特殊效果等外部特征，以及修改、删除文字样式等操作都是在【文字样式】对话框中进行的。该对话框的常用选项如下。

◎ 【样式】：该列表框中显示图样中所有文字样式的名称，用户可从中选择一个，使其成为当前样式。

◎ 新建(N)...按钮：单击此按钮，就可以创建新文字样式。

◎ 删除(D)按钮：在【样式】列表框中选择一个文字样式，再单击此按钮，就可以将该文字样式删除。当前样式和正在使用的文字样式不能被删除。

◎ 【字体】：在此下拉列表中罗列了所有的字体。带有双 T 标志的字体是 Windows 系统提供的 TrueType 字体，其他字体是 AutoCAD 自己的字体（*.shx），其中 gbenor.shx 和 gbeitc.shx（斜体西文）字体是符合国标的工程字体。

◎ 【使用大字体】：大字体是指专为亚洲国家设计的文字字体。其中 gbcbig.shx 字体是符合国标的工程汉字字体，该字体文件还包含一些常用的特殊符号。由于 gbcbig.shx 中不包含西文字体定义，因此使用时可将其与 gbenor.shx 和 gbeitc.shx 字体配合使用。

◎ 【高度】：输入字体的高度。如果用户在该文本框中指定了文本高度，则当使用 TEXT（单行文字）命令时，系统将不再提示"指定高度"。

◎ 【颠倒】：选择此复选项，文字将上下颠倒显示。该复选项仅影响单行文字，如图 9-3 所示。

◎ 【反向】：选择此复选项，文字将首尾反向显示。该复选项仅影响单行文字，如图 9-4 所示。

AutoCAD 2000　　　　　　　　　ＶɑfoCVD 2000

关闭【颠倒】复选项　　　　　　　　打开【颠倒】复选项

图 9-3 【颠倒】复选项

AutoCAD 2000　　　　　　　　　0002 ꓷAꓓoꞙuA

关闭【反向】复选项　　　　　　　　打开【反向】复选项

图 9-4 【反向】复选项

◎ 【垂直】：选择此复选项，文字将沿竖直方向排列，如图 9-5 所示。

AutoCAD

关闭【垂直】复选项

AutoCAD（垂直排列）

打开【垂直】复选项

图 9-5 【垂直】复选项

◎ 【宽度因子】：默认的宽度因子为 1。若输入小于 1 的数值，则文本将变窄；反之，文本变宽，如图 9-6 所示。

AutoCAD 2000

宽度比例因子为 1.0

AutoCAD 2000

宽度比例因子为 0.7

图 9-6 调整宽度比例因子

◎ 【倾斜角度】：该文本框用于指定文本的倾斜角度。角度值为正时向右倾斜，为负时向左倾斜，如图 9-7 所示。

AutoCAD 2000

倾斜角度为 30°

AutoCAD 2000

倾斜角度为 -30°

图 9-7 设置文字倾斜角度

修改文字样式也是在【文字样式】对话框中进行的，其过程与创建文字样式相似，这里不再重复。

修改文字样式时，用户应注意以下几点。

（1）修改完成后，单击【文字样式】对话框的 应用(A) 按钮，则修改生效，AutoCAD 立即更新图样中与此文字样式关联的文字。

（2）当修改文字样式连接的字体文件时，AutoCAD 将改变所有文字的外观。

（3）当修改文字的颠倒、反向和垂直特性时，AutoCAD 将改变单行文字的外观；而修改文字高度、宽度因子及倾斜角度时，则不会引起已有单行文字外观的改变，但将影响此后创建的文字对象。

（4）对于多行文字，只有【垂直】、【宽度因子】及【倾斜角度】选项才影响已有多行文字的外观。

9.2 单行文字

单行文字用于形成比较简短的文字信息，每一行都是单独对象，可以灵活地移动、复制及旋转。下面介绍单行文字创建的方法。

9.2.1 创建单行文字

TEXT 命令用于创建单行文字对象。发出此命令后，用户不仅可以设定文本的对齐方式和文字的倾斜角度，还能用十字光标在不同的地方选取点以定位文本的位置（系统变量 **TEXTED** 不等于 0），该特性使用户只发出一次命令就能在图形的多个区域放置文本。

默认情况下，与新建文字关联的文字样式是 Standard。如果要输入中文，应使当前文字样式与中文字体相关联，此外，也可创建一个采用中文字体的新文字样式。

❶ 命令启动方法

◎ 菜单命令：【绘图】/【文字】/【单行文字】。

◎ **面板：**【默认】选项卡中【注释】面板上的 A 单行文字 按钮。

◎ **命令：** TEXT 或简写 DT。

创建单行文字

【练习 9-2】 用 TEXT 命令在图形中放置一些单行文字。

STEP01 打开资源包文件"dwg\ 第 9 章 \9-2.dwg"。

STEP02 创建新文字样式并使其为当前样式。样式名为"工程文字"，与该样式相连的字体文件是 gbeitc.shx 和 gbcbig.shx。

STEP03 启动 TEXT 命令书写单行文字，如图 9-8 所示。

命令 : _text

指定文字的起点或 [对正 (J)/ 样式 (S)]:　　　　// 单击 *A* 点，如图 9-8 所示

指定高度 <3.0000>: 5　　　　　　　　　　　　// 输入文字高度

指定文字的旋转角度 <0>:　　　　　　　　　　// 按 Enter 键

横臂升降机构　　　　　　　　　　　　　　　// 输入文字

行走轮　　　　　　　　　　　　　　　　　　// 在 *B* 点处单击一点，并输入文字

行走轨道　　　　　　　　　　　　　　　　　// 在 *C* 点处单击一点，并输入文字

行走台车　　　　　　　　　　　　　　　　　// 在 *D* 点处单击一点，输入文字并按 Enter 键

台车行走速度 5.72m/min　　　　　　　　　　// 输入文字并按 Enter 键

台车行走电机功率 3kW　　　　　　　　　　　// 输入文字

立架　　　　　　　　　　　　　　　　　　　// 在 *E* 点处单击一点，并输入文字

配重系统　　　　　　　　　　　　　　　　　// 在 *F* 点处单击一点，输入文字并按 Enter 键

　　　　　　　　　　　　　　　　　　　　　// 按 Enter 键结束

命令 :TEXT　　　　　　　　　　　　　　　　// 重复命令

指定文字的起点或 [对正 (J)/ 样式 (S)]:　　　　// 单击 *G* 点

指定高度 <5.0000>:　　　　　　　　　　　　 // 按 Enter 键

指定文字的旋转角度 <0>: 90　　　　　　　　　// 输入文字旋转角度

设备总高 5500　　　　　　　　　　　　　　　// 输入文字并按 Enter 键

　　　　　　　　　　　　　　　　　　　　　// 按 Enter 键结束

再在 *H* 点处输入"横臂升降行程 1500"，结果如图 9-8 所示。

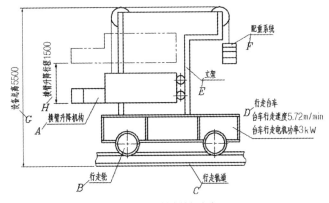

图 9-8　创建单行文字

若发现图形中的文本没有正确显示出来，则多数情况是由于文字样式所连接的字体不合适。

❷ 命令选项

◎ **样式 (S)**：指定当前文字样式。

◎ **对正 (J)**：设定文字的对齐方式，详见 9.2.2 节。

9.2.2 单行文字的对齐方式

发出 TEXT 命令后，AutoCAD 提示用户输入文本的插入点，此点和实际字符的位置关系由对齐方式"对正 (J)"所决定。对于单行文字，AutoCAD 提供了 10 多种对正选项。默认情况下，文本是左对齐的，即指定的插入点是文字的左基线点，如图 9-9 所示。

文字的对齐方式
左基线点
图 9-9　左对齐方式

如果要改变单行文字的对齐方式，就使用"对正 (J)"选项。在"指定文字的起点或 [对正 (J)/ 样式 (S)]："提示下，输入 J，则 AutoCAD 提示如下。

[左 (L)/ 居中 (C)/ 右 (R)/ 对齐 (A)/ 中间 (M)/ 布满 (F)/ 左上 (TL)/ 中上 (TC)/ 右上 (TR)/ 左中 (ML)/ 正中 (MC)/ 右中 (MR)/ 左下 (BL)/ 中下 (BC)/ 右下 (BR)]:

下面，对以上给出的选项进行详细说明。

◎ **对齐 (A)**：使用此选项时，系统提示指定文本分布的起始点和结束点。当用户选定两点并输入文本后，系统会将文字压缩或扩展，使其充满指定的宽度范围，而文字的高度则按适当比例变化，以使文本不至于被扭曲。

◎ **布满 (F)**：使用此选项时，系统增加了"指定高度"的提示。使用此选项也将压缩或扩展文字，使其充满指定的宽度范围，但文字的高度值等于指定的数值。

分别利用"对齐 (A)"和"布满 (F)"选项在矩形框中填写文字，结果如图 9-10 所示。

图 9-10　利用"对齐 (A)"及"布满 (F)"选项填写文字

◎ **左 (L)/ 居中 (C)/ 右 (R)/ 中间 (M)/ 左上 (TL)/ 中上 (TC)/ 右上 (TR)/ 左中 (ML)/ 正中 (MC)/ 右中 (MR)/ 左下 (BL)/ 中下 (BC)/ 右下 (BR)**：通过这些选项设置文字的插入点，各插入点的位置如图 9-11 所示。

图 9-11　设置插入点

9.2.3 在单行文字中加入特殊符号

工程图中用到的许多符号都不能通过标准键盘直接输入，如文字的下画线、直径代号等。当用户利用 TEXT 命令创建文字注释时，必须输入特殊的代码来产生特定的字符，这些代码及对应的特殊符号如表 9-1 所示。

表 9-1 特殊字符的代码

代码	字符	代码	字符
%%o	文字的上画线	%%p	表示 "±"
%%u	文字的下画线	%%c	直径代号
%%d	角度的度符号		

使用表中代码生成特殊字符的样例如图 9-12 所示。

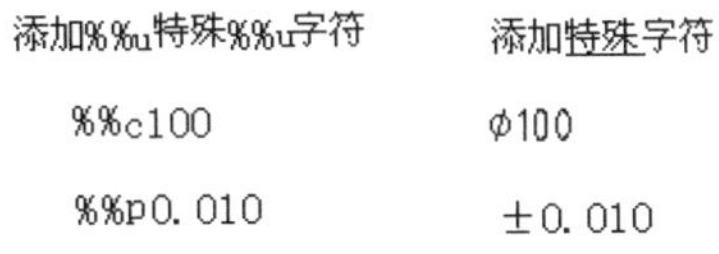

添加%%u特殊%%u字符   添加特殊字符

%%c100   φ100

%%p0.010   ±0.010

图 9-12 创建特殊字符

9.2.4 用 TEXT 命令填写表格的技巧

用 TEXT 命令可以方便地在表格中填写文字，但如果要保证表中文字项目的位置是对齐的就很困难了，因为使用 TEXT 命令时只能通过拾取点来确定文字的位置，这样就几乎不可能保证表中文字的位置是准确对齐的。

【练习 9-3】给表格中添加文字的技巧。

(STEP01) 打开资源包文件 "dwg\ 第 9 章 \9-3.dwg"。

(STEP02) 创建新文字样式，并使其成为当前样式。新样式名称为 "工程文字"，与其相连的字体文件是 gbeitc.shx 和 gbcbig.shx。

给表格中添加文字的技巧

(STEP03) 用 TEXT 命令在表格的第一行中书写文字 "门窗编号"，字高为 3.5，如图 9-13 所示。

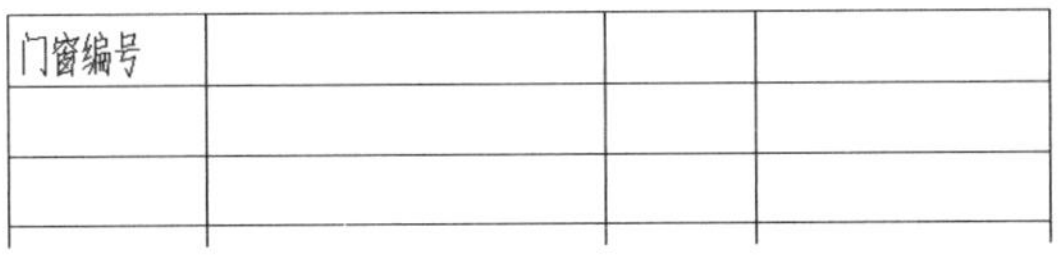

图 9-13 书写单行文字

(STEP04) 用 COPY 命令将 "门窗编号" 由 A 点复制到 B、C、D 点，结果如图 9-14 所示。

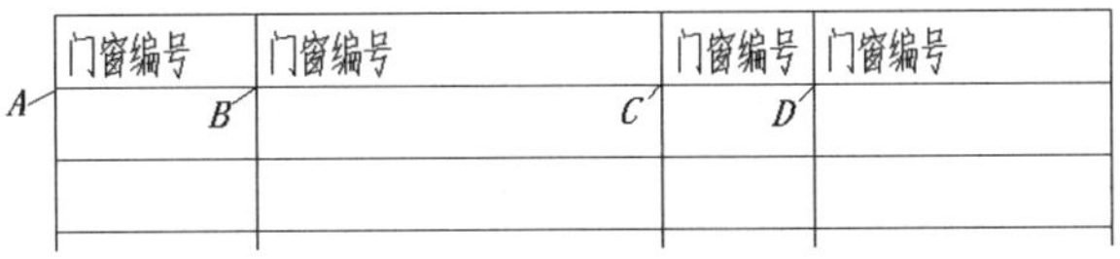

图 9-14 复制文字

(STEP05) 双击文字修改文字内容，再用 MOVE 命令调整 "洞口尺寸" 和 "位置" 的位置，结果如图 9-15 所示。

门窗编号	洞口尺寸	数量	位置

图 9-15　修改文字内容并调整其位置

STEP06 把已经填写的文字向下复制，结果如图 9-16 所示。

门窗编号	洞口尺寸	数量	位置
门窗编号	洞口尺寸	数量	位置
门窗编号	洞口尺寸	数量	位置
门窗编号	洞口尺寸	数量	位置
门窗编号	洞口尺寸	数量	位置

图 9-16　向下复制文字

STEP07 双击文字修改文字内容，结果如图 9-17 所示。

门窗编号	洞口尺寸	数量	位置
M1	4260X2700	2	阳台
M2	1500X2700	1	主入口
C1	1800X1800	2	楼梯间
C2	1020X1500	2	卧室

图 9-17　修改文字内容

9.3　多行文字

MTEXT 命令可以创建复杂的文字说明。用 MTEXT 命令生成的文字段落称为多行文字，它可由任意数目的文字行组成，所有的文字构成一个单独的实体。使用 MTEXT 命令时，用户可以指定文本分布的宽度，但文字沿竖直方向可无限延伸。另外，用户还能设置多行文字中单个字符或某一部分文字的属性（包括文本的字体、倾斜角度和高度等）。

9.3.1　创建多行文字

要创建多行文字，首先要了解【文字编辑器】，下面将详细介绍【文字编辑器】的使用方法及常用选项的功能。

命令启动方法

◎ **菜单命令**：【绘图】/【文字】/【多行文字】。

◎ **面板**：【默认】选项卡中【注释】面板上的 Ａ 多行文字 按钮。

◎ **命令**：MTEXT 或简写 T。

【练习 9-4】练习 MTEXT 命令。

启动 MTEXT 命令后，AutoCAD 提示如下。

多行文字命令

指定第一角点：　　　　　　　　　　　　　// 用户在屏幕上指定文本边框的一个角点

指定对角点：　　　　　　　　　　　　　　// 指定文本边框的对角点

当指定了文本边框的第一个角点后，再移动鼠标光标指定矩形分布区域的另一个角点，一旦建立了文本边框，AutoCAD 就将弹出【文字编辑器】选项卡及顶部带标尺的文字输入框，这两部分组成了多行文字编辑器，如图 9-18 所示。利用此编辑器，用户可以方便地创建文字并设置文字样式、对齐方式、字体及字高等。

用户在文字输入框中输入文本，当文本到达定义边框的右界时，按 Shift + Enter 键换行（若按 Enter 键换行，则表示已输入的文字构成一个段落）。默认情况下，文字输入框是半透明的，用户可以观察到输入文字与其他对象是否重叠。若要改为全透明特性，可单击【选项】面板上的 ☐ 更多 ▾ 按钮，然后选择【编辑器设置】/【显示背景】命令。

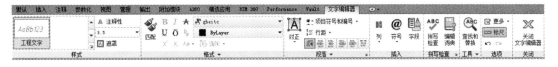

图 9-18　多行文字编辑器

下面，对多行文字编辑器的主要功能进行说明。

❶【文字编辑器】选项卡

◎ 　　　　　【样式】：设置多行文字的文字样式。若将一个新样式与现有的多行文字相关联，将不会影响文字的某些特殊格式，如粗体、斜体和堆叠等。

◎ 　　　　　▾【字体高度】：从此下拉列表中选择或直接输入文字高度。多行文字对象中可以包含不同高度的字符。

◎ 　　　　　　　▾【字体】：从此列表中选择需要的字体。多行文字对象中可以包含不同字体的字符。

◎ 　按钮：将选定文字的格式传递给目标文字。

◎ 　按钮：打开或关闭所选文字的删除线。

◎ 　按钮：当左、右文字间有堆叠字符（^、/、#）时，将使左边的文字堆叠在右边文字的上方。其中"/"转化为水平分数线，"#"转化为倾斜分数线。

◎ 　、 　按钮：将选定的文字变为上标或下标。

◎ 　按钮：更改字母的大小写。

◎ 　按钮：如果所选用的字体支持粗体，则可以通过此按钮将文本修改为粗体形式，按下该按钮为打开状态。

◎ 　按钮：如果所选用的字体支持斜体，则可以通过此按钮将文本修改为斜体形式，按下该按钮为打开状态。

◎ 　按钮：可利用此按钮将文字修改为下画线形式。

◎ 　　　▾【文字颜色】：为输入的文字设定颜色或修改已选定文字的颜色。

◎ 0/ 15 　：【倾斜角度】：设定文字的倾斜角度。

◎ a·b 1 　：【追踪】：控制字符间的距离。输入大于 1 的数值，将增大字符间距；反之，缩小字符间距。

◎ o 1 　：【宽度因子】：设定文字的宽度因子。输入小于 1 的数值，文本将变窄；反之，文本变宽。

◎ 　按钮：设置多行文字整体的对正方式。

◎ 　项目符号和编号 ▾ 按钮：给段落文字添加数字编号、项目符号或大写字母形式的编号。

◎ 　行距 ▾ 按钮：设定段落文字的行间距。

◎ 　、 　、 　、 　、 　按钮：设定文字的对齐方式，这 5 个按钮的功能分别为左对齐、居中、右对齐、对正和分散对齐。

◎ ▦按钮：将文字分成多列。单击此按钮，弹出菜单，该菜单包含有【不分栏】、【静态栏】和【动态栏】选项。

◎ @按钮：单击此按钮，弹出菜单，该菜单包含了许多常用符号。

◎ ▦按钮：插入日期、面积等字段，字段的值随关联的对象自动更新。

◎ ▭标尺按钮：打开或关闭文字输入框上部的标尺。

❷ 文字输入框

（1）标尺：设置首行文字及段落文字的缩进，还可设置制表位，操作方法如下。

◎ 拖动标尺上第一行的缩进滑块，可改变所选段落第一行的缩进位置。

◎ 拖动标尺上第二行的缩进滑块，可改变所选段落其余行的缩进位置。

◎ 标尺上显示了默认的制表位，如图 9-18 所示。要设置新的制表位，可用鼠标光标单击标尺。要删除创建的制表位，可用鼠标光标按住制表位，将其拖出标尺。

（2）快捷菜单：在文本输入框中单击鼠标右键，弹出快捷菜单，该菜单中包含了一些标准编辑命令和多行文字特有的命令，如图 9-19 所示（只显示了部分命令）。

◎【符号】：该命令包含以下常用子命令。

【度数】：在鼠标光标定位处插入特殊字符"%%d"，它表示度数符号"°"。

【正 / 负】：在鼠标光标定位处插入特殊字符"%%p"，它表示加减符号"±"。

【直径】：在鼠标光标定位处插入特殊字符"%%c"，它表示直径符号"ϕ"。

【几乎相等】：在鼠标光标定位处插入符号"≈"。

【角度】：在鼠标光标定位处插入符号"∠"。

【不相等】：在鼠标光标定位处插入符号"≠"。

【下标 2】：在鼠标光标定位处插入下标"2"。

【平方】：在鼠标光标定位处插入上标"2"。

【立方】：在鼠标光标定位处插入上标"3"。

【其他】：选取该命令，AutoCAD 打开【字符映射表】对话框，在该对话框的【字体】下拉列表中选取字体，则对话框显示所选字体包含的各种字符，如图 9-20 所示。若要插入一个字符，先选择它并单击 选择(S) 按钮，此时 AutoCAD 将选取的字符放在【复制字符】文本框中，依次选取所有要插入的字符，然后单击 复制(C) 按钮，关闭【字符映射表】对话框，返回多行文字编辑器，在要插入字符的地方单击鼠标左键，再单击鼠标右键，从弹出的快捷菜单中选取【粘贴】命令，这样就将字符插入多行文字中了。

图 9-19 快捷菜单

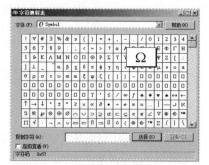

图 9-20 【字符映射表】对话框

◎ 【输入文字】: 选取该命令，则 AutoCAD 打开【选择文件】对话框，用户可通过该对话框将其他文字处理器创建的文本文件输入当前图形中。

◎ 【段落对齐】: 设置多行文字的对齐方式。

◎ 【段落】: 设定制表位和缩进，控制段落的对齐方式、段落间距、行间距。

◎ 【项目符号和列表】: 给段落文字添加编号及项目符号。

◎ 【查找和替换】: 该命令用于搜索及替换指定的字符串。

◎ 【背景遮罩】: 在文字后设置背景。

◎ 【堆叠】: 利用此命令使可层叠的文字堆叠起来（见图 9-21），这对创建分数及公差形式的文字很有用。AutoCAD 通过特殊字符 "/""^""#" 表明多行文字是可层叠的。输入层叠文字的方式为 "左边文字 + 特殊字符 + 右边文字"，堆叠后，左面文字被放在右边文字的上面。

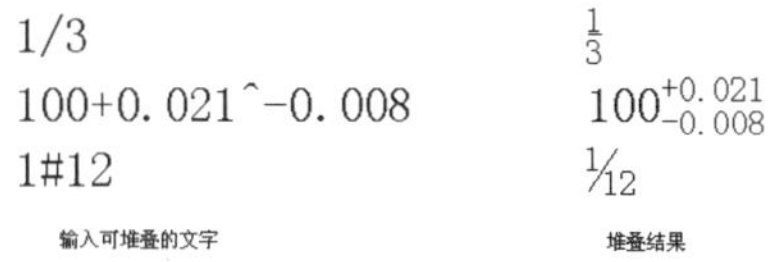

1/3 $\qquad \frac{1}{3}$

100+0.021^-0.008 $\qquad 100^{+0.021}_{-0.008}$

1#12 $\qquad \frac{1}{12}$

输入可堆叠的文字 $\qquad$ 堆叠结果

图 9-21　堆叠文字

【练习 9-5】使用 MTEXT 命令创建多行文字，文字内容及样式如图 9-22 所示。

图 9-22　创建多行文字

STEP01 设定绘图区域大小为 10000×10000，双击鼠标滚轮，使绘图区域充满绘图窗口显示出来。

STEP02 单击【注释】面板上的 A 按钮，打开【文字样式】对话框，设定文字高度为 400，其余采用默认值。设定文字高度之后，启动 MTEXT 命令时，系统将在绘图窗口中显示文字的预览图像。

STEP03 单击【注释】面板上的 A 多行文字 按钮，或者键入 MTEXT 命令，AutoCAD 提示如下。

指定第一角点: $\qquad$ // 在 A 点处单击，如图 9-22 所示

指定对角点: $\qquad$ // 在 B 点处单击

STEP04 AutoCAD 打开【文字编辑器】选项卡，在【字体】下拉列表中选择【黑体】，然后键入文字，如图 9-23 所示。

图 9-23　输入文字（1）

STEP05 在【字体】下拉列表中选择【宋体】，在【字体高度】文本框中输入数值 350，然后键入文字，如图 9-24 所示。

图 9-24　输入文字（2）

STEP06 单击 ✕ 按钮，结果如图 9-22 所示。

9.3.2　添加特殊字符

下面通过实例演示如何在多行文字中加入特殊字符，文字内容及格式如下：

管道穿墙及穿楼板时，应装 ϕ40 的钢质套管。

供暖管道管径 $DN \le 32$ 采用螺纹连接。

【练习 9-6】 添加特殊字符。

(STEP01) 设定绘图区域大小为 10000×10000，双击鼠标滚轮，使绘图区域充满绘
图窗口显示出来。

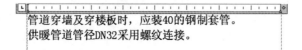

添加特殊字符

(STEP02) 单击【注释】面板上的 A 多行文字 按钮，再指定文字分布的宽度，打开【文字
编辑器】选项卡。在【字体】下拉列表中选择"宋体"，在【文字高度】文本框中输入数值 500，然后键入文字，
如图 9-25 所示。

管道穿墙及穿楼板时，应装40的钢制套管。
供暖管道管径DN32采用螺纹连接。

图 9-25 书写多行文字

(STEP03) 在要插入直径符号的位置单击鼠标左键，再指定当前字体为 txt，然后单击鼠标右键，弹出快
捷菜单，选择【符号】/【直径】命令，结果如图 9-26 所示。

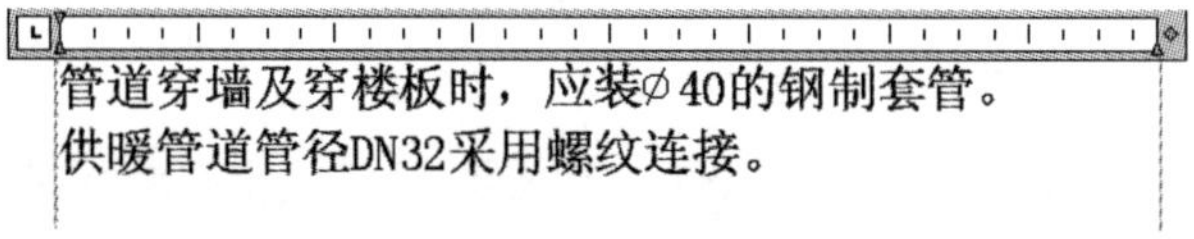

管道穿墙及穿楼板时，应装ϕ40的钢制套管。
供暖管道管径DN32采用螺纹连接。

图 9-26 插入直径符号

(STEP04) 在文本输入窗口中单击鼠标右键，弹出快捷菜单，选择【符号】/【其他】命令，打开【字符
映射表】对话框，如图 9-27 所示。

(STEP05) 在【字符映射表】对话框的【字体】下拉列表中选择"宋体"，然后选取需要的字符"≤"，如
图 9-27 所示。

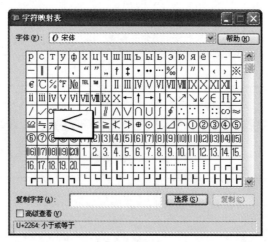

图 9-27 【字符映射表】对话框

(STEP06) 单击 选择(S) 按钮，再单击 复制(C) 按钮。

(STEP07) 返回文字输入框，在需要插入"≤"符号的位置单击鼠标左键，然后单击鼠标右键，弹出快捷

菜单，选择【粘贴】命令，结果如图 9-28 所示。

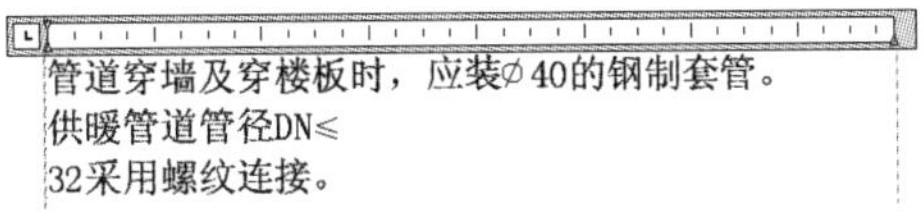

管道穿墙及穿楼板时，应装∅40的钢制套管。
供暖管道管径DN≤
32采用螺纹连接。

图 9-28　插入"≤"符号

要点提示

粘贴符号"≤"后，AutoCAD 将自动回车。

(STEP08) 把符号"≤"的高度修改为 500，再将鼠标光标放置在此符号的后面，按 Delete 键，结果如图 9-29 所示。

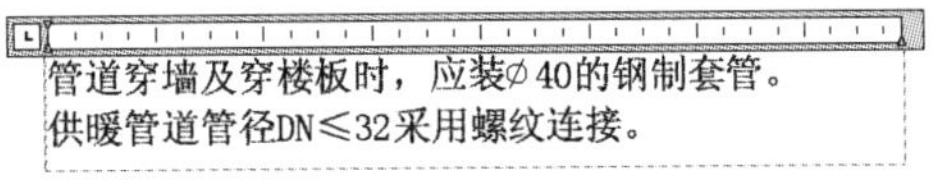

管道穿墙及穿楼板时，应装∅40的钢制套管。
供暖管道管径DN≤32采用螺纹连接。

图 9-29　修改文字高度及调整文字位置

(STEP09) 单击✕按钮完成。

9.3.3　在多行文字中设置不同字体及字高

输入多行文字时，用户可随时选择不同字体及指定不同字高。

【练习 9-7】在多行文字中设置不同字体及字高。

(STEP01) 单击【注释】面板上的 A 多行文字 按钮，再指定文字分布宽度，AutoCAD 打开【文字编辑器】选项卡，在【字体】下拉列表中选取"黑体"，在【字体高度】文本框中输入数值 5，然后键入文字，如图 9-30 所示。

(STEP02) 在【字体】下拉列表中选取"仿宋 -GB2312"，在【字体高度】文本框中输入数值 3.5，然后键入文字，如图 9-31 所示。

设置字体及字高

热处理要求

图 9-30　设置多行文字为黑体

热处理要求
对零件进行时效处理

图 9-31　设置多行文字为仿宋

(STEP03) 单击✕按钮完成。

9.3.4　创建分数及公差形式文字

下面使用多行文字编辑器创建分数及公差形式文字，文字内容如下：

【练习 9-8】创建分数及公差形式文字。

(STEP01) 打开【文字编辑器】选项卡，输入多行文字，如图 9-32 所示。

(STEP02) 选择文字"H7/m6"，然后单击鼠标右键，选择【堆叠】命令，结果如图 9-33 所示。

分数及公差形式

STEP03 选择文字"+0.020^-0.016",然后单击鼠标右键,选择【堆叠】命令,结果如图 9-34 所示。

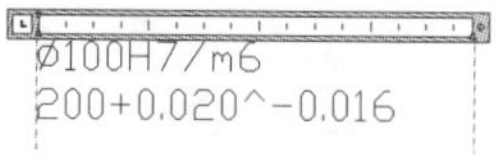

Ø100H7/m6
200+0.020^-0.016

图 9-32　输入多行文字

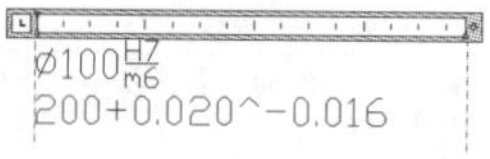

Ø100 H7 m6
200+0.020^-0.016

图 9-33　创建分数形式文字

Ø100 H7 m6
200 +0.020 -0.016

图 9-34　创建公差形式文字

STEP04 单击 ✕ 按钮完成。

 要点提示　通过堆叠文字的方法也可创建文字的上标或下标,输入方式为"上标 ^""^ 下标"。例如,输入"53^",选中"3^",单击鼠标右键,选择【堆叠】命令,结果为"53"。

9.4　注释性对象

打印出图时,图中文字、标注对象和图块的外观,以及填充图案的疏密程度等,都会随着出图比例而发生变化,因此,在创建这些对象时,要考虑这些对象在图样中的尺寸大小,以保证出图后在图纸上的真实外观是正确的。一般的做法是:将这些对象进行缩放,缩放比例因子设定为打印比例的倒数就可以了。

另一种方法是采用注释性对象,只要设定注释比例为打印比例,就能使注释对象打印在图纸上的大小与图样中设定的原始值一致。可以添加注释性属性的对象包括文字、普通标注、引线标注、形位公差、图案、图块及块属性等。

9.4.1　注释性对象的特性

注释性对象具有注释比例属性,当设定当前注释比例值与注释对象的注释比例相同时,系统会自动缩放注释性对象,缩放比例因子为当前注释比例的倒数。例如,指定当前注释比例为 1 : 3,则所有具有该比例值的注释对象都将放大 3 倍。

因此,如果注释性对象的比例、系统当前设定的注释比例与打印比例相等,那么打印出图后,注释性对象的真实大小应该与图样中设定的大小相同,即打印大小值即为设定值。例如,在图样中设定注释性文字高度为 3.5,当前注释比例值为 1 : 2,出图比例也为 1 : 2,打印完成后,文字高度为设定值 3.5。

9.4.2　设定对象的注释比例

创建注释性对象的同时,该对象就被系统添加了当前注释比例值,与此同时,系统也将自动缩放注释对象。

单击状态栏上的 🔺 1:1 / 100% ▾ 按钮,可设定当前注释比例值。

可以给注释性对象添加多个注释比例。单击右键快捷菜单上的【特性】选项,打开【特性】对话框,再利用此对话框中的【注释比例】选项,打开【注释比例】对话框,如图 9-35 所示。通过此对话框给注释对象添加或删除注释比例。

利用【注释】选项卡【注释缩放】面板上的 添加/删除比例 按钮,也可打开【注释比例】对话框。

图 9-35　【注释比例】对话框

可以在改变当前注释比例的同时让系统自动将新的注释比例赋予所有注释对象。单击状态栏上的 🔺 按钮就可实现这一目标。

9.4.3 自定义注释比例

AutoCAD 提供了常用的注释比例，用户也可进行自定义，其过程如下。

STEP01 单击状态栏上 ⚡ 1:1/100% ▾ 按钮，选择【自定义】选项，打开【编辑图形比例】对话框，如图 9-36 左图所示。

STEP02 单击 添加(A)... 按钮，弹出【添加比例】对话框，在【比例名称】及【比例特性】区域中分别输入新的注释比例名称及比例值，如图 9-36 右图所示。

STEP03 单击 确定 按钮完成。随后，可将新的比例值设定为当前注释比例。

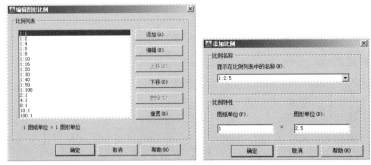

图 9-36　输入多行文字

9.4.4 控制注释性对象的显示

注释性对象可以具有多个注释比例。默认情况下，系统始终显示注释性对象。单击状态栏上的 ⚡ 按钮后，系统仅显示注释比例等于系统当前注释比例的对象，并对其进行缩放。改变系统当前注释比例值，则没有该比例值的注释性对象将隐藏。

9.4.5 在建筑图中使用注释性文字

在建筑图中书写文字时，需要注意的一个问题是：尺寸文本的高度应设置为图纸上的实际高度与打印比例倒数的乘积。例如，文本在图纸上的高度为 3.5，打印比例为 1 ∶ 100，则书写文字时设定文本高度应为 350。

在建筑图中书写说明文字时，也可采用注释性文字，此类对象具有注释比例属性，只需设置注释对象当前注释比例等于出图比例，就能保证出图后文字高度与最初设定值一致。

可以认为注释比例就是打印比例，创建注释文字后，系统自动以当前注释比例的倒数缩放其外观，这样就保证了输出图形后文字外观等于设定值。例如，设定字高为 3.5，设置当前注释比例为 1 ∶ 100，创建文字后其注释比例为 1 ∶ 100，显示在图形窗口中的文字外观将放大 100 倍，字高变为 350。这样当以 1 ∶ 100 比例出图后，文字高度变为 3.5。

创建注释性文字的过程如下。

STEP01 创建注释性文字样式。若文字样式是注释性的，则与其关联的文字就是注释性的。在【文字样式】对话框中选择【注释性】复选项，就将文字样式修改为注释性文字样式，如图 9-37 所示。

STEP02 单击 AutoCAD 状态栏底部的 ⚡ 1:1/100% ▾ 按钮，设定当前注释比例值，该值等于打印比例。

图 9-37　创建注释性文字样式

(STEP03) 创建文字，文字高度设定为图纸上的实际高度值。该文字对象是注释性文字，具有注释比例属性，比例值为当前注释比例值。

9.5　编辑文字

编辑文字的常用方法有以下 3 种。

（1）双击文字就可编辑它。对于单行及多行文字，将分别打开文字编辑框及【文字编辑器】选项卡。

（2）使用 TEDIT 命令编辑单行或多行文字。选择的对象不同，系统将打开不同的对话框。对于单行文字，系统显示文本编辑框；对于多行文字，系统则打开【文字编辑器】选项卡。

（3）用 properties 命令修改文本。选择要修改的文字后，单击鼠标右键，弹出快捷菜单，选择【特性】命令，启动 properties 命令，打开【特性】对话框。在此对话框中用户不仅能修改文本的内容，还能编辑文本的其他许多属性，如倾斜角度、对齐方式、高度及文字样式等。

【练习 9-9】 以下练习内容包括修改文字内容、改变多行文字的字体及字高、调整多行文字的边界宽度及为文字指定新的文字样式。

9.5.1　修改文字内容、字体及字高

使用 TEDIT 命令编辑单行或多行文字。

(STEP01) 打开资源包文件"dwg\第 9 章\9-9.dwg"，该文件所包含的文字内容如下：

工程说明

1. 本工程 ±0.000 标高所相当的

绝对标高由现场决定。

2. 混凝土强度等级为 C20。

3. 基础施工时，需与设备工种密

切配合做好预留洞预留工作。

(STEP02) 输入 TEDIT 命令，系统提示"选择注释对象"，选择文字，打开【文字编辑器】选项卡，选中标题中的文字"工程"，将其修改为"设计"，如图 9-38 所示。

(STEP03) 选中文字"设计说明"，然后在【字体】下拉列表中选择"黑体"，在【字体高度】文本框中输入数值 500，按 Enter 键，结果如图 9-39 所示。

编辑文字（1）

图 9-38　修改文字内容

图 9-39　修改字体及字高

STEP04 单击 ✕ 按钮完成。

9.5.2　调整多行文字的边界宽度

继续前面的练习，修改多行文字的边界宽度。

STEP01 选择多行文字，显示对象关键点，如图 9-40 左图所示，激活右边的一个关键点，进入拉伸编辑模式。

STEP02 向右移动鼠标光标，拉伸多行文字边界，结果如图 9-40 右图所示。

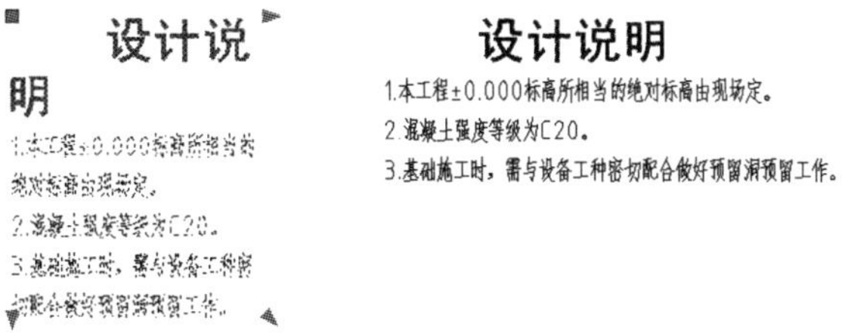

图 9-40　拉伸多行文字边界

9.5.3　为文字指定新的文字样式

继续前面的练习，为文字指定新的文字样式。

STEP01 单击【注释】面板上的 A 按钮，打开【文字样式】对话框，利用该对话框创建新文字样式，样式名为"样式 -1"，使该文字样式关联中文字体"仿宋 -GB2312"。

STEP02 选择所有文字，单击鼠标右键，在弹出的快捷菜单中选择【特性】命令，打开【特性】对话框。在该对话框的【样式】下拉列表中选择"样式 -1"，在【文字高度】文本框中输入数值 400，按 Enter 键，如图 9-41 所示。

图 9-41　指定新文字样式并修改文字高度

STEP03 采用新样式及设定新字高后的文字外观如图 9-42 所示。

设计说明

1. 本工程±0.000标高所相当的绝对标高由现场定。
2. 混凝土强度等级为C20。
3. 基础施工时，需与设备工种密切配合做好预留洞预留工作。

图 9-42　修改后的文字外观

9.5.4　阶段练习——编辑文字

编辑文字（2）

【练习9-10】打开资源包文件"dwg\ 第9章\9-10.dwg"，如图9-43左图所示，修改文字内容、字体及字高，结果如图9-43右图所示。右图中的文字特性如下：

"技术要求"：字高为"5"，字体为"gbeitc,gbcbig"。

其余文字：字高为"3.5"，字体为"gbeitc,gbcbig"。

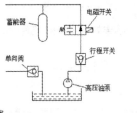

图 9-43　编辑文字

STEP01　创建新文字样式，新样式名称为"工程文字"，与其相连的字体文件是 gbeitc.shx 和 gbcbig.shx。

STEP02　启动 TEDIT 命令。用该命令修改"蓄能器""行程开关"等单行文字的内容，再用 PROPERTIES 命令将这些文字的高度修改为 3.5，并使其与样式"工程文字"相连，结果如图9-44左图所示。

STEP03　用 TEDIT 命令修改"技术要求"等多行文字的内容，再改变文字高度，并使其采用"gbeitc,gbcbig"字体（与样式"工程文字"相连），结果如图9-44右图所示。

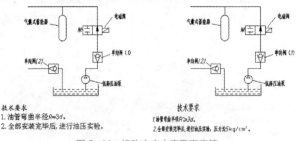

图 9-44　修改文字内容及高度等

9.6　综合练习——创建单行及多行文字

创建普通及注释性文字

【练习9-11】打开资源包文件"dwg\ 第9章\9-11.dwg"，为建筑详图添加说明文字，如图9-45所示。图幅为 A3 幅面，打印比例 1∶100，文字在图纸上的高度为3.5，西文及中文字体文件分别是 gbenor.shx 和 gbcbig.shx。

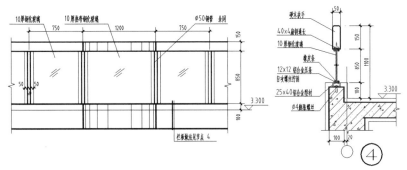

图 9-45　添加注释性说明文字

【练习9-12】打开资源包文件"dwg\ 第 9 章 \9-12.dwg"，在图中添加单行文字，如图 9-46 所示。文字字高为 3.5，字体采用"楷体"。

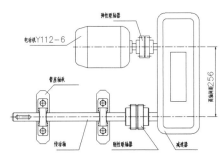

图 9-46　创建单行文字

【练习9-13】打开资源包文件"dwg\ 第 9 章 \9-13.dwg"，在图中添加单行及多行文字，如图 9-47 所示，图中文字特性如下：

（1）单行文字字体为【宋体】，字高为 10，其中部分文字沿 60° 方向书写，字体倾斜角度为 30°。

（2）多行文字字高为 12，字体为"黑体"和"宋体"。

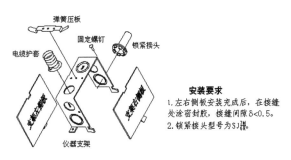

图 9-47　书写单行及多行文字

9.7　创建表格对象

在 AutoCAD 中，用户可以生成表格对象。创建该对象时，系统首先生成一个空白表格，随后用户可在该表中填入文字信息，并可以很方便地修改表格的宽度、高度及表中文字，还可按行、列方式删除表格单元或合并表中的相邻单元。

9.7.1 表格样式

表格对象的外观由表格样式控制。默认情况下，表格样式是 Standard，但用户可以根据需要创建新的表格样式。Standard 表格的外观如图 9-48 所示，第一行是标题行，第二行是表头行，其他行是数据行。

图 9-48 Standard 表格的外观

在表格样式中，用户可以设定标题文字和数据文字的文字样式、字高、对齐方式及表格单元的填充颜色，还可设定单元边框的线宽和颜色，以及控制是否将边框显示出来。

命令启动方法

◎ **菜单命令**：【格式】/【表格样式】。

◎ **面板**：【默认】选项卡中【注释】面板上的 按钮。

◎ **命令**：TABLESTYLE。

创建表格样式

【练习 9-14】创建新的表格样式。

STEP01 创建新文字样式，新样式名称为"工程文字"，与其相连的字体文件是 gbeitc.shx 和 gbcbig.shx。

STEP02 启动 TABLESTYLE 命令，打开【表格样式】对话框，如图 9-49 所示，利用该对话框可以新建、修改及删除表样式。

STEP03 单击 新建(N)... 按钮，打开【创建新的表格样式】对话框，在【基础样式】下拉列表中选取新样式的原始样式 Standard，该原始样式为新样式提供默认设置。在【新样式名】文本框中输入新样式的名称"表格样式 -1"，如图 9-50 所示。

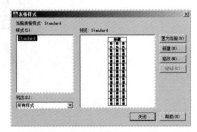

图 9-49 【表格样式】对话框

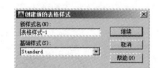

图 9-50 【创建新的表格样式】对话框

STEP04 单击 继续 按钮，打开【新建表格样式】对话框，如图 9-51 所示。在【单元样式】下拉列表中分别选取【数据】、【标题】、【表头】选项，同时在【文字】选项卡中指定文字样式为"工程文字"，字高为 3.5，在【常规】选项卡中指定文字对齐方式为"正中"。

STEP05 单击 确定 按钮，返回【表格样式】对话框，再单击 置为当前(U) 按钮，使新的表格样式成为当前样式。

【新建表格样式】对话框中常用选项的功能介绍如下。

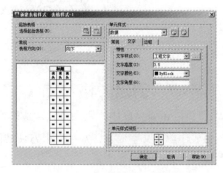

图 9-51 【新建表格样式】对话框

（1）【常规】选项卡。

◎ 【填充颜色】：指定表格单元的背景颜色，默认值为"无"。

◎ 【对齐】：设置表格单元中文字的对齐方式。

◎ 【水平】：设置单元文字与左右单元边界之间的距离。

◎ 【垂直】：设置单元文字与上下单元边界之间的距离。

（2）【文字】选项卡。

◎ 【文字样式】：选择文字样式。单击 按钮，打开【文字样式】对话框，从中可创建新的文字样式。

◎ 【文字高度】：输入文字的高度。

◎ 【文字角度】：设定文字的倾斜角度。逆时针为正，顺时针为负。

（3）【边框】选项卡。

◎ 【线宽】：指定表格单元的边界线宽。

◎ 【颜色】：指定表格单元的边界颜色。

◎ 按钮：将边界特性设置应用于所有单元。

◎ 按钮：将边界特性设置应用于单元的外部边界。

◎ 按钮：将边界特性设置应用于单元的内部边界。

◎ 、、、按钮：将边界特性设置应用于单元的底、左、上及右边界。

◎ 按钮：隐藏单元的边界。

（4）【表格方向】下拉列表。

◎ 【向下】：创建从上向下读取的表对象。标题行和表头行位于表的顶部。

◎ 【向上】：创建从下向上读取的表对象。标题行和表头行位于表的底部。

9.7.2 创建及修改空白表格

用 TABLE 命令创建空白表格，空白表格的外观由当前表格样式决定。使用该命令时，用户要输入的主要参数有"行数""列数""行高""列宽"等。

命令启动方法

◎ **菜单命令**：【绘图】/【表格】。

◎ **面板**：【默认】选项卡中【注释】面板上的 按钮。

◎ **命令**：TABLE。

【练习9-15】用 TABLE 命令创建图 9-52 所示的空白表格。

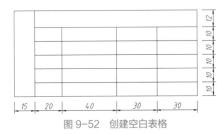

创建空白表格

图 9-52 创建空白表格

STEP01 创建新文字样式，新样式名称为"工程文字"，与其相连的字体文件是 gbeitc.shx 和 gbcbig.shx。

STEP02 创建新表格样式，样式名称为"表格样式 –1"，与其相连的文字样式为"工程文字"，字高设定为 3.5。

STEP03 单击【注释】面板上的 ▦ 按钮，打开【插入表格】对话框，如图 9-53 所示。在该对话框中用户可通过选择表格样式，并指定表的行、列数目及相关尺寸来创建表格。

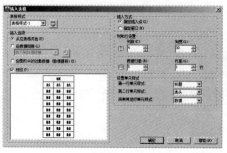

图 9-53 【插入表格】对话框

STEP04 单击 确定 按钮，再关闭文字编辑器，创建如图 9-54 所示的表格。

STEP05 在表格内按住鼠标左键并拖动鼠标光标，选中第 1 行和第 2 行，弹出【表格单元】选项卡，单击选项卡中【行数】面板上的 ▦ 按钮，删除选中的两行，结果如图 9-55 所示。

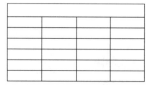

图 9-54 创建空白表格

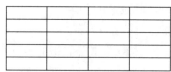

图 9-55 删除第 1 行和第 2 行

STEP06 选中第 1 列的任一单元，单击鼠标右键，弹出快捷菜单，选择【列】/【在左侧插入】命令，插入新的一列，结果如图 9-56 所示。

STEP07 选中第 1 行的任一单元，单击鼠标右键，弹出快捷菜单，选择【行】/【在上方插入】命令，插入新的一行，结果如图 9-57 所示。

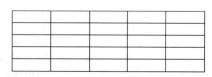

图 9-56 插入新的一列

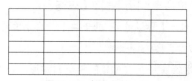

图 9-57 插入新的一行

STEP08 按住鼠标左键并拖动鼠标光标，选中第 1 列的所有单元，然后单击鼠标右键，弹出快捷菜单，选择【合并】/【全部】命令，结果如图 9-58 所示。

STEP09 按住鼠标左键并拖动鼠标光标，选中第 1 行的所有单元，然后单击鼠标右键，弹出快捷菜单，选择【合并】/【全部】命令，结果如图 9-59 所示。

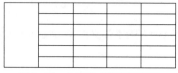

图 9-58 合并第一列的所有单元

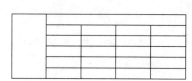

图 9-59 合并第一行的所有单元

STEP10 分别选中单元 A、B，然后利用关键点拉伸方式调整单元的尺寸，结果如图 9-60 所示。

STEP11 选中单元 C，单击鼠标右键，选择【特性】命令，打开【特性】对话框，在【单元宽度】及【单元高度】栏中分别输入数值 20 和 10，结果如图 9-61 所示。

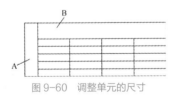

图 9-60　调整单元的尺寸

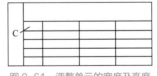

图 9-61　调整单元的宽度及高度

STEP12 用类似的方法修改表格的其余尺寸。

【插入表格】对话框中常用选项的功能介绍如下。

◎ 【表格样式】：在该下拉列表中指定表格样式，其默认样式为 Standard。

◎ 按钮：单击此按钮，打开【表格样式】对话框，利用该对话框可以创建新的表格样式或修改现有的样式。

◎ 【指定插入点】：指定表格左上角的位置。

◎ 【指定窗口】：利用矩形窗口指定表的位置和大小。若事先指定了表的行、列数目，则列宽和行高取决于矩形窗口的大小，反之亦然。

◎ 【列数】：指定表的列数。

◎ 【列宽】：指定表的列宽。

◎ 【数据行数】：指定数据行的行数。

◎ 【行高】：设定行的高度。【行高】是系统根据表样式中的文字高度及单元边距确定出来的。

对于已创建的表格，用户可用以下方法之一修改表格单元的长、宽尺寸及表格对象的行、列数目。

（1）选中表格单元，打开【表格单元】选项卡（见图 9-62），利用此选项卡可插入及删除行、列单元，合并单元格，修改文字对齐方式等。

（2）选中一个单元，拖动单元边框的夹点就可以使单元所在的行、列变宽或变窄。

（3）选中一个单元，单击鼠标右键，弹出快捷菜单，利用此菜单上的【特性】命令也可修改单元的长、宽尺寸等。

图 9-62　【表格单元】选项卡

用户若想一次编辑多个单元，则可用以下方法之一进行选择。

（1）在表格中按住鼠标左键并拖动鼠标光标，出现一个虚线矩形框，在该矩形框内以及与矩形框相交的单元都被选中。

（2）在单元内单击以选中它，再按住 Shift 键并在另一个单元内单击，则这两个单元以及它们之间的所有单元都被选中。

9.7.3　在表格对象中填写文字

表格单元中可以填写文字或块信息。用 TABLE 命令创建表格后，AutoCAD 会亮显表的第一个单元，同时打开【文字编辑器】选项卡，此时用户就可以输入文字了。此外，双击某一单元也能将其激活，从而可在其中填写或修改文字。当要移动到相邻的下一个单元时，就按 Tab 键，或使用箭头键向左、右、上或下移动。

【练习 9-16】打开资源包文件"dwg\ 第 9 章 \9-16.dwg"，在表中填写文字，结果如图 9-63 所示。

类型	编号	洞口尺寸		数量	备注
		宽	高		
窗	C1	1800	2100	2	
	C2	1500	2100	3	
	C3	1800	1800	1	
门	M1	3300	3000	3	
	M2	4260	3000	2	
卷帘门	JLM	3060	3000	1	

图 9-63 在表中填写文字

在表格对象中填写文字

STEP01 双击表格左上角的第一个单元将其激活，在其中输入文字，结果如图 9-64 所示。

STEP02 使用方向键进入其他表格单元继续填写文字，结果如图 9-65 所示。

类型			

图 9-64 在左上角的第一个单元中输入文字

类型	编号	洞口尺寸		数量	备注
		宽	高		
窗	C1	1800	2100	2	
	C2	1500	2100	3	
	C3	1800	1800	1	
门	M1	3300	3000	3	
	M2	4260	3000	2	
卷帘门	JLM	3060	3000	1	

图 9-65 输入表格中的其他文字

STEP03 选中"类型"和"编号"，单击鼠标右键，弹出快捷菜单，选择【特性】命令，打开【特性】对话框，在【文字高度】文本框中输入数值 7，再用同样的方法将"数量"和"备注"的高度改为 7，结果如图 9-66 所示。

类型	编号	洞口尺寸		数量	备注
		宽	高		
窗	C1	1800	2100	2	
	C2	1500	2100	3	
	C3	1800	1800	1	
门	M1	3300	3000	3	
	M2	4260	3000	2	
卷帘门	JLM	3060	3000	1	

图 9-66 修改文字高度

STEP04 选中除第一行、第一列外的所有文字，单击鼠标右键，弹出快捷菜单，选择【特性】命令，打开【特性】对话框，在【对齐】下拉列表中选择"左中"，结果如图 9-63 所示。

【练习 9-17】创建及填写标题栏，如图 9-67 所示。

STEP01 创建新的表格样式，样式名为"工程表格"。设定表格单元中的文字采用字体 gbeitc.shx 和 gbcbig.shx，文字高度为 5，对齐方式为"正中"，文字与单元边框的距离为 0.1。

创建表格对象及填写文字

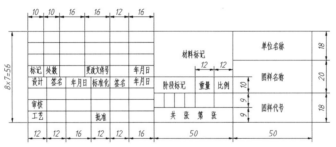

图 9-67　创建及填写标题栏

STEP02　指定"工程表格"为当前样式，用 TABLE 命令创建 4 个表格，如图 9-68 左图所示。用
MOVE 命令将这些表格组合成标题栏，结果如图 9-68 右图所示。

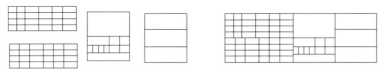

图 9-68　创建 4 个表格并将其组合成标题栏

STEP03　双击表格的某一单元以激活它，在其中输入文字，按箭头键移动到其他单元继续填写文字，结
果如图 9-69 所示。

图 9-69　在表格中填写文字

> 　　双击"更改文件号"单元，选择所有文字，然后在【格式】面板上的 `0.7000` 文本框中输入
> 文字的宽度比例因子为 0.8，这样表格单元就有足够的宽度来容纳文字了。

9.8　习题

　1.　打开资源包文件"dwg\ 第 9 章 \9–18.dwg"，如图 9–70 所示。在图中加入单行文字，字高为 3.5，
字体为"楷体"。

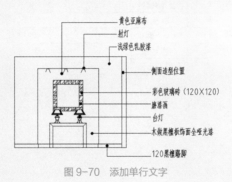

图 9-70　添加单行文字

2. 打开资源包文件 "dwg\ 第 9 章 \9-19.dwg",在图中添加单行及多行文字,如图 9-71 所示。

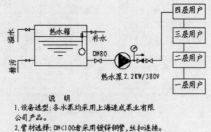

图 9-71　添加单行及多行文字

图中文字的属性如下。

(1)上部文字为单行文字,字体为"楷体",字高为 80。

(2)下部文字为多行文字,文字字高为 80,"说明"的字体为"黑体",其余文字采用"楷体"。

3. 打开资源包文件 "dwg\ 第 9 章 \9-20.dwg",如图 9-72 所示。在表格中填写单行文字,字高分别为 500 和 350,字体为 gbcbig.shx。

类别	设计编号	洞口尺寸 (mm)		樘数	采用标准图集及编号		备　注
		宽	高		图集代号	编号	
门	M1	1800	2300	1			不锈钢门 (样式由业主自定)
	M2	1500	2200	1			木门 (样式由业主自定)
	M3	1500	2200	1			夹板门 (样式由业主自定)
	M4	900	2200	11			夹板门 (样式由业主自定)
窗	C1	2350,3500	6400	1	98ZJ721		铝合金窗 (详见大样)
	C2	2900,2400	9700	1	98ZJ721		铝合金窗 (详见大样)
	C3	1800	2550	1	98ZJ721		铝合金窗 (详见大样)
	C4	1800	2250	2	98ZJ721		铝合金窗 (详见大样)

图 9-72　在表格中填写单行文字

4. 使用 TABLE 命令创建表格,然后修改表格并填写文字,文字高度为 3.5,字体为"仿宋",结果如图 9-73 所示。

图 9-73　创建表格对象

第10章
标注尺寸

主要内容

● 创建及编辑尺寸样式。

● 创建长度和角度尺寸。

● 标注直径和半径尺寸。

● 尺寸及形位公差标注。

● 创建引线标注。

● 编辑尺寸文本及外观。

● 添加注释性尺寸。

10.1 尺寸样式

尺寸标注是一个复合体，它以块的形式存储在图形中，其组成部分包括尺寸线、尺寸界线、标注文字和箭头等，它们的格式都由尺寸样式来控制。尺寸样式是尺寸变量的集合，这些变量决定了尺寸标注中各元素的外观，只要调整样式中的某些尺寸变量，就能灵活地变动标注外观。

在标注尺寸前，一般都要创建尺寸样式，否则，AutoCAD 将使用默认样式生成尺寸标注。在 AutoCAD 中，用户可以定义多种不同的标注样式并为之命名。标注时，用户只需指定某个样式为当前样式，就能创建相应的标注形式。

10.1.1 尺寸标注的组成元素

当创建一个标注时，AutoCAD 会产生一个对象，这个对象以块的形式存储在图形文件中。图 10-1 给出了尺寸标注的基本组成部分，下面分别对其进行说明。

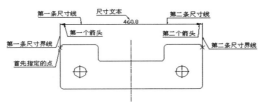

图 10-1 标注组成

◎ **尺寸界线:** 尺寸界线表明尺寸的界限，由图样中的轮廓线、轴线或对称中心线引出。标注时，尺寸界线由 AutoCAD 从对象上自动延伸出来，它的端点与对象接近但并不连接到图样上。

◎ **第一条尺寸界线**：第一条尺寸界线位于首先指定的界线端点的一边，第二个指定点为第二条尺寸界线。

◎ **尺寸线**：尺寸线表明尺寸长短并指明标注方向，一般情况下它是直线，而对于角度标注，它将是圆弧。

◎ **第一条尺寸线**：以标注文字为界，靠近第一条尺寸界线的尺寸线。

◎ **箭头**：也称为终止符号，它被添加在尺寸线末尾。在 AutoCAD 中已预定义了一些箭头的形式，用户也可利用块创建其他的终止符号。

◎ **第一个箭头**：尺寸界线的次序决定了箭头的次序。

要点提示　如果系统变量 DIMASO 是打开状态，则 AutoCAD 将尺寸线、文本和箭头等作为单一对象绘制出来；否则，尺寸线、文本和箭头将分别作为单个对象绘制。

10.1.2　创建建筑国标尺寸样式

创建尺寸标注时，标注的外观是由当前尺寸样式控制的。AutoCAD 提供了一个默认的尺寸样式"ISO-25"，用户可以改变这个样式或者生成自己的尺寸样式。

命令启动方法

◎ **菜单命令**：【格式】/【标注样式】。

◎ **面板**：【默认】选项卡中【注释】面板上的 按钮。

◎ **命令**：DIMSTYLE 或简写 DIMSTY。

下面在图形文件中建立新的尺寸样式。

建立国标尺寸样式

【**练习 10-1**】建立新的国标尺寸样式。

STEP01　创建一个新文件。

STEP02　建立新文字样式，样式名为"标注文字"，与该样式相连的字体文件是 gbnor.shx 和 gbcbig.shx。

STEP03　单击【注释】面板上的 按钮，打开【标注样式管理器】对话框，如图 10-2 所示。该对话框用来管理尺寸样式，通过它可以命名新的尺寸样式或修改样式中的尺寸变量。

STEP04　单击 新建(N)... 按钮，打开【创建新标注样式】对话框，如图 10-3 所示。在该对话框的【新样式名】文本框中输入新的样式名称"标注 -1"，在【基础样式】下拉列表中指定某个尺寸样式作为新样式的基础样式，则新样式将包含基础样式的所有设置。此外，还可在【用于】下拉列表中设定新样式控制的尺寸类型，有关这方面内容将在 10.3 节中详细讨论。默认情况下，【用于】下拉列表的选项是"所有标注"，意思是指新样式将控制所有类型的尺寸。

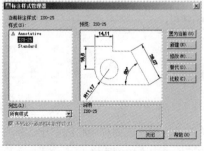

图 10-2　【标注样式管理器】对话框

图 10-3　【创建新标注样式】对话框

STEP05 单击 继续 按钮，打开【新建标注样式】对话框，如图 10-4 所示。该对话框有 7 个选项卡，在这些选项卡中进行以下设置。

◎ 在【文字】选项卡的【文字样式】下拉列表中选择【标注文字】，在【文字高度】、【从尺寸线偏移】栏中分别输入 3.5 和 0.8，在【文字对齐】分组框选择【与尺寸线对齐】选项。

◎ 进入【线】选项卡，在【基线间距】、【超出尺寸线】和【起点偏移量】文本框中分别输入 7、2 和 3。

◎ 进入【符号和箭头】选项卡，在【箭头】分组框的【第一个】下拉列表中选择【建筑标记】，在【建筑标记】文本框中输入 2。

◎ 进入【主单位】选项卡，在【单位格式】、【精度】和【小数分隔符】下拉列表中分别选择【小数】、【0.00】和【句点】。

STEP06 单击 确定 按钮得到一个新的尺寸样式，再单击 置为当前(U) 按钮使新样式成为当前样式。

STEP07 在建筑图中，标注直径、半径及角度尺寸时，尺寸的起止符号应采用箭头形式，因而还需创建控制这些尺寸的子样式（样式簇，参见 10.2.4 小节）。在【标注样式管理器】对话框中，单击 新建(N)... 按钮，打开【创建新标注样式】对话框，如图 10-5 所示。在【基础样式】下拉列表中指定"标注 -1"子样式的基础样式，在【用于】下拉列表中选择【直径标注】，则子样式将控制直径类型的尺寸。

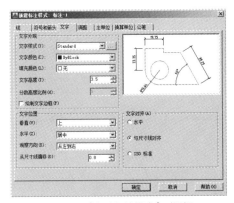

图 10-4 【新建标注样式】对话框

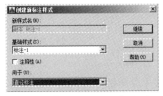

图 10-5 【新建标注样式】对话框

STEP08 单击 继续 按钮，打开【新建标注样式】对话框，再进入【符号和箭头】选项卡，在【箭头】分组框的【第一个】下拉列表中选择【实心闭合】，在【箭头大小】栏中输入 2。

STEP09 单击 确定 按钮得到"标注 -1"的"直径"子样式。用同样的方法创建"半径"及"角度"子样式。

10.1.3 控制尺寸线、尺寸界线

在【标注样式管理器】对话框中单击 修改(M)... 按钮，打开【修改标注样式】对话框，如图 10-6 所示，在该对话框的【线】选项卡中可对尺寸线、尺寸界线进行设置。

❶ 调整尺寸线

在【尺寸线】分组框中可设置影响尺寸线的变量，常用选项的功能如下。

◎ 【超出标记】：该选项决定了尺寸线超过尺寸界线的长

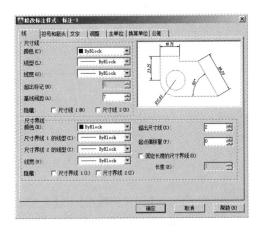

图 10-6 【修改标注样式】对话框

度，如图 10-7 所示。若尺寸线两端是箭头，则此选项无效。但若在对话框的【符号和箭头】选项卡中设定了箭头的形式是【倾斜】或【建筑标记】时，该选项就是有效的。

◎ 【基线间距】：此选项决定了平行尺寸线间的距离。例如，当创建基线型尺寸标注时，相邻尺寸线间的距离就由该选项控制，如图 10-8 所示。

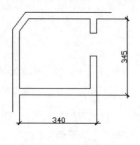

图 10-7　延伸尺寸线

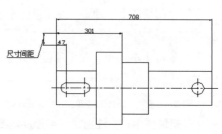

图 10-8　控制尺寸线间的距离

◎ 【隐藏】：【尺寸线 1】和【尺寸线 2】分别用于控制第一条和第二条尺寸线的可见性。在尺寸标注中，如果尺寸文字将尺寸线分成两段，则第一条尺寸线是指靠近第一个选择点的那一段，如图 10-9 所示，否则，第一条、第二条尺寸线与原始尺寸线长度一样。唯一的差别是第一条尺寸线仅在靠近第一个选择点的那端带有箭头，而第二条尺寸线只在靠近第二个选择点的那端带有箭头。

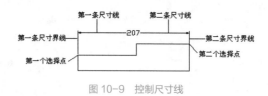

图 10-9　控制尺寸线

②　控制尺寸界线

【尺寸界线】分组框中包含了控制尺寸界线的选项，常用选项的功能如下。

◎ 【超出尺寸线】：控制尺寸界线超出尺寸线的距离，如图 10-10 所示。国标中规定，尺寸界线一般超出尺寸线 2 ~ 3mm，如果准备使用 1：1 比例出图，则延伸值要输入 2 和 3 之间的值。

◎ 【起点偏移量】：控制尺寸界线起点与标注对象端点间的距离，如图 10-11 所示。通常应使尺寸界线与标注对象不发生接触，这样才能较容易地区分尺寸标注和被标注的对象（标注建筑图样时该值应大于 2，对于机械图该值设定为 0）。

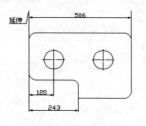

图 10-10　延伸尺寸界线

图 10-11　控制尺寸界线起点与标注对象间的距离

◎ 【隐藏】：【尺寸界线 1】和【尺寸界线 2】控制了第一条和第二条尺寸界线的可见性，第一条尺寸界线由用户标注时选择的第一个尺寸起点决定，如图 10-9 所示。当某条尺寸界线与图形轮廓线重合或与其他图形对象发生干涉时，就可隐藏这条尺寸界线。

10.1.4 控制尺寸箭头及圆心标记

在【修改标注样式】对话框中单击【符号和箭头】选项卡，打开新界面，如图 10-12 所示。在此选项卡中用户可对尺寸箭头和圆心标记进行设置。

① 控制箭头

【箭头】分组框提供了控制尺寸箭头的选项。

◎ 【第一个】及【第二个】：这两个下拉列表用于选择尺寸线两端箭头的样式。AutoCAD 中提供了 19 种箭头类型，如果选择了第一个箭头的形式，第二个箭头也将采用相同的形式，要想使它们不同，就需要在第一个下拉列表和第二个下拉列表中分别进行设置。

◎ 【引线】：通过此下拉列表设置引线标注的箭头样式。

◎ 【箭头大小】：利用此选项设定箭头的长度。

② 设置圆心标记及圆中心线

【圆心标记】分组框的选项用于控制创建直径或半径尺寸时圆心标记及中心线的外观。

◎ 【标记】：创建圆心标记。圆心标记是指表明圆或圆弧圆心位置的小十字线，如图 10-13 左图所示。

◎ 【直线】：创建中心线。中心线是指过圆心并延伸至圆周的水平及竖直直线，如图 10-13 右图所示。用户应注意，只有把尺寸线放在圆或圆弧的外边时，AutoCAD 才绘制圆心标记或中心线。

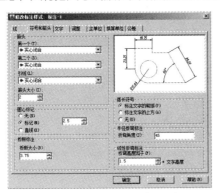

图 10-12 【符号和箭头】选项卡

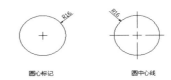

图 10-13 圆心标记及圆中心线

◎ 2.5 【大小】：设定圆心标记的半长度或中心线超出圆的长度。

10.1.5 控制尺寸文本外观和位置

在【修改标注样式】对话框中单击【文字】选项卡，打开新界面，如图 10-14 所示。在此选项卡中用户可以调整尺寸文字的外观，并能控制文本的位置。

① 控制标注文字的外观

通过【文字外观】分组框可以调整标注文字的外观，常用选项的功能如下。

◎ 【文字样式】：在该下拉列表中选择文字样式或单击【文字样式】下拉列表右边的 ⬚ 按钮，打开【文字样式】对话框，创建新的文字样式。

◎ 【文字高度】：在此文本框中指定文字的高度。若在文本样式中已设定了文字高度，则此文本框中设置的文本高度无效。

◎ 【分数高度比例】：该选项用于设定分数形式字符与其他字符的比例。只有当选择了支持分数的标注格式（标注单位为"分数"）时，此选项才可用。

◎【绘制文字边框】：通过此选项用户可以给标注文本添加一个矩形边框，如图 10-15 所示。

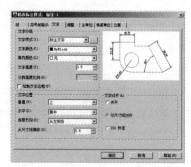

图 10-14 【文字】选项卡

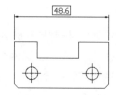

图 10-15 给标注文字添加矩形框

❷ 控制标注文字的位置

在【文字位置】和【文字对齐】分组框中可以控制标注文字的位置及放置方向，有关选项介绍如下。

◎【垂直】：此下拉列表包含 5 个选项。当选中某一选项时，请注意对话框右上角预览图片的变化。通过表 10-1，用户可以更清楚地了解每一选项的功能。

表 10-1 【垂直】下拉列表中各选项的功能

选项	功能	选项	功能
居中	尺寸线断开，标注文字放置在断开处	JIS	标注文本的放置方式遵循日本工业标准
上	尺寸文本放置在尺寸线上	下	将标注文字放在尺寸线下方
外部	以尺寸线为准，将标注文字放置在距标注对象最远的那一边		

◎【水平】：此下拉列表包含 5 个选项，各选项的功能如表 10-2 所示。

表 10-2 【水平】下拉列表中各选项的功能

选项	功能
居中	尺寸文本放置在尺寸线中部
第一条尺寸界线	在靠近第一条尺寸界线处放置标注文字
第二条尺寸界线	在靠近第二条尺寸界线处放置标注文字
第一条尺寸界线上方	将标注文本放置在第一条尺寸界线上
第二条尺寸界线上方	将标注文本放置在第二条尺寸界线上

◎【从尺寸线偏移】：该选项设定标注文字与尺寸线间的距离，如图 10-16 所示。若标注文本在尺寸线的中间（尺寸线断开），则其值表示断开处尺寸线的端点与尺寸文字的间距。另外，该值也用来控制文本边框与其中文本的距离。

◎【水平】：该选项使所有的标注文本水平放置。

◎【与尺寸线对齐】：该选项使标注文本与尺寸线对齐。

◎【ISO 标准】：当标注文本在两条尺寸界线的内部时，标注文本与尺寸线对齐；否则，标注文字水平放置。

国标中规定了尺寸文本放置的位置及方向，如图 10-17 所示。水平尺寸的数字字头朝上，垂直尺寸的数字字头朝左，要尽可能避免在图示 30° 范围内标注尺寸。线性尺寸的数字一般应写在尺寸线上方，也允许写在尺寸线的中断处，但在同一张图纸上应尽可能保持一致。

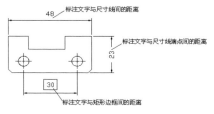
图 10-16 控制文字相对于尺寸线的偏移量

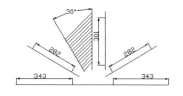
图 10-17 尺寸数字标注规则

在 AutoCAD 中，用户可以方便地调整标注文字的位置。标注建筑图时，要正确地控制标注文本，可按照图 10-14 所示来设置【文字位置】和【文字对齐】分组框中的选项。

10.1.6 调整箭头、标注文字及尺寸界线间的位置关系

在【修改标注样式】对话框中单击【调整】选项卡，弹出新的一页，如图 10-18 所示。在此选项卡中用户可以调整标注文字、尺寸箭头及尺寸界线间的位置关系。标注时，若两条尺寸界线间有足够的空间，则 AutoCAD 将箭头、标注文字放在尺寸界线之间。若两条尺寸界线间空间不足，则 AutoCAD 将按此选项卡中的设置调整箭头或标注文字的位置。

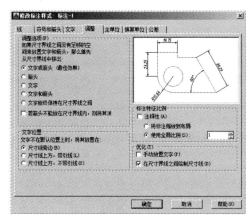
图 10-18 【调整】选项卡

❶【调整选项】分组框

当尺寸界线间不能同时放下文字和箭头时，用户可通过【调整选项】分组框设定如何放置文字和箭头。

◎ **【文字或箭头（最佳效果）】**：对标注文本及箭头进行综合考虑，自动选择将其中之一放在尺寸界线外侧，以达到最佳标注效果。该选项有以下 3 种放置方式。

若尺寸界线间的距离仅够容纳文字，则只把文字放在尺寸界线内。

若尺寸界线间的距离仅够容纳箭头，则只把箭头放在尺寸界线内。

若尺寸界线间的距离既不够放置文字又不够放置箭头，则文字和箭头都放在尺寸界线外。

◎ **【箭头】**：选取此单选项后，AutoCAD 尽量将箭头放在尺寸界线内；否则，文字和箭头都放在尺寸界线外。

◎ **【文字】**：选取此单选项后，AutoCAD 尽量将文字放在尺寸界线内；否则，文字和箭头都放在尺寸界线外。

◎ **【文字和箭头】**：当尺寸界线间不能同时放下文字和箭头时，AutoCAD 就将其都放在尺寸界线外。

◎ 【文字始终保持在尺寸界线之间】：选取此单选项后，AutoCAD 总是把文字放置在尺寸界线内。

◎ 【若箭头不能放在尺寸界线内，则将其消除】：该选项可以和前面的选项一同使用。若尺寸界线间的空间不足以放下尺寸箭头，且箭头也没有被调整到尺寸界线外时，AutoCAD 将不绘制出箭头。

❷ 【文字位置】分组框

该分组框用于控制当文本移出尺寸界线时文本的放置方式。

◎ 【尺寸线旁边】：当标注文字在尺寸界线外时，将文字放置在尺寸线旁边，如图 10-19 左图所示。

◎ 【尺寸线上方，带引线】：当标注文字在尺寸界线外时，把标注文字放在尺寸线上方，并用指引线与其相连，如图 10-19 中图所示。若选取此单选项，则移动文字时将不改变尺寸线的位置。

◎ 【尺寸线上方，不带引线】：当标注文字在尺寸界线外时，把标注文字放在尺寸线上方，但不用指引线与其连接，如图 10-19 右图所示。若选取此单选项，则移动文字时将不改变尺寸线的位置。

❸ 【标注特征比例】分组框

该分组框用于控制尺寸标注的全局比例。

◎ 【注释性】：标注样式为注释性样式，与该样式关联的尺寸为注释性尺寸。

◎ 【使用全局比例】：全局比例值将影响尺寸标注所有组成元素的大小，如标注文字、尺寸箭头等，如图 10-20 所示。

图 10-19　控制文字位置　　　　　图 10-20　全局比例对尺寸标注的影响

◎ 【将标注缩放到布局】：选取此单选项时，全局比例不再起作用。当前尺寸标注的缩放比例是模型空间相对于图纸空间的比例。

❹ 【优化】分组框

◎ 【手动放置文字】：该选项使用户可以手工放置文本位置。

◎ 【在尺寸界线之间绘制尺寸线】：选取此复选项后，AutoCAD 总是在尺寸界线间绘制尺寸线；否则，当将尺寸箭头移至尺寸界线外侧时，不画出尺寸线，如图 10-21 所示。

打开【在尺寸界线之间绘制尺寸线】　　　　关闭【在尺寸界线之间绘制尺寸线】

图 10-21　控制是否绘制尺寸线

10.1.7　设置线性及角度尺寸精度

在【修改标注样式】对话框中单击【主单位】选项卡，打开新界面，如图 10-22 所示。在该选项卡中可以设置尺寸数值的精度，并能给标注文本加入前缀或后缀，下面分别对【线性标注】和【角度标注】分组框中的选项进行说明。

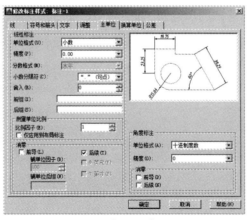

图 10-22 【主单位】选项卡

①【线性标注】分组框

该分组框用于设置线性尺寸的单位格式和精度。

◎ 【单位格式】：在此下拉列表中选择所需的长度单位类型。

◎ 【精度】：设定长度型尺寸数字的精度（小数点后显示的位数）。

◎ 【分数格式】：只有当在【单位格式】下拉列表中选取【分数】选项时，该下拉列表才可用。此列表中有 3 个选项：【水平】、【对角】和【非堆叠】，通过这些选项用户可设置标注文字的分数格式，效果如图 10-23 所示。

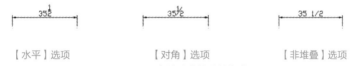

【水平】选项　　　　　　　【对角】选项　　　　　　　【非堆叠】选项

图 10-23　标注文字的分数格式

◎ 【小数分隔符】：若单位类型是十进制，则用户可在此下拉列表中选择分隔符的形式。AutoCAD 提供了 3 种分隔符：逗点、句点和空格。

◎ 【舍入】：此选项用于设定标注数值的近似规则。例如，如果在此栏中输入 0.03，则 AutoCAD 将标注数字的小数部分近似到最接近 0.03 的整数倍。

◎ 【前缀】：在此文本框中输入标注文本的前缀。

◎ 【后缀】：在此文本框中输入标注文本的后缀。

◎ 【比例因子】：可输入尺寸数字的缩放比例因子。当标注尺寸时，AutoCAD 用此比例因子乘以真实的测量数值，然后将结果作为标注数值。

◎ 【前导】：隐藏长度型尺寸数字前面的 0。例如，若尺寸数字是 0.578，则显示为 .578。

◎ 【后续】：隐藏长度型尺寸数字后面的 0。例如，若尺寸数字是 5.780，则显示为 5.78。

②【角度标注】分组框

在该分组框中用户可设置角度尺寸的单位格式和精度。

◎ 【单位格式】：在此下拉列表中选择角度的单位类型。

◎ 【精度】：设置角度型尺寸数字的精度（小数点后显示的位数）。

◎ 【前导】：隐藏角度型尺寸数字前面的 0。

◎ 【后续】：隐藏角度型尺寸数字后面的 0。

10.1.8　设置不同单位尺寸间的换算格式及精度

在【修改标注样式】对话框中单击【换算单位】选项卡，打开新界面，如图 10-24 所示。该选项卡中的选项用于将一种标注单位换算到另一测量系统的单位。

当用户选取【显示换算单位】复选项后，AutoCAD 显示所有与单位换算有关的选项。

◎ 【单位格式】：在此下拉列表中设置换算单位的类型。

◎ 【精度】：设置换算单位精度。

◎ 【换算单位倍数】：在此栏中指定主单位与换算单位间的比例因子。例如，若主单位是英制，换算单位为十进制，则比例因子为 25.4。

◎ 【舍入精度】：此选项用于设定标注数值的近似规则。例如，如果在此文本框中输入 0.02，则 AutoCAD 将标注数字的小数部分近似到最接近 0.02 的整数倍。

◎ 【前缀】及【后缀】：在标注数值中加入前缀或后缀。

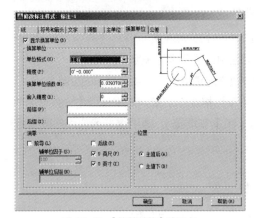

图 10-24　【换算单位】选项卡

10.1.9　设置尺寸公差

在【修改标注样式】对话框中单击【公差】选项卡，打开新界面，如图 10-25 所示。在该选项卡中用户能设置公差格式及输入上、下偏差值，下面介绍此页中的控制选项。

❶【公差格式】分组框

在【公差格式】分组框中指定公差值及精度。

◎ 【方式】：该下拉列表中包含 5 个选项。

【无】：只显示基本尺寸。

【对称】：如果选择【对称】选项，则只能在【上偏差】栏中输入数值，标注时 AutoCAD 自动加入"±"符号，效果如图 10-26 左图所示。

【极限偏差】：利用此选项可以在【上偏差】和【下偏差】栏中分别输入尺寸的上、下偏差值。默认情况下，AutoCAD 将自动在上偏差前面添加"+"号，在下偏差前面添加"-"号。若在输入偏差值时加上"+"或"-"号，则最终显示的符号将是默认符号与输入符号相乘的结果。输入正、负号与标注效果的对应关系如图 10-26 中图和右图所示。

【极限尺寸】：同时显示最大极限尺寸和最小极限尺寸。

【基本尺寸】：将尺寸标注值放置在一个长方形的框中（理想尺寸标注形式）。

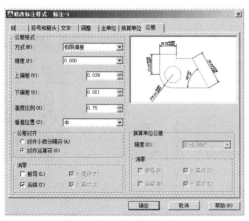

图 10-25 【公差】选项卡

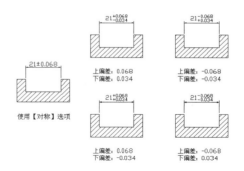

图 10-26　尺寸公差标注结果

◎ 【精度】：设置上、下偏差值的精度（小数点后显示的位数）。

◎ 【上偏差】：在此文本框中输入上偏差数值。

◎ 【下偏差】：在此文本框中输入下偏差数值。

◎ 【高度比例】：该选项能让用户调整偏差文本相对于尺寸文本的高度，默认值是 1，此时偏差文本与尺寸文本高度相同。在标注机械图时，建议将此数值设定为 0.7 左右，但若使用【对称】选项，则【高度比例】值仍选为 1。

◎ 【垂直位置】：在此下拉列表中可指定偏差文字相对于基本尺寸的位置关系。当标注机械图时，建议选取【中】选项。

◎ 【对齐小数分隔符】：堆叠时，通过值的小数分隔符控制上偏差值和下偏差值的对齐。

◎ 【对齐运算符】：堆叠时，通过值的运算符控制上偏差值和下偏差值的对齐。

◎ 【前导】：隐藏偏差数字前面的 0。

◎ 【后续】：隐藏偏差数字后面的 0。

❷ 【换算单位公差】分组框

在【换算单位公差】分组框中设定换算单位公差值的精度。

◎ 【精度】：设置换算单位公差值精度（小数点后显示的位数）。

◎ 【消零】：在此分组框中用户可控制是否显示公差数值中前面或后面的 0。

10.1.10　修改尺寸标注样式

修改尺寸标注样式是在【修改标注样式】对话框中进行的。当修改完成后，图样中所有使用此样式的标注都将发生变化。

【练习 10-2】修改尺寸标注样式。

STEP01 在【标注样式管理器】对话框中选择要修改的尺寸样式名称。

STEP02 单击 修改(M)... 按钮，AutoCAD 弹出【修改标注样式】对话框。

STEP03 在【修改标注样式】对话框的各选项卡中修改尺寸变量。

STEP04 关闭【标注样式管理器】对话框后，AutoCAD 便更新所有与此样式关联的尺寸标注。

修改尺寸标注样式

10.1.11　标注样式的覆盖方式

修改标注样式后，AutoCAD 将改变所有与此样式关联的尺寸标注。但有时用户想创建个别特殊形式的尺寸标注，如公差、给标注数值加前缀和后缀等，对于此类情况，用户不能直接去修改尺寸样式，但也不必再创建新样式，只需采用当前样式的覆盖方式进行标注就可以了。

【练习 10-3】建立当前尺寸样式的覆盖形式。

STEP01　单击【注释】面板上的 按钮，打开【标注样式管理器】对话框。

STEP02　单击 替代(0)… 按钮（注意不要使用 修改(M)… 按钮），打开【替代当前样式】对话框，然后修改尺寸变量。

标注样式的覆盖方式

STEP03　单击【标注样式管理器】对话框的 关闭 按钮，返回 AutoCAD 主窗口。

STEP04　创建尺寸标注，则 AutoCAD 暂时使用新的尺寸变量控制尺寸外观。

STEP05　如果要恢复原来的尺寸样式，就再次进入【标注样式管理器】对话框，在该对话框的列表框中选择该样式，然后单击 置为当前(U) 按钮。此时，AutoCAD 打开一个提示性对话框，如图 10-27 所示，单击 确定 按钮，AutoCAD 就会忽略用户对标注样式的修改。

图 10-27　提示性对话框

10.1.12　删除和重命名标注样式

删除和重命名标注样式也是在【标注样式管理器】对话框中进行的。

【练习 10-4】删除和重命名标注样式。

STEP01　在【标注样式管理器】对话框的【样式】列表框中选择要进行操作的样式名。

STEP02　单击鼠标右键打开快捷菜单，选取【删除】命令即删除了尺寸样式，如图 10-28 所示。

删除和重命名标注样式

STEP03　若要重命名样式，则选取【重命名】命令，然后输入新名称，如图 10-28 所示。

图 10-28　删除和重命名标注样式

需要注意的是，当前样式及正被使用的尺寸样式不能被删除。此外，也不能删除样式列表中仅有的一个标注样式。

10.1.13　标注尺寸的准备工作

在标注图样尺寸前应完成以下工作。

（1）为所有尺寸标注建立单独的图层，通过该图层就能很容易地将尺寸标注与图形的其他对象区分开来，因而这一步是非常必要的。

（2）专门为尺寸文字创建文本样式。

（3）打开自动捕捉模式，并设定捕捉类型为端点、圆心和中点等，这样在创建尺寸标注时就能更快地拾取标注对象上的点。

（4）创建新的尺寸样式。

【练习 10-5】为尺寸标注作准备。

标注尺寸的准备工作

STEP01　创建一个新文件。

STEP02　建立一个名为"尺寸标注"的图层。

STEP03　创建新的文字样式，样式名为"尺寸文字样式"，此样式所连接的字体是 gbeitc.shx，其余设定都以默认设置为准。

STEP04　建立新的尺寸样式，名称是"尺寸样式 -1"，并根据图 10-29 所示的标注外观和各部分参数设定样式中相应的选项，然后指定新样式为当前样式，请读者自己完成。

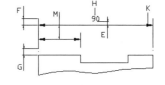

图 10-29　标注外观和各部分参数

◎　H: 标注文本连接"尺寸文字样式"，文字高度为 3.5，精度为 0.0，小数点格式是"句点"。

◎　E: 文本与尺寸线间的距离是 0.8。

◎　K: 箭头大小为 2。

◎　F: 尺寸界线超出尺寸线的长度为 2。

◎　G: 尺寸界线起始点与标注对象端点间的距离为 0。

◎　M: 标注基线尺寸时，平行尺寸线间的距离为 8。

10.2　标注尺寸的集成命令 DIM

DIM 命令是一种集成化的标注命令，可一次创建多种类型的尺寸，如长度、对齐、角度、直径及半径尺寸等。使用该命令标注尺寸时，一般可采用以下两种方法。

（1）在标注对象上指定尺寸线的起始点及终止点，创建尺寸标注。

（2）直接选取要标注的对象。

标注完一个对象后，不要退出命令，可继续标注新的对象。

命令启动方法

◎　**面板:**【注释】面板上的　按钮。

◎　**命令:** DIM。

10.2.1　标注水平、竖直及对齐尺寸

启动 DIM 命令并指定标注对象后，可通过上下、左右移动光标创建相应方向的水平或竖直尺寸。标注倾斜对象时，沿倾斜方向移动光标就可生成对齐尺寸。对齐尺寸的尺寸线平行于倾斜的标注对象。如果用户是通过选择两个点来创建对齐尺寸，则尺寸线与两点的连线平行。

在标注过程中，可随时修改标注文字及文字的倾斜角度，还能动态地调整尺寸线的位置。

标注水平、竖直及对齐尺寸

【练习 10-6】打开资源包文件"dwg\ 第 10 章 \10-6.dwg"，用 DIM 命令创建尺寸标注，如图 10-30 所示。保存该文件，后续练习继续使用。

命令 : _dim

选择对象或指定第一个尺寸界线原点或 [角度 (A) / 基线 (B) / 连续 (C) / 坐标 (O) / 对齐 (G) / 分发 (D) / 图层 (L) / 放弃 (U)]:　　　　　　　　　　　　// 指定第一条尺寸界线的起始点或选择要标注的对象

指定第二个尺寸界线原点或 [放弃 (U)]:　　　　// 指定第二条尺寸界线的起始点

指定尺寸界线位置或第二条线的角度 [多行文字 (M)/ 文字 (T)/ 文字角度 (N)/ 放弃 (U)]:

　　　　　　　　// 移动鼠标光标将尺寸线放置在适当位置，然后单击鼠标左键，完成操作

不要退出 DIM 命令，继续同样的操作标注其他尺寸，结果如图 10-30 所示。若标注文字位置不合适，可激活关键点进行调整。

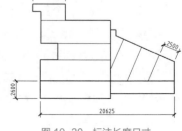

图 10-30　标注长度尺寸

命令选项

◎ **角度 (A)** : 标注角度尺寸。

◎ **基线 (B)** : 创建基线型尺寸。

◎ **连续 (C)** : 创建连续型尺寸。

◎ **坐标 (O)** : 生成坐标标注。

◎ **对齐 (G)** : 使多条尺寸线对齐。

◎ **分发 (D)** : 使平行尺寸线均布。

◎ **图层 (L)** : 忽略当前层设置。通过选择一个对象或输入图层名称指定尺寸标注放置的图层。

◎ **多行文字 (M)** : 使用该选项时打开多行文字编辑器，利用此编辑器用户可输入新的标注文字。

要点提示　　　　若修改了系统自动标注的文字，就会失去尺寸标注的关联性，即尺寸数字不随标注对象的改变而改变。

◎ **文字 (T)** : 此选项使用户可以在命令行上输入新的尺寸文字。

◎ **文字角度 (A)** : 通过该选项设置文字的放置角度。

10.2.2　创建连续型及基线型尺寸标注

连续型尺寸标注是一系列首尾相连的标注形式，而基线型尺寸标注是指所有的尺寸都从同一点开始标注，即它们公用一条尺寸界线。DIM 命令的"连续（C）"及"基线（B）"选项可创建这两种尺寸。

◎ **连续（C）**: 启动该选项，选择已有尺寸的尺寸线一端作为标注起始点生成连续型尺寸。

◎ **基线（B）**: 启动该选项，选择已有尺寸的尺寸线一端作为标注起始点生成基线型尺寸。

继续前面的练习，创建连续型及基线型尺寸，如图 10-31 所示。

命令 : _dim

选择对象或指定第一个尺寸界线原点或 [角度 (A) / 基线 (B) / 连续 (C) / 坐标 (O) / 对齐 (G) / 分发 (D) / 图层 (L) / 放弃 (U)]:C　　　　　　　　　　// 使用选项"连续 (C)"

指定第一个尺寸界线原点以继续：　　　　// 在 2600 的尺寸线上端选择一点

指定第二个尺寸界线原点或 [选择 (S)/ 放弃 (U)] < 选择 >:

　　　　　　　　　　// 选择连续型尺寸的其他点，然后按 Enter 键

指定第一个尺寸界线原点以继续：　　　　// 在 2500 的尺寸线左上端选择一点

指定第二个尺寸界线原点或 [选择 (S)/ 放弃 (U)] < 选择 >:

　　　　　　　　　　// 选择连续型尺寸的其他点，然后按 Enter 键

指定第一个尺寸界线原点以继续：　　　　　　　　// 再按 Enter 键

选择对象或指定第一个尺寸界线原点或 [角度 (A)/ 基线 (B)/ 连续 (C)/ 坐标 (O)/ 对齐 (G)/ 分发 (D)/ 图层 (L)/

放弃 (U)]:B　　　　　　　　　　　　　　　　// 使用选项"基线 (B)"

指定作为基线的第一个尺寸界线原点或 [偏移 (O)]:O　// 使用选项"偏移 (O)"

指定偏移距离 <3.000000>:9　　　　　　　　// 设定平行尺寸线间的距离

指定作为基线的第一个尺寸界线原点或 [偏移 (O)]: // 在 5000 的尺寸线左端选择一点

指定第二个尺寸界线原点或 [选择 (S)/ 偏移 (O)/ 放弃 (U)] < 选择 >:

　　　　　　　　　　　　　// 选择基线型尺寸的其他点，然后按 Enter 键

结果如图 10-31 所示。

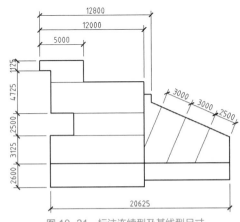

图 10-31　标注连续型及基线型尺寸

10.2.3　利用尺寸样式覆盖方式标注角度

DIM 命令的"角度（A）"选项可创建角度尺寸，启动该选项后，选择角的两边、3 个点或一段圆弧就会生成角度尺寸。利用 3 点生成角度时，第一个选择点是角的顶点。

图 10-32　角度文本注写规则

国标中对于角度标注有规定，如图 10-32 所示，角度数字一律水平书写，一般注写在尺寸线的中断处，必要时可注写在尺寸线的上方或外面，也可画引线标注。显然，角度文本的注写方式与线性尺寸文本是不同的。

为使角度数字的放置形式符合国标规定，用户可采用当前样式覆盖方式标注角度。此方式是指临时修改尺寸样式，修改后，仅影响此后创建的尺寸的外观。标注完成后，再设定以前的样式为当前样式继续标注。

若想利用当前样式的覆盖方式改变已有尺寸的标注外观，可使用尺寸更新命令更新尺寸。单击【注释】选项卡中【标注】面板上的 按钮启动该命令，然后选择尺寸即可。

【练习 10-7】 打开资源包文件"dwg\ 第 10 章 \10-7.dwg"，用 DIM 命令并结合当前样式覆盖方式标注角度尺寸，如图 10-33 所示。

STEP01　单击【注释】面板上的 按钮，打开【标注样式管理器】对话框。

STEP02　单击 替代(O)... 按钮，打开【替代当前样式】对话框。

覆盖方式标注尺寸

STEP03 进入【文字】选项卡，在【文字对齐】分组框中选取【水平】单选项，如图 10-34 所示。

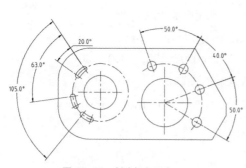

图 10-33 创建角度尺寸

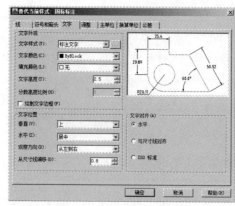

图 10-34 【替代当前样式】对话框

STEP04 返回 AutoCAD 主窗口，启动 DIM 命令，利用"角度（A）"选项创建角度尺寸，角度数字将水平放置。再利用"连续（C）"及"基线（B）"选项创建连续及基线型角度尺寸，如图 10-33 所示。

STEP05 角度标注完成后，若要恢复原来的尺寸样式，就进入【标注样式管理器】对话框，在该对话框的列表框中选择尺寸样式，然后单击 置为当前(U) 按钮。此时，AutoCAD 打开一个提示性对话框，继续单击 确定 按钮完成。

10.2.4 使用角度尺寸样式簇标注角度

对于某种类型的尺寸，其标注外观可能需要作一些调整，例如，创建角度尺寸时要求文字放置在水平位置，标注直径时想生成圆的中心标记。在 AutoCAD 中，用户可以通过尺寸样式簇对某种特定类型的尺寸进行控制。

除了利用尺寸样式覆盖方式标注角度外，用户还可以建立专门用于控制角度标注外观的样式簇。

【练习 10-8】打开资源包文件"dwg\ 第 10 章 \10-8.dwg"，利用角度尺寸样式簇标注角度，如图 10-35 所示。

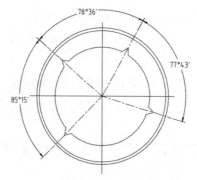

图 10-35 标注角度

样式簇标注

STEP01 单击【注释】面板上的 按钮，打开【标注样式管理器】对话框，再单击 新建(N)... 按钮，打开【创建新标注样式】对话框，在【用于】下拉列表中选择【角度标注】选项，如图 10-36 所示。

STEP02 单击 继续 按钮，打开【新建标注样式】对话框，进入【文字】选项卡，在该选项卡的【文字对齐】分组框中选择【水平】单选项。

STEP03 选择【主单位】选项卡,在【角度标注】分组框中设置【单位格式】为【度 / 分 / 秒】,【精度】为【0d00′】,如图 10-37 所示。

STEP04 返回 AutoCAD 主窗口,启动 DIM 命令,利用"角度(A)"及"连续(C)"选项创建角度尺寸,结果如图 10-35 所示。所有这些角度尺寸,其外观由样式簇控制。

图 10-36 【创建新标注样式】对话框

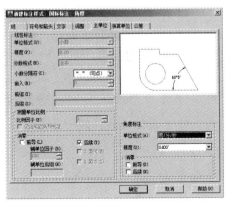

图 10-37 【新建标注样式】对话框

10.2.5 直径和半径型尺寸

启动 DIM 命令,选择圆或圆弧就能创建直径或半径尺寸。标注时,AutoCAD 自动在标注文字前面加入"ϕ"或"R"符号。实际标注中,直径和半径型尺寸的标注形式多种多样,若通过当前样式的覆盖方式进行标注就非常方便,例如使得标注文字水平放置等。

【练习 10-9】 打开资源包文件"dwg\ 第 10 章 \10-9.dwg",用 DIM 命令创建直径及半径尺寸,如图 10-38 所示。

直径和半径型尺寸

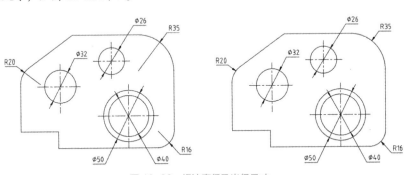

图 10-38 标注直径及半径尺寸

STEP01 单击【注释】面板上的 按钮,打开【标注样式管理器】对话框,单击 替代(O)... 按钮,进入【文字】选项卡,设定标注文字为水平放置。

STEP02 启动 DIM 命令,将光标移动到圆或圆弧上,系统自动提示创建直径或半径尺寸,若不是,则需利用相关选项进行切换,然后选择圆或圆弧生成直径和半径尺寸,结果如图 10-38 左图所示。图中半径标注的尺寸线与圆心相连,接下来利用尺寸更新命令进行修改。

STEP03 打开【标注样式管理器】对话框,单击 替代(O)... 按钮,切换到【符号和箭头】选项卡,设置圆心标记为【无】,再进入【调整】选项卡,取消【在尺寸界线之间绘制尺寸线】选项。

STEP04 返回 AutoCAD 主窗口，单击【注释】选项卡中【标注】面板上的 按钮，启动尺寸更新命令，然后选择所有半径尺寸进行更新，结果如图 10-38 右图所示。

DIM 命令启动后，当将光标移动到圆或圆弧上时，系统显示标注预览图片，同时命令窗口中列出相应功能选项。

- ◎ 半径（R）、直径（D）：生成半径或直径尺寸。
- ◎ 折弯（J）：创建折线形式的标注，如图 10-39 左图所示。
- ◎ 中心标记（C）：生成圆心标记。
- ◎ 圆弧长度（L）：标注圆弧长度，如图 10-39 右图所示。
- ◎ 角度（A）：标注圆弧的圆心角或圆上一段圆弧的角度。

图 10-39　折线及圆弧标注

10.2.6　使多个尺寸线共线

DIM 命令的"对齐（G）"选项可使多个标注的尺寸线对齐，启动该选项，先指定一条尺寸线为基准线，然后选择其他尺寸线，使其与基准尺寸线共线，如图 10-40 所示。

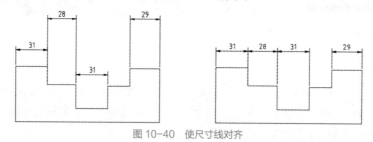

图 10-40　使尺寸线对齐

10.2.7　均布尺寸线及设定尺寸线间的距离

DIM 命令的"分发（D）"选项可使平行尺寸线在某一范围内均匀分布或是按指定的间距值分布，如图 10-41 所示。"分发（D）"选项有以下两个子选项。

- ◎ 相等（E）：将所有选择的平行尺寸线均匀分布，但分布的总范围不变，如图 10-41 中图所示。
- ◎ 偏移（O）：设定偏移距离值，然后选择一个基准尺寸线，再选择其他尺寸线，则尺寸线按指定偏移值进行分布，如图 10-41 右图所示。

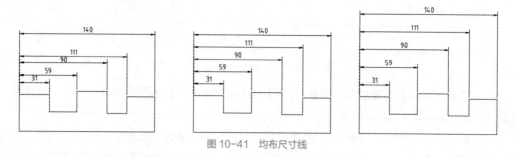

图 10-41　均布尺寸线

10.3　引线标注

MLEADER 命令用于创建引线标注，引线标注由箭头、引线、基线及多行文字或图块组成，如图 10-42 所示。其中，箭头的形式、引线外观、文字属性及图块形状等由引线样式控制。

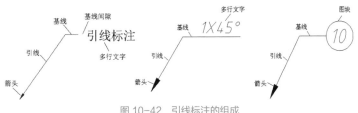

图 10-42 引线标注的组成

选中引线标注对象,若利用关键点移动基线,则引线、文字或图块跟随移动;若利用关键点移动箭头,则只有引线跟随移动,基线、文字或图块不动。

命令启动方法

◎ **菜单命令:**【标注】/【多重引线】。

◎ **面板:**【注释】面板上的 按钮。

◎ **命令:** MLEADER 或简写 MLD。

【练习 10-10】 打开资源包文件 "dwg\ 第 10 章 \10-10.dwg",用 MLEADER 命令创建引线标注,如图 10-43 所示。

引线标注

(STEP01) 单击【注释】面板上的 按钮,打开【多重引线样式管理器】对话框,如图 10-44 所示,利用该对话框可新建、修改、重命名或删除引线样式。

图 10-43 创建引线标注

图 10-44 【多重引线样式管理器】对话框

(STEP02) 单击 修改(M)... 按钮,打开【修改多重引线样式】对话框,如图 10-45 所示,在该对话框中完成以下设置。

◎【引线格式】选项卡设置的选项如图 10-45 所示。

◎【引线结构】选项卡设置的选项如图 10-46 所示。【设置基线距离】栏中的数值表示基线的长度,【指定比例】栏中的数值为引线标注的整体缩放比例值。

图 10-45 【引线格式】选项卡

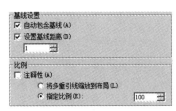

图 10-46 【引线结构】选项卡

◎【内容】选项卡设置的选项如图 10-47 所示。其中,【基线间隙】栏中的数值表示基线与标注文字间的距离。

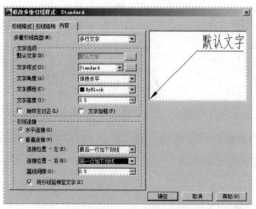

图 10-47 【修改多重引线样式】对话框

STEP03 单击【注释】面板上的 /○引线 按钮，启动创建引线标注命令。

命令：_mleader

指定引线箭头的位置或 [引线基线优先 (L)/ 内容优先 (C)/ 选项 (O)] < 选项 >:

// 指定引线起始点 *A*，如图 10-43 所示

指定引线基线的位置：　　　　　　　　　　// 指定引线下一个点 *B*

// 启动文字编辑器，然后输入标注文字 "拉铆钉 @300"

结果如图 10-43 所示。

要点提示　　创建引线标注时，若文本或指引线的位置不合适，则可利用关键点编辑方式进行调整。

MLEADER 命令的常用选项如下。

◎ **引线基线优先 (L)**：创建引线标注时，首先指定基线的位置。

◎ **内容优先 (C)**：创建引线标注时，首先指定文字或图块的位置。

【修改多重引线样式】对话框中常用选项的功能介绍如下。

（1）【引线格式】选项卡。

◎ 【类型】：指定引线的类型，该下拉列表包含 3 个选项：【直线】、【样条曲线】和【无】。

◎ 【符号】：设置引线端部的箭头形式。

◎ 【大小】：设置箭头的大小。

（2）【引线结构】选项卡。

◎ 【最大引线点数】：指定连续引线的端点数。

◎ 【第一段角度】：指定引线第一段倾角的增量值。

◎ 【第二段角度】：指定引线第二段倾角的增量值。

◎ 【自动包含基线】：将水平基线附着到引线末端。

◎ 【设置基线距离】：设置基线的长度。

◎ 【指定比例】：指定引线标注的缩放比例。

（3）【内容】选项卡。

◎ 【多重引线类型】：指定引线末端连接文字还是图块。

◎ 【连接位置 - 左】：当文字位于引线左侧时，基线相对于文字的位置。

◎ 【连接位置‑右】：当文字位于引线右侧时，基线相对于文字的位置。

◎ 【基线间隙】：设定基线和文字之间的距离。

10.4 尺寸及形位公差标注

创建尺寸公差的方法有两种。

（1）利用当前样式的覆盖方式标注尺寸公差。打开【标注样式管理器】，单击 替代(O)... 按钮，再进入【公差】选项卡中设置尺寸的上、下偏差。

（2）标注时，利用"多行文字(M)"选项打开多行文字编辑器，然后采用堆叠文字方式标注公差。

标注形位公差可使用 TOLERANCE 和 QLEADER 命令（简写 LE），前者只能产生公差框格，而后者既能形成公差框格又能形成标注指引线。

10.4.1 标注尺寸公差

【练习 10-11】利用当前样式覆盖方式标注尺寸公差。

(STEP01) 打开资源包文件"dwg\ 第 10 章 \10-11.dwg"。

(STEP02) 打开【标注样式管理器】对话框，然后单击 替代(O)... 按钮，打开【替代当前样式】对话框，进入【公差】选项卡，如图 10-48 所示。

(STEP03) 在【方式】、【精度】和【垂直位置】下拉列表中分别选择【极限偏差】、【0.000】和【中】，在【上偏差】、【下偏差】和【高度比例】栏中分别输入【0.039】、【0.015】和【0.75】，如图 10-49 所示。

标注尺寸公差

251

> **要点提示** 默认情况下，AutoCAD 自动在上偏差前面添加"+"号，在下偏差前面添加"-"号。若在输入偏差值时加上"+"或"-"号，则最终标注的符号将是默认符号与输入符号相乘的结果。

(STEP04) 返回 AutoCAD 绘图窗口，启动 DIM 标注 *AB* 线段，如图 10-49 所示。

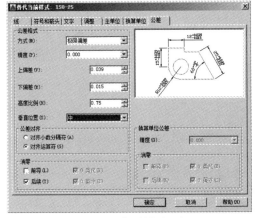

图 10-48 【公差】选项卡

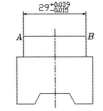

图 10-49 标注尺寸公差

>
> **要点提示** 标注尺寸公差时，若空间过小，可考虑使用较窄的文字进行标注。具体方法是先建立一个新的文本样式，在该样式中设置文字宽度比例因子小于 1，然后通过尺寸样式的覆盖方式使当前尺寸样式连接新文字样式，这样标注的文字宽度就会变小。

【练习 10-12】通过堆叠文字方式标注尺寸公差。

STEP01 启动 DIM 命令，指定标注对象并选择"多行文字 (M)"选项后，打开【文字编辑器】选项卡，在此选项卡中采用堆叠文字方式输入尺寸公差（第 9 章中已有介绍），如图 10-50 所示。

STEP02 选中尺寸公差，单击出现的工具按钮，选择【堆叠特性】选项，打开【堆叠特性】对话框，在此对话框中可调整公差文字高度及位置等特性，如图 10-50 所示。

堆叠文字方式标注尺寸公差

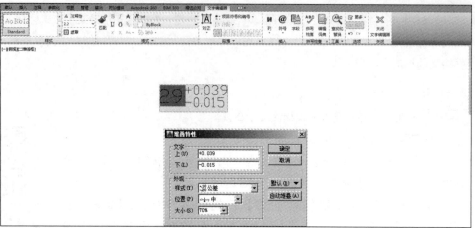

图 10-50 【文字编辑器】选项卡

10.4.2 标注形位公差

标注形位公差常利用 QLEADER（简写 LE）命令。

【练习 10-13】用 QLEADER 命令标注形位公差。

STEP01 打开资源包文件"dwg\第 10 章\10-13.dwg"。

STEP02 输入 QLEADER 命令，AutoCAD 提示"指定第一条引线点或 [设置 (S)]< 设置 >:"，直接按 Enter 键，打开【引线设置】对话框，在【注释】选项卡中选取【公差】单选项，如图 10-51 所示。

标注形位公差

图 10-51 【引线设置】对话框

STEP03 单击___确定___按钮，AutoCAD 提示如下。

指定第一个引线点或 [设置 (S)]< 设置 >:   // 在轴线上捕捉点 A，如图 10-52 所示

指定下一点：   // 打开正交并在 B 点处单击一点

指定下一点：   // 在 C 点处单击一点

AutoCAD 打开【形位公差】对话框，在该对话框中输入公差值，如图 10-53 所示。

单击 确定 按钮，结果如图 10-52 所示。

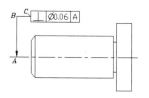

图 10-52　标注形位公差

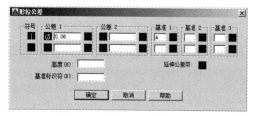

图 10-53　【形位公差】对话框

10.5　编辑尺寸标注

尺寸标注的各个组成部分（如文字的大小、箭头的形式等）都可以通过调整尺寸样式进行修改，但当变动尺寸样式后，所有与此样式关联的尺寸标注都将发生变化。如果仅仅想改变某一个尺寸的外观或标注文本的内容该怎么办？本节将通过一个练习说明编辑单个尺寸标注的一些方法。

【练习 10-14】以下练习内容包括修改标注文本内容、改变尺寸界线及文字的倾斜角度、调整标注位置及编辑尺寸标注属性等。

10.5.1　修改尺寸标注文字

可以使用 ED 命令（TEDIT）命令或是通过双击文字修改文字内容。

(STEP01)　打开资源包文件 "dwg\ 第 10 章 \10-14.dwg"。

(STEP02)　双击标注文字 "84" 后，AutoCAD 打开【文字编辑器】选项卡，在该编辑器中输入直径代码，如图 10-54 所示。

编辑尺寸标注

图 10-54　多行文字编辑器

(STEP03)　单击 ✕ 按钮或文字编辑框外部，返回绘图窗口，再次双击尺寸 "104"，然后在该尺寸文字前加入直径代码，结果如图 10-55 右图所示。

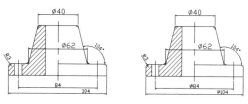

图 10-55　修改尺寸文本

10.5.2　改变尺寸界线和文字的倾斜角度及恢复标注文字

DIMEDIT 命令可以调整尺寸文本位置，并能修改文本内容，此外，还可将尺寸界线倾斜某一角度及旋转尺寸文字。这个命令的优点是，可以同时编辑多个尺寸标注。

DIMEDIT 命令的选项如下。

◎ **默认 (H)**：将标注文字放置在尺寸样式中定义的位置。

◎ **新建 (N)**：该选项将打开多行文字编辑器，通过此编辑器输入新的标注文字或恢复真实的标注文本。

◎ **旋转 (R)**：将标注文本旋转某一角度。

◎ **倾斜 (O)**：使尺寸界线倾斜一个角度。当创建轴测图尺寸标注时，这个选项非常有用。

下面使用 DIMEDIT 命令使尺寸"$\phi 62$"的尺寸界线倾斜，如图 10-56 所示。

接上例。单击【注释】选项卡中【标注】面板上的 H 按钮，或者键入 DIMEDIT 命令，AutoCAD 提示如下。

命令：_dimedit

输入标注编辑类型 [默认 (H)/ 新建 (N)/ 旋转 (R)/ 倾斜 (O)]< 默认 >:o

　　　　　　　　　　　　　　　　　　// 使用"倾斜 (O)"选项

选择对象：找到 1 个　　　　　　　　// 选择尺寸"$\phi 62$"

选择对象：　　　　　　　　　　　　 // 按 Enter 键

输入倾斜角度 (按 Enter 表示无):120　// 输入尺寸界线的倾斜角度

结果如图 10-56 所示。

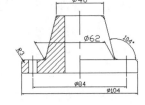

图 10-56　使尺寸界线倾斜某一角度

10.5.3　调整标注位置、均布及对齐尺寸线

关键点编辑方式非常适合移动尺寸线和标注文字。进入这种编辑模式后，一般通过尺寸线两端或标注文字所在处的关键点来调整尺寸的位置。

对于平行尺寸线间的距离可用 DIMSPACE 命令调整，该命令可使平行尺寸线按用户指定的数值等间距分布。单击【注释】选项卡【标注】面板上的 按钮，启动 DIMSPACE 命令。

对于连续的线性及角度标注，可通过 DIMSPACE 命令使所有尺寸线对齐，此时设定尺寸线间距为 0 即可。

下面使用关键点编辑方式调整尺寸标注的位置。

STEP01　接上例。选择尺寸"104"，并激活文本所在处的关键点，AutoCAD 自动进入拉伸编辑模式。

STEP02　向下移动鼠标光标调整文本的位置，结果如图 10-57 所示。

调整尺寸标注位置的最佳方法是采用关键点编辑方式，当激活关键点后就可以移动文本或尺寸线到适当的位置。若还不能满足要求，则可用 EXPLODE 命令将尺寸标注分解为单个对象，然后调整它们以达到满意的效果。

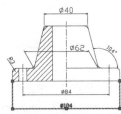

图 10-57　调整文本的位置

10.5.4　编辑尺寸标注属性

使用 PROPERTIES 命令（简写 PR）可以非常方便地编辑尺寸，用户可一次同时选取多个尺寸标注，输入 PR 命令或单击右键菜单的【特性】选项后，AutoCAD 打开【特性】对话框，在该对话框中用户可修改尺寸标注的许多属性。PROPERTIES 命令的另一个优点是当多个尺寸标注的某一属性不同时，也能将其设置为相同。例如，有几个尺寸标注的文本高度不同，就可同时选择这些尺寸，然后用 PROPERTIES 命令将所有标注文本的高度值修改为同样的数值。

下面使用 PROPERTIES 命令修改标注文字的高度。

STEP01 接上例。选择尺寸"φ40"和"φ62"，然后键入 PR 命令，AutoCAD 打开【特性】对话框。

STEP02 在该对话框的【文字高度】文本框中输入数值3.5，如图 10-58 所示。

STEP03 返回绘图窗口，按 Esc 键取消选择，结果如图 10-59 所示。

图 10-58　修改文本高度

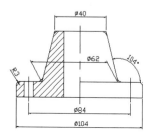

图 10-59　修改结果

255

10.5.5　更新标注

如果发现尺寸标注的格式不合适，可以使用【更新标注】命令进行修改。过程是：先以当前尺寸样式的覆盖方式改变尺寸样式，然后通过【更新标注】命令使要修改的尺寸按新的尺寸样式进行更新。使用此命令时，用户可以连续地对多个尺寸进行更新。

单击【注释】选项卡中【标注】面板上的 按钮，启动【更新标注】命令。

下面练习使半径及角度尺寸的文本水平放置。

STEP01 接上例。单击【注释】面板上的 按钮，打开【标注样式管理器】对话框。

STEP02 单击 替代(0)... 按钮，打开【替代当前样式】对话框。

STEP03 进入【文字】选项卡，在该界面的【文字对齐】分组框中选取【水平】单选项。

STEP04 返回 AutoCAD 主窗口，单击【注释】选项卡中【标注】面板上的 按钮，然后选择角度及半径尺寸，结果如图 10-60 所示。

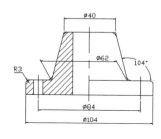

图 10-60　更新尺寸标注

要点提示　　选择要修改的尺寸，再使用 PR 命令使这些尺寸连接新的尺寸样式。操作完成后，AutoCAD 会更新被选取的尺寸标注。

10.6　在建筑图中标注注释性尺寸

在建筑图中创建尺寸标注时，需要注意的一个问题是：尺寸文本的高度及箭头大小应如何设置。若设置不当，打印出图后，由于打印比例的影响，尺寸外观往往不合适。要解决这个问题，可以采用下面的方法。

在尺寸样式中将标注文本高度及箭头大小等设置成与图纸上真实大小一致，再设定标注总体比例因子为打印比例的倒数即可。例如，打印比例为 1 : 100，标注总体比例就为 100。标注时标注外观放大 100 倍，打印时缩小 100 倍。

另一个方法是创建注释性尺寸，此类对象具有注释比例属性，只需设置注释对象当前注释比例等于出图比例，就能保证出图后标注外观与最初设定值一致。

创建注释性尺寸的步骤如下。

(STEP01) 创建新的尺寸样式并使其成为当前样式。在【创建新标注样式】对话框中选择【注释性】选项设定新样式为注释性样式，如图 10-61 左图所示；也可在【修改标注样式】对话框中修改已有样式为注释性样式，如图 10-61 右图所示。

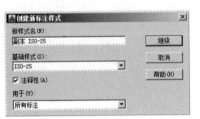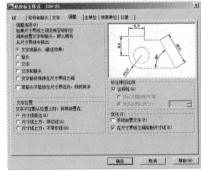

图 10-61　创建注释性标注样式

(STEP02) 在注释性标注样式中设定尺寸文本高度、箭头外观大小与图纸上一致。

(STEP03) 单击 AutoCAD 状态栏底部的 1:2 / 50% 按钮，设定当前注释比例等于打印比例。

(STEP04) 创建尺寸标注，该尺寸为注释性尺寸，具有注释比例属性，其注释比例为当前设置值。

可以认为注释比例就是打印比例，创建注释性尺寸后，系统自动以当前注释比例的倒数缩放其外观，这样就保证了输出图形后尺寸外观等于设定值。例如，设定标注字高为 3.5，设置当前注释比例为 1：100，创建尺寸后该尺寸的注释比例就为 1：100，显示在绘图窗口中的标注外观将放大 100 倍，字高变为 350。这样当以 1：100 比例出图后，文字高度变为 3.5。

注释对象可以具有一个或多个注释比例，设定其中之一为当前注释比例，则注释对象外观以该比例值的倒数为缩放因子变大或变小。选择注释对象，通过右键快捷菜单上的【特性】选项可添加或删除注释比例。单击 AutoCAD 状态栏底部的 1:2 / 50% 按钮，可指定注释对象的某个比例值为当前注释比例。

10.7　创建各类尺寸的独立命令

AutoCAD 提供了创建长度、角度、直径及半径等类型尺寸的命令按钮，如表 10-3 所示，这些按钮包含在【默认】选项卡的【注释】面板中。

表 10-3　标注尺寸的命令

尺寸类型	命令按钮	功能
长度尺寸	线性	标注水平、竖直及倾斜方向的尺寸
对齐尺寸	对齐	对齐尺寸的尺寸线平行于倾斜的标注对象。如果用户是通过选择两个点来创建对齐尺寸，则尺寸线与两点的连线平行
连续型尺寸	连续	一系列首尾相连的尺寸标注
基线型尺寸	基线	所有的尺寸都从同一点开始标注，即它们公用一条尺寸界线
角度尺寸	角度	通过拾取两条边线、三个点或一段圆弧来创建角度尺寸
半径尺寸	半径	选择圆或圆弧创建半径尺寸，AutoCAD 自动在标注文字前面加入"R"符号
直径尺寸	直径	选择圆或圆弧创建直径尺寸，AutoCAD 自动在标注文字前面加入"ϕ"符号

10.8 综合练习——尺寸标注

以下是平面图形及组合体标注的综合练习题，内容包括选用图幅、标注尺寸、创建尺寸公差和形位公差等。

10.8.1 采用普通尺寸或注释性尺寸标注平面图形

创建注释性尺寸标注

【练习10-15】打开资源包文件"dwg\ 第 10 章 \10-15.dwg"，采用注释性尺寸标注该图形，如图 10-62 所示。图幅选用 A3 幅面，绘图比例为 1 ：50，标注字高为 3.5，字体为 gbenor.shx。

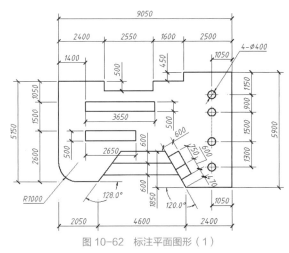

图 10-62　标注平面图形（1）

STEP01　打开包含标准图框的图形文件"dwg\ 第 10 章 \A3.dwg"，把 A3 图框复制到要标注的图形中，用 SCALE 命令缩放 A3 图框，缩放比例为 50。

STEP02　用 MOVE 命令将图样放入图框内。

STEP03　创建一个名为"尺寸标注"的图层，并将其设置为当前层。

STEP04　创建新文字样式，样式名为"标注文字"，与该样式相连的字体文件是 gbenor.shx 和 gbcbig. shx。

STEP05　创建一个注释性尺寸样式，名称为"国标标注"，对该样式进行以下设置。

◎ 标注文本连接"标注文字"，文字高度为 3.5，精度为 0.0，小数点格式是"句点"。

◎ 标注文本与尺寸线间的距离是 0.8。

◎ 尺寸线端部短斜线大小为 2。

◎ 尺寸界线超出尺寸线长度为 2。

◎ 尺寸线起始点与标注对象端点间的距离为 3。

◎ 标注基线尺寸时，平行尺寸线间的距离为 8。

◎ 使"国标标注"成为当前样式。

STEP06　单击 AutoCAD 状态栏底部的 ⚐ 2:1 / 200% ▾ 按钮，设置当前注释比例为 1 ：50，该比例值等于打印比例。

STEP07　打开对象捕捉，设置捕捉类型为端点和交点，标注尺寸。

【练习 10-16】打开资源包文件"dwg\ 第 10 章 \10-16.dwg",采用普通尺寸标注该图形,结果如图 10-63 所示。图幅选用 A3 幅面,绘图比例为 2∶1,标注字高为 2.5,字体为 gbeitc.shx。

创建普通尺寸标注

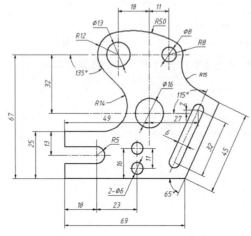

图 10-63 标注平面图形(2)

该图形的标注过程与前一个练习类似,只是标注样式为普通标注样式,但应设定标注总体比例因子为 0.5,即出图比例的倒数。

10.8.2 标注组合体尺寸

【练习 10-17】打开资源包文件"dwg\ 第 10 章 \10-17.dwg",采用注释性尺寸标注组合体,结果如图 10-64 所示。图幅选用 A3 幅面,绘图比例为 1∶50(注释比例),标注字高为 3.5,字体为 gbeitc.shx。

采用注释性尺寸标注组合体

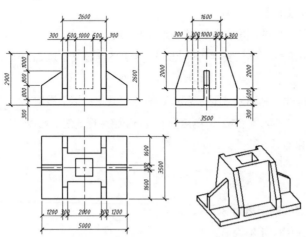

图 10-64 标注组合体尺寸

(STEP01) 插入 A3 幅面图框,并将图框放大 50 倍。利用 MOVE 命令布置好视图。

(STEP02) 创建注释性标注样式,并设置当前注释比例为 1∶50。

(STEP03) 标注组合体各组成部分的定形、定位尺寸,再标注总体尺寸,结果如图 10-64 所示。

10.8.3 插入图框及标注 1 ： 100 的建筑平面图

【练习 10-18】 打开资源包文件"dwg\ 第 10 章 \10-18.dwg"，该文件中包含一张 A3 幅面的建筑平面图，绘图比例为 1 ： 100。标注此图样，结果如图 10-65 所示。

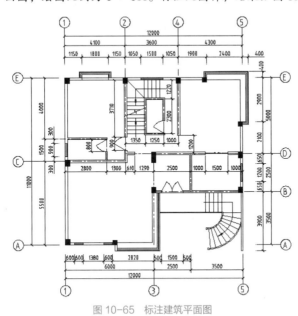

图 10-65　标注建筑平面图

STEP01 建立一个名为"建筑 - 标注"的图层，设置图层颜色为红色，线型为 Continuous，并使其成为当前层。

STEP02 创建新文字样式，样式名为"标注文字"，与该样式相关联的字体文件是 gbenor.shx 和 gbcbig.shx。

STEP03 创建一个注释性尺寸样式，名称为"工程标注"，对该样式进行以下设置。

◎ 标注文本连接"标注文字"，文字高度为 2.5，精度为 0.0，小数点格式为"句点"。

◎ 标注文本与尺寸线间的距离为 0.8。

◎ 尺寸起止符号为【建筑标记】，其大小为 2。

◎ 尺寸界线超出尺寸线的长度为 2。

◎ 尺寸线起始点与标注对象端点间的距离为 3。

◎ 标注基线尺寸时，平行尺寸线间的距离为 8。

◎ 使"工程标注"成为当前样式。

STEP04 单击绘图窗口状态栏底部的 1:2/50% ▾ 按钮，设置当前注释比例为 1 ： 100。若不采用注释性尺寸，则应设定标注总体比例因子为打印比例的倒数，然后进行标注。

STEP05 激活对象捕捉，设置捕捉类型为端点和交点。

STEP06 使用 XLINE 命令绘制水平辅助线 A 及竖直辅助线 B、C 等，竖直辅助线是墙体、窗户等结构的引出线，水平辅助线与竖直线的交点是标注尺寸的起始点和终止点，标注尺寸"1150""1800"等，结果如图 10-66 所示。

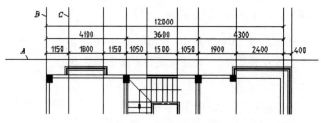

图 10-66　标注尺寸"1150""1800"等

(STEP07) 使用同样的方法标注图样左边、右边及下边的轴线间距尺寸及结构细节尺寸。

(STEP08) 标注建筑物内部的结构细节尺寸，如图 10-67 所示。

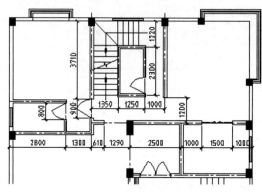

图 10-67　标注细节尺寸

(STEP09) 绘制轴线引出线，再绘制半径为 350 的圆，在圆内书写轴线编号，字高为 350，如图 10-68 所示。

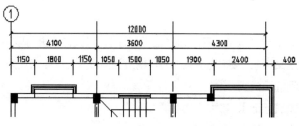

图 10-68　书写轴线编号

(STEP10) 复制圆及轴线编号，然后使用 TEDIT 命令修改编号数字，结果如图 10-65 所示。

10.8.4　标注不同绘图比例的剖面图

【练习 10-19】打开资源包文件"dwg\ 第 10 章 \10-19.dwg"，该文件中包含一张 A3 幅面的图纸，图纸上有两个剖面图，绘图比例分别为 1：20 和 1：10，标注这两个图样，结果如图 10-69 所示。

标注不同绘图比例的剖面图

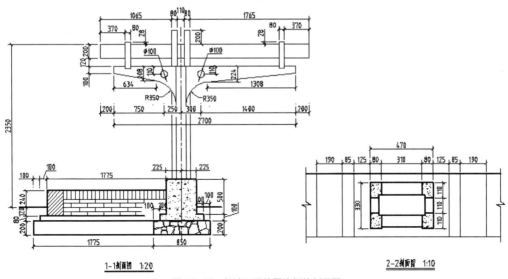

1-1剖面图 1:20   2-2剖面图 1:10

图 10-69　标注不同绘图比例的剖面图

STEP01 建立一个名为"建筑 – 标注"的图层，设置图层颜色为红色，线型为 Continuous，并使其成为当前层。

STEP02 创建新文字样式，样式名为"标注文字"，与该样式相关联的字体文件是 gbeitc.shx 和 gbcbig.shx。

STEP03 创建一个尺寸样式，名称为"工程标注"，对该样式进行以下设置。

◎ 标注文本连接"标注文字"，文字高度为 2.5，精度为 0.0，小数点格式为句点。

◎ 标注文本与尺寸线间的距离为 0.8。

◎ 尺寸起止符号为【建筑标记】，其大小为 2。

◎ 尺寸界线超出尺寸线的长度为 2。

◎ 尺寸线起始点与标注对象端点间的距离为 3。

◎ 标注基线尺寸时，平行尺寸线间的距离为 8。

◎ 标注全局比例因子为 20。

◎ 使"工程标注"成为当前样式。

STEP04 激活对象捕捉，设置捕捉类型为端点和交点。

STEP05 标注尺寸"370""1065"等，再利用当前样式的覆盖方式标注直径和半径尺寸，结果如图 10-70 所示。

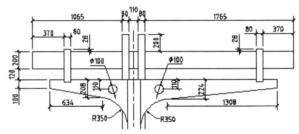

图 10-70　标注尺寸"370""1065"等

STEP06 使用 XLINE 命令绘制水平辅助线 *A* 及竖直辅助线 *B*、*C* 等，水平辅助线与竖直线的交点是标注尺寸的起始点和终止点，标注尺寸"200""750"等，结果如图 10-71 所示。

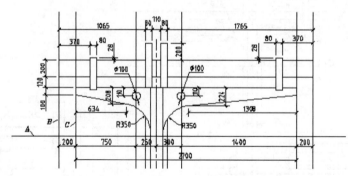

图 10-71　标注尺寸"200"、"750"等

STEP07 标注尺寸"100""1775"等，结果如图 10-72 所示。

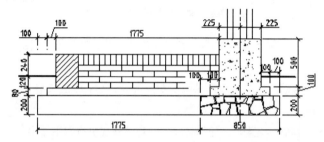

图 10-72　标注尺寸"100"、"1775"等

STEP08 以"工程标注"为基础样式创建新样式，样式名为"工程标注 1-10"。新样式的标注数字比例因子为 0.5，除此之外，新样式的尺寸变量与基础样式的完全相同。

要点提示　由于 1∶20 的剖面图是按 1∶1 的比例绘制的，因此 1∶10 的剖面图比真实尺寸放大了两倍，为使标注文字能够正确反映建筑物的实际大小，应设定标注数字比例因子为 0.5。

STEP09 使"工程标注 1-10"成为当前样式，然后标注尺寸"310""470"等，结果如图 10-73 所示。

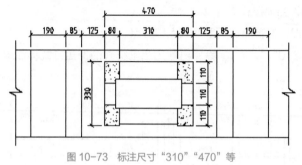

图 10-73　标注尺寸"310""470"等

10.9 习题

1. 打开资源包文件"dwg\第10章\10-20.dwg",标注该图样,结果如图10-74所示。标注文字采用的字体为gbenor.shx,字高为2.5,标注全局比例因子为50。

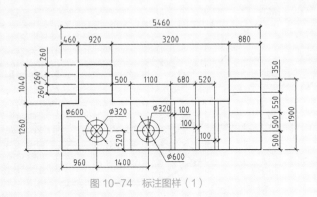

图10-74 标注图样(1)

2. 打开资源包文件"dwg\第10章\10-21.dwg",标注该图样,结果如图10-75所示。标注文字采用的字体为gbenor.shx,字高为2.5,标注全局比例因子为150。

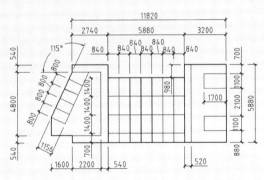

图10-75 标注图样(2)

3. 打开资源包文件"dwg\第10章\10-22.dwg",标注该图样,结果如图10-76所示。标注文字采用的字体为gbenor.shx,字高为2.5,标注全局比例因子为100。

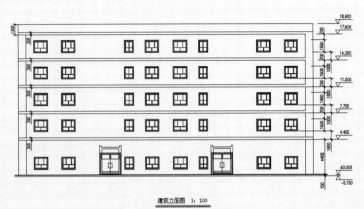

图10-76 标注图样(3)

4. 打开资源包文件"dwg\ 第 10 章 \10–23.dwg",标注该图样,结果如图 10-77 所示。标注文字采用的字体为 gbenor.shx,字高为 2.5,标注全局比例因子为 100。

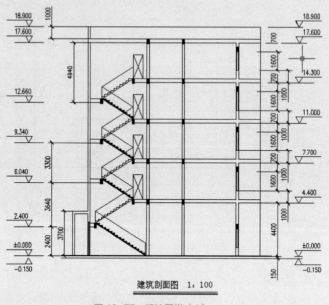

图 10-77　标注图样（4）

第11章
建筑施工图

主要内容

- 绘制建筑总平面图的方法和技巧。
- 绘制建筑平面图的方法和技巧。
- 绘制建筑立面图的方法和技巧。
- 绘制建筑剖面图的方法和技巧。
- 绘制建筑详图的方法和技巧。

11.1 绘制建筑总平面图

在设计和建造一幢房屋前，需要一张总平面图说明建筑物的地点、位置、朝向及周围的环境等，总平面图表示了一项工程的整体布局。

建筑总平面图是一水平投影图（俯视图），绘制时按照一定的比例在图纸上画出房屋轮廓线及其他设施水平投影的可见线，以表示建筑物和周围设施在一定范围内的总体布置情况，其图示的主要内容如下。

- 建筑物的位置和朝向。
- 室外场地、道路布置、绿化配置等的情况。
- 新建建筑物与相邻建筑物、周围环境的关系。

11.1.1 用 AutoCAD 绘制总平面图的步骤

绘制总平面图的主要步骤如下。

（1）将建筑物所在位置的地形图以块的形式插入到当前图形中，然后用 SCALE 命令缩放地形图，使其大小与实际地形尺寸相吻合。例如，若地形图上有一长度为 10m 的线段，将地形图插入 AutoCAD 中后，启动 SCALE 命令，利用该命令的"参照 (R)"选项将该线段由原始尺寸缩放到 10000（单位为 mm）个图形单位。

（2）绘制新建筑物周围的原有建筑、道路系统及绿化情况等。

（3）在地形图中绘制新建筑物轮廓。若已有该建筑物平面图，可将该平面图复制到总平面图中，删除不必要的线条，仅保留平面图的外形轮廓线即可。

（4）插入标准图框，并以绘图比例的倒数缩放图框。

（5）标注新建筑物的定位尺寸、室内地面标高及室外整平标高等。标注为绘图比例的倒数。

11.1.2 阶段练习——绘制总平面图

【练习11-1】绘制如图11-1所示的建筑总平面图。绘图比例1：500，采用A3幅面图框。

总平面图绘制

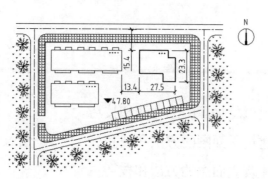

图 11-1 画总平面图

STEP01 创建以下图层。

名称	颜色	线型	线宽
总图－新建	白色	Continuous	0.7
总图－原有	白色	Continuous	默认
总图－道路	蓝色	Continuous	默认
总图－绿化	绿色	Continuous	默认
总图－车场	白色	Continuous	默认
总图－标注	白色	Continuous	默认

当创建不同种类的对象时，应切换到相应图层。

STEP02 设定绘图区域大小为 200000×200000，设置总体线型比例因子为 500（绘图比例倒数）。

STEP03 打开极轴追踪、对象捕捉及捕捉追踪功能。设置极轴追踪角度增量为 90°，设定对象捕捉方式为端点和交点，设置仅沿正交方向进行捕捉追踪。

STEP04 用 XLINE 命令绘制水平及竖直作图基准线，然后利用 OFFSET、LINE、BREAK、FILLET 及 TRIM 等命令形成道路及停车场，如图 11-2 所示。图中所有圆角半径为 6000。

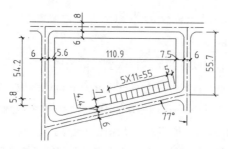

图 11-2 绘制道路及停车场

STEP05 用 OFFSET、TRIM 等命令形成原有建筑及新建建筑，细节尺寸及结果如图 11-3 所示。用 DONUT 命令绘制表示建筑物层数的圆点，圆点直径为 1000。

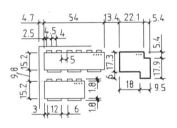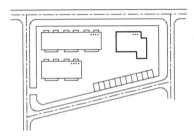

图 11-3　绘制原有建筑及新建建筑

(STEP06) 利用【设计中心】插入"图例 .dwg"中的图块"树木",再用 PLINE 命令绘制辅助线 A、B、C,然后填充剖面图案,图案名称为 GRASS 及 ANGLE,如图 11-4 所示。删除辅助线,结果如图 11-5 所示。

(STEP07) 打开资源包文件"dwg/ 第 11 章 /11-A3.dwg",该文件包含一个 A3 幅面的图框。利用 Windows 的复制 / 粘贴功能将 A3 幅面图纸复制到总平面图中。用 SCALE 命令缩放图框,缩放比例为 500。把总平面图布置在图框中,如图 11-5 所示。

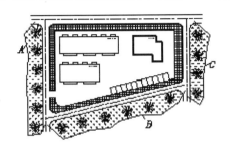

图 11-4　插入图块及填充剖面图案

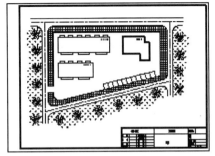

图 11-5　插入图框

(STEP08) 标注尺寸。尺寸文字字高为 2.5,标注总体比例因子等于 500,尺寸数值比例因子为 0.001。

当以 1 : 500 比例打印图纸时,标注字高为 2.5,标注文本是以"米"为单位的数值。

(STEP09) 利用【设计中心】插入资源包文件"图例 .dwg"中的图块"室外地坪标高""标高""指北针",块的缩放比例因子为 500。

11.2　绘制建筑平面图

假设用一个剖切平面在门窗洞的位置将房屋剖切开,把剖切平面以下的部分作正投影而形成的图样就是建筑平面图。该图是建筑施工图中最基本的图样之一,主要用于表示建筑物的平面形状以及沿水平方向的布置和组合关系等。

建筑平面图的主要图示内容如下。

◎　房屋的平面形状、大小及房间的布局。

◎　墙体、柱及墩的位置和尺寸。

◎　门、窗及楼梯的位置和类型。

11.2.1　用 AutoCAD 绘制平面图的步骤

用 AutoCAD 绘制平面图的总体思路是先整体、后局部。主要绘制过程如下。

（1）创建图层，如墙体层、轴线层、柱网层等。

（2）绘制一个表示作图区域大小的矩形，双击鼠标滚轮，将该矩形全部显示在绘图窗口中。再用 EXPLODE 命令分解矩形，形成作图基准线。此外，也可利用 LIMITS 命令设定作图区域大小，然后用 LINE 命令绘制水平及竖直作图基准线。

（3）用 OFFSET 和 TRIM 命令画水平及竖直定位轴线。

（4）用 MLINE 命令画外墙体，形成平面图的大致形状。

（5）绘制内墙体。

（6）用 OFFSET 和 TRIM 命令在墙体上形成门窗洞口。

（7）绘制门窗、楼梯及其他局部细节。

（8）插入标准图框，并以绘图比例的倒数缩放图框。

（9）标注尺寸，尺寸标注总体比例为绘图比例的倒数。

（10）书写文字，文字字高为图纸上的实际字高与绘图比例倒数的乘积。

11.2.2 阶段练习——绘制平面图

【练习11-2】绘制建筑平面图，如图 11-6 所示。绘图比例 1：100，采用 A2 幅面图框。为使图形简洁，图中仅标出了总体尺寸、轴线间距尺寸及部分细节尺寸。

平面图绘制

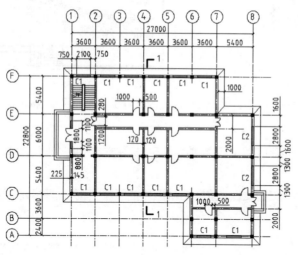

图 11-6　画建筑平面图

(STEP01) 创建以下图层。

名称	颜色	线型	线宽
建筑 – 轴线	蓝色	Center	默认
建筑 – 柱网	白色	Continuous	默认
建筑 – 墙体	白色	Continuous	0.7
建筑 – 门窗	红色	Continuous	默认
建筑 – 台阶及散水	红色	Continuous	默认
建筑 – 楼梯	红色	Continuous	默认
建筑 – 标注	白色	Continuous	默认

当创建不同种类的对象时，应切换到相应图层。

STEP02 设定绘图区域大小为 40000×40000，设置总体线型比例因子为 100（绘图比例倒数）。

STEP03 打开极轴追踪、对象捕捉及捕捉追踪功能。设置极轴追踪角度增量为 90°，设定对象捕捉方式为端点和交点，设置仅沿正交方向进行捕捉追踪。

STEP04 用 LINE 命令绘制水平及竖直作图基准线，然后利用 OFFSET、BREAK 及 TRIM 等命令形成轴线，如图 11-7 所示。

STEP05 在屏幕的适当位置绘制柱的横截面图，尺寸如图 11-8 左图所示。先画一个正方形，再连接两条对角线，然后用 Solid 图案填充图形，如图 11-8 右图所示。正方形两条对角线的交点可作为柱截面的定位基准点。

STEP06 用 COPY 命令形成柱网，如图 11-9 所示。

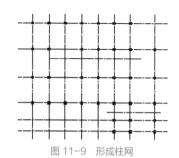

图 11-7　形成轴线　　　图 11-8　画柱的横截面　　　图 11-9　形成柱网

STEP07 创建两个多线样式。

样式名	元素	偏移量
墙体 -370	两条直线	145、-225
墙体 -240	两条直线	120、-120

STEP08 关闭"建筑 - 柱网"层，指定"墙体 -370"为当前样式，用 MLINE 命令绘制建筑物外墙体。再设定"墙体 -240"为当前样式，绘制建筑物内墙体，如图 11-10 所示。

STEP09 用 MLEDIT 命令编辑多线相交的形式，再分解多线，修剪多余线条。

STEP10 用 OFFSET、TRIM 和 COPY 命令形成所有门窗洞口，如图 11-11 所示。

STEP11 利用【设计中心】插入资源包文件"图例 .dwg"中的门窗图块，它们分别是 M1000、M1200、M1800 及 C370×100，再复制这些图块，如图 11-12 所示。

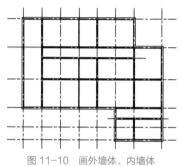

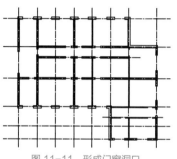

图 11-10　画外墙体、内墙体　　　图 11-11　形成门窗洞口　　　图 11-12　插入门窗图块

STEP12 绘制室外台阶及散水，细节尺寸及结果如图 11-13 所示。

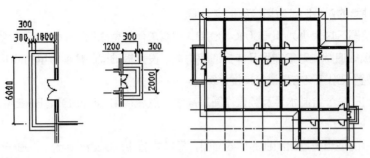

图 11-13　画室外台阶及散水

(STEP13) 绘制楼梯，楼梯尺寸如图 11-14 所示。

(STEP14) 打开资源包文件"dwg/ 第 11 章 /11-A2.dwg"，该文件包含一个 A2 幅面的图框。利用 Windows 的复制 / 粘贴功能将 A2 幅面图纸复制到平面图中。用 SCALE 命令缩放图框，缩放比例为 100。然后，把平面图布置在图框中，如图 11-15 所示。

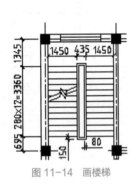

图 11-14　画楼梯

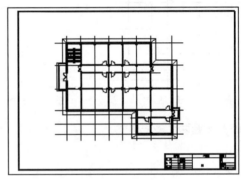

图 11-15　插入图框

(STEP15) 标注尺寸，尺寸文字字高为 2.5，标注总体比例因子等于 100。

(STEP16) 利用【设计中心】插入"图例 .dwg"中的标高块及轴线编号块，并填写属性文字，块的缩放比例因子为 100。

(STEP17) 将文件以名称"平面图 .dwg"保存，该文件将用于绘制立面图和剖面图。

11.3　绘制建筑立面图

建筑立面图是按不同投影方向绘制的房屋侧面外形图，它主要表示房屋的外貌和立面装饰的情况，其中反映主要入口或比较显著地反映房屋外貌特征的立面图称为正立面图，其余立面图相应地称为背立面、侧立面。房屋有 4 个朝向，常根据房屋的朝向命名相应方向的立面图，如南立面图、北立面图、东立面图和西立面图。此外，也可根据建筑平面图中首尾轴线命名，如①~⑦立面图。轴线的顺序是：当观察者面向建筑物时，从左往右的轴线顺序。

11.3.1　用 AutoCAD 绘制立面图的步骤

可将平面图作为绘制立面图的辅助图形。先从平面图画竖直投影线将建筑物的主要特征投影到立面图，然后绘制立面图的各部分细节。

画立面图的主要过程如下。

（1）创建图层，如建筑轮廓层、窗洞层及轴线层等。

（2）通过外部引用方式将建筑平面图插入当前图形中。或者打开已有平面图，将其另存为一个文件，以此文件为基础绘制立面图。也可利用 Windows 的复制 / 粘贴功能从平面图中获取有用的信息。

（3）从平面图画建筑物轮廓的竖直投影线，再画地平线、屋顶线等，这些线条构成了立面图的主要布局线。

（4）利用投影线形成各层门窗洞口线。

（5）以布局线为作图基准线，绘制墙面细节，如阳台、窗台及壁柱等。

（6）插入标准图框，并以绘图比例的倒数缩放图框。

（7）标注尺寸，尺寸标注总体比例为绘图比例的倒数。

（8）书写文字，文字字高为图纸上的实际字高与绘图比例倒数的乘积。

11.3.2 阶段练习——绘制立面图

【练习 11-3】绘制建筑立面图，如图 11-16 所示。绘图比例 1 ：100，采用 A3 幅面图框。

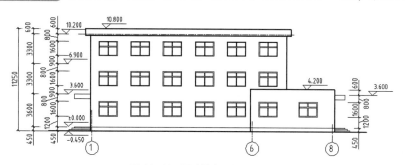

图 11-16　画建筑立面图

STEP01　创建以下图层。

名称	颜色	线型	线宽
建筑－轴线	蓝色	Center	默认
建筑－构造	白色	Continuous	默认
建筑－轮廓	白色	Continuous	0.7
建筑－地坪	白色	Continuous	1.0
建筑－窗洞	红色	Continuous	0.35
建筑－标注	白色	Continuous	默认

当创建不同种类的对象时，应切换到相应图层。

STEP02　设定绘图区域大小为 40000×40000，设置总体线型比例因子为 100（绘图比例倒数）。

STEP03　打开极轴追踪、对象捕捉及捕捉追踪功能。设置极轴追踪角度增量为 90°，设定对象捕捉方式为端点和交点，设置仅沿正交方向进行捕捉追踪。

STEP04　利用外部引用方式或利用 Windows 的复制 / 粘贴功能将上节创建的文件"平面图 .dwg"插入当前图形中，再关闭该文件的"建筑－标注"及"建筑－柱网"层。也可打开"平面图 .dwg"，另存其为"立面图 .dwg"，以此文件作为绘制立面图的基础文件。

STEP05　从平面图画竖直投影线，再用 LINE、OFFSET 及 TRIM 命令画屋顶线、室外地坪线和室内地坪线等，细部尺寸及结果如图 11-17 所示。

STEP06　从平面图画竖直投影线，再用 OFFSET 及 TRIM 命令形成窗洞线，如图 11-18 所示。

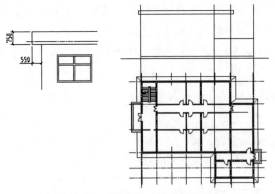

图 11-17　画投影线、建筑物轮廓线等

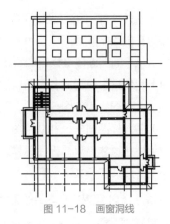

图 11-18　画窗洞线

STEP07　绘制窗户，窗户细部尺寸及作图结果如图 11-19 所示。

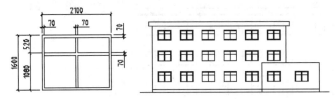

图 11-19　绘制窗户

STEP08　从平面图画竖直投影线，再用 OFFSET 及 TRIM 命令绘制雨篷及室外台阶，结果如图 11-20 所示。雨篷厚度为 500，室外台阶分 3 个踏步，每个踏步高 150。

STEP09　拆离外部引用文件，再打开 "dwg/ 第 11 章 /11-A3.dwg"，该文件包含一个 A3 幅面的图框。利用 Windows 的复制 / 粘贴功能将 A3 幅面图纸复制到立面图中。用 SCALE 命令缩放图框，缩放比例为 100。然后，把立面图布置在图框中，如图 11-21 所示。

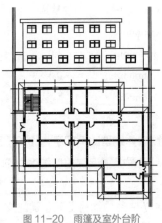

图 11-20　雨篷及室外台阶

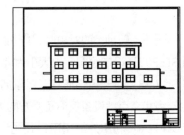

图 11-21　插入图框

STEP10　标注尺寸，尺寸文字字高为 2.5，标注总体比例因子等于 100。

STEP11　利用【设计中心】插入 "图例 .dwg" 中的标高块及轴线编号块，并填写属性文字，块的缩放比例因子为 100。

STEP12　将文件以名称 "立面图 .dwg" 保存，该文件将用于绘制剖面图。

11.4　绘制建筑剖面图

剖面图主要用于表示房屋内部的结构形式、分层情况及各部分的联系等，它的绘制方法是假想一个铅垂的平面剖切房屋，移去挡住的部分，然后将剩余的部分按正投影原理绘制出来。

剖面图反映的主要内容如下。

◎　在垂直方向上房屋各部分的尺寸及组合。

◎　建筑物的层数、层高。

◎　房屋在剖面位置上的主要结构形式、构造方式等。

11.4.1　用 AutoCAD 绘制剖面图的步骤

可将平面图、立面图作为绘制剖面图的辅助图形。将平面图旋转 90°，并布置在适当的地方，从平面图、立面图画竖直及水平投影线以形成剖面图的主要特征，然后绘制剖面图各部分细节。

画剖面图的主要过程如下。

（1）创建图层，如墙体层、楼面层及构造层等。

（2）将平面图、立面图布置在一个图形中，以这两个图为基础绘制剖面图。

（3）从平面图、立面图画建筑物轮廓的投影线，修剪多余线条，形成剖面图的主要布局线。

（4）利用投影线形成门窗高度线、墙体厚度线及楼板厚度线等。

（5）以布局线为作图基准线，绘制未剖切到的墙面细节，如阳台、窗台及墙垛等。

（6）插入标准图框，并以绘图比例的倒数缩放图框。

（7）标注尺寸，尺寸标注总体比例为绘图比例的倒数。

（8）书写文字，文字字高为图纸上的实际字高与绘图比例倒数的乘积。

11.4.2　阶段练习——绘制剖面图

【练习11-4】绘制建筑剖面图，如图 11-22 所示。绘图比例 1 ∶ 100，采用 A3 幅面图框。

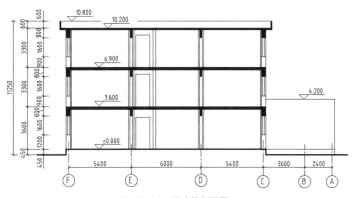

剖面图绘制

图 11-22　画建筑剖面图

STEP01　创建以下图层。

名称	颜色	线型	线宽
建筑－轴线	蓝色	Center	默认
建筑－楼面	白色	Continuous	0.7
建筑－墙体	白色	Continuous	0.7

名称	颜色	线型	线宽
建筑－地坪	白色	Continuous	1.0
建筑－门窗	红色	Continuous	默认
建筑－构造	红色	Continuous	默认
建筑－标注	白色	Continuous	默认

当创建不同种类的对象时，应切换到相应图层。

STEP02 设定绘图区域大小为 30000×30000，设置总体线型比例因子为 100"（绘图比例倒数）。

STEP03 打开极轴追踪、对象捕捉及捕捉追踪功能。设置极轴追踪角度增量为 90°，设定对象捕捉方式为端点和交点，设置仅沿正交方向进行捕捉追踪。

STEP04 利用外部引用方式将已创建的文件"平面图 .dwg"和"立面图 .dwg"插入当前图形中，再关闭两文件的"建筑－标注"层。

STEP05 将建筑平面图旋转 90°，并将其布置在适当位置。从立面图和平面图向剖面图画投影线，再绘制屋顶左、右端面线，如图 11-23 所示。

STEP06 从平面图画竖直投影线，投影墙体，如图 11-24 所示。

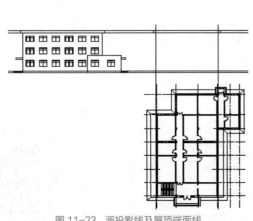

图 11-23　画投影线及屋顶端面线

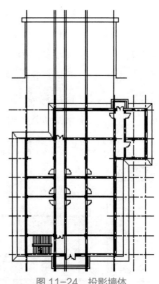

图 11-24　投影墙体

STEP07 从立面图画水平投影线，再用 OFFSET、TRIM 等命令形成楼板、窗洞及檐口，如图 11-25 所示。

STEP08 画窗户、门、柱及其他细节等，如图 11-26 所示。

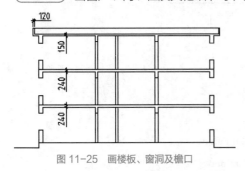

图 11-25　画楼板、窗洞及檐口

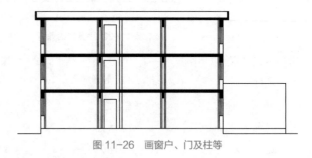

图 11-26　画窗户、门及柱等

STEP09 拆离外部引用文件，再打开资源包文件"dwg/ 第 11 章 /11-A3.dwg"，该文件包含一个 A3 幅面的图框。利用 Windows 的复制 / 粘贴功能将 A3 幅面图纸复制到剖面图中。用 SCALE 命令缩放图框，缩放比例为 100。然后，把剖面图布置在图框中，如图 11-27 所示。

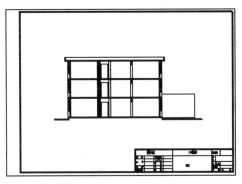

图 11-27　插入图框

STEP10 标注尺寸，尺寸文字字高为 2.5，标注总体比例因子等于 100。

STEP11 利用【设计中心】插入"图例 .dwg"中的标高块及轴线编号块，并填写属性文字，块的缩放比例因子为 100。

STEP12 将文件以名称"剖面图 .dwg"保存。

11.5　绘制建筑施工详图

建筑平面图、立面图及剖面图主要表达了建筑物平面布置情况、外部形状和垂直方向的结构构造等。由于这些图样的绘图比例较小，而反映的内容范围却很广，因而建筑物的细部结构很难清晰地表示出来。为满足施工要求，常对楼梯、墙身、门窗及阳台等局部结构采用较大的比例详细绘制，这样画出的图样称为建筑详图。

详图主要包括以下内容。

◎ 某部分的详细构造及详细尺寸。

◎ 使用的材料、规格及尺寸。

◎ 有关施工要求及制作方法的文字说明。

画建筑详图的主要过程如下。

（1）创建图层，如轴线层、墙体层及装饰层等。

（2）将平面图、立面图或剖面图中的有用对象复制到当前图形中，以减少作图工作量。

（3）不同绘图比例的详图都按 1 ： 1 比例绘制。可先画出作图基准线，然后利用 OFFSET 及 TRIM 命令形成图样细节。

（4）插入标准图框，并以出图比例的倒数缩放图框。

（5）对绘图比例与出图比例不同的详图进行缩放操作，缩放比例因子等于绘图比例与出图比例的比值，然后将所有详图布置在图框内。例如，有绘图比例为 1 ： 20 和 1 ： 40 的两张详图，要布置在 A3 幅面的图纸内，出图比例为 1 ： 40，则布图前，应先用 SCALE 命令缩放 1 ： 20 的详图，缩放比例因子为 2。

（6）标注尺寸，尺寸标注总体比例为出图比例的倒数。

（7）对于已缩放 n 倍的详图，应采用新样式进行标注。标注总体比例为出图比例的倒数，尺寸数值比例因子为 1/n。

（8）书写文字，文字字高为图纸上的实际字高与绘图比例倒数的乘积。

【练习11-5】绘制建筑详图，如图 11-28 所示。两个详图的绘图比例分别为 1：10 和 1：20，图幅采用 A3 幅面，出图比例 1：10。

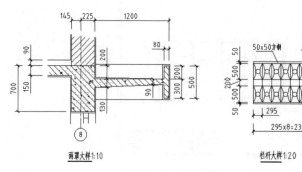

图 11-28　绘制详图

(STEP01) 创建以下图层。

名称	颜色	线型	线宽
建筑 – 轴线	蓝色	Center	默认
建筑 – 楼面	白色	Continuous	0.7
建筑 – 墙体	白色	Continuous	0.7
建筑 – 门窗	红色	Continuous	默认
建筑 – 构造	红色	Continuous	默认
建筑 – 标注	白色	Continuous	默认

当创建不同种类的对象时，应切换到相应图层。

(STEP02) 设定绘图区域大小为 4000×4000，设置总体线型比例因子为 10（出图比例倒数）。

(STEP03) 打开极轴追踪、对象捕捉及捕捉追踪功能。设置极轴追踪角度增量为 90°，设定对象捕捉方式为端点和交点，设置仅沿正交方向进行捕捉追踪。

(STEP04) 用 LINE 命令绘制轴线及水平作图基准线，然后用 OFFSET、TRIM 命令形成墙体、楼板及雨篷等，如图 11-29 所示。

(STEP05) 用 OFFSET、LINE 及 TRIM 命令形成墙面、门及楼板面构造等，再填充剖面图案，如图 11-30 所示。

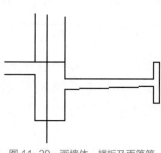

图 11-29　画墙体、楼板及雨篷等

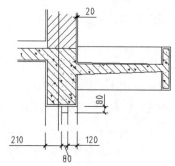

图 11-30　形成墙面、门及楼板面构造等

(STEP06) 用与前两步类似的方法绘制栏杆大样图。

(STEP07) 打开文件"dwg/第11章/11-A3.dwg",该文件包含一个A3幅面的图框。利用Windows的复制/粘贴功能将A3幅面图纸复制到详图中。用SCALE命令缩放图框,缩放比例为10。

(STEP08) 用SCALE命令缩放栏杆大样图,缩放比例为0.5。然后,把两个详图布置在图框中,如图11-31所示。

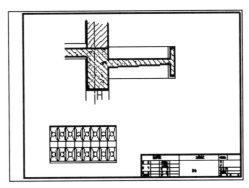

图 11-31 插入图框

(STEP09) 创建尺寸标注样式"详图1:10",尺寸文字字高为2.5,标注等于10。再以"详图1:10"为基础样式创建新样式"详图1:20",该样式尺寸数值比例因子为2。

(STEP10) 标注尺寸及书写文字,文字字高为35。

11.6 创建样板图

从前面几节的绘图练习可以看出,每次建立新图样时,都要生成图层,设置颜色、线型和线宽,设定绘图区域大小,创建标注样式、文字样式等,这些工作是一些重复性劳动,非常耗费时间。另外,若每次重复这些设定,也很难保证所有设计图样的图层、文字样式及标注样式等项目的一致性。要解决以上问题,可采取下面的方法。

❶ 从已有工程图生成新图形

打开已有工程图,删除不必要的内容,将其另存为一个新文件,则新图样具有与原图样相同的绘图环境。

❷ 利用自定义样板图生成新图形

工程图中常用的图纸幅面包括A0、A1、A2和A3等,可针对每种标准幅面图纸定义一个样板图,其扩展名为".dwt",包含的内容有各类图层、工程文字样式、工程标注样式、图框、标题栏及会签栏等。当要创建新图样时,可指定已定义的样板图为原始图,这样就将样板图中的标准设置全部传递给了新图样。

【练习11-6】 定义A3幅面样板图。

(STEP01) 建立保存样板文件的文件夹,名为"工程样板文件"。

(STEP02) 新建一个图形,在该图形中绘制A3幅面图框、标题栏及会签栏。可将标题栏及会签栏创建成表格对象,这样更便于填写文字。

创建建筑样板图

(STEP03) 创建图层,如"建筑-轴线"层、"建筑-墙体"层等,并设定图层颜色、线型及线宽属性。

(STEP04) 新建文字样式"工程文字",设定该样式连接的字体文件为gbenor.shx和gbcbig.shx。

(STEP05) 创建名为"工程标注"的标注样式,该样式连接的文字样式是"工程文字"。

STEP06 选取菜单命令【文件】/【另存为】，打开【图形另存为】对话框，在该对话框【保存于】下拉列表中找到文件夹"工程样板文件"，在"文件名"框中输入样板文件的名称"A3"，再通过【文件类型】下拉列表设定文件扩展名为".dwt"。

STEP07 单击 保存(S) 按钮，打开【样板选项】对话框，如图 11-32 所示。在【说明】列表框中输入关于样板文件的说明文字，单击 确定 按钮完成。

STEP08 选择菜单命令【工具】/【选项】，打开【选项】对话框，在该对话框中将文件夹"工程样板文件"添加到 AutoCAD 自动搜索样板文件的路径中，如图 11-33 所示。这样每次建立新图形时，系统就会打开"工程样板文件"文件夹，并显示其中的样板文件。

图 11-32 【样板选项】对话框

图 11-33 【选项】对话框

11.7 习题

1. 用 AutoCAD 绘制平面图、立面图及剖面图的主要作图步骤是怎样的?

2. 除用 LIMITS 命令设定绘图区域大小外，还可用哪些方法进行设定?

3. 如何插入标准图框?

4. 若绘图比例为 1 ：150，则标注尺寸时，标注总体比例应设置为多少?

5. 绘制剖面图时，可用哪些方法从平面图、立面图中获取有用的信息 ?

6. 如何将图例库中的图块插入当前图形中?

7. 若要将图例库中的所有图块一次插入当前图形中，应如何操作?

8. 若要在同一张图纸上布置多个不同绘图比例的详图，应怎样操作?

9. 已将详图放大一倍，要使尺寸标注数值反映原始长度，应怎样设定?

10. 绘图比例 1 ：100，要使打印在图纸上的文字高度为 3.5，则书写文字时的高度为多少 ?

11. 样板文件有何作用? 如何创建样板文件?

第12章
结构施工图

主要内容

● 绘制基础平面图的方法和技巧。

● 绘制结构平面图的方法和技巧。

● 绘制钢筋混凝土构件图。

12.1　基础平面图

基础平面图用于表达建筑物基础的平面布局及详细构造。其图示方法是假想用一水平剖切平面在相对标高为 ±0.000 处将建筑物剖开，移去上面部分，再去除基础周围的回填土后进行水平投影。

12.1.1　绘制基础平面图的步骤

基础平面图的绘图比例一般与建筑平面图相同，两图轴线分布情况应一致。画基础平面图的主要过程如下。

（1）创建图层，如墙体层、基础层及标注层等。

（2）绘制轴线、柱网及墙体，或从建筑平面图中复制这些对象。

（3）用 XLINE、OFFSET 及 TRIM 等命令形成基础轮廓线。

（4）插入标准图框，并以绘图比例的倒数缩放图框。

（5）标注尺寸，尺寸标注全局比例为绘图比例的倒数。

（6）书写文字，文字字高为图纸上的实际字高与绘图比例倒数的乘积。

12.1.2　阶段练习——绘制基础平面图

【练习 12-1】绘制建筑物基础平面图，如图 12-1 所示。绘图比例 1 : 100，采用 A2 幅面图框。

(STEP01) 打开资源包文件"dwg/ 第 12 章 / 建筑平面图 .dwg"。关闭"建筑 – 标注"和"建筑 – 楼梯"等图层，只保留"建筑 – 轴线""建筑 – 墙体""建筑 – 柱网"层。

(STEP02) 创建新图形，设定绘图区大小为 40000×40000，设置全局线型比例因子为 100（绘图比例倒数）。

基础平面图

(STEP03) 利用 Windows 的复制 / 粘贴功能将"建筑平面图 .dwg"中的轴线、墙体及柱网复制到新图形中，再利用 JOIN 及 STRETCH 等命令使断开的墙体连接起来，结果如图 12-2 所示。

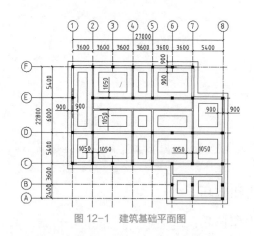

图 12-1　建筑基础平面图

图 12-2　复制轴线、墙体及柱网

STEP04 将新图形的"建筑－轴线""建筑－墙体""建筑－柱网"层改名为"结构－轴线""结构－基础墙体""结构－柱网"层，然后创建以下图层。

名称	颜色	线型	线宽
结构－基础	白色	Continuous	0.35
结构－标注	红色	Continuous	默认

当创建不同种类的对象时，应切换到相应图层。

STEP05 利用 XLINE、OFFSET 及 TRIM 命令形成基础墙两侧的基础外形轮廓，如图 12-3 所示。

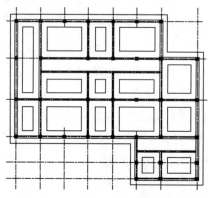

图 12-3　形成基础外形轮廓

STEP06 插入标准图框、标注尺寸及书写文字，请读者自己完成。

12.2　结构平面图

结构平面图是表示室外地坪以上建筑物各层梁、板、柱和墙等构件平面布置情况的图样。其图示方法是假想沿着楼板上表面将建筑物剖开，移去上面部分，然后从上往下进行投影。

12.2.1　绘制结构平面图的步骤

绘制结构平面图时，一般应选用与建筑平面图相同的绘图比例，绘制出与建筑平面图完全一致的轴线。

绘制结构平面图的主要过程如下。

（1）创建图层，如墙体层、钢筋层及标注层等。

（2）绘制轴线、柱网及墙体，或从建筑平面图中复制这些对象。

（3）绘制板、梁的布置情况。

（4）在屏幕的适当位置用 PLINE 或 LINE 命令绘制钢筋线，然后用 COPY、ROTATE 及 MOVE 命令在板内布置钢筋。

（5）插入标准图框，并以绘图比例的倒数缩放图框。

（6）标注尺寸，尺寸标注全局比例为绘图比例的倒数。

（7）书写文字，文字字高为图纸上的实际字高与绘图比例倒数的乘积。

12.2.2 阶段练习——绘制结构平面图

【练习 12-2】绘制楼层结构平面图，如图 12-4 所示。绘图比例 1 ： 100，采用 A2 幅面图框。本练习的目的是演示绘制结构平面图的步骤，因此仅画出了楼板的部分配筋。

结构平面图

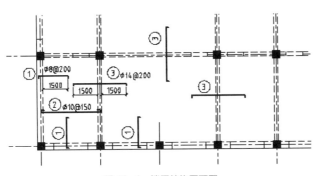

图 12-4　楼层结构平面图

STEP01 打开资源包文件"dwg/ 第 12 章 / 建筑平面图 .dwg"。关闭"建筑 – 标注"和"建筑 – 楼梯"等图层，只保留"建筑 – 轴线"、"建筑 – 墙体"和"建筑 – 柱网"层。

STEP02 创建新图形，设定绘图区大小为 40000×40000，设置全局线型比例因子为 100（绘图比例倒数）。

STEP03 利用 Windows 的复制 / 粘贴功能将"建筑平面图 .dwg"中的轴线、墙体及柱网复制到新图形中。利用 ERASE、EXTEND 及 STRETCH 命令使断开的墙体连接起来，如图 12-5 所示。

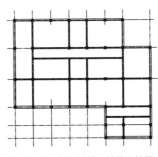

图 12-5　复制轴线、墙体及柱网

STEP04 将新图形的"建筑 – 轴线""建筑 – 墙体""建筑 – 柱网"层改名为"结构 – 轴线""结构 – 墙体""结构 – 柱网"层，然后创建以下图层。

名称	颜色	线型	线宽
结构 – 钢筋	白色	Continuous	0.70
结构 – 标注	红色	Continuous	默认

当创建不同种类的对象时，应切换到相应图层。

STEP05 在屏幕的适当位置用 PLINE 或 LINE 命令绘制钢筋，如图 12-6 所示。

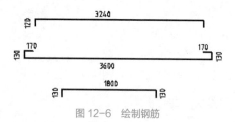

图 12-6　绘制钢筋

STEP06 用 COPY、ROTATE 及 MOVE 等命令在楼板内布置钢筋，部分结果如图 12-7 所示。

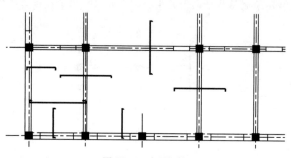

图 12-7　布置钢筋

STEP07 在楼梯间绘制交叉对角线，再将楼板下的不可见构件修改为虚线。

STEP08 请读者自己绘制楼板内其余配筋，然后插入图框、标注尺寸及书写文字。

12.3　钢筋混凝土构件图

钢筋混凝土构件图表达了构件的形状大小、钢筋本身及其在混凝土中的布置情况。该图的图示特点是假定混凝土是透明的，然后将构件进行投影，这样构件内的钢筋是可见的，其分布情况一目了然。必要时，还可将钢筋抽出来绘制钢筋详图并列出钢筋表。

12.3.1　绘制钢筋混凝土构件图的步骤

绘制钢筋混凝土构件图时，一般先画出构件的外形轮廓，然后绘制构件内的钢筋。此类图的主要作图过程如下。

（1）创建图层，如钢筋层、梁层及标注层等。

（2）可将已有施工图中的有用对象复制到当前图形中，以减少作图工作量。

（3）不同绘图比例的构件详图都按 1 ∶ 1 绘制。一般先画出轴线、重要轮廓边线等，再以这些线为作图基准线，用 OFFSET 及 TRIM 命令形成构件外形轮廓。

（4）在屏幕的适当位置用 PLINE 或 LINE 命令绘制钢筋线，然后用 COPY、ROTATE 及 MOVE 命令将钢筋布置在构件中。也可以构件轮廓线为基准线，用 OFFSET 及 TRIM 命令形成钢筋。

（5）用 DONUT 命令画表示钢筋断面的圆点，圆点外径等于图纸上圆点直径尺寸与出图比例倒数的乘积。

（6）插入标准图框，并以出图比例的倒数缩放图框。

（7）对绘图比例与出图比例不同的构件详图进行缩放操作，缩放比例因子等于绘图比例与出图比例的比值，然后将所有详图布置在图框内。例如，有绘图比例为 1 ∶ 20 和 1 ∶ 40 的两张详图要布置在 A3 幅面的图纸内，出图比例为 1 ： 40，则布图前，应先用 SCALE 命令缩放 1 ： 20 的详图，缩放比例因子为 2。

（8）标注尺寸，尺寸标注全局比例为出图比例的倒数。

（9）对于已缩放 n 倍的详图，应采用新样式进行标注。标注总体比例为出图比例的倒数，尺寸数值比例因子为 $1/n$。

（10）书写文字，文字字高为图纸上的实际字高与绘图比例倒数的乘积。

12.3.2 阶段练习——绘制钢筋混凝土构件图

【练习 12-3】绘制钢筋混凝土梁结构详图，如图 12-8 所示。绘图比例分别为 1 ： 25 和 1 ： 10，图幅采用 A2 幅面，出图比例 1 ： 25。

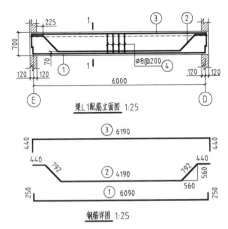

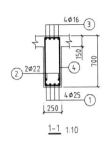

图 12-8 梁的结构详图

STEP01 创建以下图层。

名称	颜色	线型	线宽
结构 – 轴线	蓝色	Center	默认
结构 – 梁	白色	Continuous	默认
结构 – 钢筋	白色	Continuous	0.7
结构 – 标注	红色	Continuous	默认

当创建不同种类的对象时，应切换到相应图层。

STEP02 设定绘图区域大小为 10000×10000，设置全局线型比例因子为 25（出图比例倒数）。

STEP03 打开极轴追踪、对象捕捉及捕捉追踪功能。设置极轴追踪角度增量为 90°，设定对象捕捉方式为端点和交点，设置仅沿正交方向进行捕捉追踪。

STEP04 用 LINE 命令绘制轴线及水平作图基准线，然后用 OFFSET、TRIM 命令形成墙体及梁的轮廓线，如图 12-9 所示。

图 12-9 画墙体及梁的轮廓线

STEP05 在屏幕的适当位置用 PLINE 或 LINE 命令绘制钢筋，然后用 COPY、MOVE 等命令在梁内布置钢筋，结果如图 12-10 所示。钢筋保护层的厚度为 25。

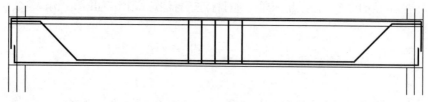

图 12-10 布置钢筋

STEP06 用 LINE、OFFSET 及 DONUT 命令绘制梁的断面图，如图 12-11 所示。图中圆点直径为 20。

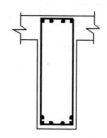

图 12-11 绘制梁的断面图

STEP07 用 SCALE 命令缩放断面图，缩放比例为 2.5，该值等于断面图的绘图比例与出图比例的比值。

STEP08 插入标准图框、标注尺寸及书写文字，请读者自己完成。

12.4 习题

1. 绘制基础平面图、楼层结构平面图及钢筋混凝土构件图的主要作图步骤是怎样的？

2. 绘制结构平面图时，可用何种方法从建筑平面图中获取有用的信息？

3. 与 LINE 命令相比，用 PLINE 命令绘制钢筋线有何优点？

4. 出图比例为 1 : 30，若要求图纸上钢筋断面的直径为 1.5mm，则用 DONUT 命令画断面圆点时，应设定圆点外径是多少？

5. 要在标准图纸上布置两个结构详图，详图的绘图比例分别为 1 : 10 和 1 : 30，若出图比例设定为 1 : 30，则应对哪个图样进行缩放？缩放比例是多少？图样缩放后，怎样才能使标注文字反映构件的真实大小？

第13章
轴测图

主要内容

- 激活轴测投影模式的方法。
- 在轴测模式下绘制线段、圆及平行线。
- 在轴测图中添加文字的方法。
- 给轴测图标注尺寸。

13.1　轴测投影模式、轴测面及轴测轴

在 AutoCAD 中用户可以利用轴测投影模式绘制轴测图，当激活此模式后，十字光标会自动调整到与当前指定的轴测面一致的位置，如图 13-1 所示。

长方体的等轴测投影如图 13-1 所示，其投影中只有 3 个平面是可见的。为便于绘图，将这 3 个面作为画线、找点等操作的基准平面，并称它们为轴测面，根据其位置的不同分别是左轴测面、右轴测面和顶轴测面。当激活了轴测模式后，用户就可以在这 3 个面间进行切换，同时系统会自动改变十字光标的形状，以使它们看起来好像处于当前轴测面内。

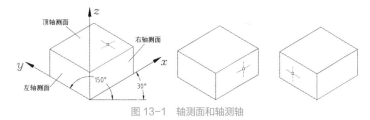

图 13-1　轴测面和轴测轴

在如图 13-1 所示的轴测图中，长方体的可见边与水平线间的夹角分别是 30°、90°、150°。现在，在轴测图中建立一个假想的坐标系，该坐标系的坐标轴称为轴测轴，它们所处的位置如下。

- ○ *x* 轴与水平位置的夹角是 30°。
- ○ *y* 轴与水平位置的夹角是 150°。
- ○ *z* 轴与水平位置的夹角是 90°。

进入轴测模式后，十字光标将始终与当前轴测面的轴测轴方向一致。

【练习13-1】激活轴测投影模式。

(STEP01)　打开资源包文件"dwg\ 第 13 章 \13-1.dwg"。单击状态栏上的 按钮，激活轴测投影模式，十字光标将处于左轴测面内，如图 13-2 左图所示。

轴测投影模式

STEP02 单击轴测图按钮旁边的三角形按钮，选择【顶部轴测平面】选项，或按 F5 键切换至顶轴测面，再按 F5 键可切换至右轴测面，如图 13-2 中图和右图所示。

在左轴测面　　　　　　在顶轴测面　　　　　　在右轴测面

图 13-2　切换不同的轴测面

13.2　在轴测投影模式下作图

进入轴测模式后，用户仍然是利用基本的二维绘图命令来创建直线、椭圆等图形对象，但要注意这些图形对象轴测投影的特点，如水平直线的轴测投影将变为斜线，而圆的轴测投影将变为椭圆。

13.2.1　在轴测模式下绘制直线

在轴测模式下绘制直线常采用以下 3 种方法。

（1）通过输入点的极坐标来绘制直线。当所绘直线与不同的轴测轴平行时，输入的极坐标角度值将不同，有以下几种情况。

◎ 所画直线与 x 轴平行时，极坐标角度应输入 30° 或 –150° 。

◎ 所画直线与 y 轴平行时，极坐标角度应输入 150° 或 –30° 。

◎ 所画直线与 z 轴平行时，极坐标角度应输入 90° 或 –90° 。

◎ 如果所画直线与任何轴测轴都不平行，则必须先找出直线上的两点，然后连线。

（2）打开正交模式辅助画线，此时所绘直线将自动与当前轴测面内的某一轴测轴方向一致。例如，若处于右轴测面且打开正交模式，那么所画直线的方向为 30° 或 90° 。

（3）利用极轴追踪、自动追踪功能画线。打开极轴追踪、自动捕捉和自动追踪功能，并设定自动追踪的角度增量为 30° ，这样就能很方便地画出沿 30° 、90° 或 150° 方向的直线。

【练习 13-2】在轴测模式下画线。

STEP01 单击状态栏上的 按钮，激活轴测投影模式。

STEP02 输入点的极坐标画线。

命令：< 等轴测平面 右视 >　　　　　　　　// 按两次 F5 键切换到右轴测面

命令：_line 指定第一点：　　　　　　　　　// 单击 A 点，如图 13-3 所示

指定下一点或 [放弃 (U)]: @100<30　　　　// 输入 B 点的相对坐标

指定下一点或 [放弃 (U)]: @150<90　　　　// 输入 C 点的相对坐标

指定下一点或 [闭合 (C)/ 放弃 (U)]: @40<-150　// 输入 D 点的相对坐标

指定下一点或 [闭合 (C)/ 放弃 (U)]: @95<-90　// 输入 E 点的相对坐标

指定下一点或 [闭合 (C)/ 放弃 (U)]: @60<-150　// 输入 F 点的相对坐标

指定下一点或 [闭合 (C)/ 放弃 (U)]: c　　　　// 使线框闭合

结果如图 13-3 所示。

STEP03 打开正交状态画线。

命令：< 等轴测平面 左视 >　　　　　　　　// 按 F5 键切换到左轴测面

在轴测模式下画线

命令：< 正交 开 >	// 打开正交
命令：_line 指定第一点：int 于	// 捕捉 A 点，如图 13-4 所示
指定下一点或 [放弃 (U)]: 100	// 输入线段 AG 的长度
指定下一点或 [放弃 (U)]: 150	// 输入线段 GH 的长度
指定下一点或 [闭合 (C)/ 放弃 (U)]: 40	// 输入线段 HI 的长度
指定下一点或 [闭合 (C)/ 放弃 (U)]: 95	// 输入线段 IJ 的长度
指定下一点或 [闭合 (C)/ 放弃 (U)]: end 于	// 捕捉 F 点
指定下一点或 [闭合 (C)/ 放弃 (U)]:	// 按 Enter 键结束命令

结果如图 13-4 所示。

STEP04 打开极轴追踪、对象捕捉及自动追踪功能。设置极轴追踪角度增量为 30°，设定对象捕捉方式为端点和交点，设置沿所有极轴角进行自动追踪。

命令：< 等轴测平面 俯视 >	// 按 F5 键切换到顶轴测面
命令：< 等轴测平面 右视 >	// 按 F5 键切换到右轴测面
命令：_line 指定第一点：20	// 从 A 点沿 30° 方向追踪并输入追踪距离
指定下一点或 [放弃 (U)]: 30	// 从 K 点沿 90° 方向追踪并输入追踪距离
指定下一点或 [放弃 (U)]: 50	// 从 L 点沿 30° 方向追踪并输入追踪距离
指定下一点或 [闭合 (C)/ 放弃 (U)]:	// 从 M 点沿 –90° 方向追踪并捕捉交点 N
指定下一点或 [闭合 (C)/ 放弃 (U)]:	// 按 Enter 键结束命令

结果如图 13-5 所示。

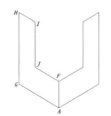
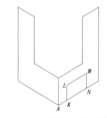

图 13-3　在右轴测面内画线（1）　　　图 13-4　在左轴测面内画线　　　图 13-5　在右轴测面内画线（2）

13.2.2　在轴测面内画平行线

通常情况下用 OFFSET 命令绘制平行线，但在轴测面内画平行线与在标准模式下画平行线的方法有所不同。图 13-6 所示，在顶轴测面内画直线 A 的平行线 B，要求它们之间沿 30° 方向的间距是 30，如果使用 OFFSET 命令，并直接输入偏移距离 30，则偏移后两线间的垂直距离等于 30，而沿 30° 方向的间距并不是 30。为避免上述情况发生，常使用 COPY 命令或者 OFFSET 命令的"通过 (T)"选项来绘制平行线。

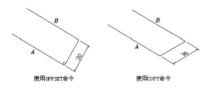

图 13-6　画平行线

COPY 命令可以在二维和三维空间中对对象进行复制。使用此命令时，系统提示输入两个点或一个位移值。如果指定两点，则从第一点到第二点间的距离和方向就表示了新对象相对于原对象的位移。如果在"指定基点或 [位移 (D)]："提示下直接输入一个坐标值（直角坐标或极坐标），然后在第二个"指定第二个点："的提示下按 Enter 键，那么输入的值就会被认为是新对象相对于原对象的移动值。

【练习 13-3】在轴测面内画平行线。

(STEP01) 打开资源包文件"dwg\ 第 13 章 \13-3.dwg"。

(STEP02) 打开极轴追踪、对象捕捉及自动追踪功能。设置极轴追踪角度增量为 30°，设定对象捕捉方式为端点和交点，设置沿所有极轴角进行自动追踪。

在轴测面内作平行线

(STEP03) 用 COPY 命令生成平行线。

命令：_copy	
选择对象：找到 1 个	// 选择线段 A，如图 13-7 所示
选择对象：	// 按 Enter 键
指定基点或 [位移 (D)/ 模式 (O)] < 位移 >：	// 单击一点
指定第二个点或 [阵列 (A)]< 使用第一个点作为位移 >: 26	// 沿 −150° 方向追踪并输入追踪距离
指定第二个点或 [阵列 (A)/ 退出 (E)/ 放弃 (U)] < 退出 >:52	// 沿 −150° 方向追踪并输入追踪距离
指定第二个点或 [阵列 (A)/ 退出 (E)/ 放弃 (U)] < 退出 >：	// 按 Enter 键结束命令
命令 :COPY	// 重复命令
选择对象：找到 1 个	// 选择线段 B
选择对象：	// 按 Enter 键
指定基点或 [位移 (D)/ 模式 (O)] < 位移 >: 15<90	// 输入复制的距离和方向
指定第二个点或 [阵列 (A)] < 使用第一个点作为位移 >：	// 按 Enter 键结束命令

结果如图 13-7 所示。

图 13-7 画平行线

13.2.3 在轴测面内移动及复制对象

沿轴测轴移动及复制对象时，图形元素移动的方向平行于 30°、90° 或 150° 方向线，因此，设定极轴追踪增量角为 30°，并设置沿所有极轴角自动追踪，就能很方便地沿轴测轴进行移动和复制操作。

【练习 13-4】在轴测面内移动及复制对象。打开资源包文件"dwg\ 第 13 章 \13-4.dwg"，如图 13-8 左图所示，用 COPY、MOVE、TRIM 命令将左图修改为右图。

移动及复制对象

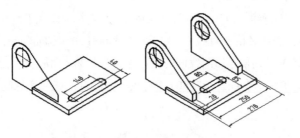
图 13-8 在轴测面内移动及复制对象

(STEP01) 激活轴测投影模式，再打开极轴追踪、对象捕捉及自动追踪功能。指定极轴追踪角度增量为 30°，设定对象捕捉方式为端点和交点，设置沿所有极轴角进行自动追踪。

(STEP02) 沿 30° 方向复制线框 A、B，再绘制线段 C、D、E、F 等，如图 13-9 所示。

命令：_copy

选择对象：找到 10 个   // 选择线框 *A*、*B*

选择对象：   // 按 Enter 键

指定基点或 [位移 (D)/ 模式 (O)] < 位移 >:   // 单击一点

指定第二个点或 [阵列 (A)] < 使用第一个点作为位移 >: 20   // 沿 30° 方向追踪并输入追踪距离

指定第二个点或 [阵列 (A)/ 退出 (E)/ 放弃 (U)] < 退出 >: 250   // 沿 30° 方向追踪并输入追踪距离

指定第二个点或 [阵列 (A)/ 退出 (E)/ 放弃 (U)] < 退出 >: 230   // 沿 30° 方向追踪并输入追踪距离

指定第二个点或 [阵列 (A)/ 退出 (E)/ 放弃 (U)] < 退出 >:   // 按 Enter 键结束

再绘制线段 *C*、*D*、*E*、*F* 等，如图 13-9 左图所示。修剪及删除多余线条，结果如图 13-9 右图所示。

(STEP03) 沿 30° 方向移动椭圆弧 *G* 及线段 *H*，沿﹣30° 方向移动椭圆弧 *J* 及线段 *K*，然后修剪多余线条，如图 13-10 所示。

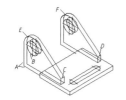 
图 13-9　复制对象及绘制线段

图 13-10　移动对象及修剪对象

(STEP04) 将线框 *L* 沿﹣90° 方向复制，如图 13-11 左图所示。修剪及删除多余线条，结果如图 13-11 右图所示。

(STEP05) 将图形 *M*（见图 13-11）沿 150° 方向移动，再调整中心线的长度，结果如图 13-12 所示。

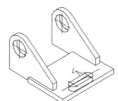 
图 13-11　复制对象及修剪对象

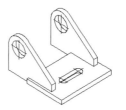
图 13-12　移动对象

13.2.4　轴测模式下角的绘制方法

在轴测面内绘制角时，不能按角度的实际值进行绘制，因为在轴测投影图中，投影角度值与实际角度值是不相符合的。在这种情况下，应先确定角边上点的轴测投影，并将点连线，以获得实际的角轴测投影。

【练习 13-5】绘制角的轴测投影。

(STEP01) 打开资源包文件 "dwg\ 第 13 章 \13-5.dwg"。

(STEP02) 打开极轴追踪、对象捕捉及自动追踪功能。设置极轴追踪角度增量为 30°，设定对象捕捉方式为端点和交点，设置沿所有极轴角进行自动追踪。

绘制角的轴测投影

(STEP03) 绘制线段 *B*、*C*、*D* 等，如图 13-13 左图所示。

命令：_line 指定第一点：50   // 从 *A* 点沿 30° 方向追踪并输入追踪距离

指定下一点或 [放弃 (U)]: 80   // 从 A 点沿 –90° 方向追踪并输入追踪距离

指定下一点或 [放弃 (U)]:   // 按 Enter 键结束命令

复制线段 B，再连线 C、D，然后修剪多余的线条，结果如图 13-13 右图所示。

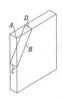

图 13-13　形成角的轴测投影

13.2.5　绘制圆的轴测投影

圆的轴测投影是椭圆，当圆位于不同轴测面内时，椭圆的长轴、短轴位置也将不同。手工绘制圆的轴测投影比较麻烦，在 AutoCAD 中可直接使用 ELLIPSE 命令的 "等轴测圆 (I)" 选项进行绘制，该选项仅在轴测模式被激活的情况下才出现。

键入 ELLIPSE 命令，AutoCAD 提示如下。

命令 : _ellipse

指定椭圆轴的端点或 [圆弧 (A)/ 中心点 (C)/ 等轴测圆 (I)]: I   // 输入 I

指定等轴测圆的圆心 :   // 指定圆心

指定等轴测圆的半径或 [直径 (D)]:   // 输入圆半径

选取 "等轴测圆 (I)" 选项，再根据提示指定椭圆中心并输入圆的半径值，则 AutoCAD 会自动在当前轴测面中绘制相应圆的轴测投影。

绘制圆的轴测投影时，首先要利用 F5 键切换到合适的轴测面，使之与圆所在的平面对应起来，这样才能使椭圆看起来是在轴测面内，如图 13-14 左图所示。否则，所画椭圆的形状是不正确的。图 13-14 右图所示，圆的实际位置在正方体的顶面，而所绘轴测投影却位于右轴测面内，结果轴测圆与正方体的投影就显得不匹配了。

绘制轴测图时经常要画线与线间的圆滑过渡，此时过渡圆弧变为椭圆弧。绘制这个椭圆弧的方法是在相应的位置画一个完整的椭圆，然后使用 TRIM 命令修剪多余的线条，如图 13-15 所示。

     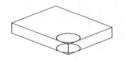

图 13-14　绘制轴测圆   图 13-15　绘制过渡的椭圆弧

【练习 13-6】在轴测图中绘制圆及过渡圆弧。

(STEP01) 打开资源包文件 "dwg\ 第 13 章 \13-6.dwg"。

(STEP02) 打开极轴追踪、对象捕捉及自动追踪功能。设置极轴追踪角度增量为 30°，设定对象捕捉方式为端点和交点，设置沿所有极轴角进行自动追踪。

(STEP03) 激活轴测投影模式，切换到顶轴测面，启动 ELLIPSE 命令，AutoCAD

绘制轴测圆

提示如下。

命令 : _ellipse

指定椭圆轴的端点或 [圆弧 (A)/ 中心点 (C)/ 等轴测圆 (I)]: i   // 使用 "等轴测圆 (I)" 选项

指定等轴测圆的圆心 : tt   // 建立临时参考点

指定临时对象追踪点 : 20   // 从 A 点沿 30° 方向追踪并输入 B 点到 A 点的距离，如图 13-16 左图所示

指定等轴测圆的圆心 : 20   // 从 B 点沿 150° 方向追踪并输入追踪距离

指定等轴测圆的半径或 [直径 (D)]: 20   // 输入圆半径

命令 :ELLIPSE   // 重复命令

指定椭圆轴的端点或 [圆弧 (A)/ 中心点 (C)/ 等轴测圆 (I)]: i   // 使用 "等轴测圆 (I)" 选项

指定等轴测圆的圆心 : tt   // 建立临时参考点

指定临时对象追踪点 : 50   // 从 A 点沿 30° 方向追踪并输入 C 点到 A 点的距离

指定等轴测圆的圆心 : 60   // 从 C 点沿 150° 方向追踪并输入追踪距离

指定等轴测圆的半径或 [直径 (D)]: 15   // 输入圆半径

结果如图 13-16 左图所示。修剪多余的线条，结果如图 13-16 右图所示。

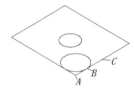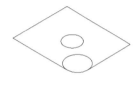

图 13-16　在轴测图中绘制圆及过渡圆弧

13.2.6　圆柱及圆球的轴测投影

掌握圆的轴测投影画法后，圆柱及球体的轴测投影就容易绘制了。

【练习 13-7】绘制圆柱体的轴测投影。

作图时分别画出圆柱体顶面和底面的轴测投影，再画这两个椭圆的公切线就可以了。

命令 : _line 起点 : qua 于   // 捕捉椭圆 A 的象限点

下一点 : qua 于   // 捕捉椭圆 B 的象限点

下一点 :   // Enter 结束

命令 :   // 画另一条公切线

LINE 起点 : qua 于   // 捕捉椭圆 A 的象限点

下一点 : qua 于   // 捕捉椭圆 B 的象限点

下一点 :   // Enter 结束

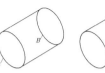

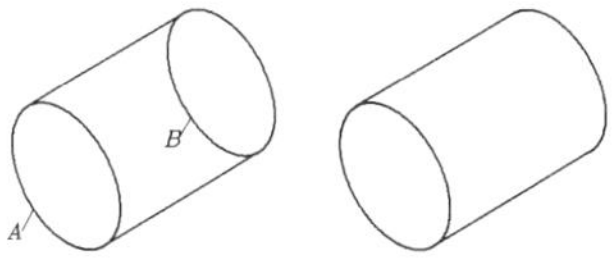

结果如图 13-17 所示。

图 13-17　画圆柱

【练习 13-8】球体轴测投影画法

球体轴测投影仍是一个圆，此时圆的直径是球直径的 1.22 倍。为增加投影的立体感，应画出轴测轴及三个轴测面上的椭圆（以双点划线表示）。

命令 : _circle 三点 (3P)/ 两点 (2P)/ 切点、切点、半径 (T)/< 中心点 >:

                // 单击一点

球体轴测投影

直径 (D)/< 半径 > <6.1000>: D	// 指定输入直径
直径 <12.2000>: 12.2	// 输入直径数值（所画球体直径为 10）
命令：< 等轴测平面 右视 >	// 激活轴测投影模式，单击 F5 键切换至右轴测面
命令：_ellipse	// 画椭圆 A
圆弧 (A)/ 中心点 (C)/ 等轴测圆 (I)/< 轴端点 1>: I	// 使用 I 选项
指定等轴测圆的圆心：	// 捕捉圆心
指定等轴测圆的半径或 [直径 (D)]: 5	// 输入圆半径
命令：< 等轴测平面 左视 >	// 单击 F5 键切换至左轴测面
命令：_ellipse	// 画椭圆 B
圆弧 (A)/ 中心点 (C)/ 等轴测圆 (I)/< 轴端点 1>: I	// 使用 I 选项
指定等轴测圆的圆心：	// 捕捉圆心
指定等轴测圆的半径或 [直径 (D)]: 5	// 输入圆半径
命令：< 等轴测平面 俯视 >	// 单击 F5 键切换至右轴测面
命令：_ellipse	// 画椭圆 C
圆弧 (A)/ 中心点 (C)/ 等轴测圆 (I)/< 轴端点 1>: I	// 使用 I 选项
指定等轴测圆的圆心：	// 捕捉圆心
指定等轴测圆的半径或 [直径 (D)]: 5	// 输入圆半径

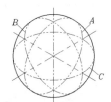

图 13-18　画球体

修改线型，结果如图 13-18 所示。

13.2.7　任意回转体的轴测投影

对于任意回转体，可先将轴线分为若干段，然后以各分点为球心画一系列的内切球，再对这些内切球作轴测投影，并绘制投影的包络线就可以了，具体操作步骤如下。

(STEP01) 使用 DDPTYPE 命令设定点的样式，然后用 DIVIDE 命令将回转体轴线按适当的数目进行等分，如图 13-19 左图所示。

(STEP02) 在各等分点处画内切球的轴测投影。

(STEP03) 用 SPLINE 命令和对象捕捉命令 TAN 绘制内切球投影的包络线，再删去多余线条，结果如图 13-19 右图所示。

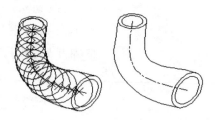

图 13-19　画任意回转体

13.2.8　正六棱柱的轴测投影

轴测图中一般不必画出表示隐藏对象的虚线，因此绘制六棱柱的轴测投影时，为了减少不必要的作图线，可先从顶面开始作图。

【练习13-9】画出正六棱柱的视图，尺寸自定，如图13-20左图所示。根据视图绘制其轴测投影，如图13-20右图所示。

(STEP01) 绘制顶面的定位线。

(STEP02) 用 COPY 命令复制定位线，然后连线，形成顶面六边形的轴测投影。

(STEP03) 将顶面向下复制，连接对应顶点，修剪多余线条。

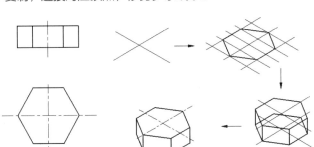

图 13-20 画六棱柱

13.2.9 阶段练习——画组合体轴测投影

【练习13-10】根据平面视图绘制正等轴测图，如图13-21所示。

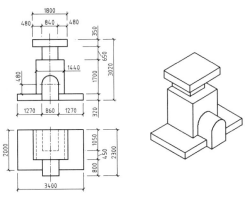

图 13-21 绘制组合体轴测图

(STEP01) 设定绘图区域的大小为 10000×10000。

(STEP02) 激活轴测投影模式，打开极轴追踪、对象捕捉及自动追踪功能。设置极轴追踪角度增量为30°，设定对象捕捉方式为端点、中点和交点，设置沿所有极轴角进行自动追踪。

(STEP03) 按 F5 键切换到顶轴测面，用 LINE 命令绘制线框 A，如图13-22所示。

(STEP04) 将线框 A 复制到 B 处，再连线 C、D、E，如图13-23左图所示。删除多余的线条，结果如图13-23右图所示。

图 13-22 绘制线框 A

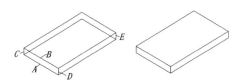

图 13-23 复制对象及连线

STEP05 用 LINE 命令绘制线框 F，再将此线框复制到 G 处，结果如图 13-24 所示。

STEP06 连线 H、I 等，如图 13-25 左图所示。删除多余的线条，结果如图 13-25 右图所示。

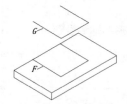

图 13-24 绘制线框 F 并将其复制

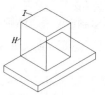 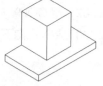

图 13-25 连线及删除多余的线条

STEP07 用与第 5、6 步相同的方法绘制对象 J，结果如图 13-26 所示。

STEP08 用与第 5、6 步相同的方法绘制对象 K，结果如图 13-27 所示。

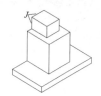

图 13-26 绘制对象 J

图 13-27 绘制对象 K

STEP09 按 F5 键切换到右轴测面，用 ELLIPSE、COPY 及 LINE 命令生成对象 L，如图 13-28 左图所示。删除多余的线条，结果如图 13-28 右图所示。

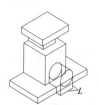

图 13-28 生成对象 L

13.3 在轴测图中写文本

为了使某个轴测面中的文本看起来像是在该轴测面内，就必须根据各轴测面的位置特点将文字倾斜某一角度，以使它们的外观与轴测图协调起来，否则立体感不好。图 13-29 所示是在轴测图的 3 个轴测面上采用适当倾角书写文本后的效果。

轴测面上各文本的倾斜规律如下。

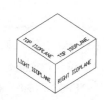

图 13-29 轴测面上的文本

◎ 在左轴测面上，文本需采用 -30° 的倾斜角。

◎ 在右轴测面上，文本需采用 30° 的倾斜角。

◎ 在顶轴测面上，当文本平行于 x 轴时，采用 -30° 的倾斜角。

◎ 在顶轴测面上，当文本平行于 y 轴时，需采用 30° 的倾角。

由以上规律可以看出，各轴测面内的文本或是倾斜 30° 或是倾斜 -30°，因此在轴测图中书写文字时，应事先建立倾角分别为 30° 和 -30° 的两种文本样式，只要利用合适的文本样式控制文本的倾斜角度，就能够保证文字外观看起来是正确的。

【练习 13-11】创建倾角分别为 30°和 –30°的两种文字样式，然后在各轴测面内书写文字。

STEP01 打开资源包文件"dwg\ 第 13 章 \13-11.dwg"。

STEP02 单击【默认】选项卡【注释】面板上的 A 按钮，打开【文字样式】对话框，如图 13-30 所示。

STEP03 单击 新建(N)... 按钮，建立名为"样式 –1"的文本样式。在【字体名】下拉列表中将文本样式所连接的字体设定为"仿宋 –GB2312"，在【效果】分组框的【倾斜角度】文本框中输入数值 30，如图 13-30 所示。

STEP04 用同样的方法建立倾角为 –30°的文字样式"样式 –2"。

STEP05 激活轴测模式，并切换至右轴测面。

命令 : dt	// 利用 TEXT 命令书写单行文本
TEXT	
指定文字的起点或 [对正 (J)/ 样式 (S)]: s	// 使用 S 选项指定文字的样式
输入样式名或 [?] < 样式 –2>: 样式 –1	// 选择文字样式"样式 –1"
指定文字的起点或 [对正 (J)/ 样式 (S)]:	// 选取适当的起始点 A，如图 13-31 所示
指定高度 <22.6472>: 16	// 输入文本的高度
指定文字的旋转角度 <0>: 30	// 指定单行文本的书写方向
输入文字 : 使用 STYLE1	// 输入单行文字并按 Enter 键
输入文字 :	// 按 Enter 键结束命令

STEP06 按 F5 键切换至左轴测面。

命令 : dt	// 重复前面的命令
TEXT	
指定文字的起点或 [对正 (J)/ 样式 (S)]: s	// 使用 S 选项指定文字的样式
输入样式名或 [?] < 样式 –1>: 样式 –2	// 选择文字样式"样式 –2"
指定文字的起点或 [对正 (J)/ 样式 (S)]:	// 选取适当的起始点 B
指定高度 <22.6472>: 16	// 输入文本的高度
指定文字的旋转角度 <0>: –30	// 指定单行文本的书写方向
输入文字 : 使用 STYLE2	// 输入单行文字
输入文字 :	// 按 Enter 键结束命令

STEP07 按 F5 键切换至顶轴测面。

命令 : dt	// 沿 x 轴方向（30° ）书写单行文本
TEXT	
指定文字的起点或 [对正 (J)/ 样式 (S)]: s	// 使用 S 选项指定文字的样式
输入样式名或 [?] < 样式 –2>:	// 按 Enter 键采用"样式 –2"
指定文字的起点或 [对正 (J)/ 样式 (S)]:	// 选取适当的起始点 D
指定高度 <16>: 16	// 输入文本的高度
指定文字的旋转角度 <330>: 30	// 指定单行文本的书写方向

输入文字：使用 STYLE2　　　　　　// 输入单行文字

输入文字：　　　　　　　　　　　// 按 Enter 键结束命令

命令：　　　　　　　　　　　　　// 重复上一次的命令

TEXT　　　　　　　　　　　　　// 沿 y 轴方向（–30°）书写单行文本

指定文字的起点或 [对正 (J)/ 样式 (S)]: s　　// 使用 S 选项指定文字的样式

输入样式名或 [?] < 样式 –2>: 样式 –1　　// 选择文字样式"样式 –1"

指定文字的起点或 [对正 (J)/ 样式 (S)]:　　// 选取适当的起始点 C

指定高度 <16>:　　　　　　　　// 按 Enter 键指定文本高度

指定文字的旋转角度 <30>:–30　　// 指定单行文本的书写方向

输入文字：使用 STYLE1　　　　　// 输入单行文字

输入文字：　　　　　　　　　　　// 按 Enter 键结束命令

结果如图 13-31 所示。

图 13-30 【文字样式】对话框

图 13-31 书写文本

13.4 标注尺寸

当用标注命令在轴测图中创建尺寸后，其外观看起来与轴测图本身不协调。为了让某个轴测面内的尺寸标注看起来就像是在这个轴测面内，就需要将尺寸线、尺寸界线倾斜某一角度，以使它们与相应的轴测轴平行。此外，标注文本也必须设置成倾斜某一角度的形式，才能使文本的外观也具有立体感。图 13-32 所示是标注的初始状态与调整外观后结果的比较。

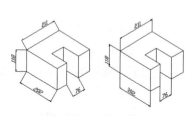

图 13-32 标注的外观

在轴测图中标注尺寸时，一般采取以下步骤。

（1）创建两种尺寸样式，这两种样式所控制的标注文本的倾斜角度分别是 30° 和 – 30°。

（2）由于在等轴测图中只有沿与轴测轴平行的方向进行测量才能得到真实的距离值，因此创建轴测图的尺寸标注时应使用 DIMALIGNED 命令（对齐尺寸）。

（3）标注完成后，利用 DIMEDIT 命令的"倾斜 (O)"选项修改尺寸界线的倾斜角度，使尺寸界线的方向与轴测轴的方向一致，这样才能使标注的外观具有立体感。

【练习 13-12】打开资源包文件"dwg\ 第 13 章 \13-12.dwg"，标注此轴测图，结果如图 13-33 所示。

标注轴测图

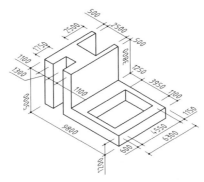

图 13-33　标注尺寸

STEP01　建立倾斜角分别为 30° 和 –30° 的两种文本样式，样式名分别为"样式 –1"和"样式 –2"。这两个样式所连接的字体文件是 gbenor.shx。

STEP02　创建两种尺寸样式，样式名分别为"DIM-1"和"DIM-2"，其中"DIM-1"连接文本样式"样式 –1"，"DIM-2"连接文本样式"样式 –2"。

STEP03　打开极轴追踪、对象捕捉及自动追踪功能。设置极轴追踪角度增量为 30°，设定对象捕捉方式为端点和交点，设置沿所有极轴角进行自动追踪。

STEP04　指定尺寸样式"DIM-1"为当前样式，然后使用对齐标注命令 DIMALIGNED 和连续标注命令 DIMCONTINUE 标注尺寸"500"和"2500"等，如图 13-34 所示。

STEP05　使用【注释】选项卡中【标注】面板上的 H 按钮将尺寸界线倾斜到 30° 或 –30° 的方向，再利用关键点编辑方式调整标注文字及尺寸线的位置，结果如图 13-35 所示。

命令 :_dimedit

输入标注编辑类型 [默认 (H)/ 新建 (N)/ 旋转 (R)/ 倾斜 (O)] < 默认 >:_o

　　　　　　　　　　　　　　　　　// 单击【注释】选项卡中【标注】面板上的 H 按钮

选择对象 : 总计 3 个　　　　　　　　// 选择尺寸"500""2500"和"500"

选择对象 :　　　　　　　　　　　　// 按 Enter 键

输入倾斜角度 (按 Enter 表示无): 30　　// 输入尺寸界线的倾斜角度

命令 :_dimedit

输入标注编辑类型 [默认 (H)/ 新建 (N)/ 旋转 (R)/ 倾斜 (O)] < 默认 >:_o

　　　　　　　　　　　　　　　　　// 单击【注释】选项卡中【标注】面板上的 H 按钮

选择对象 : 总计 3 个　　　　　　　　// 选择尺寸"600""4550"和"1150"

选择对象 :　　　　　　　　　　　　// 按 Enter 键

输入倾斜角度 (按 Enter 表示无): –30　　// 输入尺寸界线的倾斜角度

STEP06　指定尺寸样式"DIM-2"为当前样式，单击【注释】选项卡中【标注】面板上的按钮，选择尺寸"600""4550"和"1150"进行更新，结果如图 13-36 所示。

STEP07　用类似的方法标注其余尺寸，结果如图 13-33 所示。

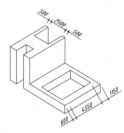

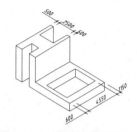

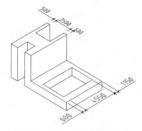

图 13-34　标注对齐尺寸　　　　　图 13-35　修改尺寸界线的倾角　　　　图 13-36　更新尺寸标注

 要点提示　有时也使用引线在轴测图中进行标注，但外观一般不会满足要求，此时可用 EXPLODE 命令将标注分解，然后分别调整引线和文本的位置。

13.5　绘制正面斜等测投影图

前面介绍了正等轴测图的画法。在建筑图中，管网系统立体图及通风系统立体图常采用正面斜等测投影图，这种图的特点是平行于屏幕，其斜等测投影图反映实形。斜等测图的画法与正等测图类似，这两种图沿 3 个轴测轴的轴测比例都为 1，只是轴测轴方向不同，如图 13-37 所示。

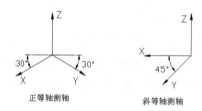

图 13-37　轴测轴

系统没有提供斜等测投影模式，但用户只要在作图时激活极轴追踪、对象捕捉及自动追踪功能，并设定极轴追踪角度增量为 45°，就能很方便地绘制斜等测图。

【练习 13-13】根据平面视图绘制斜等测图，如图 13-38 所示。

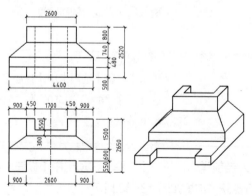

图 13-38　绘制组合体斜等测图

STEP01　设定绘图区域的大小为 10000×10000。

STEP02　激活轴测投影模式，打开极轴追踪、对象捕捉及自动追踪功能。设置极轴追踪角度增量为 45°，设定对象捕捉方式为端点和交点，设置沿所有极轴角进行自动追踪。

STEP03 用 LINE 命令绘制线框 A，将线框 A 向上复制到 B 处，再连线 C、D 和 E，如图 13-39 左图所示。删除多余的线条，结果如图 13-39 右图所示。

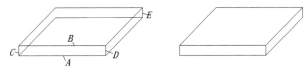

图 13-39　绘制线框 A、B 等

STEP04 用 LINE 及 COPY 命令生成对象 F、G，如图 13-40 左图所示。删除多余的线条，结果如图 13-40 右图所示。

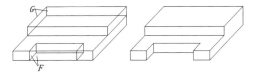

图 13-40　生成对象 F、G 并删除多余的线条

STEP05 用 LINE、MOVE 和 COPY 命令生成对象 H，如图 13-41 左图所示。删除多余的线条，结果如图 13-41 右图所示。

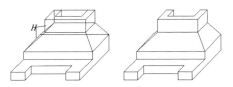

图 13-41　生成对象 H 并删除多余的线条

13.6　综合练习1——绘制送风管道斜等测图

【练习 13-14】绘制送风管道正面斜等测图，如图 13-42 所示。

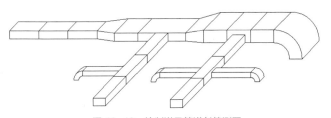

图 13-42　绘制送风管道斜等测图

STEP01 设定绘图区域的大小为 16000×16000。

STEP02 激活轴测投影模式，打开极轴追踪、对象捕捉及自动追踪功能。设置极轴追踪角度增量为 45°，设定对象捕捉方式为端点、中点和交点，设置沿所有极轴角进行自动追踪。

STEP03 用 LINE 命令绘制一个 630×400 的矩形 A，再复制矩形并连线，如图 13-43 左图所示。删除多余的线条，结果如图 13-43 右图所示。

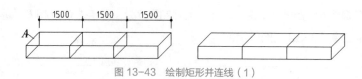

图 13-43　绘制矩形并连线（1）

STEP04 绘制一个 1000×400 的矩形 *B*，再复制矩形并连线，如图 13-44 上图所示。删除多余的线条，结果如图 13-44 下图所示。

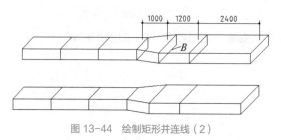

图 13-44　绘制矩形并连线（2）

STEP05 用类似的方法绘制轴测图其余部分，请读者自己完成。作图所需的主要细节尺寸如图 13-45 所示，其他尺寸读者自定。

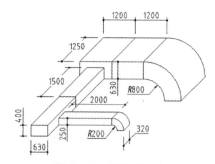

图 13-45　主要细节尺寸

13.7　综合练习 2——绘制组合体轴测图

【练习 13-15】绘制图 13-46 所示的组合体轴测图。

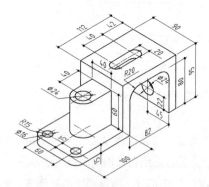

图 13-46　绘制组合体轴测图（1）

组合体轴测图（1）

STEP01 创建新图形文件。激活轴测投影模式，再打开极轴追踪、对象捕捉及自动追踪功能。指定极轴追踪角度增量为 30°，设定对象捕捉方式为端点、圆心和交点，设置沿所有极轴角进行自动追踪。

STEP02 切换到右轴测面，然后用 LINE 命令绘制线框 A，如图 13-47 所示。

STEP03 沿 150° 方向复制线框 A，然后连线 B、C、D 等，如图 13-48 左图所示。修剪及删除多余线条，结果如图 13-48 右图所示。

图 13-47 绘制线框 A

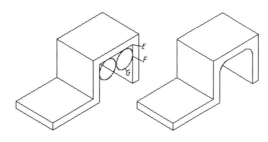

图 13-48 复制对象及连线

STEP04 绘制椭圆弧，如图 13-49 所示。

命令 : _ellipse	
指定椭圆轴的端点或 [圆弧 (A)/ 中心点 (C)/ 等轴测圆 (I)]: I	// 使用 "等轴测圆 (I)" 选项
指定等轴测圆的圆心 : tt	// 建立临时追踪参考点
指定临时对象追踪点 : 20	// 从 E 点向下追踪并输入追踪距离
指定等轴测圆的圆心 : 20	// 从 F 点沿 −150° 方向追踪并输入追踪距离
指定等轴测圆的半径或 [直径 (D)]: 20	// 输入圆半径
命令 : _copy	// 复制对象
选择对象 : 找到 1 个	// 选择椭圆 G
选择对象 :	// 按 Enter 键
指定基点或 [位移 (D)] < 位移 >:	// 单击一点
指定第二个点或 < 使用第一个点作为位移 >: 42	// 沿 −150° 方向追踪并输入追踪距离
指定第二个点或 [退出 (E)/ 放弃 (U)] < 退出 >:	// 按 Enter 键结束

结果如图 **13-49** 左图所示。修剪及删除多余线条，结果如图 **13-49** 右图所示。

图 13-49 绘制椭圆弧

要点提示 绘制圆的轴测投影时，首先要利用 F5 键切换到合适的轴测面使之与圆所在的平面对应起来，这样才能使椭圆看起来是在轴测面内。否则，所画椭圆的形状是不正确的。

STEP05 切换到顶轴测面，绘制椭圆，如图 13-50 所示。

STEP06 复制椭圆，再绘制切线 K，结果如图 13-51 左图所示。修剪及删除多余线条，结果如图 13-51 右图所示。

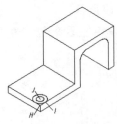

图 13-50　绘制椭圆

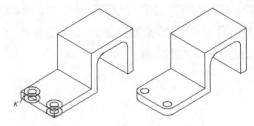

图 13-51　复制椭圆及画切线 K

STEP07　绘制定位线、椭圆及线段，结果如图 13-52 所示。

STEP08　复制椭圆及定位线，然后绘制线段 L、M、N等，结果如图 13-53 左图所示。修剪及删除多余线条，再调整定位线的长度，结果如图 13-53 右图所示。

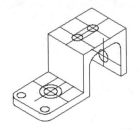

图 13-52　画定位线、椭圆等

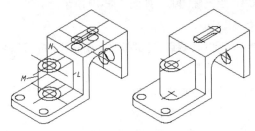

图 13-53　复制对象及绘制线段

【练习 13-16】绘制组合体轴测图，如图 13-54 所示。

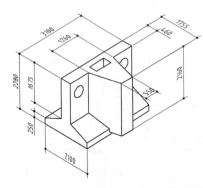

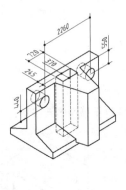

组合体轴测图（2）

图 13-54　绘制组合体轴测图（2）

【练习 13-17】绘制组合体轴测图，如图 13-55 所示。

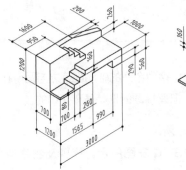

组合体轴测图（3）

图 13-55　绘制组合体轴测图（3）

13.8 习题

1. 根据平面视图绘制正等轴测图及斜等轴测图，如图 13-56 所示。

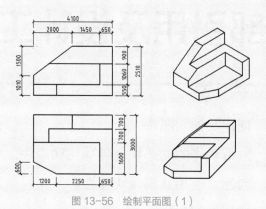

图 13-56 绘制平面图（1）

2. 根据平面视图绘制正等轴测图及斜等轴测图，如图 13-57 所示。

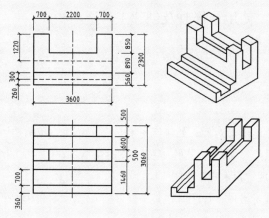

图 13-57 绘制平面图（2）

第14章
图块、外部引用及设计工具

主要内容

- 创建及插入图块。
- 附带动作的动态块及参数化动态块。
- 创建、使用及编辑块属性。
- 使用外部引用。
- AutoCAD 设计中心的使用方法。
- 使用、修改及创建工具选项板。

14.1 图块

在工程中有大量反复使用的图形对象，如建筑图中的门、窗等，机械图中的螺栓、螺钉和垫圈等，由于这些对象的结构形状相同，只是尺寸有所不同，因而作图时常常将它们生成图块，这样会方便以后的作图。

❶ 减少重复性劳动并实现"积木式"绘图

将常用件、标准件定制成标准库，作图时在某一位置插入已定义的图块就可以了，因而用户不必反复绘制相同的图形元素，这样就实现了"积木式"的作图方式。

❷ 节省存储空间

每当向图形中增加一个图元，AutoCAD 就必须记录此图元的信息，从而增大了图形的存储空间。对于反复使用的图块，AutoCAD 仅对其作一次定义。当用户插入图块时，AutoCAD 只是对已定义的图块进行引用，这样就可以节省大量的存储空间。

❸ 方便编辑

在 AutoCAD 中，图块是作为单一对象来处理的。常用的编辑命令（如 MOVE、COPY 和 ARRAY 等）都适用于图块，它还可以嵌套，即在一个图块中包含其他的一些图块。此外，如果对某一图块进行重新定义，图样中所有引用的此图块都会自动更新。

14.1.1 创建图块

用 BLOCK 命令可以将图形的一部分或整个图形创建成图块，用户可以给图块起名，并可定义插入基点。

命令启动方法

◎ 菜单命令：【绘图】/【块】/【创建】。

◎ **面板**：【默认】选项卡中【块】面板上的 按钮。

◎ **命令**：BLOCK 或简写 B。

【练习 14-1】创建图块。

(STEP01) 打开资源包文件"dwg\ 第 14 章 \14-1.dwg"。

(STEP02) 单击【块】面板上的 按钮，打开【块定义】对话框，如图 14-1 所示，在【名称】下拉列表中输入新建图块的名称"洗涤槽"。

(STEP03) 选择构成块的图形元素，单击 （选择对象）按钮，系统返回绘图窗口，并提示"选择对象"，选择"洗涤槽"，如图 14-2 所示。

图 14-1 【块定义】对话框

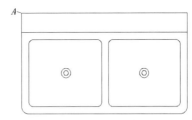

图 14-2 创建图块

(STEP04) 指定块的插入基点，单击 （拾取点）按钮，系统将返回绘图窗口，并提示"指定插入基点"，拾取点 A，如图 14-2 所示。

(STEP05) 单击 确定 按钮，生成图块。

要点提示　在定制符号块时，一般将块图形画在 1×1 的正方形中，这样就便于在插入块时确定图块沿 x、y 方向的缩放比例因子。

【块定义】对话框中常用选项的功能如下。

◎ 【名称】：在此下拉列表中输入新建图块的名称，最多可使用 255 个字符。单击下拉列表右边的 按钮，打开下拉列表，该列表中显示了当前图形的所有图块。

◎ （拾取点）：单击此按钮，AutoCAD 切换到绘图窗口，用户可直接在图形中拾取某点作为块的插入基点。

◎ 【X】、【Y】、【Z】：在这 3 个文本框中分别输入插入基点的 x、y、z 坐标值。

◎ （选择对象）：单击此按钮，AutoCAD 切换到绘图窗口，用户在绘图区中选择构成图块的图形对象。

◎ 【保留】：选取该单选项，则 AutoCAD 生成图块后，还保留构成块的原对象。

◎ 【转换为块】：选取该单选项，则 AutoCAD 生成图块后，把构成块的原对象也转化为块。

◎ 【删除】：该单选项使用户可以设置创建图块后是否删除构成块的原对象。

◎ 【注释性】：创建注释性图快。

◎ 【按统一比例缩放】：设定图块沿各坐标轴的缩放比例是否一致。

14.1.2　插入图块或外部文件

用户可以使用 INSERT 命令在当前图形中插入块或其他图形文件，无论块或被插入的图形多么复杂，AutoCAD 都将它们作为一个单独的对象。如果用户需编辑其中的单个图形元素，就必须用 EXPLODE 命令分解图块或文件块。

命令启动方法

◎ **菜单命令**：【插入】/【块】。

◎ **面板**：【默认】选项卡中【块】面板上的 按钮。

◎ **命令**：INSERT 或简写 I。

插入块

【练习 14-2】创建及插入图块。

STEP01 打开资源包文件"dwg\第 14 章\14-2.dwg"。

STEP02 将图中的座椅创建成图块，块名"座椅"，块的插入点为 *A* 点，如图 14-3 所示。

STEP03 启动 INSERT 命令，打开【插入】对话框，在【名称】下拉列表中选择"座椅"，并在【插入点】、【比例】及【旋转】分组框中选择【在屏幕上指定】复选项，如图 14-4 所示。

图 14-3 创建图块

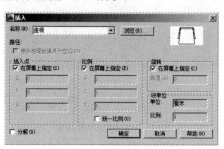

图 14-4 【插入】对话框

STEP04 单击 确定 按钮，AutoCAD 提示：

命令：_insert

指定插入点或 [基点 (B)/比例 (S)/X/Y/Z/旋转 (R)]:　　　// 单击一点指定插入点

输入 X 比例因子，指定对角点，或 [角点 (C)/XYZ(XYZ)] <1>: 1

　　　　　　　　　　　　　　　　　　　　　　// 输入 *x* 方向缩放比例因子

输入 Y 比例因子或 < 使用 X 比例因子 >: 1　　　　// 输入 *y* 方向缩放比例因子

指定旋转角度 <0>: -90　　　　　　　　　　// 输入图块的旋转角度

可以指定 *X*、*Y* 方向的负缩放比例因子，此时插入的图块将作镜像变换。

STEP05 插入其余图块，复制、旋转及镜像图块，结果如图 14-5 所示。

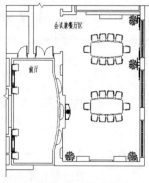

图 14-5 插入图块

启动 INSERT 命令后，AutoCAD 打开【插入】对话框，如图 14-4 所示。通过该对话框，用户可以将图形文件中的图块插入图形中，也可将另一图形文件插入图形中。

 要点提示　当把一个图形文件插入当前图中时，被插入图样的图层、线型、图块和字体样式等也将加入当前图中。如果两者中有重名的这类对象，那么，当前图中的定义优先于被插入的图样。

【插入】对话框中常用选项的功能如下。

◎ 【名称】：该下拉列表中罗列了图样中的所有图块，通过此列表，用户可选择要插入的块。如果要将".dwg"文件插入到当前图形中，就单击 浏览(B)... 按钮，然后选择要插入的文件。

◎ 【插入点】：确定图块的插入点。可直接在【X】、【Y】、【Z】文本框中输入插入点的绝对坐标值，或者选取【在屏幕上指定】复选项，然后在屏幕上指定。

◎ 【比例】：确定块的缩放比例。可直接在【X】、【Y】、【Z】文本框中输入沿这 3 个方向的缩放比例因子，也可选取【在屏幕上指定】复选项，然后在屏幕上指定。

◎ 【统一比例】：该选项使块沿 x、y、z 方向的缩放比例都相同。

◎ 【旋转】：指定插入块时的旋转角度。可在【角度】文本框中直接输入旋转角度值，也可通过【在屏幕上指定】复选项在屏幕上指定。

◎ 【分解】：若用户选取该复选项，则 AutoCAD 在插入块的同时分解块对象。

14.1.3　定义图形文件的插入基点

用户可以在当前文件中以块的形式插入其他图形文件，当插入文件时，默认的插入基点是坐标原点，这时可能给用户的作图带来麻烦。由于当前图形的原点可能在屏幕的任意位置，这样就常常造成在插入图形后图形没有显示在屏幕上，好像并无任何图形插入当前图样中似的。为了便于控制被插入的图形文件，使其放置在屏幕的适当位置，用户可以使用 BASE 命令定义图形文件的插入基点，这样在插入时就可通过这个基点来确定图形的位置。

键入 BASE 命令，AutoCAD 提示"输入基点"，此时，用户在当前图形中拾取某个点作为图形的插入基点。

14.1.4　在工程图中使用注释性符号块

可以创建注释性图块。在工程图中插入注释性图块，就不必考虑打印比例对图块外观的影响，只要当前注释比例等于出图比例，就能保证出图后图块外观与设定值一致。

使用注释性图块的步骤如下。

（1）按实际尺寸绘制图块图形。

（2）设定当前注释比例为 1∶1，创建注释图块（在【块定义】对话框选择【注释性】选项），则图块的注释比例为 1∶1。

（3）设置当前注释比例等于打印比例，然后插入图块，图块外观自动缩放，缩放比例因子为当前注释比例的倒数。

14.2　动态块

用 BLOCK 命令创建的图块是静态的，使用时不能改变其形状及大小（只能缩放）。动态块继承了普通图块的所有特性，且增加了动态性，可以控制块中图形元素的位置、方向及大小等。

14.2.1 给动态块添加参数及动作

动态块的大小和位置是可以控制的，其原理是：给图块定义线性、角度等参数，再利用拉伸、移动、旋转、缩放、镜像、阵列及查寻等动作改变这些参数的值，就使块具有了动态行为。图 14-6 所示的是一个动态块，该块已经指定了线性参数和拉伸动作。用户通过关键点编辑方式或 PR 命令改变线性参数的值，就使图块的长度发生变化。

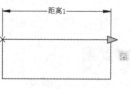

图 14-6　动态块

给动态块添加各类动作的过程如下。

（1）首先给图块添加线性、极轴及旋转等参数。例如，要改变图元的长度及角度值，就创建极轴参数。

（2）给创建的参数指定关联的动作，并选择该动作作用的图形对象。

（3）对图块的动态行为进行测试，观察效果。

命令启动方法

◎ **菜单命令**:【工具】/【块编辑器】。

◎ **面板**:【默认】选项卡中【块】面板上的 编辑 按钮。

◎ **命令**: BEDIT 或简写 BE。

【练习 14-3】创建动态块。

STEP01 启动 BE 命令，打开【编辑块定义】对话框，在【要创建或编辑的块】文本框中输入新图块的名称"BF-1"，如图 14-7 所示。

STEP02 单击 确定 按钮，打开块编辑器，在此编辑器中绘制块图形，如图 14-8 所示。块编辑器专门用于创建块定义及添加块的动态行为。

图 14-7　【编辑块定义】对话框

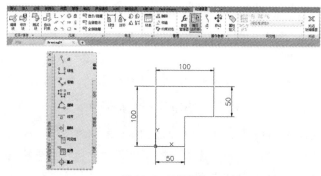

图 14-8　块编辑器

块编辑器主要由以下 3 部分组成。

（1）绘图区域。在此区域中绘制及编辑图形，该区域内有一个坐标系图标，坐标系原点是块的插入基点。

（2）【块编辑器】选项卡。该选项卡包含了图块测试、几何及尺寸约束、块编写选项板及可见性状态等命令按钮。

（3）【块编写选项板】窗口。单击【管理】面板上的 按钮，打开或关闭该窗口。该窗口包含【参数】、【动作】、【参数集】和【约束】等 4 个选项板，选项板中包含许多工具，用于创建动态块的参数和动作等。

◎ 【参数】: 定义线性、极轴、旋转及查询等参数。

◎ 【动作】: 添加与参数关联的动作。

◎ 【参数集】: 同时添加参数及相关动作。

◎ 【约束】: 给图形对象指定各类几何约束。

STEP03 单击【参数】选项板中的【线性】工具，再指定 A、B 两个点，添加线性参数，如图 14-9 所示。该参数具有两个关键点，用于动态行为的操作点。

STEP04 添加此参数后，出现一个警告图标，表明现在的参数还未与动作关联起来。选中"线性"参数，单击鼠标右键，选择【特性】选项，打开【特性】窗口，如图 14-10 所示。在【距离类型】及【夹点数】下拉列表中分别选择"增量"和"1"，在【距离名称】及【距离增量】文本框中分别输入"长度"和"20"。设定参数增量值后，块编辑器绘图区域中出现与增量值对应的一系列短画线。

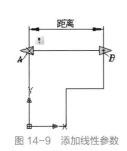

图 14-9　添加线性参数

图 14-10　【特性】窗口

STEP05 选取【动作】选项板中的【拉伸动作】工具，AutoCAD 提示：

命令 : _BActionTool 拉伸

选择参数 :　　　　　　　　　　　　　　// 选择长度参数，如图 14-11 所示

指定要与动作关联的参数点 :　　　　　　// 选择图形右边的关键点

指定拉伸框架的第一个角点或 [圈交 (CP)]:　// 单击 C 点

指定对角点 :　　　　　　　　　　　　　// 单击 D 点

指定要拉伸的对象　　　　　　　　　　　// 在 C 点附近单击一点

选择对象 : 指定对角点 : 找到 5 个　　　　// 在 D 点附近单击一点

选择对象 :　　　　　　　　　　　　　　// 按 Enter 键

结果如图 14-11 所示。

STEP06 进入【参数集】选项板，该选项板中的工具可同时给动态块添加参数及动作。选取【线性拉伸】工具，再指定 E、F 两个点，添加线性参数及拉伸动作，再用 PR 命令将参数名称修改为"宽度"，如图 14-12 所示。

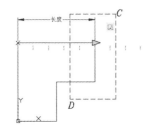

图 14-11　添加与参数关联的动作

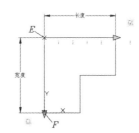

图 14-12　同时添加参数及动作

STEP07 右键单击带黄色警示符号的"拉伸 1"图标，选择【动作选择集】/【新建选择集】选项，

AutoCAD 提示：

命令：_.BACTIONSET

指定拉伸框架的第一个角点或 [圈交 (CP)]:   // 单击 G 点，如图 14-13 所示

指定对角点：   // 单击 H 点

指定要拉伸的对象

选择对象：   // 在 G 点附近单击一点

指定对角点：找到 6 个   // 在 H 点附近单击一点

选择对象：   // 按 Enter 键

结果如图 14-13 所示。

STEP08   选取【参数】选项板中的【翻转】工具，再指定 J、K 两个点，并放置参数标签，如图 14-14 所示。

STEP09   选取【动作】选项板中的【翻转】工具，AutoCAD 提示：

命令：_BActionTool 翻转

选择参数：   // 选择翻转状态

指定动作的选择集

选择对象：找到 9 个   // 选择所有图形对象

选择对象：   // 按 Enter 键

指定动作位置：   // 单击一点放置动作标签

结果如图 14-15 所示。

图 14-13　将动作与图形对象关联

图 14-14　添加翻转参数

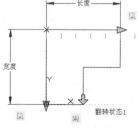

图 14-15　添加翻转参数

STEP10   单击【打开 / 保存】面板上的 按钮，保存动态块。

STEP11   在当前图形中插入动态块 "BF-1"，选中它，图块中出现 3 个关键点，如图 14-16 左图所示。
激活右边的关键点，向右调整图块的长度尺寸，使长度值增加 100。再单击鼠标右键，选择【特性】选项，
打开【特性】窗口。在【宽度】文本框中输入数值 "70"，结果如图 14-16 右图所示。

STEP12   单击翻转关键点，结果如图 14-17 所示。

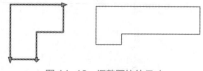

图 14-16　调整图块的尺寸

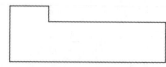

图 14-17　翻转图形

【块编写选项板】窗口提供的参数及动作如表 14-1 所示。

表 14-1　参数及动作

参数类型	关联的动作	参数类型	关联的动作
点	移动，拉伸	对齐	参数本身带有对齐动作
线性	移动，拉伸，缩放，阵列	翻转	翻转
极轴	移动，拉伸，极轴拉伸，缩放，阵列	可见性	可以创建多个可见性状态
xy（两个方向的线性参数）	移动，拉伸，阵列	查询	查询
旋转	旋转	基点	设定块的插入基点

14.2.2　创建附带查询表的动态块

给图块中添加参数及动作后，可以将所有参数以表格的形式列举出来并赋值，然后通过查询动作选取表中不同的参数组，使得动态块大小及位置发生变化。

创建带查询表的动态块的过程如下。

（1）在图块中添加线性、角度等参数以及相关联的动作。

（2）创建查询参数及查询动作，根据参数名称生成参数值查询表。

（3）测试查询表的正确性。

【练习 14-4】创建圆柱头螺钉动态块。

（STEP01）启动 BE 命令，打开【编辑块定义】对话框，在【要创建或编辑的块】文本框中输入新图块的名称"圆柱头螺钉"，单击 确定 按钮，打开块编辑器，在此编辑器中绘制块图形，如图 14-18 所示。画出图形的一半，然后镜像。

（STEP02）利用【参数集】选项板中的【线性拉伸】工具创建 6 个带拉伸动作的参数，并将这些参数重新命名，如图 14-19 所示。

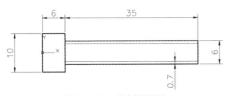

图 14-18　绘制块图形

图 14-19　创建带拉伸动作的参数

（STEP03）建立各个拉伸动作的选择集。右键单击拉伸动作，选择【动作选择集】/【新建选择集】选项创建选择集，与各参数关联的拉伸动作的选择框如图 14-20 所示，其中参数 D3、D4 的拉伸动作分别只作用于三条线段，即两条水平线及右端竖直线。形成该选择集时，利用单选法进行选择。

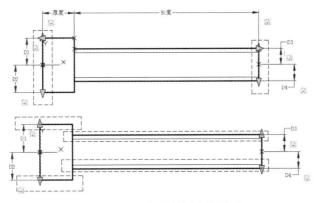

图 14-20　建立各个拉伸动作的选择集

STEP04 选中"长度"参数，单击鼠标右键，选择【特性】选项，打开【特性】窗口。在【距离类型】下拉列表中选择"增量"，在【距离增量】及【最小距离】文本框中分别输入"5"及"35"。

STEP05 添加查询参数及查询动作，打开【特性查询表】对话框（查询动作右键菜单的相关选项也可打开该对话框），单击 添加特性(A) 按钮，指定要查询的参数项目，然后输入参数值，如图 14-21 所示。

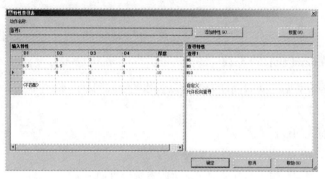

图 14-21 【特性查询表】对话框

STEP06 用 MOVE 命令向下移动"长度"参数，使其关键点位于螺钉右端线中点位置附近，如图 14-22 所示。

图 14-22 移动"长度"参数

STEP07 单击【打开/保存】面板上的 按钮，保存动态块。

STEP08 在当前图形中插入动态块"圆柱头螺钉"，选中它，图块中出现关键点，单击查询关键点，弹出快捷菜单，在各选项进行切换，如图 14-23 所示。再利用"长度"参数关键点改变螺钉的长度。

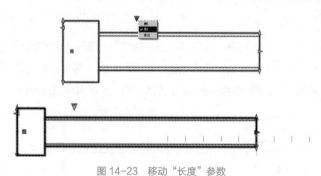

图 14-23 移动"长度"参数

14.2.3 控制动态块中图元的可见性

给动态块添加可见性参数后，就可设定块中图元的可见性。具体过程如下。

（1）给块添加可见性参数。

（2）创建多个可见性状态，对每一种状态设置图元的可见性及显示形式。

（3）在各可见性状态间进行切换，观察显示效果。

【练习14-5】控制图块中图形元素的可见性。

STEP01　启动 BE 命令，打开块编辑器，在此编辑器中绘制块图形，尺寸任意，如图 14-24 所示。

STEP02　创建"可见性"参数。单击【可见性】面板上的 ▢ 按钮，打开【可见性状态】对话框，新建两个"可见性"状态，如图 14-25 所示。

控制动态块

图 14-24　绘制块图形

图 14-25　创建可见性

STEP03　利用【可见性】面板上的下拉列表切换到各可见性状态，再单击 ▢ 按钮设置图中"圆"的可见性，如图 14-26 所示。

◎ 【可见性状态 0 】：左边第一个圆可见。
◎ 【可见性状态 1 】：中间圆可见。
◎ 【可见性状态 2 】：最右边的圆可见。

STEP04　单击【打开/保存】面板上的 ▢ 按钮，保存动态块。

STEP05　在当前图形中插入动态块，选中它，单击可见性关键点，选择可见性选项进行切换，观察图块变化效果，如图 14-27 所示。

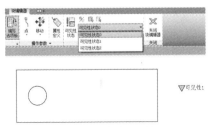

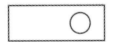

图 14-26　切换可见性

图 14-27　在可见性状态间切换

14.2.4　参数化动态块

动态块可以通过添加参数及动作的方式形成，也可给块中加入几何及尺寸约束，形成参数化的块图形，利用这些约束驱动块的形状及大小发生变化。

【练习14-6】创建参数化动态块。

STEP01　单击【默认】选项卡中【块】面板上的 ▢ 按钮，打开【编辑块定义】对话框，输入块名"DB-1"。单击 确定 按钮，进入块编辑器。绘制平面图形，尺寸任意，如图 14-28 所示。

STEP02　单击【管理】面板上的 ▢ 按钮，选择圆的定位线，利用"转换 (C)"选项将定位线转化为构造几何对象，如图 14-29 所示。此类对象是虚线，只在块编辑器中显示，不在绘图窗口中显示。

STEP03 单击【几何】面板上的 ⬜ 按钮，选择所有对象，让系统自动添加几何约束，如图 14-30 所示。

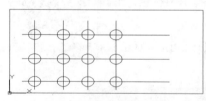

图 14-28 绘制平面图形

图 14-29 将定位线转化为构造几何对象

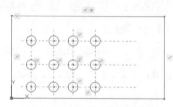

图 14-30 自动添加几何约束

STEP04 给所有圆添加相等约束，然后加入尺寸约束并修改尺寸变量的名称，如图 14-31 所示。

STEP05 单击【管理】面板上的 fx 按钮，打开【参数管理器】窗口，修改尺寸变量的值（不修改变量 L、W、DIA 的值），如图 14-32 所示。

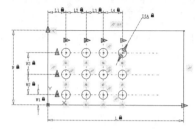

图 14-31 加入尺寸约束并修改尺寸变量的名称

图 14-32 修改尺寸变量的值

STEP06 单击 ⬚ 按钮，测试图块。选中图块，拖动关键点改变块的大小，如图 14-33 所示。

STEP07 单击鼠标右键，选择【特性】命令，打开【特性】窗口，将尺寸变量 L、W、DIA 的值修改为 18、6 和 1.1，结果如图 14-34 所示。

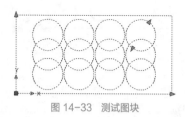

图 14-33 测试图块

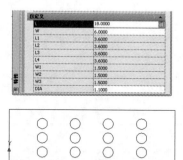

图 14-34 修改尺寸

STEP08 单击 ✕ 按钮，关闭测试窗口，返回块编辑器。单击 ⬚ 按钮，保存图块。

14.2.5 利用表格参数驱动动态块

在动态块中加入几何及尺寸约束后，就可通过修改尺寸值改变动态块的形状及大小。用户可事先将多组尺寸参数创建成表格，利用表格指定块的不同尺寸组。

【练习 14-7】利用表格参数驱动参数化动态块。

STEP01 单击【默认】选项卡中块面板上的 ⬚ 按钮，打开【编辑块定义】对话框，

表格参数驱动动态块

输入块名"DB-2"。单击 [确定] 按钮,进入块编辑器。绘制平面图形,尺寸任意,如图 14-35 所示。

STEP02　单击【几何】面板上的 按钮,选择所有对象,让系统自动添加几何约束,如图 14-36 所示。

STEP03　添加相等约束,使两个半圆弧及两个圆的大小相同;添加水平约束,使两个圆弧的圆心在同一条水平线上,如图 14-37 所示。

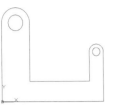

图 14-35　绘制平面图形

图 14-36　自动添加几何约束

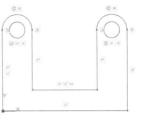
图 14-37　添加几何约束

STEP04　添加尺寸约束,修改尺寸变量的名称及相关表达式,如图 14-38 所示。

STEP05　单击【标注】面板上的 按钮,指定块参数表放置的位置,打开【块特性表】对话框。单击该对话框的 按钮,打开【新参数】对话框,如图 14-39 所示。输入新参数名称"LxH",设定新参数类型"字符串"。

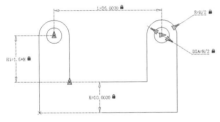
图 14-38　加入尺寸约束

图 14-39　【新参数】对话框

STEP06　返回【块特性表】对话框,单击 按钮,打开【添加参数特性】对话框,如图 14-40 左图所示。选择参数 L 及 H,单击 [确定] 按钮,所选参数添加到【块特性表】对话框中,如图 14-40 右图所示。

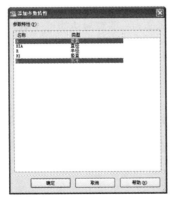

图 14-40　将参数添加到【块特性表】对话框中

STEP07　双击表格单元,输入参数值,如图 14-41 所示。

STEP08　单击 按钮,测试图块。选中图块,单击参数表的关键点,选择不同的参数,查看块的变化,如图 14-42 所示。

315

图 14-41 输入参数值

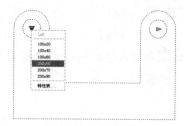

图 14-42 测试图块

STEP09 关闭测试窗口,单击【标注】面板上的▦按钮,打开【块特性表】对话框。按住列标题名称"L",将其拖到第一列,如图 14-43 所示。

STEP10 单击▦按钮,测试图块。选中图块,单击参数表的关键点,打开参数列表,目前的列表样式已发生变化,如图 14-44 所示。

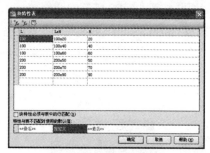

图 14-43 【块特性表】对话框

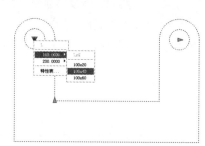

图 14-44 测试图块

STEP11 单击 ✕ 按钮,关闭测试窗口,返回块编辑器。单击▦按钮,保存图块。

14.3 块属性

在 AutoCAD 中,用户可以使块附带属性。属性类似于商品的标签,包含了图块所不能表达的其他各种文字信息,如材料、型号和制造者等,存储在属性中的信息一般称为属性值。当用 BLOCK 命令创建块时,将已定义的属性与图形一起生成块,这样块中就包含属性了。当然,用户也能仅将属性本身创建成一个块。

属性有助于用户快速产生关于设计项目的信息报表,或者作为一些符号块的可变文字对象。其次,属性也常用来预定义文本位置、内容或提供文本默认值等。例如,把标题栏中的一些文字项目定制成属性对象,就能方便地进行填写或修改。

14.3.1 创建及使用块属性

ATTDEF 命令创建属性定义,该定义包括字高、关联的文字样式、外观标记、默认值及提示信息等项目。
命令启动方法

◎ 菜单命令:【绘图】/【块】/【定义属性】。

◎ 面板:【默认】选项卡中【块】面板上的▦按钮。

◎ 命令: ATTDEF 或简写 ATT。

启动 ATTDEF 命令,AutoCAD 打开【属性定义】对话框,如图 14-45 所示,用户利用该对话框创建块属性。

图 14-45 【属性定义】对话框

【属性定义】对话框中常用选项的功能如下。

◎ 【不可见】：控制属性值在图形中的可见性。如果想使图中包含属性信息，但又不想使其在图形中显示出来，就选取该复选项。有一些文字信息（如零部件的成本、产地和存放仓库等）不必在图样中显示出来，就可设定为不可见属性。

◎ 【固定】：选取该复选项，属性值将为常量。

◎ 【验证】：设置是否对属性值进行校验。若选取该复选项，则插入块并输入属性值后，AutoCAD 将再次给出提示，让用户校验输入值是否正确。

◎ 【预设】：该选项用于设定是否将实际属性值设置成默认值。若选取该复选项，则插入块时，AutoCAD 将不再提示用户输入新属性值，实际属性值等于【属性】分组框中的默认值。

◎ 【锁定位置】：锁定块参照中属性的位置。解锁后，属性可以相对于使用夹点编辑的块的其他部分移动，并且可以调整多行文字属性的大小。

◎ 【多行】：指定属性值可以包含多行文字。选定此复选项后，可以指定属性的边界宽度。

◎ 【标记】：标识图形中每次出现的属性。使用任何字符组合（空格除外）输入属性标记。小写字母会自动转换为大写字母。

◎ 【提示】：指定在插入包含该属性定义的块时显示的提示。如果不输入提示，属性标记将用作提示。如果在【模式】分组框选择【固定】复选项，那么【属性】分组框中的【提示】选项将不可用。

◎ 【默认】：指定默认的属性值。

◎ 【插入点】：指定属性位置，输入坐标值或者选择【在屏幕上指定】复选项。

◎ 【对正】：该下拉列表中包含了 10 多种属性文字的对齐方式，如布满、居中、中间、左对齐和右对齐等。这些选项的功能与 TEXT 命令对应的选项功能相同，参见 9.2.2 小节。

◎ 【文字样式】：从该下拉列表中选择文字样式。

◎ 【文字高度】：用户可直接在文本框中输入属性文字高度，或者单击右侧按钮切换到绘图窗口，在绘图区中拾取两点以指定高度。

◎ 【旋转】：设定属性文字的旋转角度。

【练习 14-8】定义及使用属性。

(STEP01) 打开资源包文件 "dwg\ 第 14 章 \14-8.dwg"。

(STEP02) 键入 ATTDEF 命令，AutoCAD 打开【属性定义】对话框，如图 14-46 所示。在【属性】分组框中输入下列内容。

块属性

标记：	姓名及号码
提示：	请输入您的姓名及电话号码
默认：	李燕 2660732

STEP03 在【文字样式】下拉列表中选择"样式-1"，在【文字高度】文本框中输入数值"3"，单击 确定 按钮，AutoCAD 提示"指定起点"，在电话机的下边拾取 A 点，结果如图 14-47 所示。

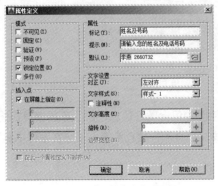

图 14-46 【属性定义】对话框

图 14-47 定义属性

STEP04 将属性与图形一起创建成图块。单击【块】面板上的 按钮，AutoCAD 打开【块定义】对话框，如图 14-48 所示。

STEP05 在【名称】下拉列表中输入新建图块的名称"电话机"，在【对象】分组框中选择【保留】单选项，如图 14-48 所示。

STEP06 单击 （选择对象）按钮，AutoCAD 返回绘图窗口，并提示"选择对象"，选择电话机及属性，如图 14-47 所示。

STEP07 指定块的插入基点。单击 （拾取点）按钮，AutoCAD 返回绘图窗口，并提示"指定插入基点"，拾取点 B，如图 14-47 所示。

STEP08 单击 确定 按钮，AutoCAD 生成图块，如图 14-48 所示。

STEP09 插入带属性的块。单击【块】面板上的 按钮，选择"电话机"图块，指定插入点，AutoCAD 打开【编辑属性】对话框，输入新的属性值，如图 14-49 所示。

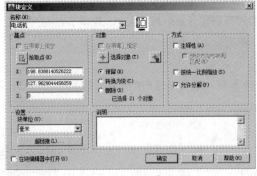

图 14-48 【块定义】对话框

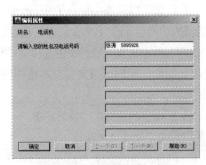

图 14-49 【编辑属性】对话框

STEP10 单击 确定 按钮，结果如图 14-50 所示。选中图块，利用右键快捷菜单上的【特性】选项可修改图块沿坐标轴的缩放比例值。

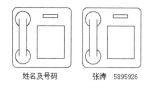

姓名及号码　　张涛 5895926

图 14-50　插入附带属性的图块

14.3.2　编辑属性定义

创建属性后，用户可对其进行编辑，常用的命令是 TEDIT 和 PROPERTIES。前者可修改属性标记、提示及默认值，后者能修改属性定义的更多项目。

① 用 TEDIT 命令修改属性定义

调用 TEDIT 命令，AutoCAD 提示"选择注释对象"，选取属性定义标记后，AutoCAD 弹出【编辑属性定义】对话框，如图 14-51 所示。在该对话框中，用户可修改属性定义的标记、提示及默认值。

双击属性定义标记，也能打开【编辑属性定义】对话框。

② 用 PROPERTIES 命令修改属性定义

选择属性定义，然后单击鼠标右键，选择【特性】命令，AutoCAD 打开【特性】窗口，如图 14-52 所示。该对话框的【文字】区域中列出了属性定义的标记、提示、默认值、字高及旋转角度等项目，用户可在该对话框中对其进行修改。

图 14-51　【编辑属性定义】对话框

图 14-52　【特性】窗口

14.3.3　编辑块的属性

若属性已被创建成为块，则用户可用 EATTEDIT 命令来编辑属性值及属性的其他特性。双击带属性的块，也启动该命令。

命令启动方法

◎　菜单命令：【修改】/【对象】/【属性】/【单个】。

◎　面板：【默认】选项卡中【块】面板上的 按钮。

◎　命令：EATTEDIT。

【练习 14-9】使用 EATTEDIT 命令编辑块属性。

启动 EATTEDIT 命令，AutoCAD 提示"选择块"，用户选择要编辑的图块后，AutoCAD 打开【增强属性编辑器】对话框，如图 14-53 所示。在该对话框中，用户可对块属性进行编辑。

编辑块的属性

【增强属性编辑器】对话框中有【属性】、【文字选项】和【特性】3个选项卡，它们的功能如下。

◎ 【属性】：在该选项卡中，AutoCAD 列出了当前块对象中各个属性的标记、提示及值，如图 14-53 所示。选中某一属性，用户就可以在【值】框中修改属性的值。

◎ 【文字选项】：该选项卡用于修改属性文字的一些特性，如文字样式、字高等，如图 14-54 所示。选项卡中各选项的含义与【文字样式】对话框中同名选项的含义相同。

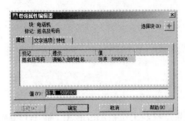

图 14-53 【增强属性编辑器】对话框

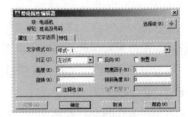

图 14-54 【文字选项】选项卡

◎ 【特性】：在该选项卡中用户可以修改属性文字的图层、线型、颜色等，如图 14-55 所示。

图 14-55 【特性】选项卡

14.3.4 块属性管理器

块属性管理器用于管理当前图形中所有块的属性定义，通过它能够修改属性定义及改变插入块时系统提示用户输入属性值的顺序。

命令启动方法

◎ 菜单命令：【修改】/【对象】/【属性】/【块属性管理器】。

◎ 面板：【默认】选项卡中【块】面板上的 按钮。

◎ 命令：BATTMAN。

启动 BATTMAN 命令，AutoCAD 弹出【块属性管理器】对话框，如图 14-56 所示。

该对话框中常用选项的功能如下。

◎ （选择块）：通过此按钮选择要操作的块。单击该按钮，AutoCAD 切换到绘图窗口，并提示"选择块"，用户选择块后，AutoCAD 又返回【块属性管理器】对话框。

◎ 【块】：用户也可通过此下拉列表选择要操作的块。该列表显示当前图形中所有具有属性的图块名称。

◎ 同步(Y)：用户修改某一属性定义后，单击此按钮，将更新所有块对象中的属性定义。

◎ 上移(U)：在属性列表中选中一属性行，单击此按钮，则该属性行向上移动一行。

◎ 下移(D)：在属性列表中选中一属性行，单击此按钮，则该属性行向下移动一行。

◎ 删除(R)：删除属性列表中选中的属性定义。

◎ 编辑(E)：单击此按钮，打开【编辑属性】对话框。该对话框有 3 个选项卡：【属性】、【文字选项】和【特性】，这些选项卡的功能与【增强属性管理器】对话框中同名选项卡的功能类似，这里不再介绍。

◎ 设置(S)...：单击此按钮，弹出【块属性设置】对话框，如图 14-57 所示。在该对话框中，用户可以设置在【块属性管理器】对话框的属性列表中显示哪些内容。

图 14-56 【块属性管理器】对话框

图 14-57 【块属性设置】对话框

14.3.5 创建建筑图例库

建筑图例库包含了建筑图中常用的图例，如门、窗、室内家具等，这些图例以块的形式保存在图形文件中。在绘制建筑图时，用户可以通过设计中心或工具选项板插入图例库中的图块。图例块一般都绘制在 1×1 的正方形中，插入时可以很方便地确定块的缩放比例。也可将图例块创建成动态块，这样可在插入图块后利用关键点编辑方式或 PROPERTIES 命令修改图块的尺寸。

利用符号块绘制电路图

【练习 14-10】利用符号块绘制电路图。

STEP01 打开文件"dwg/ 第 14 章 /14-10.dwg"。

STEP02 将图中的 3 个电气符号创建成图块，插入点分别设定在 A、B、C 点处，如图 14-58 所示。

要点提示

这 3 个符号的高度都为 1。这样做的原因是当使用块时，用户能更方便地控制块的缩放比例。

图 14-58 创建符号块

STEP03 在要放置符号的位置绘制矩形，矩形高度为 5，如图 14-59 所示。修剪及删除多余线条，结果如图 14-60 所示。

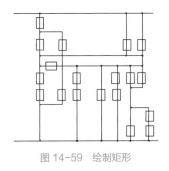
图 14-59 绘制矩形

图 14-60 修剪结果

STEP04 插入电气符号块，块的缩放比例为 5，如图 14-61 所示。

STEP05 用 TEXT 命令书写文字，字高为 2.5，宽度比例因子为 0.8，字体为"宋体"，如图 14-62 所示。

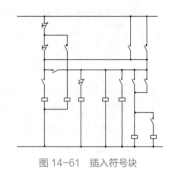

图 14-61　插入符号块

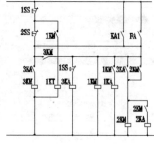

图 14-62　书写文字

14.3.6　阶段练习——创建带属性的标题栏块

【练习 14-11】创建标题栏块，该块中要填写的文字项目为块属性。

STEP01 打开资源包文件"dwg\ 第 14 章 \14-11.dwg"，创建属性项 *A*、*B*、*C*、*D*，如图 14-63 所示。属性包含的内容如表 14-2 所示，属性项字高为 3.5，字体为 gbcbig.shx。

创建带属性的标题栏块

图 14-63　画表格

表 14-2　各属性项包含的内容

项目	标记	提示	值
属性 A	绘图人	请输入绘图人姓名	张三
属性 B	设计人	请输入设计人姓名	张三
属性 C	校对人	请输入校对人姓名	张三
属性 D	审核人	请输入审核人姓名	张三

STEP02 用 BLOCK 命令将属性与图形一起定制成图块，块名为"标题栏"，插入点设定在表格的右下角点。

STEP03 单击【修改】/【对象】/【属性】/【块属性管理器】选项，打开【块属性管理器】对话框，利用 下移(D) 按钮或 上移(U) 按钮调整属性项目的排列顺序，如图 14-64 所示。

图 14-64　调整属性项目的排列顺序

STEP04 用 INSERT 命令插入图块"标题栏",并输入属性值,也可双击图块修改属性值。

14.4 使用外部引用

当用户将其他图形以块的形式插入到当前图样中时,被插入的图形就成为当前图样的一部分,但用户可能并不想如此,而仅仅是要把另一个图形作为当前图形的一个样例,或者想观察一下正在设计的模型与相关的其他模型是否匹配,此时就可通过外部引用(也称为 Xref)将其他图形文件放置到当前图形中。

Xref 使用户能方便地在自己的图形中以引用的方式看到其他图样,被引用的图并不成为当前图样的一部分,当前图形中仅记录了外部引用文件的位置和名称。虽然如此,用户仍然可以控制被引用图形层的可见性,并能进行对象捕捉。

利用 Xref 获得其他图形文件比插入文件块有更多的优点。

(1)由于外部引用的图形并不是当前图样的一部分,因而利用 Xref 组合的图样比通过文件块构成的图样要小。

(2)每当 AutoCAD 装载图样时,都将加载最新的 Xref 版本。因此,若外部图形文件有所改动,则用户装入的引用图形也将跟随着变动。

(3)利用外部引用将有利于几个人共同完成一个设计项目,因为 Xref 使设计者之间可以容易地查看对方的设计图样,从而协调设计内容。另外,Xref 也使设计人员同时使用相同的图形文件进行分工设计。例如,一个建筑设计小组的所有成员通过外部引用就能同时参照建筑物的结构平面图,然后分别开展电路、管道等方面的设计工作。

14.4.1 引用外部图形

调用 XATTACH 命令引用外部图形,可设定引用图形沿坐标轴的缩放比例及引用的方式。

命令启动方法

◎ **菜单命令**:【插入】/【DWG 参照】。

◎ **面板**:【插入】选项卡中【参照】面板上的 按钮。

◎ **命令**:XATTACH 或简写 XA。

【练习 14-12】使用 XATTACH 命令引用外部图形。

STEP01 创建一个新的图形文件。

STEP02 单击【插入】选项卡中【参照】面板上的 按钮,启动 XATTACH 命令,打开【选择参照文件】对话框,通过此对话框选择文件"dwg\第 14 章 \14-12-A.dwg",再单击 打开⑩ 按钮,弹出【附着外部参照】对话框,如图 14-65 所示。

STEP03 单击 确定 按钮,再按 AutoCAD 提示指定文件的插入点,移动及缩放视图,结果如图 14-66 所示。

STEP04 用上述相同的方法引用图形文件"dwg\第 14 章 \14-12-B.dwg",再用 MOVE 命令把两个图形组合在一起,结果如图 14-67 所示。

引用外部图形

图 14-65 【附着外部参照】对话框

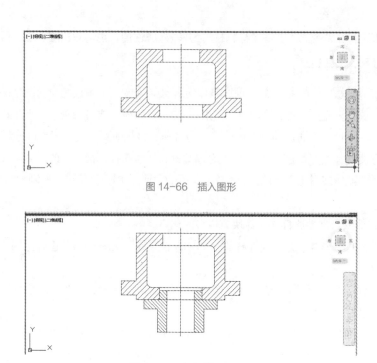

图 14-66　插入图形

图 14-67　插入并组合图形

【附着参照文件】对话框中常用选项的功能如下。

　◎【名称】：该下拉列表显示了当前图形中包含的外部参照文件的名称。用户可在列表中直接选取文件，或单击 浏览(B).... 按钮查找其他的参照文件。

　◎【附着型】：图形文件 A 嵌套了其他的 Xref，而这些文件是以"附着型"方式被引用的，则当新文件引用图形 A 时，用户不仅可以看到图形 A 本身，还能看到图形 A 中嵌套的 Xref。附加方式的 Xref 不能循环嵌套，即如果图形 A 引用了图形 B，而图形 B 又引用了图形 C，则图形 C 不能再引用图形 A。

　◎【覆盖型】：图形 A 中有多层嵌套的 Xref，但它们均以"覆盖型"方式被引用。当其他图形引用图形 A 时，就只能看到图形 A 本身，而其包含的任何 Xref 都不会显示出来。覆盖方式的 Xref 可以循环引用，这使设计人员可以灵活地查看其他任何图形文件，而无须为图形之间的嵌套关系担忧。

　◎【插入点】：在此分组框中指定外部参照文件的插入基点，可直接在【X】、【Y】和【Z】文本框中输入插入点的坐标，或选取【在屏幕上指定】复选项，然后在屏幕上指定。

　◎【比例】：在此分组框中指定外部参照文件的缩放比例，可直接在【X】、【Y】、【Z】文本框中输入沿这 3 个方向的比例因子，或者选取【在屏幕上指定】复选项，然后在屏幕上指定。

　◎【旋转】：确定外部参照文件的旋转角度，可直接在【角度】文本框中输入角度值，或者选取【在屏幕上指定】复选项，然后在屏幕上指定。

14.4.2　更新外部引用文件

当被引用的图形作了修改后，AutoCAD 并不自动更新当前图样中的 Xref 图形，用户必须重新加载以更新它。启动 Xref 命令，打开【外部参照】窗口，用户可以选择一个引用文件或者同时选取几个文件，然后单击鼠标右键，选取【重载】命令，以加载外部图形，如图 14-68 所示。由于可以随时进行更新，因此用户在设计过程中能及时获得最新的 Xref 文件。

命令启动方法

◎ **菜单命令**：【插入】/【外部参照】。

◎ **面板**：【插入】选项卡中【参照】面板右下角的 按钮。

◎ **命令**：XREF 或简写 XR。

继续前面的练习，下面修改引用图形，然后在当前图形中更新它。

STEP01 打开资源包文件"dwg\第 14 章\14-12-A.dwg"，用 STRETCH 命令将零件下部配合孔的直径尺寸增加 4，保存图形。

STEP02 切换到新图形文件。单击【插入】选项卡中【参照】面板右下角的 按钮，打开【外部参照】窗口，如图 14-68 所示。在该窗口的文件列表框中选中"14-12-A.dwg"文件后，单击鼠标右键，弹出快捷菜单，选择【重载】命令以加载外部图形。

STEP03 重新加载外部图形后，结果如图 14-69 所示。

图 14-68 【外部参照】窗口

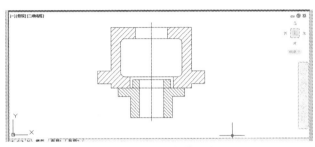

图 14-69 重新加载图形

【外部参照】窗口中常用选项的功能如下。

◎ ：单击此按钮，AutoCAD 弹出【选择参照文件】对话框，用户通过该对话框选择要插入的图形文件。

◎ 【附着】（快捷菜单命令，以下都是）：选择此命令，AutoCAD 弹出【外部参照】窗口，用户通过此窗口选择要插入的图形文件。

◎ 【卸载】：暂时移走当前图形中的某个外部参照文件，但在列表框中仍保留该文件的路径。

◎ 【重载】：在不退出当前图形文件的情况下更新外部引用文件。

◎ 【拆离】：将某个外部参照文件去除。

◎ 【绑定】：将外部参照文件永久地插入当前图形中，使之成为当前文件的一部分，详细内容见 14.4.3 小节。

14.4.3 转化外部引用文件的内容为当前图样的一部分

由于被引用的图形本身并不是当前图形的内容，因此引用图形的命名项目（如图层、文本样式、尺寸标注样式等）都以特有的格式表示出来。Xref 的命名项目表示形式为"Xref 名称 | 命名项目"，通过这种方式，AutoCAD 将引用文件的命名项目与当前图形的命名项目区别开来。

用户可以把外部引用文件转化为当前图形的内容，转化后 Xref 就变为图样中的一个图块，另外，也能把引用图形的命名项目（如图层、文字样式等）转变为当前图形的一部分。通过这种方法，用户可以轻易地使所有图纸的图层、文字样式等命名项目保持一致。

在【外部参照】窗口（见图 14-68）中，选择要转化的图形文件，然后用鼠标右键单击，弹出快捷菜单，选取【绑定】命令，打开【绑定外部参照】对话框，如图 14-70 所示。

【绑定外部参照】对话框中有两个选项，它们的功能如下。

◎ 【绑定】：选取该单选项时，引用图形的所有命名项目的名称由"Xref 名称 | 命名项目"变为"Xref 名称 N 命名项目"。其中，字母"N"是可自动增加的整数，以避免与当前图样中的项目名称重复。

◎ 【插入】：使用该选项类似于先拆离引用文件，然后再以块的形式插入外部文件。当合并外部图形后，命名项目的名称前不加任何前缀。例如，外部引用文件中有图层 WALL，当利用【插入】选项转化外部图形时，若当前图形中无 WALL 层，那么 AutoCAD 就创建 WALL 层，否则，继续使用原来的 WALL 层。

在命令行上输入 XBIND 命令，AutoCAD 打开【外部参照绑定】对话框，如图 14-71 所示。在该对话框左边的列表框中选择要添加到当前图形中的项目，然后单击 添加(A) -> 按钮，把命名项加入【绑定定义】列表框中，再单击 确定 按钮完成。

图 14-70 【绑定外部参照】对话框

图 14-71 【外部参照绑定】对话框

要点提示

用户可以通过 Xref 连接一系列的库文件，如果想要使用库文件中的内容，就用 XBIND 命令将库文件中的有关项目（如尺寸样式、图块等）转化成当前图样的一部分。

14.5　AutoCAD 设计中心

设计中心为用户提供了一种直观、高效且与 Windows 资源管理器相似的操作界面，通过它用户可以很容易地查找和组织本地局域网络或 Internet 上存储的图形文件，同时还能方便地利用其他图形资源及图形文件中的块、文本样式和尺寸样式等内容。此外，如果用户打开多个文件，还能通过设计中心进行有效地管理。

对于 AutoCAD 设计中心，其主要功能可以具体地概括成以下几点。

（1）从本地磁盘、网络甚至 Internet 上浏览图形文件内容，并可通过设计中心打开文件。

（2）设计中心可以将某一图形文件中包含的块、图层、文本样式和尺寸样式等信息展示出来，并提供预览的功能。

（3）利用拖放操作可以将一个图形文件或块、图层和文字样式等插入另一图形中使用。

（4）可以快速查找存储在其他位置的图样、图块、文字样式、标注样式和图层等信息。搜索完成后，可将结果加载到设计中心或直接拖入当前图形中使用。

下面提供了几个练习，让读者了解设计中心的使用方法。

14.5.1　浏览及打开图形

【练习 14-13】利用设计中心查看图形及打开图形。

STEP01 单击【视图】选项卡中【选项板】面板上的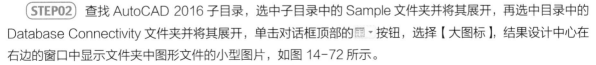按钮，打开【设计中心】窗口，如图 14-72 所示。该窗口中包含以下 3 个选项卡。

◎【文件夹】：显示本地计算机及网上邻居的信息资源，与 Windows 资源管理器类似。

◎【打开的图形】：列出当前 AutoCAD 中所有打开的图形文件。单击文件名前的图标"田"，设计中心即列出该图形所包含的命名项目，如图层、文字样式和图块等。

◎【历史记录】：显示最近访问过的图形文件，包括文件的完整路径。

STEP02 查找 AutoCAD 2016 子目录，选中子目录中的 Sample 文件夹并将其展开，再选中目录中的 Database Connectivity 文件夹并将其展开，单击对话框顶部的田▼按钮，选择【大图标】，结果设计中心在右边的窗口中显示文件夹中图形文件的小型图片，如图 14-72 所示。

STEP03 选中 Floor Plan Sample.dwg 图形文件的小型图标，【文件夹】选项卡下部则显示出相应的预览图片及文件路径，如图 14-72 所示。

STEP04 单击鼠标右键，弹出快捷菜单，如图 14-73 所示，选取【在应用程序窗口中打开】命令，就可打开此文件。

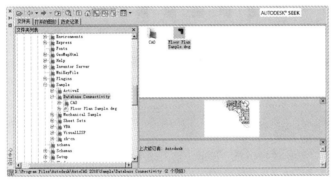

图 14-72　预览文件内容

图 14-73　快捷菜单

快捷菜单中其他常用命令的功能如下。

◎【浏览】：列出文件中块、图层和文本样式等命名项目。

◎【添加到收藏夹】：在收藏夹中创建图形文件的快捷方式，当用户单击设计中心的按钮时，能快速找到这个文件的快捷图标。

◎【附着为外部参照】：以附加或覆盖方式引用外部图形。

◎【插入为块】：将图形文件以块的形式插入当前图样中。

◎【创建工具选项板】：创建以文件名命名的工具选项板，该选项板包含图形文件中的所有图块。

14.5.2　将图形文件的块、图层等对象插入当前图形中

【练习 14-14】利用设计中心插入图块、图层等对象。

STEP01 打开设计中心，查找 AutoCAD 2016 子目录，选中子目录中的 Sample 文件夹并将其展开，再选中目录中的 Database Connectivity 文件夹并展开它。

STEP02 选中 Floor Plan Sample.dwg 文件，则设计中心在右边的窗口中列出图层、图块和文字样式等项目，如图 14-74 所示。

利用设计中心插入对象

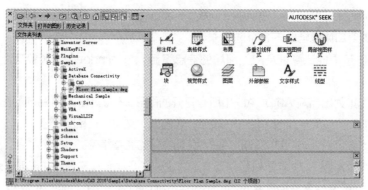

图 14-74　显示图层、图块等项目

STEP03 若要显示图形中块的详细信息，就选中【块】，然后单击鼠标右键，选择【浏览】命令，则设计中心列出图形中的所有图块，如图 14-75 所示。

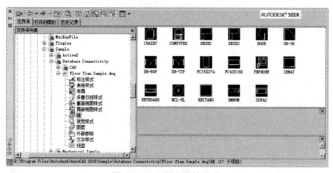

图 14-75　列出图块信息

STEP04 选中某一图块，单击鼠标右键，弹出快捷菜单，选取【插入块】命令，就可将此图块插入当前图形中。

STEP05 用上述类似的方法可将图层、标注样式和文字样式等项目插入当前图形中。

14.6　工具选项板

　　【工具选项板】窗口包含一系列工具选项板，这些选项板以选项卡的形式布置在选项板窗口中，如图 14-76 所示。选项板中包含图块、填充图案等对象，这些对象常被称为工具。用户可以从工具选项板中直接将某个工具拖入当前图形中（或单击工具以启动它），也可以将新建图块、填充图案等放入工具选项板中，还能把整个工具选项板输出，或者创建新的工具选项板。总之，工具选项板提供了组织、共享图块及填充图案的有效方法。

图 14-76　【工具选项板】窗口

14.6.1　利用工具选项板插入图块及图案

命令启动方法

◎ **菜单命令**：【工具】/【选项板】/【工具选项板】。

◎ **面板**：【视图】选项卡中【选项板】面板上的 按钮。

◎ **命令**：TOOLPALETTES 或简写 TP。

启动 TOOLPALETTES 命令，打开【工具选项板】窗口。当需要向图形中添加块或填充图案时，可直接单击工具启动它或将其从工具选项板上拖入当前图形中。

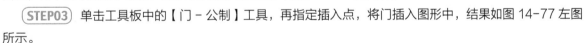

【练习 14-15】从工具选项板中插入块。

(STEP01) 打开资源包文件 "dwg\ 第 14 章 \14-15.dwg"。

(STEP02) 单击【视图】选项卡中【选项板】面板上的█按钮，打开【工具选项板】窗口，再单击【建筑】标签，显示【建筑】选项板，如图 14-77 右图所示。

(STEP03) 单击工具板中的【门 – 公制】工具，再指定插入点，将门插入图形中，结果如图 14-77 左图所示。

(STEP04) 利用关键点编辑方式改变门的大小及开启角度，结果如图 14-78 所示。

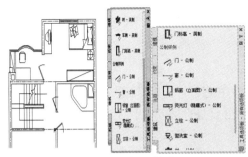

图 14-77　插入"门"

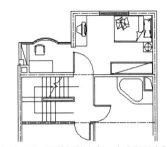

图 14-78　调整门的方向、大小和开启角度

要点提示　对于工具选项板上的块工具，源图形文件必须始终可用。如果源图形文件移至其他文件夹，则必须对块工具的源文件特性进行修改。方法是，用鼠标右键单击块工具，然后选择【特性】命令，打开【工具特性】对话框，在该对话框中指定新的源文件位置。

14.6.2　修改及创建工具选项板

① 修改工具选项板

修改工具选项板一般包含以下几方面内容。

（1）向工具选项板中添加新工具。从绘图窗口将直线、圆、尺寸标注、文字及填充图案等对象拖入工具选项板中，创建相应的新工具。用户可使用该工具快速生成与原始对象特性相同的新对象。生成新工具的另一种方法是，先利用设计中心显示某一图形中的块及填充图案，然后将其从设计中心拖入工具选项板中。

（2）将常用命令添加到工具选项板中。在工具选项板的空白处单击鼠标右键，弹出快捷菜单，选取【自定义】命令，打开【自定义】对话框。此时，按住鼠标左键将工具栏上的命令按钮拖至工具选项板上，在工具选项板上就创建了相应的命令工具。

（3）将一选项板中的工具移动或复制到另一选项板中。在工具选项板中选中一个工具，单击鼠标右键，弹出快捷菜单，利用【复制】或【剪切】命令复制该工具，然后切换到另一工具选项板，单击鼠标右键，弹出快捷菜单，选取【粘帖】命令，添加该工具。

（4）修改工具选项板某一工具的插入特性及图案特性，例如，可以事先设定块插入时的缩放比例或填充图案的角度和比例。在要修改的工具上单击鼠标右键，弹出快捷菜单，选取【特性】命令，打开【工具特性】对话框。该对话框列出了工具的插入特性及基本特性，用户可选择某一特性进行修改。

（5）从工具选项板中删除工具。用鼠标右键单击工具选项板中的一个工具，弹出快捷菜单，选取【删除】命令，即删除此工具。

❷ 创建工具选项板

创建新工具选项板的方法有以下几种。

（1）使鼠标光标位于【工具选项板】窗口，单击鼠标右键，弹出快捷菜单，选取【新建选项板】命令。

（2）从绘图窗口将直线、圆、尺寸标注、文字和填充图案等对象拖入工具选项板中，以创建新工具。

（3）在工具选项板的空白处单击鼠标右键，弹出快捷菜单，选取【自定义命令】命令，打开【自定义用户界面】对话框，此时，按住鼠标左键将对话框的命令按钮拖至工具选项板上，在工具选项板上就创建了相应的命令工具。

（4）单击【视图】选项卡中【选项板】面板上的 🖼 按钮，打开设计中心，找到所需的图块，将其拖入新工具板中。

【练习14-16】创建工具选项板。

创建工具选项板

STEP01 打开资源包文件"dwg\第14章\14-16.dwg"。

STEP02 单击【视图】选项卡中【选项板】面板上的 🖼 按钮，打开【工具选项板】窗口。在该窗口的空白区域单击鼠标右键，选取快捷菜单上的【新建选项板】命令，然后在亮显的文本框中输入新工具选项板的名称"新工具"。

STEP03 在绘图区域中选中填充图案，按住鼠标左键，把该图案拖放到【新工具】选项板上。用同样的方法将绘图区中的圆也拖到【新工具】选项板上。此时，选项板上出现了两个新工具，其中的【圆】工具是一个嵌套的工具集，如图14-79所示。

STEP04 在新工具选项板的ANSI31工具上单击鼠标右键，然后在快捷菜单上选择【特性】命令，打开【工具特性】对话框，在该对话框的【图层】下拉列表中选取【剖面层】选项，如图14-80所示。今后，当用ANSI31工具创建填充图案时，图案将位于剖面层上。

STEP05 在【新工具】选项板的空白区域中单击鼠标右键，弹出快捷菜单，选取【自定义命令】命令，打开【自定义用户界面】对话框，然后将鼠标光标移到 ⊞ 按钮的上边，按住鼠标左键，将该按钮拖到【新工具】选项板上，则工具选项板上就会出现阵列工具，如图14-81所示。

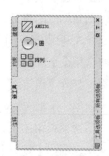

图14-79 创建新工具　　　　图14-80 【工具特性】对话框　　　　图14-81 创建阵列工具

14.7 习题

1. 创建及插入图块。

（1）打开资源包文件"dwg\第 14 章\14-17.dwg"。

（2）将图中"沙发"创建成图块，设定 A 点为插入点，如图 14-82 所示。

（3）在图中插入"沙发"块，结果如图 14-83 所示。

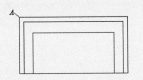

图 14-82　创建"沙发"块

图 14-83　插入"沙发"块

（4）将图中"转椅"创建成图块，设定中点 B 为插入点，如图 14-84 所示。

（5）在图中插入"转椅"块，结果如图 14-85 所示。

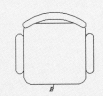

图 14-84　创建"转椅"块

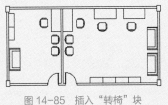

图 14-85　插入"转椅"块

（6）将图中"计算机"创建成图块，设定 C 点为插入点，如图 14-86 所示。

（7）在图中插入"计算机"块，结果如图 14-87 所示。

图 14-86　创建"计算机"块

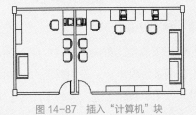

图 14-87　插入"计算机"块

2. 创建块、插入块和外部引用。

（1）打开资源包文件"dwg\第 14 章\14-18.dwg"，如图 14-88 所示，将图形定义为图块，块名为 Block，插入点在 A 点。

（2）引用资源包文件"dwg\第 14 章\14-19.dwg"，然后插入图块，结果如图 14-89 所示。

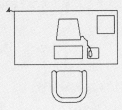

图 14-88　创建图块

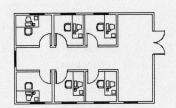

图 14-89　插入图块

第15章
参数化绘图

主要内容

● 添加、编辑几何约束。

● 添加、编辑尺寸约束。

● 利用变量及表达式约束图形。

● 参数化绘图的一般方法。

15.1 几何约束

图样中图形对象的几何关系决定了图样的形状。在 AutoCAD 中，可利用几何约束确定对象间的各种几何关系。本节将介绍添加及编辑几何约束的方法。

15.1.1 添加几何约束

几何约束用于确定二维对象间或对象上各点间的几何关系，如平行、垂直、同心或重合等。例如，可添加平行约束使两条线段平行，添加重合约束使两端点重合等。

用户可通过【参数化】选项卡的【几何】面板来添加几何约束，约束的种类如表 15-1 所示。

表 15-1 几何约束的种类

几何约束按钮	名称	功能
	重合约束	使两个点或一个点和一条直线重合
	共线约束	使两条直线位于同一条无限长的直线上
	同心约束	使选定的圆、圆弧或椭圆保持同一中心点
	固定约束	使一个点或一条曲线固定到相对于世界坐标系（WCS）的指定位置和方向上
	平行约束	使两条直线保持相互平行
	垂直约束	使两条直线或多段线的夹角保持 90°
	水平约束	使一条直线或一对点与当前 UCS 的 x 轴保持平行
	竖直约束	使一条直线或一对点与当前 UCS 的 y 轴保持平行
	相切约束	使两条曲线保持相切或与其延长线保持相切

几何约束按钮	名称	功能
⤳	平滑约束	使一条样条曲线与其他样条曲线、直线、圆弧或多段线保持几何连续性
⫼	对称约束	使两个对象或两个点关于选定直线保持对称
=	相等约束	使两条线段或多段线具有相同长度，或者使圆弧具有相同半径值
⌷	自动约束	根据选择对象自动添加几何约束。单击【几何】面板右下角的箭头，打开【约束设置】对话框，通过【自动约束】选项卡设置添加各类约束的优先级及是否添加约束的公差值

在添加几何约束时，选择两个对象的顺序将决定对象怎样更新。通常，所选的第二个对象会根据第一个对象进行调整。例如，应用垂直约束时，选择的第二个对象将调整为垂直于第一个对象。

【练习15-1】绘制平面图形，图形尺寸任意，如图15-1左图所示。编辑图形，然后给图中对象添加几何约束，结果如图15-1右图所示。

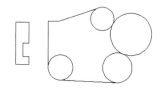 

添加几何约束

图15-1　添加几何约束

STEP01　绘制平面图形，图形尺寸任意，如图15-2左图所示。修剪多余线条，结果如图15-2右图所示。

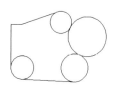 

图15-2　绘制平面图形

STEP02　单击【几何】面板上的　（自动约束）按钮，然后选择所有图形对象，AutoCAD自动对已选对象添加几何约束，如图15-3所示。

STEP03　添加以下约束。

（1）固定约束：单击🔒按钮，捕捉 A 点，如图15-4所示。

（2）相切约束：单击◌按钮，先选择圆弧 B，再选线段 C。

（3）水平约束：单击━按钮，选择线段 D。

结果如图15-4所示。

 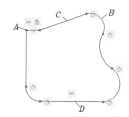

图15-3　自动添加几何约束　　　　图15-4　添加固定、相切及水平约束

STEP04 绘制两个圆，如图 15-5 左图所示。给两个圆添加同心约束，结果如图 15-5 右图所示。

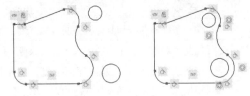

图 15-5　添加同心约束

STEP05 绘制平面图形，图形尺寸任意，如图 15-6 左图所示。旋转及移动图形，结果如图 15-6 右图所示。

STEP06 为图形内部的线框添加自动约束，然后在线段 E、F 间加入平行约束，结果如图 15-7 所示。

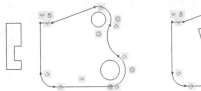

图 15-6　绘制平面图形并旋转、移动图形

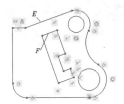

图 15-7　添加约束

15.1.2　编辑几何约束

添加几何约束后，在对象的旁边会出现约束图标。将鼠标光标移动到图标或图形对象上，AutoCAD 将亮显相关的对象及约束图标。用户对已加到图形中的几何约束可以进行显示、隐藏和删除等操作。

编辑几何约束

【练习 15-2】编辑几何约束。

STEP01 绘制平面图形，并添加几何约束，如图 15-8 所示。图中两条长线段平行且相等，两条短线段垂直且相等。

STEP02 单击【参数化】选项卡中【几何】面板上的 全部隐藏 按钮，图形中的所有几何约束将全部隐藏。

STEP03 单击【参数化】选项卡中【几何】面板上的 全部显示 按钮，图形中所有的几何约束将全部显示。

STEP04 将鼠标光标放到某一约束上，该约束将高亮显示，单击鼠标右键弹出快捷菜单，如图 15-9 所示，选择【删除】命令可以将该几何约束删除。选择【隐藏】命令，该几何约束将被隐藏，要想重新显示该几何约束，就单击【参数化】选项卡中【几何】面板上的 显示/隐藏 按钮。

图 15-8　绘制图形并添加约束

STEP05 选择图 15-9 所示快捷菜单中的【约束栏设置】命令或单击【几何】面板右下角的箭头，将弹出【约束设置】对话框，如图 15-10 所示。通过该对话框可以设置哪种类型的约束显示在约束栏图标中，还可以设置约束栏图标的透明度。

STEP06 选择受约束的对象，单击【参数化】选项卡中【管理】面板上的 按钮，将删除图形中所有的几何约束和尺寸约束。

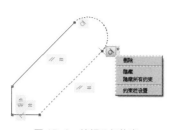

图 15-9 编辑几何约束

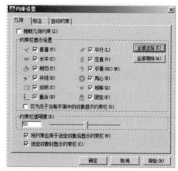

图 15-10 【约束设置】对话框

15.1.3 修改已添加几何约束的对象

用户可通过以下几种方法编辑受约束的几何对象。

（1）使用关键点编辑模式修改受约束的几何图形，该图形会保留应用的所有约束。

（2）使用 MOVE、COPY、ROTATE 和 SCALE 等命令修改受约束的几何图形后，结果会保留应用于对象的约束。

（3）在有些情况下，使用 TRIM、EXTEND 和 BREAK 等命令修改受约束的对象后，所加约束将被删除。

15.2 尺寸约束

在 AutoCAD 中，可利用尺寸约束确定对象的大小，修改尺寸约束，则对象随之发生变化。本节将介绍添加及编辑尺寸约束的方法。

15.2.1 添加尺寸约束

尺寸约束控制二维对象的大小、角度及两点间的距离等，此类约束可以是数值，也可以是变量及方程式。改变尺寸约束，则约束将驱动对象发生相应变化。

用户可通过【参数化】选项卡的【标注】面板来添加尺寸约束。约束种类、约束转换及显示如表15-2所示。

表 15-2 尺寸约束的种类、转换及显示

按钮	名称	功能
线性	线性约束	约束两点之间的水平或竖直距离
水平	水平约束	约束对象上的点或不同对象上两个点之间的 x 距离
竖直	竖直约束	约束对象上的点或不同对象上两个点之间的 y 距离
对齐	对齐约束	约束两点、点与直线、直线与直线间的距离
半径	半径约束	约束圆或者圆弧的半径
直径	直径约束	约束圆或者圆弧的直径
角度	角度约束	约束直线间的夹角、圆弧的圆心角或 3 个点构成的角度
转换	转换	将普通尺寸标注（与标注对象关联）转换为动态约束或注释性约束
动态约束模式	动态约束模式	指定当前尺寸约束为动态约束，即外观固定
注释性约束模式	注释性约束模式	指定当前尺寸约束为注释性约束，即外观由当前标注样式控制

尺寸约束分为两种形式：动态约束和注释性约束。默认情况下是动态约束，系统变量 CCONSTRAINTFORM 为 0。若为 1，则默认尺寸约束为注释性约束。

◎ **动态约束**：标注外观由固定的预定义标注样式决定，不能修改，且不能被打印。在缩放操作过程中动态约束保持相同大小。

◎ **注释性约束**：标注外观由当前标注样式控制，可以修改，也可打印。在缩放操作过程中注释性约束的大小发生变化。可把注释性约束放在同一图层上，设置颜色及改变可见性。

动态约束与注释性约束间可相互转换，选择尺寸约束，单击鼠标右键，选择【特性】命令，打开【特性】窗口，在【约束形式】下拉列表中指定尺寸约束要采用的形式。

【**练习 15-3**】绘制平面图形，添加几何约束及尺寸约束，使图形处于完全约束状态，如图 15-11 所示。

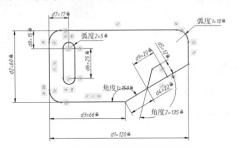

添加尺寸约束

图 15-11 添加几何约束及尺寸约束

STEP01 设定绘图区域大小为 200×200，并使该区域充满整个绘图窗口。

STEP02 打开极轴追踪、对象捕捉及自动追踪功能，设定对象捕捉方式为端点、交点及圆心。

STEP03 绘制图形，图形尺寸任意，如图 15-12 左图所示。让 AutoCAD 自动约束图形，对圆心 *A* 施加固定约束，对所有圆弧施加相等约束，结果如图 15-12 右图所示。

图 15-12 自动约束图形及施加固定约束

STEP04 添加以下尺寸约束。

（1）线性约束：单击 按钮，指定 *B*、*C* 点，输入约束值，创建线性尺寸约束，如图 15-13 左图所示。

（2）角度约束：单击 按钮，选择线段 *D*、*E*，输入角度值，创建角度约束。

（3）半径约束：单击 按钮，选择圆弧，输入半径值，创建半径约束。

（4）继续创建其余尺寸约束，结果如图 15-13 右图所示。添加尺寸约束的一般顺序是：先定形，后定位；先大尺寸，后小尺寸。

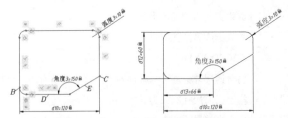

图 15-13 自动约束图形及施加固定约束

STEP05 绘制图形，图形尺寸任意，如图 15-14 左图所示。让 AutoCAD 自动约束新图形，然后添加平行及垂直约束，结果如图 15-14 右图所示。

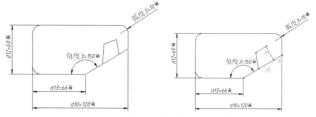

图 15-14　自动约束图形及施加平行、垂直约束

STEP06　添加尺寸约束，如图 15-15 所示。

图 15-15　加入尺寸约束

STEP07　绘制图形，图形尺寸任意，如图 15-16 左图所示。修剪多余线条，添加几何约束及尺寸约束，结果如图 15-16 右图所示。

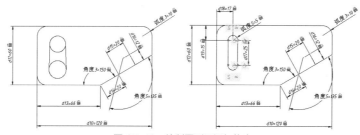

图 15-16　绘制图形及添加约束

STEP08　保存图形，下一节将使用它。

15.2.2　编辑尺寸约束

对于已创建的尺寸约束，可采用以下几种方法进行编辑。

（1）双击尺寸约束或利用 ED 命令（TEDIT）编辑约束的值、变量名称或表达式。

（2）选中尺寸约束，拖动与其关联的三角形关键点改变约束的值，同时驱动图形对象改变。

（3）选中约束，单击鼠标右键，利用快捷菜单中的相应命令编辑约束。

继续前面的练习，下面修改尺寸值及转换尺寸约束。

STEP01　将总长尺寸由 120 改为 100，角度 3 改为 130，结果如图 15-17 所示。

STEP02　单击【参数化】选项卡中【标注】面板上的 全部隐藏 按钮，图中的所有尺寸约束将全部隐藏，单击 全部显示 按钮，所有尺寸约束又显示出来。

STEP03　选中所有尺寸约束，单击鼠标右键，选择【特性】命令，弹出【特性】窗口，如图 15-18 所示。

在【约束形式】下拉列表中选择【注释性】选项，则动态尺寸约束转换为注释性尺寸约束。

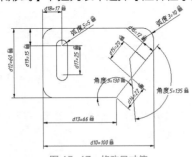

图 15-17　修改尺寸值

图 15-18　【特性】窗口

STEP04　修改尺寸约束名称的格式。单击【标注】面板右下角的箭头，弹出【约束设置】对话框，如图 15-19 左图所示，在【标注】选项卡的【标注名称格式】下拉列表中选择【值】选项，再取消对【为注释性约束显示锁定图标】复选项的选择，结果如图 15-19 右图所示。

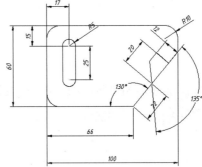

图 15-19　修改尺寸约束名称的格式

15.2.3　用户变量及方程式

尺寸约束通常是数值形式，但也可采用自定义变量或数学表达式。单击【参数化】选项卡中【管理】面板上的 *fx* 按钮，打开【参数管理器】窗口，如图 15-20 所示。此管理器显示所有尺寸约束及用户变量，利用它可轻松地对约束和变量进行管理。

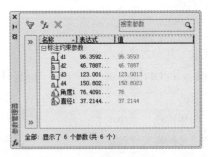

图 15-20　【参数管理器】窗口

◎ 单击尺寸约束的名称以亮显图形中的约束。

◎ 双击名称或表达式进行编辑。

◎ 单击鼠标右键并选择【删除参数】命令，以删除标注约束或用户变量。

◎ 单击列标题名称，对相应的列进行排序。

◎ 单击 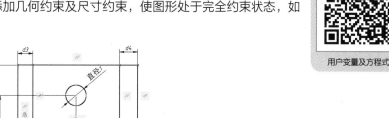 按钮可自定义变量。

尺寸约束或变量采用表达式时，常用的运算符及数学函数如表 15-3 和表 15-4 所示。

表 15-3　在表达式中使用的运算符

运算符	说明	运算符	说明
+	加	/	除
−	减或取负值	^	求幂
*	乘	( )	圆括号或表达式分隔符

表 15-4　表达式中支持的数学函数

函数	语法	函数	语法
余弦	cos(表达式)	反余弦	acos(表达式)
正弦	sin(表达式)	反正弦	asin(表达式)
正切	tan(表达式)	反正切	atan(表达式)
平方根	sqrt(表达式)	幂函数	pow(表达式 1; 表达式 2)
对数，基数为 e	ln(表达式)	指数函数，底数为 e	exp(表达式)
对数，基数为 10	log(表达式)	指数函数，底数为 10	exp10(表达式)
将度转换为弧度	d2r(表达式)	将弧度转换为度	r2d(表达式)

【练习 15-4】定义用户变量，以变量及表达式约束图形。

STEP01　指定当前尺寸约束为注释性约束，并设定尺寸格式为 "名称"。

STEP02　绘制平面图形，添加几何约束及尺寸约束，使图形处于完全约束状态，如图 15-21 所示。

用户变量及方程式

图 15-21　绘制平面图形及添加约束

STEP03　单击【管理】面板上的 fx 按钮，打开【参数管理器】窗口，利用该管理器修改变量名称，定义用户变量及建立新的表达式等，如图 15-22 所示。单击 按钮可建立新的用户变量。

STEP04　利用参数管理器将矩形面积改为 3000，结果如图 15-23 所示。

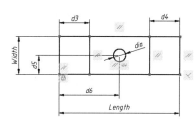

图 15-22　【参数管理器】窗口　　　　图 15-23　修改矩形面积

15.3 参数化绘图的一般步骤

使用 LINE、CIRCLE、OFFSET 等命令绘图时，必须输入准确的数据参数，绘制完成的图形是精确无误的。若要改变图形的形状及大小，一般要重新绘制。利用 AutoCAD 的参数化功能绘图，创建的图形对象是可变的，其形状及大小由几何及尺寸约束控制。当修改这些约束后，图形就会发生相应变化。

利用参数化功能绘图的步骤与采用一般绘图命令绘图是不同的，主要作图过程如下。

（1）根据图样的大小设定绘图区域大小，并将绘图区充满绘图窗口显示，这样就能了解随后绘制的草图轮廓的大小，而不至于使草图形状失真太大。

（2）将图形分成由外轮廓及多个内轮廓组成，按先外后内的顺序绘制。

（3）绘制外轮廓的大致形状，创建的图形对象其大小是任意的，相互间的位置关系（如平行、垂直等）是近似的。

（4）根据设计要求对图形元素添加几何约束，确定它们间的几何关系。一般先让 AutoCAD 自动创建约束（如重合、水平等），然后加入其他约束。为使外轮廓在 xy 坐标面的位置固定，应对其中某点施加固定约束。

（5）添加尺寸约束，确定外轮廓中各图形元素的精确大小及位置。创建的尺寸包括定形及定位尺寸，标注顺序一般为先大后小，先定形后定位。

（6）采用相同的方法依次绘制各个内轮廓。

【练习 15-5】利用 AutoCAD 的参数化功能绘制平面图形，如图 15-24 所示。先画出图形的大致形状，然后给所有对象添加几何约束及尺寸约束，使图形处于完全约束状态。

参数化绘图

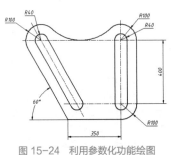

图 15-24　利用参数化功能绘图

STEP01　创建以下两个图层。

名称	颜色	线型	线宽
轮廓线层	白色	Continuous	0.5
中心线层	红色	Center	默认

STEP02　设定绘图区域大小为 800×800，并使该区域充满整个绘图窗口。

STEP03　打开极轴追踪、对象捕捉及自动追踪功能，设定对象捕捉方式为端点、交点及圆心。

STEP04　使用 LINE、CIRCLE 及 TRIM 等命令绘制图形，图形尺寸任意，如图 15-25 左图所示。修剪多余线条并倒圆角，以形成外轮廓草图，结果如图 15-25 右图所示。

STEP05　启动自动添加几何约束功能，给所有的图形对象添加几何约束，如图 15-26 所示。

图 15-25　绘制图形外轮廓线　　　　　　　　　　　图 15-26　自动添加几何约束

STEP06 创建以下约束。

（1）给圆弧 *A*、*B*、*C* 添加相等约束，使 3 个圆弧的半径相等，如图 15-27 左图所示。

（2）对左下角点施加固定约束。

（3）给圆心 *D*、*F* 及圆弧中点 *E* 添加水平约束，使 3 点位于同一条水平线上，结果如图 15-27 右图所示。操作时，可利用对象捕捉确定要约束的目标点。

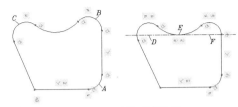

图 15-27　添加几何约束

STEP07 单击 全部隐藏 按钮，隐藏几何约束。标注圆弧的半径尺寸，然后标注其他尺寸，如图 15-28 左图所示。将角度值修改为 60，结果如图 15-28 右图所示。

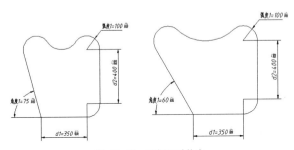

图 15-28　添加尺寸约束

STEP08 绘制圆及线段，如图 15-29 左图所示。修剪多余线条并自动添加几何约束，结果如图 15-29 右图所示。

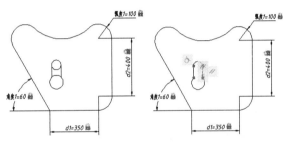

图 15-29　绘制圆、线段及自动添加几何约束

STEP09 给圆弧 *G*、*H* 添加同心约束，给线段 *I*、*J* 添加平行约束等，如图 15-30 所示。

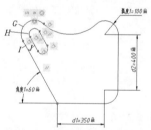

图 15-30 添加同心及平行约束

STEP10 复制线框，如图 15-31 左图所示。对新线框添加同心约束，结果如图 15-31 右图所示。

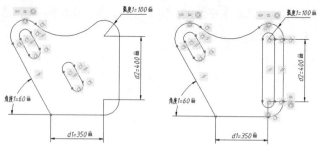

图 15-31 复制对象并添加同心约束

STEP11 使圆弧 *L*、*M* 的圆心位于同一条水平线上，并让它们的半径相等，结果如图 15-32 所示。

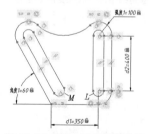

图 15-32 添加水平及相等约束

STEP12 标注圆弧的半径尺寸"40"，如图 15-33 左图所示。将半径值由 40 改为 30，结果如图 15-33 右图所示。

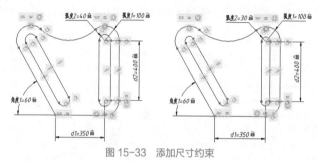

图 15-33 添加尺寸约束

15.4 综合练习——利用参数化功能绘图

【练习 15-6】利用 AutoCAD 的参数化功能绘制平面图形，如图 15-34 左图所示。

利用参数化功能绘图（1）

先画出图形的大致形状，然后给所有对象添加几何约束及尺寸约束，使图形处于完全约束状态。修改其中部分尺寸使图形变形，结果如图 15-34 右图所示。

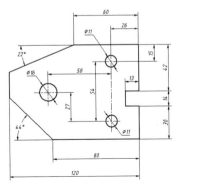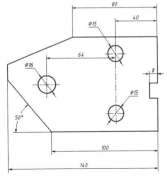

图 15-34 利用参数化功能绘图（1）

【练习 15-7】利用 AutoCAD 的参数化功能绘制平面图形，如图 15-35 所示。先画出图形的大致形状，然后给所有对象添加几何约束及尺寸约束，使图形处于完全约束状态。

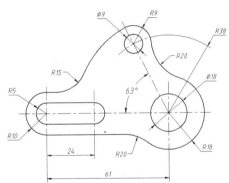

图 15-35 利用参数化功能绘图（2）

【练习 15-8】绘制下面两个图形，尺寸任意，如图 15-36 所示。给所有对象添加几何约束及尺寸约束，使图形处于完全约束状态。

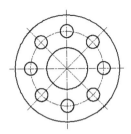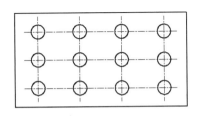

图 15-36 利用参数化功能绘图（3）

要点提示

创建阵列后绘制定位线（中心线），选择所有圆及定位线，启动自动添加约束功能创建几何约束。给定位线添加尺寸约束，修改尺寸值，则圆的位置发生变化。

【练习 15-9】利用 AutoCAD 的参数化功能绘制平面图形，如图 15-37 所示。给所有对象添加几何约束及尺寸约束，使图形处于完全约束状态。

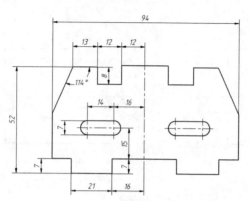

图 15-37 利用参数化功能绘图（4）

15.5 习题

1. 利用 AutoCAD 的参数化功能绘制平面图形，如图 15-38 所示。给所有对象添加几何约束及尺寸约束，使图形处于完全约束状态。

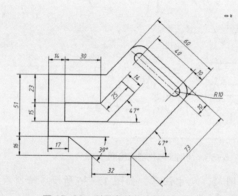

图 15-38 利用参数化功能绘图（1）

2. 利用 AutoCAD 的参数化功能绘制平面图形，如图 15-39 所示。给所有对象添加几何约束及尺寸约束，使图形处于完全约束状态。

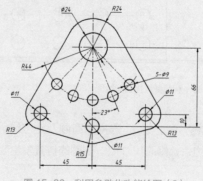

图 15-39 利用参数化功能绘图（2）

第16章
创建及管理虚拟图纸

主要内容

- 创建虚拟图纸的完整过程。
- 新建视口及设定视口比例。
- 在虚拟图纸上标注尺寸及书写文字。
- 创建图纸集。
- 管理虚拟图纸。
- 新建图纸及生成图纸明细表。

16.1 在虚拟图纸上布图、书写文字及标注尺寸

AutoCAD 提供了两种图形环境: 模型空间和图纸空间。模型空间用于绘制图形, 图纸空间用于布置图形, 形成虚拟图纸。该图纸与实际打印出来的图纸是一样的, 实现了所见即所得的效果。

在图纸空间布图的大致过程如下。

（1）在模型空间按 1 : 1 比例绘图。

（2）进入图纸空间, 选择图纸幅面, 插入所需图框。

（3）在虚拟图纸上创建视口, 通过视口显示并布置视图。

（4）设置并锁定各视口缩放比例。

（5）在虚拟图纸上标注尺寸, 尺寸外观参数大小与真实图纸一致。

下面通过一个练习演示形成虚拟图纸的过程。

〔练习16-1〕打开资源包文件 "dwg\ 第 16 章 \16-1.dwg", 在图纸空间布图并标注尺寸。图幅采用 A2 幅面, 绘图比例 1 : 100 及 1 : 50。图 16-1 所示的是标注完成的结果。

图纸空间布图

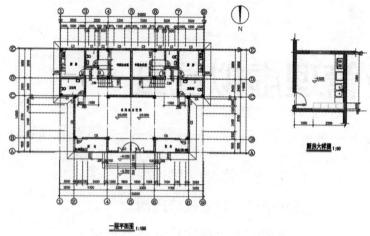

图 16-1　创建虚拟图纸

16.1.1　选择图幅及插入标准图框

切换到图纸空间，选择打印机，指定图纸幅面，然后在图纸上插入标准图框。

(STEP01)　单击　布局1　按钮切换至图纸空间，系统显示一张虚拟图纸。打开文件"dwg/ 第 16 章 /16-A2.dwg"，利用 Windows 的复制 / 粘贴功能将其中的 A3 幅面图框复制到虚拟图纸上，再调整其位置，结果如图 16-2 所示。

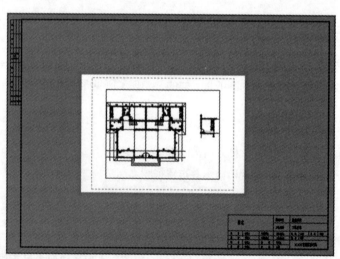

图 16-2　插入图框

(STEP02)　将鼠标光标放在　布局1　按钮上，单击鼠标右键，弹出快捷菜单，选取【页面设置管理器】命令，打开【页面设置管理器】对话框，单击 修改(M)... 按钮，打开【页面设置】对话框，如图 16-3 所示。在该对话框中完成以下设置。

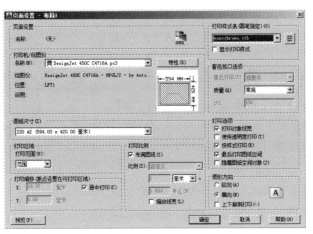

图 16-3 【页面设置】对话框

◎ 在【打印机/绘图仪】分组框的【名称】下拉列表中选择打印设备 DesignJet 450C C4716A.pc3。若该设备不存在，可单击【输出】选项卡【打印】面板中的 绘图仪管理器 按钮，利用【添加绘图仪向导】命令进行添加。

◎ 在【图纸尺寸】下拉列表中选择 A2 幅面图纸。

◎ 在【打印范围】下拉列表中选取【范围】选项。如果选择【布局】，则需用 SCALE 命令缩放图框，使其位于图纸的可打印区域内。

◎ 在【打印比例】分组框中选取【布满图纸】复选项。

◎ 在【打印偏移】分组框中设置为【居中打印】。

◎ 在【图形方向】分组框中设定图形打印方向为【横向】。

◎ 在【打印样式表】分组框的下拉列表中选择打印样式 monochrome.ctb（将所有颜色打印为黑色）。

STEP03 单击 确定 按钮，再关闭【页面设置管理器】对话框，在屏幕上出现一张 A2 幅面的图纸，图纸上的虚线代表可打印区域，A2 图框被布置在此区域中，如图 16-4 所示。图框内部的小矩形是系统自动创建的浮动视口，通过这个视口显示模型空间中的图形。用户可复制或移动视口，还可利用编辑命令调整其大小。

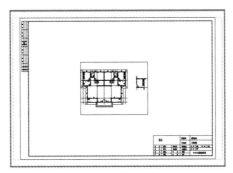

图 16-4 布置图框

16.1.2 创建视口并设定视口比例

在虚拟图纸上创建视口后就能显示出模型空间的图形，该视口称为浮动视口。视口类似于图形对象，可调整其位置、大小，并能进行复制操作。双击视口内部，就可激活它，进入视口模型空间，可对其中的图形进行编辑。双击视口外部，退出模型空间，返回图纸空间。

视口中图形显示的大小由视口显示比例决定，该比例值可以设定，设置完成后，还可以锁定。

命令启动方法

◎ **菜单命令**：【视图】/【视口】/【一个视口】。

◎ **面板**：【布局】选项卡中【布局视口】面板上的 ▢ 按钮。

◎ **命令**：VPORTS。

接下来，新建视口并设定视口比例。

STEP01 选中系统自动创建的矩形视口，单击状态栏上的 ▢ 1:100 / 1% ▾ 按钮，设定视口缩放比例为 1：100。视口缩放比例值就是图形布置在图纸上的缩放比例，即绘图比例。

STEP02 利用关键点编辑方式调整视口大小，再移动视口位置。

STEP03 激活视口，进入视口模型空间，按住鼠标滚轮平移视图，使主视图完全显示在视口中。双击图纸，返回图纸空间，结果如图 16-5 所示。注意，不要缩放视图，否则将改变视口缩放比例。

STEP04 将视口向右复制，设定该视口缩放比例为 1：50。

STEP05 激活它，进入视口模型空间，调整视图位置，使其显示厨房大样图，如图 16-6 所示。

STEP06 双击图纸，返回图纸空间，选择所有视口，单击状态栏上的 🔒 按钮，锁定各视口缩放比例。

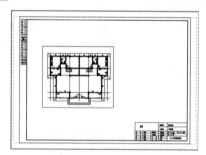

图 16-5　布置主视图

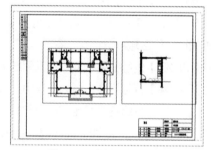

图 16-6　布置厨房大样图

16.1.3　在图纸上布置图形

生成了平面图及大样图视口后，一般需调整各视口的位置及大小（见图 16-7），然后创建"视口"层，将所有视口修改到该层上。

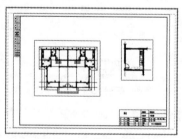

图 16-7　调整视图位置

16.1.4　在视口模型空间编辑图形

激活视口，进入视口模型空间后，就能绘制及编辑图形，与模型空间的操作完全相同。

接下来，修改填充图案的比例值。激活大样图视口，选择填充图案，将其比例修改为 50，结果如图 16-8 所示。

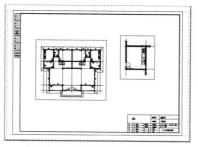

图 16-8　修改填充图案的比例值

16.1.5　标注尺寸及书写文字

可以采用以下两种方式标注尺寸及书写文字。

（1）直接在虚拟图纸上标注尺寸及书写文字，将文字高度及箭头大小等设置成与真实图纸完全相同。此时，尺寸与文字对象处于图纸空间，图形则位于模型空间。默认情况下，尺寸数值与图形关联。

（2）激活视口，进入视口模型空间，创建注释性尺寸标注及注释性文字对象。尺寸、文字及图形都位于模型空间，图样显得比较杂乱。

一般情况下，采用第一种方式创建尺寸及文字较为方便，而且尺寸和图形分别位于不同的图形空间，图样显得很整洁。

STEP01　关闭"视口"层。创建一个名为"尺寸标注"的图层，并将其设置为当前层。

STEP02　创建新文字样式，样式名为"标注文字"，与该样式相连的字体文件是 gbenor.shx 和 gbcbig.shx。

STEP03　创建一个尺寸样式，名称为"国标标注"，对该样式进行以下设置。

◎　标注文本连接【标注文字】，文字高度为 3.5，精度为 0.0，小数点格式是"句点"。

◎　标注文本与尺寸线间的距离是 0.8。

◎　箭头大小为 2。

◎　尺寸界线超出尺寸线长度为 2。

◎　尺寸线起始点与标注对象端点间的距离为 3。

◎　标注基线尺寸时，平行尺寸线间的距离为 8。

◎　设置标注全局比例因子为 1。

◎　使"国标标注"成为当前样式。

STEP04　创建尺寸标注，过程与 10.8.3 小节相同。

STEP05　使用多行文字编辑器（MT）书写文字，字高设定为打印在图纸上的高度。

至此，用户已经创建了一张完整的虚拟图纸，接下来就可以从图纸空间打印出图了。打印的效果与虚拟图纸显示的效果是一样的。单击【输出】选项卡中【打印】面板上的🖶按钮，打开【打印】对话框，该对话框列出了新建图纸时已设定的打印参数，单击 确定 按钮开始打印。

16.2　图纸集

AutoCAD 可以利用图纸集管理器将图纸空间的虚拟图纸（图形文件中的布局）组织成命名的图纸集，这样就把与设计相关的所有图纸集中在一起形成了一本电子"图册"。用户可以对"图册"中的图纸进行编号，也可删除其中的某一图纸或是加入新图纸。此外，它还能很方便地生成所有图纸的明细清单。

用户除可利用图纸集管理器组织现有图纸外，还能通过它创建新图纸，打开已有的图纸，或将图形传递给其他的设计人员及输出打印等。

16.2.1　图纸集管理器的功能

单击【视图】选项卡中【选项板】面板上的  按钮，打开【图纸集管理器】窗口，该管理器是组织、整理图纸（图形布局）的工具，它主要由【图纸列表】、【图纸视图】及【模型视图】3 个选项板组成，如图 16-9 所示。下面介绍该窗口的功能。

图 16-9　【图纸集管理器】窗口

❶【图纸集】下拉列表

该列表包含了创建新图纸集、打开已有图纸集及在已打开图纸集之间切换的选项。

❷【图纸列表】选项板

该选项板以树状图形式列出了图纸集中的所有图纸，它们都是图形文件中的布局，可以对其进行编号。在树状图中选中"图纸集"名称或某一图纸，单击鼠标右键，弹出快捷菜单，菜单中的常用选项如下。

◎【关闭图纸集】：将选定的图纸集关闭。

◎【新建图纸】：以图纸集设定的样板创建新图纸。

◎【新建子集】：在当前图纸集中创建一个子集。利用图纸子集可将所有图纸划分成几个大的组成部分。例如，它可使子集与部件对应起来，让子集中包含部件的所有图纸，这样就使所有图纸的组织变得更加清晰了。

◎【将布局作为图纸输入】：创建图纸集后，可从现有图形中输入图纸布局。

◎【重新保存所有图纸】：重新保存当前图纸集中的每个图形文件，并对图纸集所做的更改保存到图纸集数据文件中（".dst"文件）。

◎【打开】：将选中的图纸打开。

◎【重命名并重新编号】：给图纸重新命名及编号。

◎【删除图纸】：从图纸集中删除图纸，但并不会删除图形文件本身。

◎【发布】：将整个图纸集、图纸集子集、多张图纸或单张图纸创建成".dwf"文件，或是打印输出。

◎【电子传递】：将图纸集或部分图纸打包并发送（通过 Internet）。传递包中将自动包含与图形相关的所有依赖文件，如外部参照文件、字体文件等。

◎【特性】：显示所选项目的特性，如图纸集数据文件的路径及文件名、与图纸集相关联的图形文件的路径、与图纸集相关联的自定义特性、创建新图纸的样板文件、图纸标题和图纸编号等。

在树状图中选中某一图纸，系统将显示该图纸的说明信息或缩微预览图。

❸【图纸视图】选项板

该选项板列出了图纸集中的所有图纸视图，单击 或 按钮可按"类别"或"图纸"进行查看。所谓图纸视图是指在图纸空间创建的命名视图，可以对这些视图进行编号。在选项板中选取"图纸集"名称或某一图纸视图，单击鼠标右键，弹出快捷菜单，菜单中包含的常用选项如下。

◎【新建视图类别】：创建一个新的视图类别（视图子集）以组织图纸集中的视图。

◎【重命名并重新编号】：给选定的图纸视图重新编号或修改标题。

◎【显示】：打开图形文件，并显示图纸视图。

◎【放置标注块】：在图纸上添加标注块。

◎【放置视图标签块】：在图纸上放置视图标签块。

❹【模型视图】选项板

该选项板可显示图纸集资源文件所在的文件夹和路径，还列出每个图形文件所包含的模型空间视图。用户可以添加或删除文件夹位置，以整理所需的资源文件。在选项板中选中文件夹或文件夹中的文件，单击鼠标右键，弹出快捷菜单，菜单中包含的常用选项如下。

◎【添加新位置】：在选项板中添加新的文件夹和路径。

◎【删除位置】：删除选定的文件夹位置。

◎【打开】：打开选定的图形文件。

◎【放置到图纸上】：将选定的图形文件或模型空间的命名视图放置在当前图形的布局上。

◎【查看模型空间视图】：展开模型空间的命名图纸视图。

16.2.2 创建图纸集及子集

用户通过【创建图纸集】向导来创建图纸集。在向导中，用户可基于现有图形创建图纸集，也可使用图纸集样板生成图纸集。若是基于已有样板进行创建，则新图纸集将继承样板文件的组织结构。对于已生成的图纸集，所有相关的定义信息都存储在".dst"类型的数据文件中。

【练习16-2】创建图纸集及子集。

STEP01 单击【视图】选项卡中【选项板】面板上的 按钮，打开【图纸集管理器】窗口。在该窗口顶部的【图纸集】下拉列表中选取【新建图纸集】选项，打开【开始】对话框，如图 16-10 所示。选取该对话框中的【现有图形】选项。

STEP02 单击 下一步(N) > 按钮，打开【图纸集详细信息】对话框，如图 16-11 所示。在【新图纸集的名称】文本框中输入文字"设备图纸"，然后单击对话框中部的 按钮，设定图纸集数据文件的存储位置为"D:\Program Files\ Autodesk\AutoCAD 2016\Sample"。

创建图纸集及子集

图 16-10 【开始】对话框

图 16-11 【图纸集详细信息】对话框

STEP03 单击 下一步(N) > 按钮，打开【选择布局】对话框，用户利用该对话框选择要加入图纸集中的图纸。继续单击 浏览(B)... 按钮，找到资源包文件中的"设备图纸"文件夹，则该文件夹中的图形文件及图形所包含的布局将显示在【选择布局】对话框的列表框中，如图 16-12 所示。

STEP04 单击 下一步(N) > 按钮，打开【确认】对话框，在该对话框的【图纸集预览】列表框中显示出新建图纸集的详细信息，如图 16-13 所示。

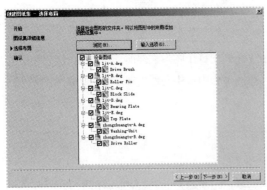

图 16-12 【选择布局】对话框

图 16-13 【确认】对话框

STEP05 单击 完成 按钮，完成图纸集的创建。该图纸集将显示在【图纸集管理器】窗口中，如图 16-14 所示。【设备图纸】共包含 7 张已编号的图纸，每张图纸都相当于已打印的图形图纸，且它们都参照图形文件的【布局】选项卡。

STEP06 用鼠标右键单击【设备图纸】，然后选取快捷菜单上的【新建子集】选项，打开【子集特性】对话框，如图 16-15 所示。在该对话框的【子集名称】文本框中输入子集的名称"传动部件"，并设置【提示使用样板】选项为【是】。

图 16-14 【图纸集管理器】窗口

图 16-15 【子集特性】对话框

STEP07 单击 确定 按钮，返回【图纸集管理器】窗口，在该窗口【视图】列表框中显示"传动部件"子集，如图 16-16 所示。

STEP08 选中 6 号图纸，然后按住鼠标左键将其拖入"传动部件"子集中（该子集将亮显），再依次把 4、5 号图纸拖入"传动部件"中。现在，该子集已包含三张图纸了，如图 16-17 所示。

图 16-16 【图纸集管理器】窗口

图 16-17 将图纸拖入"传动部件"子集中

STEP09 选中"传动部件"中的 4 号图纸，单击鼠标右键，选取【重命名并重新编号】选项，打开【重命名并重新编号图纸】对话框，如图 16-18 所示。在该对话框的【编号】文本框中输入图纸的新编号"1"。

STEP10 单击 确定 按钮，返回【图纸集管理器】窗口，在该窗口【图纸】列表框中显示出 4 号图纸的编号已变为"1"。用同样方法修改其他图纸编号，并拖动图纸位置使其符合编号顺序，结果如图 16-19 所示。

图 16-18　输入图纸的新编号

图 16-19　修改图纸编号

16.2.3　整理图纸集

创建图纸集后，用户可以在图纸集管理器中查看和修改图纸集。

【练习 16-3】这个练习包含以下内容。

（1）查看图纸集特性。

（2）打开图纸。

（3）删除和添加图纸。

（4）关闭图纸集。

STEP01 单击【选项板】面板上的 按钮，打开【图纸集管理器】窗口，在该窗口顶部的【图纸集】下拉列表中选择【打开】选项，然后浏览资源包文件中的"设备图纸"文件夹，选择并打开"设备图纸（A）.dst"文件，则该图纸集显示在【图纸集管理器】窗口中，如图 16-20 所示。

STEP02 用鼠标右键单击"设备图纸（A）"，弹出快捷菜单，选取【特性】选项，打开【设备图纸（A）】对话框，如图 16-21 所示。在该对话框的【图纸保存位置】栏中指定图纸集中图纸的存储位置。默认情况下，用户创建的新图纸也将保存在此位置。再在【用于创建图纸的样板】栏中设定创建新图纸时的默认样板文件。

图 16-20　显示"设备图纸（A）"图纸集

图 16-21　【设备图纸（A）】对话框

STEP03 返回【图纸集管理器】窗口，将光标移动到 5 号图纸上，停留一会儿，系统显示出该图纸的预览图像及相关文字信息。双击该图纸，AutoCAD 就在绘图窗口中打开它。

STEP04 用右键单击 5 号图纸，弹出快捷菜单，选取【删除图纸】选项，则该图纸从图纸集中去除，如图 16-22 所示。

图 16-22 删除图纸

STEP05 用鼠标右键单击"设备图纸（A）"，弹出快捷菜单，选取【新建图纸】选项，打开【新建图纸】对话框，如图 16-23 所示。在该对话框的【编号】文本框中输入数字"7"，在【图纸标题】和【文件名】文本框中分别输入"motor plate"和"电机板"。

STEP06 返回【图纸集管理器】窗口，然后调整图纸编号，结果如图 16-24 所示。

图 16-23 【新建图纸】对话框

图 16-24 调整图纸编号

STEP07 用鼠标右键单击"设备图纸（A）"，弹出快捷菜单，选取【关闭图纸集】选项，则当前图纸集被关闭。

16.2.4 利用图纸集管理器组织及查看命名视图

打开图纸集后，【图纸集管理器】窗口的【图纸视图】选项板上就列出所有图纸布局中的命名视图，这些视图称为图纸视图。双击某一视图，AutoCAD 就在图形窗口中打开它。

为了更有效地使用图纸视图，用户可以创建视图类别（视图子集），然后将一些具有相同特点的图纸视图放入同一类别中，这样就能在图纸集中快速查找及查看所需的视图了。此外，用户也可在图纸布局中创建新的命名视图并将其设定为属于某一类别的视图对象。

除利用【图纸集管理器】的【图纸视图】选项板快速浏览图纸视图外，用户还可利用其【模型视图】选项板查看图形中的模型空间视图。操作时，用户先在【模型视图】选项板中添加要浏览的文件夹，则该选项板列表框中就列出文件夹中所有图形文件及模型空间视图。要查看某一视图，就双击它，AutoCAD 随即在绘图窗口中显示出来。

【练习16-4】利用图纸集管理器组织、查看命名视图。

(STEP01) 利用图纸集管理器打开资源包文件中"设备图纸"文件夹中的图纸集文件"设备图纸（B）"，再进入【图纸集管理器】的【图纸视图】选项板，如图16-25所示。该选项板中列出了当前图纸集的所有图纸视图。

图纸集管理器

(STEP02) 单击【图纸视图】选项板列表框右上角的 按钮，按"类别"显示图纸视图。右键单击"设备图纸（B）"，然后在快捷菜单中选取【新建视图类别】选项，打开【视图类别】对话框，在【类别名】文本框中输入视图类别的名称"详图（A）"，如图16-26所示。

图16-25 【图纸视图】选项板

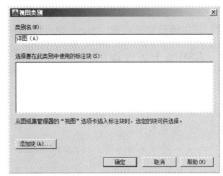

图16-26 【视图类别】对话框

(STEP03) 返回【图纸集管理器】窗口，将视图"zu-1""zu-2"和"zu-3"拖入"详图（A）"中，然后创建新的视图类别"详图（B）"，如图16-27所示。

(STEP04) 进入【图纸列表】选项板，双击2号图纸以打开它。

(STEP05) 在AutoCAD主窗口中选取菜单命令【视图】/【命名视图】，打开【视图管理器】对话框，再单击 新建(N)... 按钮，打开【新建视图】对话框。利用该对话框将图16-28所示的虚线矩形中的内容定义为视图"lu-1"和"lu-2"，且在对话框的【视图类别】文本框中设定视图类别为"详图（B）"。

图16-27 【图纸视图】选项板

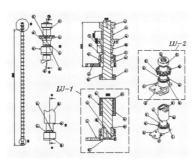

图16-28 定义命名视图

(STEP06) 选取菜单命令【视图】/【重生成】，则【图纸集管理器】窗口显示出新建的图纸视图，如图16-29所示。

(STEP07) 双击视图"lu-1"，AutoCAD就会在绘图窗口中打开它。

(STEP08) 进入【模型视图】选项板，双击【添加新位置】选项，打开【浏览文件夹】对话框，利用该对话框找到资源包文件中的"设备图纸"文件夹，则【模型视图】选项板中就列出该文件夹所包含的图形文件及模型空间视图，如图 16-30 所示。

图 16-29 【图纸视图】选项板

图 16-30 【模型视图】选项板

STEP09 双击模型空间视图"Isometric View"，AutoCAD 就会在绘图窗口中打开它。

16.2.5 在图纸上放置视图

利用图纸集管理器用户可以轻易地将模型空间的整个图形或部分图形布置在图纸上，这样就形成了图纸上的图纸视图，它们将显示在【图纸集管理器】窗口的【图纸视图】选项板上。

当要把整个图形插入图纸布局时，用户应先利用【图纸集管理器】窗口的【模型视图】选项板显示图形文件，再将其拖入当前图纸中。若是仅需插入图形的一部分，就应先打开该图形，然后将所需部分创建成模型空间视图（在模型空间生成的命名视图）。随后，【模型视图】选项板将显示新建的模型空间视图，选中该视图并将其拖入图纸布局中，就形成了图纸视图。

【练习 16-5】在图纸上放置视图。

STEP01 利用【图纸集管理器】打开资源包文件"设备图纸"文件夹中的图纸集文件"设备图纸（C）"，如图 16-31 所示。

STEP02 用鼠标右键单击"设备图纸（C）"，弹出快捷菜单，选取【新建图纸】选项，打开【选择布局作为图纸样板】对话框，利用此对话框找到"设备图纸"文件夹中的样板文件，如图 16-32 所示。单击　确定　按钮，系统打开【新建图纸】对话框，在该对话框的【编号】文本框中输入数字 5，在【图纸标题】和【文件名】文本框中分别输入 new-draw 和 draw-1。

在图纸上放置视图

图 16-31 打开图纸集"设备图纸（C）"

图 16-32 【新建图纸】对话框

STEP03 返回【图纸集管理器】窗口，双击 5 号图纸以打开它。

STEP04 进入【图纸集管理器】窗口的【模型视图】选项板，双击【添加新位置】选项，找到资源包文件中的"设备图纸"文件夹，则该文件夹包含的所有图形文件将显示在【模型视图】选项板的【位置】列表框中，如图 16-33 所示。

STEP05 选中图形文件"ljt-C.dwg"，按住鼠标左键将其拖入当前图纸布局中（"draw-1"布局），松开左键，AutoCAD 提示"指定插入点:"。再单击鼠标右键，弹出快捷菜单，设定视图比例为 1：2，然后单击鼠标左键指定视图的插入点，结果如图 16-34 所示。

图 16-33 【模型视图】选项板

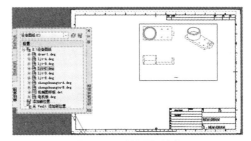

图 16-34 插入图形文件

STEP06 打开图形文件"ljt-B.dwg"，切换到模型空间。选取菜单命令【视图】/【命名视图】，打开【视图】对话框，再单击 ___新建(N)...___ 按钮，打开【新建视图】对话框。利用该对话框将图 16-35 所示的虚线矩形中的内容定义为视图"new-1"，且在对话框的【视图类别】文本框中输入文字"详图"。

STEP07 保存并关闭图形文件"ljt-B.dwg"。

STEP08 在【模型视图】选项板上单击🔄按钮，则新建模型空间视图名称"new-1"显示在文件名"ljt-B.dwg"的下方，如图 16-36 所示。

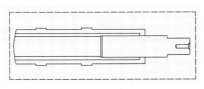

图 16-35 定义命名视图

图 16-36 显示模型空间视图名称

STEP09 用与第 5 步相同的方法将模型空间视图"new-1"插入当前图纸布局中，并设定视图比例为 1：2，结果如图 16-37 所示。

STEP10 切换到【图纸视图】选项板，单击【详图】左边的加号以展开它，新生成的图纸视图"new-1"就列在该视图类别的下方。再把视图"ljt-C"拖入【局部详图】中，结果如图 16-38 所示。

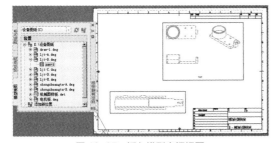

图 16-37 插入模型空间视图

图 16-38 显示图纸视图

16.2.6 创建图纸明细表

使用图纸集管理器用户可以轻松地生成图纸明细表。当用户修改图纸编号、名称或其他特性值时，只需更新已有明细表，使其内容自动改变以匹配更改的图纸特性值。

生成的明细表是 AutoCAD 表格对象，其外观由当前表格样式控制，其尺寸可用 PROPERTIES 命令修改。

【练习 16-6】创建图纸明细表。

STEP01 利用图纸集管理器打开资源包文件"设备图纸"文件夹中的图纸集文件"设备图纸（D）"，如图 16-39 所示。

STEP02 用鼠标右键单击"设备图纸（D）"，弹出快捷菜单，选取【将布局作为图纸输入】选项，打开【按图纸输入布局】对话框，利用该对话框输入资源包文件中的文件"明细表.dwg"，再修改图纸编号及标题，并调整其位置，结果如图 16-40 所示。

图 16-39　打开图纸集"设备图纸（D）"

图 16-40　添加图纸

STEP03 用鼠标右键单击"设备图纸（D）"，弹出快捷菜单，选取【特性】选项，打开【图纸集特性】对话框，再单击 编辑自定义特性(E) 按钮，打开【自定义特性】对话框，利用该对话框中的 添加(A)... 按钮给图纸集中的图纸添加 3 个特性项目，如图 16-41 所示。

STEP04 用鼠标右键单击 1 号图纸，弹出快捷菜单，选取【特性】选项，打开【图纸特性】对话框，在该对话框的【图纸自定义特性】区域中填写图纸特性值，如图 16-42 所示。

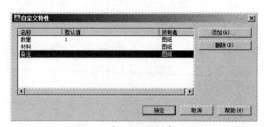

图 16-41　【自定义特性】对话框

图 16-42　填写图纸特性值

STEP05 用同样方法填写以下图纸特性值。

图纸	材料	数量
顶板	35	2
轴承安装板	45	3
主动辊	20	2

STEP06 双击图纸"明细表"以打开它，再用鼠标右键单击"设备图纸（D）"，弹出快捷菜单，选取【插入图纸一览表】选项，打开【图纸一览表】对话框，如图 16-43 所示。

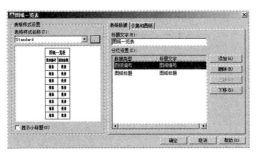

图 16-43 【图纸一览表】对话框

若表中文字显示为"？"号，则应修改当前表格样式，使其与中文字体相连。

STEP07 单击 添加(A) 按钮，在【列设置】区域中将增加一个新项目"图纸编号"。双击【数据类型】对应的"图纸编号"，则显示出下拉列表，选取该列表中的【材料】选项，如图 16-44 所示。

图 16-44 增加一个新项目

STEP08 用同样的方法添加项目"数量"和"备注"，再将标题文字"图纸编号"和"图纸标题"分别修改为"序号"和"名称"（双击对象即可修改），如图 16-45 所示。

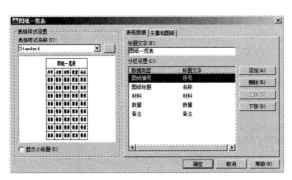

图 16-45 添加数据类型并修改标题文字

STEP09 单击【表格样式名称】右边的 按钮，打开【表格样式】对话框，再单击 修改(M) 按钮，打开【修改表格样式】对话框。在【表格方向】下拉列表中选取【上】选项。

STEP10 返回【图纸一览表】对话框，进入【子集和图纸】选项卡，在图纸列表框中取消对"明细表"的选择，单击 确定 按钮，在当前图纸布局中插入表格，再删除"图纸一览表"行，结果如图 16-46 所示。

STEP11 在【图纸集管理器】窗口中修改图纸编号，并将 1 号图纸的名称改为"轴承调节板"，然后选中图纸布局中的表格，单击鼠标右键，选取【更新表格数据链接】选项，结果如图 16-47 所示。

图 16-46　插入表格

图 16-47　更新表格

16.3　习题

1. 打开资源包文件"dwg\ 第 16 章 \16–2.dwg"，在图纸空间布图并标注尺寸。图幅采用 A3 幅面，绘图比例 1 ∶ 1.5。尺寸文字字高为 3.5，采用 gbeitc.shx 字体。图 16-48 所示为标注完成的结果。

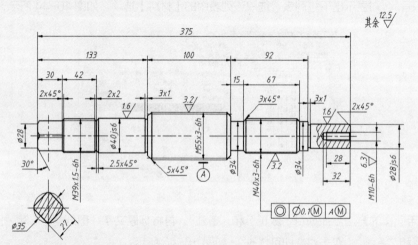

图 16-48　创建虚拟图纸

2. 利用资源包文件夹"dwg\ 第 16 章 \ 零件图"中的图纸创建图纸集及子集，名称分别为"零件图纸"及"轴类零件"。修改图纸编号、名称并将相关零件归入子集中，如图 16-49 所示。

图 16-49　创建虚拟图纸

第17章
AutoCAD 的高级功能

主要内容

- 添加超链接。
- 通过 A360 访问及共享文件。
- 插入及查看标记。
- 图形标准的检查。
- 定制形、线型及填充图案。

17.1 AutoCAD 的 Internet 功能

AutoCAD 2016 的 Internet 功能已得到了很大的强化，使不同用户可以很方便地通过网络共享及管理图形信息，以下介绍这方面的功能，主要内容包括插入超链接、利用 A360 存储、共享文件及电子传递等。

17.1.1 在图形中加入超链接

图形对象上附带的超链接是图形中的一种指针，用于跳转到本地、网络驱动器及 Internet 上的文件，也可指向图形中的命名视图。例如，创建启动文字处理程序并打开指定文件，或是加载 Web 页的超链接。

图形中的超链接可以具有完整的路径或是相对路径。相对路径仅包含路径的部分信息，其地址信息包含在系统变量 HYPERLINKBASE 中，该变量存储了默认的文件目录或 URL 地址。

默认情况下，将十字光标停留在已附着超链接的对象上时，会显示超链接光标和提示信息。按住 Ctrl 键并单击该对象跳转到链接地址。

1 给图形对象添加超链接

给图形对象添加超链接的具体步骤如下。

STEP01 选择一个或多个图形对象。

STEP02 单击【插入】选项卡【数据】面板中的 超链接 按钮，打开【插入超链接】对话框，如图 17-1 所示。

该对话框的"链接至"区域中包含 3 个选项卡。

（1）【现有文件或 Web 页】选项卡。创建链接到文件、Web 页等的超链接。

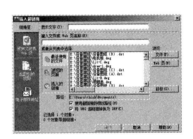

图 17-1 【插入超链接】对话框

（2）【此图形的视图】选项卡。显示当前图形或【键入文件或 Web 页名称】文本框中文件的命名视图，从中选择一个创建链接。

（3）【电子邮件地址】选项卡。链接的目标为电子邮件地址。执行超链接时，将使用默认的系统邮件程序创建新邮件。

STEP03 在此对话框中可进行以下操作。

◎ 在【键入文件或 Web 页名称】文本框中输入文件的路径和名称，也可输入 URL 地址。

◎ 单击 文件(F)... 按钮，导航到要链接的文件的位置。

◎ 单击 Web 页(W) 按钮，导航到要链接的 Web 页。默认的 Web 页可在【选项】对话框【文件】选项卡的【帮助和其他文件名】中设定。

◎ 单击 目标(G)... 按钮，选择要跳转到的图形文件中的命名视图，该文件的位置可在【键入文件或 Web 页名称】文本框中输入，或是单击 文件(F)... 按钮查找。

STEP04 在【显示文字】文本框中输入超链接的说明信息。

STEP05 单击 确定 按钮完成。

② 编辑超链接

编辑超链接的步骤如下。

STEP01 选择一个或多个使用相同超链接的图形对象。

STEP02 单击【插入】选项卡【数据】面板中的 超链接 按钮，打开【编辑超链接】对话框，在此对话框中指定新的链接。

③ 采用相对路径创建超链接

使用相对路径创建超链接的步骤如下。

STEP01 单击菜单浏览器按钮 ，选择【图形实用工具】/【图形特性】选项，打开【属性】对话框，如图 17-2 所示。在【概要】选项卡【超链接基地址】文本框中输入文件路径或 URL 地址。

STEP02 在【插入超链接】对话框的【键入文件或 Web 页名称】文本框中输入文件名称和 Web 页名称。请勿输入任何路径或地址信息，否则，会创建完整超链接。

图 17-2 【属性】对话框

17.1.2 通过 A360 进行协作

Autodesk A360 是一组安全的云端服务器，用来存储、管理和共享图形。创建 A360 账户并登录后，就能访问其提供的各项功能。

（1）将图形文件存储在云端。登录 A360 账户后，系统自动在本地计算机中创建【A360 Drive】驱动器，将图形保存到该驱动器中，A360 云端将自动进行更新以保持同步。

（2）共享图形和协作。通过 A360，可以授予其他设计人员访问指定图形文件或文件夹的权限级别，如其查看、编辑及下载等权限。此外，可以在 A360 中创建设计项目，添加项目文件及项目成员，使大家可以很方便地共享图形文件及交流设计信息。

（3）利用移动设备工作。可以使用手机和平板电脑等设备通过 AutoCAD 360 软件查看、编辑和共享 A360 中的图形。

（4）自定义设置同步。当在不同的计算机上打开 AutoCAD 图形时，将自动使用文件的自定义工作空间、工具选项板、图案填充、图形样板文件等设置。

❶ 在 A360 中存储及管理文件

在 A360 中存储及管理文件的具体步骤如下。

STEP01 单击 AutoCAD 用户界面右上角的 登录到 A360 按钮，登录 A360 账户。

STEP02 单击【A360】选项卡【联机文件】面板上的 按钮，打开本地【A360 Drive】文件夹。将要上载的文件或文件夹复制到此【A360 Drive】中。经过一段时间，这些文件将安全地上载到 A360。用户可以通过 A360 账户在 Web 页上访问它们。

STEP03 单击【A360】选项卡【联机文件】面板上的 按钮，进入【A360 驱动器】网页，显示出【A360 Drive】中存储的文件，如图 17-3 所示。

STEP04 将光标移动到某个文件上，显示出相关操作按钮，单击这些按钮可进行共享、下载、复制及删除等操作。

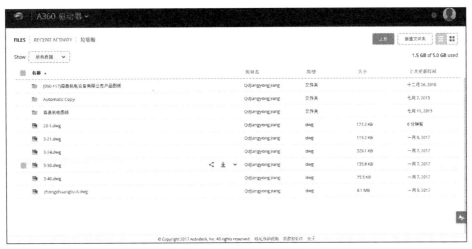

图 17-3 【A360 驱动器】网页

❷ 共享文件及文件夹

共享文件及文件夹的具体步骤如下。

STEP01 进入【A360 驱动器】网页。

STEP02 选择文件及文件夹（文件名前面有选择图标），单击 按钮，打开【共享】对话框，输入收件人的电子邮件地址，定义收件人的访问权限。

❸ 通过项目共享文件

通过项目共享文件的步骤如下。

STEP01 进入【A360 驱动器】网页。

STEP02 打开网页顶部的【A360】下拉列表，选择【查看及管理您的项目】选项，创建一个项目，再添加项目组成员，这样，所有成员共享项目文件。

17.1.3 打开及保存 Internet 上的图形

AutoCAD 的文件打开和保存命令都具有内置的 Internet 支持功能，可以直接从 Internet 下载和保存文件。进入具有访问权限的 Internet 站点后，选择图形文件，确认后文件即被下载到本地计算机中，并在 AutoCAD 中打开。然后，可对该图形进行各种编辑，再保存到该站点中。

如果已知文件的网址（URL），可以直接输入到相关对话框中打开或保存文件。还可以浏览 Web 文件夹、FTP 站点等进行同样的操作，如使用 Buzzsaw 图标访问由 Autodesk Buzzsaw 托管的站点。

1️⃣ 从 FTP 站点打开图形文件

[STEP01] 启动 OPEN 命令，打开【选择文件】对话框，选择【工具】/【添加/修改 FTP 位置】选项，打开【添加/修改 FTP 位置】对话框，如图 17-4 所示。

[STEP02] 在【FTP 站点的名称】文本框中输入 FTP 站点名称（如 ftp.autodesk.com），再设置用户名及密码。

[STEP03] 返回【选择文件】对话框，从该对话框左边的【位置】列表中选择 FTP 选项，系统列出 FTP 站点，双击其中之一，选择要打开的文件。

2️⃣ 从默认的 Internet 网址打开文件

图 17-4 【添加/修改 FTP 位置】对话框

[STEP01] 右键单击绘图窗口，单击【选项】，打开【选项】对话框，进入【文件】选项卡，在【帮助和其他文件名】中添加默认的 Internet 网址。

[STEP02] 启动 OPEN 命令，打开【选择文件】对话框。

[STEP03] 单击🔍按钮，进入默认 Web 页，查找文件。

17.1.4 电子传递

将图形文件发送给其他人时，经常会忽略一些相关的从属文件，如外部参照文件和字体文件等。此时，收件人可能无法使用该文件。为避免此种情况的发生，可创建文件的电子传递包进行发送。生成传递包时，系统会自动将相关的从属文件包含在包中。

[STEP01] 单击菜单浏览器▬按钮，选择【发布】/【电子传递】选项，打开【创建传递】对话框，如图 17-5 所示。

[STEP02] 单击 添加文件(A)... 按钮，选择要传递的文件。在文件列表框中，单击文件名旁的标记可去除文件。

[STEP03] 单击 传递设置(T)... 按钮，可修改及创建命名设置。设置内容包括传递包位置及类型（ZIP 文件或文件夹）、包中文件格式、字体文件、外部参照文件等，还可对每个文件进行清理以减小文件大小。

[STEP04] 在【创建传递】对话框的注释区域中，输入报告文件中要包含的说明信息。

[STEP05] 单击 查看报告(V) 按钮，可查看传递报告。

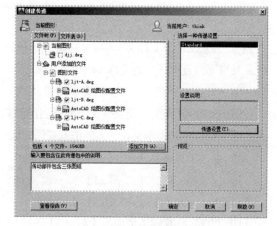

图 17-5 【创建传递】对话框

17.2 发布及标记用于查看的图形

在设计过程中，设计人员可以将 Dwg 格式图形文件创建成 Dwf 或 Dwfx 格式文件，传递给客户。客户对图样进行必要的标记注释后，再传回设计人员。这样，设计者与客户间可以很方便地进行信息交流，提高工作效率。

下面通过练习演示这样一个过程。

【练习17-1】打开资源包文件 "dwg\ 第 17 章 \17-1.dwg"，将此文件创建成 Dwf 格式文件，打开此文件并添加标记，再返回 AutoCAD 中查看源文件，对标记处进行修改，然后重新发布 Dwf 格式文件。

发布及标记

17.2.1 生成 Dwf 及 Dwfx 格式文件

Dwf 及 Dwfx 格式文件（Dwfx 是 Dwf 的最新版本）是一种不可编辑的网络格式文件，专为交流设计数据而开发，高度压缩，比原始数据小很多，但却保持了图样丰富的设计信息及精度，使用户可以对图样进行平移及缩放操作。

(STEP01) 切换到图纸空间的"布局 1"，右键单击 **布局1** 按钮，选取【页面设置管理器】命令，打开【页面设置管理器】对话框，单击 修改(M) 按钮，打开【页面设置】对话框，如图 17-6 所示。在该对话框中完成以下设置。

◎ 在【图纸尺寸】下拉列表中选择 A4 幅面图纸。

◎ 在【打印样式表】分组框的下拉列表中选择打印样式 monochrome.ctb（将所有颜色打印为黑色）。

◎ 其余选项默认。

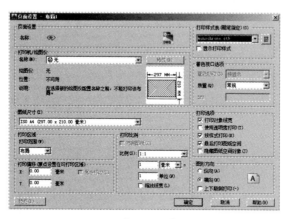

图 17-6 【页面设置】对话框

(STEP02) 单击 确定 按钮，再关闭【页面设置管理器】对话框，在屏幕上出现一张 A4 幅面的图纸，调整视口内图形的大小及位置，再关闭视口所在图层，结果如图 17-7 所示。

(STEP03) 进入【输出】选项卡，单击 按钮，打开【另存为 DWF】对话框，如图 17-8 所示。单击该对话框 选项(O)... 按钮，设定 Dwf 文件存放的路径。打开【输出】下拉列表，选择【当前布局】或【所有布局】。

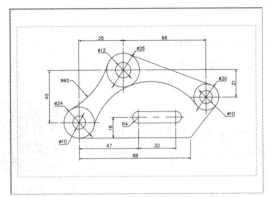

图 17-7　A4 幅面的图纸

图 17-8　【另存为 DWF】对话框

STEP04 单击 保存⑤ 按钮，生成"17-1.dwf"文件。

STEP05 保存并关闭源文件"17-1.dwg"。

17.2.2　在 Dwf 文件中插入标记

可以使用 Autodesk Design Review 工具打开 Dwf 或 Dwfx 文件，然后添加标记，就和在纸质版图纸上圈阅图形类似。标记是一些注释、云线框或带标注的云线框等。可设定标记的状态，如"存在问题""完成"等，还可添加必要的说明文字。

Design Review 是一个免费工具，已与 AutoCAD 集成，可查看、打印、测量和标记包含二维和三维内容的 DWF、DXF、PDF 及光栅文件等。

STEP01 双击"17-1.dwf"文件，启动 Design Review 程序并打开文件，给图样添加附带注释的两个标记，结果如图 17-9 所示。

STEP02 保存并关闭文件。

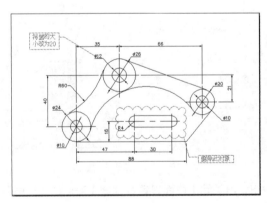

图 17-9　添加标记

17.2.3　查看标记、修改及重新发布图形

在 Dwf 文件中添加标记后，这些标记构成标记集。设计人员在 AutoCAD 中打开标记集管理器，加载 Dwf 文件后，管理器就显示出文件中所有标记。选择其一，可查看和修改标记的状态及相关说明文字，还可打开对应的原始图形文件。原始文件中会显示出标记符号，便于用户做适当的修改。

根据标记修改图形后，可以在标记管理器中重新发布 Dwf 文件。新文件将保存对图样、标记状态和说明文字的修改。

STEP01 返回 AutoCAD，进入【视图】选项卡，单击【选项板】面板的 按钮，弹出【标记集管理器】窗口。利用该窗口打开"17-1.dwf"文件，再显示出文件中包含的标记项目，如图 17-10 所示。

STEP02 选中标记项目"将圆的大小改为20"，则窗口下部【详细信息】区域中列出该标记的"状态""说明"等信息。

STEP03 右键单击"将圆的大小改为20"，选择【打开标记】，系统在 AutoCAD 中打开与标记关联的 Dwg 图形文件。该文件中显示出两个标记，根据标记提示，修改并保存图形，结果如图 17-11 所示。

STEP04 在【标记集管理器】窗口的【详细信息】区域中设定标记状态为"完成"，再在【说明】栏中给两个标记项目分别输入说明信息"已删除对象"及"已将圆的尺寸改为20"，如图 17-12 所示。

图 17-10 【标记集管理器】窗口

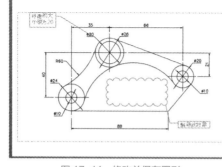

图 17-11 修改并保存图形

图 17-12 设定标记状态及输入文字说明

STEP05 右键单击"删除对象"标记项目，选择【重新发布标记图形】，创建新的 Dwf 文件，覆盖原有文件。

STEP06 在 Design Review 程序中打开新 Dwf 文件。可以看到，图样、标记的状态及相关说明文字都发生了变化。

17.3 图形标准的设置与检查

在 AutoCAD 中，用户可以创建一个用于核查的标准样板文件，该文件包含一系列的标准命名项目，如图层、文字样式、标注样式等。可以用此文件作为标准，检查其他图形文件，若发现与标准文件不符的命名项目就可修改它，使其与标准一致。

17.3.1 创建用于核查的标准文件

创建一个新文件，在该文件中设置以下命名项目：

◎ 图层；

◎ 文字样式；

◎ 标注样式；

◎ 线型。

单击快速访问工具栏上的 按钮，打开【图形另存为】对话框，如图 17-13 所示，在【文件名】下拉列表中输入标准文件的名称，在【文件类型】下拉列表中选择文件类型".dws"。单击 保存(S) 按钮，创建标准文件。

图 17-13 【图形另存为】对话框

17.3.2 核查单个图形文件

核查图形文件之前，首先要指定待查文件的标准文件，然后对非标准图形的线型、图层、标注样式等进行检查。检查单个图形文件的步骤如下。

STEP01 单击【管理】选项卡【CAD 标准】面板上的 ⬚ 配置 按钮，打开【配置标准】对话框，如图 17-14 所示。

图 17-14 【配置标准】对话框

STEP02 在【标准】选项卡中列出了与当前图形关联的所有标准文件，并显示了标准文件的简要说明信息。单击 ➕ 按钮，可添加所需的标准文件；单击 ✖ 按钮，可删除选定的标准文件。

STEP03 在【插件】选项卡中列出了标准图形文件包含的标准命名项目：图层、文字样式、标注样式、线型，如图 17-15 所示。默认情况下，所有项目是选中的，其前面带有"√"符号。单击某一项目前的"√"符号，该符号就会消失，相应的核查项目也将取消。

STEP04 单击 检查标准(C)... 按钮，AutoCAD 打开【检查标准】对话框，如图 17-16 所示。该对话框【问题】区域中显示了当前图形中有关非标准命名项目的问题。若要将其改为标准项目，则在【替换为】区域中选择一个标准项目，此时，【预览修改】区域中将列出非标准项目包含的特性值及标准项目的特性值，以便用户比较。

STEP05 单击 修复(F) 按钮，非标准项目被替换为标准项目。

STEP06 单击 下一个(N) 按钮，检查下一个命名项目。

图 17-15 【插件】选项卡

图 17-16 【检查标准】对话框

17.3.3 对多个图形文件同时进行标准核查

AutoCAD 提供了一个批处理检查器，用于多个图形文件的标准核查，该实用程序在 AutoCAD 应用程序集中。检查多个图形文件的步骤如下。

(STEP01) 单击 Windows 系统的【开始】/【所有程序】/【Autodesk】/【AutoCAD 2016】/【标准批处理检查器】选项，运行批处理检查程序。此时，AutoCAD 打开【标准批处理检查器】对话框，如图 17-17 所示。

图 17-17 【标准批处理检查器】对话框

(STEP02) 单击【图形】选项卡中的▣按钮，AutoCAD 打开【文件打开】对话框，通过该对话框选择所有要核查的图形文件。返回【标准批处理检查器】对话框，系统在【要检查的图形】列表框中列出所有待查文件。若要去除某个文件，就先选择它，然后单击✕按钮。【要检查的图形】列表框中待查图形的排列顺序是 AutoCAD 的检查顺序，若要重新排序可通过单击▯和▯按钮实现。

(STEP03) 进入【标准】选项卡，单击▣按钮添加标准文件。

(STEP04) 单击【标准批处理检查器】对话框上部的▣按钮，AutoCAD 弹出如图 17-18 所示的提示对话框，单击 确定 按钮，然后输入检查文件（.chx 文件）的名称及存放路径，该文件将存储当前核查所采用的设置及结果，如用到的图形文件、标准文件及各图形的问题等。

(STEP05) 检查完成后，AutoCAD 运行 IE 浏览器，打开核查报告，如图 17-19 所示。

图 17-18　提示对话框

图 17-19　核查报告

下面说明【标准批处理检查器】对话框中其他选项卡的功能。

（1）【标准】选项卡。该选项卡有以下两个选项。

◎ 用与图形关联的标准文件来检查每个图形。

使用每个图形各自关联的标准文件核查图形（通过【配置标准】对话框设置关联的标准文件）。如果选择此选项，选项卡上的其余选项将不可用。

◎ 用以下标准文件来检查所有图形。

忽略与单个图形相关联的标准文件，而采用选定的标准文件核查所有图形。单击 或 按钮可添加或删除标准文件。若指定了多个标准文件，则文件的排列顺序决定了其在检查过程中的优先级，处于第一位的文件具有最高优先级。通过 和 按钮可调整标准文件的排列顺序。

（2）【插件】选项卡。该选项卡列出了标准核查文件中包含的标准命名项目。用户可以去除其中的一些核查项目。

（3）【说明】选项卡。在该选项卡中用户可以往检查报告文件中添加文字注释。

（4）【进度】选项卡。该选项卡列出了当前检查结果的概要信息。

17.3.4　图层转换器

LAYTRANS 命令可使当前图形中的图层与另一图形中的图层相匹配。

命令启动方法

◎ **面板：**【管理】选项卡中【CAD 标准】面板上的 图层转换器 按钮。

◎ **命令：** LAYTRANS。

【练习 17-2】使用 LAYTRANS 命令转换图层。

STEP01 启动 LAYTRANS 命令，AutoCAD 弹出【图层转换器】对话框，如图 17-20 所示。该对话框【转换自】列表框中显示了当前图形的所有图层，图层名称前图标的形式表示此图层在图形中是否被使用，带有扫帚图案的图标表示该图层没有被使用。未被使用的图层可通过在【转换自】列表中单击右键并选择【清理图层】选项，将其从图形中去除。

图层转换器

图 17-20 【图层转换器】对话框

STEP02 单击 加载(L)... 按钮，选择一个图形文件，该文件包含所需的标准图层。加载后，文件中的标准图层显示在【转换为】列表框中。

STEP03 在【转换自】列表框中选择要转换的一个或多个图层，在【转换为】列表框中选择要转换成的目标图层。单击 映射(M) 按钮，要转换的图层及目标图层被放入【图层转换映射】框中。若要删除这种映射关系，请单击 删除(R) 按钮。也可将建立的映射关系保存起来，以备下次使用。单击 保存(S)... 按钮，就将现有的映射关系存入文件中。

STEP04 单击 转换(T) 按钮，执行图层转换。若此前未保存当前图层映射关系，系统将在图层转换开始前提示用户保存。

17.4 定义形

形是由直线、圆弧等一组对象构成的集合，其用法与块类似。形保存在扩展名为".shp"的形文件中，该文件是 ASC Ⅱ 码文件。用户可以使用 Windows 编辑器修改已有形定义或是创建新的形定义。

17.4.1 创建由直线构成的形

AutoCAD 形文件 Ltypeshp.shp 中 BOX 形如图 17-21 右图所示，其定义代码如下：

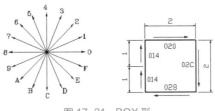

图 17-21 BOX 形

  *132,6,BOX

  014,020,02C,028,014,0

形定义的第一行是标题行。

◎ 字符串"132"：形的编号，从 1 至 255，要有前缀"*"。

◎ 字符"6"：用于设定第二行中字符串的数目，BOX 形定义中第二行包含有 6 个字符串。

◎ 字符串"BOX"：形的名称，该名称要大写。

第二行是定义组成形的对象的代码或是控制"画笔"运动的特殊代码，可以是十六进制或十进制数，该行必须以"0"结束，而且要按 Enter 键。

◎ 字符串"014"：此代码表示线段的长度和方向的。第一个字符"0"表明其后两个字符是十六进制数；

第二个字符"1"表示线段长度，最大值为 15。当数值大于 9 时，用 A、B 等字母代替；第三个字符设定了画线的方向，如图 17-21 左图所示。若所画线段是斜线，则第二个字符设定的线段长度并非斜线的真实长度，而是该斜线在最偏向的 x 或 y 方向上的投影长度。

◎ 020：沿"0"方向画长度为 2 的线段。

◎ 02C：沿"C"方向画长度为 2 的线段。

◎ 028：沿"8"方向画长度为 2 的线段。

◎ 024：沿"4"方向画长度为 2 的线段。

采用上述方法定义的形，其包含的线段具有以下限制。

（1）线段的方向只有 16 个，其最大长度是 15 个图形单位。

（2）组成形的各条线段要首尾相连，不能"抬笔"到新的位置画线。

为使"画笔"更灵活地运动，AutoCAD 提供了一些特殊代码，如表 17-1 所示，利用这些代码就能形成更复杂的形。

表 17-1 形定义中的特殊代码

代码 （十六进制）	代码 （十进制）	功能
000	0	形定义结束
001	1	"落笔"开始绘图
002	2	"抬笔"以便将其移动到另一位置
005	5	保存"画笔"当前位置
006	6	恢复最后保存的"画笔"位置
008	8	此代码后是"画笔"运动到下一点的相对坐标值
009	9	此代码后是"画笔"运动到多个点的相对坐标值，要以（0,0）结束

形的图样如图 17-22 所示，以下是其定义格式。

*137,28,XX

024,040,02C,048,2,8,(−2,0),1,8,(2,1),8,(−2,1),2,8,(8,0),1,9,(−2,−1),(2,−1),(0,0),0

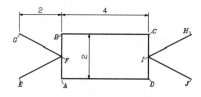

图 17-22 定义直线构成的形

下面详细说明形定义中代码的功能。

◎ 024：从 A 点沿"4"方向画长度为 2 的线段。

◎ 040：从 B 点沿"0"方向画长度为 4 的线段。

◎ 02C：从 C 点沿"C"方向画长度为 2 的线段。

◎ 048：从 D 点沿"8"方向画长度为 2 的线段。

◎ 2：抬起"画笔"。

◎ 8：其后的两个代码是下一点的相对坐标值。

◎ (-2,0): E 点相对于 A 点的坐标，括号可以去掉。此时，"画笔"移动到 E 点，但没有画线。

◎ 1: 将"笔"落下，准备画线。

◎ 8: 其后的两个代码是下一点的相对坐标值。

◎ (2,1): F 点相对于 E 点的坐标。画直线 EF。

◎ 8: 其后的两个代码是下一点的相对坐标值。

◎ (-2,1): G 点相对于 F 点的坐标。画直线 FG。

◎ 2: 抬起"画笔"。

◎ 8: 其后的两个代码是下一点的相对坐标值。

◎ (8,0): H 点相对于 G 点的坐标。将"画笔"移动到 H 点。

◎ 1: 将"笔"落下，准备画线。

◎ 9: 其后代码是多个点的相对坐标值。

◎ (-2,-1): I 点相对于 H 点的坐标。画直线 HI。

◎ (2,-1): J 点相对于 I 点的坐标。画直线 IJ。

◎ (0,0): 结束多点的相对坐标。

◎ 0: 形定义结束。

17.4.2　创建由直线、圆弧构成的形

形定义代码 00A 及 00B 将产生圆弧，前者生成 45° 整数倍圆弧，后者生成任意角度圆弧。

①　代码 00A

该代码表示产生 1 个八分圆弧，该圆弧跨越一个或多个 45° 的八分圆，起点和终点都在八分圆的边界上。所谓八分圆是指圆的 1/8 圆弧，其编号如图 17-23 所示。

绘制一个从 180° 到 45° 、半径为 6 的圆弧，如图 17-24 所示，该圆弧的定义代码如下：

　　00A,（6,-043）

◎ 字符"6": 圆弧的半径，该值可以是 1 到 255 间的任意整数值。

◎ 字符串"-043": "-"负表示沿顺时针形成圆弧；反之，沿逆时针形成圆弧。"4"表明圆弧起始位置的八分圆编号。"3"表明所绘圆弧跨越八分圆的数目，该数目是 0 到 7 之间的整数值。若取 0，则表示八个八分圆（整个圆）。

◎ 形定义中的括号是为了增强可读性而添加的，可将其去掉。

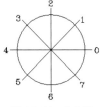

图 17-23　八分圆

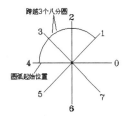

图 17-24　产生八分圆弧

②　代码 00B

该代码表示产生任意角度圆弧。图 17-25 所示圆弧起始角为 75° ，终止角为 -75° ，半径为 3，此圆弧的定义代码如下：

00B,(85,170,0,3,−024)

◎ 字符串"85"：该数值表示圆弧起始位置相对于某一八分圆的位置。计算方法为：（起始位置与八分圆边界的夹角）×256/45，即 15×256/45 ≈ 85。注意，计算式中的八分圆边界是确定所绘圆弧位置的基准，与圆弧起始位置夹角要小于 45°。

◎ 字符串"170"：该数值表示圆弧终止位置相对于某一八分圆的位置。计算方法为：（终止位置与八分圆边界的夹角）×256/45，即 30×256/45 ≈ 170。

◎ 字符"0"：当半径小于 255 时，该值为零，由代码 00B 后第 4 个字符串定义圆弧半径。若半径值大于 255，则 00B 后第 3 个字符串的值与 256 相乘，再加上代码 00B 后的第 4 个字符的值等于圆弧半径值。例如，圆弧半径为 300，代码 00B 后第 3、4 字符分别为 1 和 44。

◎ 字符"3"：定义了圆弧半径（半径 <255 时）。

◎ 字符串"−024"："−"负表示沿顺时针形成圆弧，否则，沿逆时针形成圆弧。"2"表明确定圆弧起始位置的八分圆编号，"4"表示圆弧所跨越的八分圆数目。

下面的代码将沿逆时针方向产生圆弧，该圆弧半径 260，起始角为 155°，终止角为 240°，如图 17-26 所示。

00B,(114,85,1,4,033)

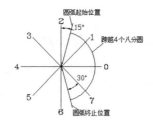 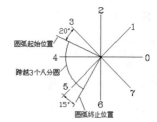

图 17-25　沿顺时针方向产生任意角度圆弧　　　　图 17-26　沿逆时针方向产生圆弧

形的图样如图 17-27 所示，以下是其定义格式。

*138,11,YY

024,00A,(3,−044),020,00A,(3,−044),02C,0E8,0

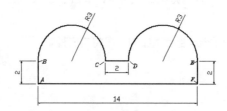

图 17-27　定义直线及圆弧构成的形

下面详细说明形定义中代码的功能。

◎ 024：从 *A* 点沿"4"方向画长度为 2 的线段。

◎ 00A,(3,−044)：沿顺时针方向产生圆弧 *BC*。

◎ 020：从 *C* 点沿"0"方向画长度为 2 的线段。

◎ 00A,(3,−044)：沿顺时针方向产生圆弧 *DE*。

◎ 02C：从 *E* 点沿"C"方向画长度为 2 的线段。

◎ 0E8：从 *F* 点沿"8"方向画长度为 14 的线段。

◎ 0：形定义结束。

17.4.3 阶段练习——使用形

下面通过练习说明如何使用形。

【练习 17-3】创建图 17-28 所示的形，然后在图形文件中插入形。

STEP01 启动 Windows 的记事本编辑器，输入形的定义代码，如图 17-29 所示。注意，第二行输入完成后，要按 Enter 键。

STEP02 将该文件以 newshape.shp 名称保存在 AutoCAD 的 support 文件夹中。

STEP03 创建一个新文件。

STEP04 启动 COMPILE 命令，选择已创建的形文件 newshape.shp。AutoCAD 将该文件编译成".shx"文件。

STEP05 调用 LOAD 命令，加载 newshape.shx 文件。

STEP06 启动 SHAPE 命令，AutoCAD 提示：

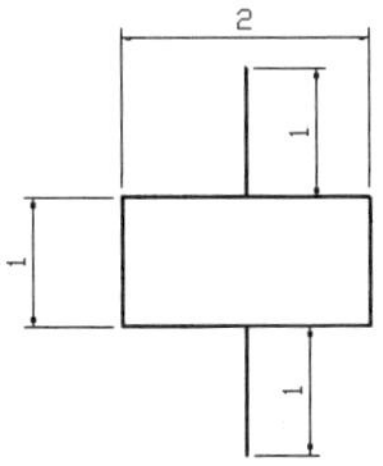

图 17-28 使用形

命令 : shape

输入形名或 [?]: AAA //输入形的名称

指定插入点 : //指定形的插入点

指定高度 <1.0000>: 20 //输入缩放比例值

指定旋转角度 <0>: //按 Enter 键结束

结果如图 17-30 所示。

newshape - 记事本

文件(F) 编辑(E) 格式(O) 查看(V) 帮助(H)

```
*1,17,AAA
014,020,01c,028,2,8,(1,-1),1,014,2,8,(0,1),1,014,0
```

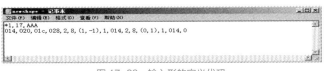

图 17-29 输入形的定义代码

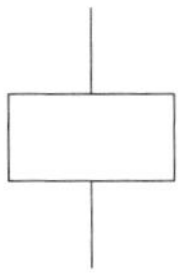

图 17-30 插入形

17.5 自定义线型

绘图时，多数对象是以连续线表示的，而隐藏对象或轴线则是用非连续线表示。AutoCAD 中的非连续线主要有以下 3 种类型。

（1）由重复的短线、空格或点构成。

（2）由重复的文字串、短线、空格或点构成。

（3）由重复的图案、短线、空格或点构成。

尽管这些线型的外观不一样，但它们的定义方法都是类似的。AutoCAD 中的常用线型定义在线型文件 Acad.lin 及 Acadiso.lin 中，这些文件包含了简单线型及复杂线型（线型中有文字串或图案），通过它们用户就可随时将线型加载使用，也可根据需要修改现有线型或是定义新线型。

17.5.1　定制简单线型

简单线型是由重复的短线、空格或点所构成，其定义包含在 AutoCAD 线型文件中，定义的格式如下。

　　第一行：* 线型名，线型描述

　　第二行：A，线型说明

例如，线型文件 Acad.lin 中线型 DASHDOT 的定义，如图 17-31 所示。

线型名指线型的名称，在其前面必须加入 "*"；线型描述则是为了使理解更方便而加入的描述字符，它将出现在【线型管理器】及【加载或重载线型】对话框的相关区域中。

定义的第二行起始位置必须加入字母 A，它表示线型的对齐方式，目前 AutoCAD 仅能支持一种对齐方式。后面的数字表示短线和空格的长度，其表示规律如下。

◎　**正数：**表示短线的长度。

◎　**负数：**表示空格的大小。

◎　**零：**表示点。

图 17-31 中定义的线型图案如图 17-32 所示。

图 17-31　线型定义格式　　　　　　　　　　　　　图 17-32　线型图案

以上的图案是一种重复图案，其基本图案由 "A,.5,-.25,0,-.25" 定义。首先以 0.5 个图形单位的短线开头，然后是 0.25 个图形单位的空格，紧接着是一个点和另一个 0.25 个图形单位的空格。该基本图案连续循环地布置，就形成了图 17-32 所示的点画线。

下面通过练习具体说明定义简单线型的方法。

【练习 17-4】定义新线型图案，如图 17-33 所示。

定制简单线型

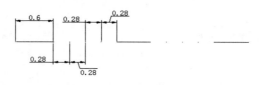

图 17-33　新线型的图案

(STEP01)　打开【图层特性管理器】对话框，再进入【加载或重载线型】对话框，单击 文件(F)... 按钮，找到线型库文件 Acad.lin。

(STEP02)　右键单击线型文件，使用记事本或其他的文本编辑器打开线型文件 Acad.lin，如图 17-34 所示。该文件位于 AutoCAD 的 Support 文件夹中。

(STEP03)　在文本编辑器中输入新线型的定义，如图 17-34 所示的最后两行。

(STEP04)　将文件以名称 User.lin 存盘退出。

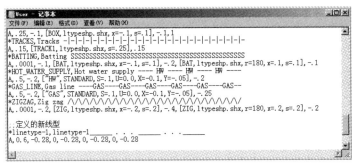

图 17-34　打开文件 Acad.lin

STEP05 进入【加载或重载线型】对话框，通过此对话框加载定义的新线型，如图 17-35 所示。使用新线型并设置不同线宽绘制的线条如图 17-36 所示。

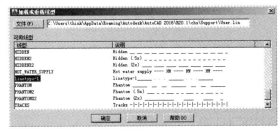

图 17-35　加载新线型

图 17-36　使用新线型

17.5.2　定制包含文本的线型

可以在线型中放置文本，这种线型的定义格式与简单线型定义类似，不同之处只是在线型中加入了文字的定义。嵌入线型的文字与图形中的文字样式关联，加载该线型前，图中应存在与线型相关的文字样式。

下面以 Acad.lin 中的 GAS_LINE 线型为例说明如何定制包含文本的线型。GAS_LINE 线型的定义如图 17-37 所示。

图 17-37　GAS_LINE 线型定义

以上线型定义中，除文字项外，其余项目的定义方式与简单线型完全相同。有关文字的定义格式为：

　　[" 文字串 "，文字样式，S= 比例因子，R= 旋转角度，X=x 位移，Y=y 位移]

（1）文字串。文字串必须放在双引号内。

（2）文字样式。要使用的文字样式名称。如果未指定文字样式，AutoCAD 将使用当前文字样式。

（3）比例因子。如果文字样式中已指定文本高度，则比例因子表示文本的缩放比例，否则，它表示文本的高度。

（4）转动角度。字符的旋转角度。角度值必须带有前缀 "U=" "R=" 或 "A="。

　◎　U= : 文字自动调整到易于阅读的位置。

　◎　R= : 表示文字相对于直线的旋转角，图 17-38 中显示了文字相对于直线的相对旋转角。

◎ A=：表示文字相对于图形原点的旋转角度。即所有文字不论其相对于直线的位置如何，都将进行相同的旋转。该值后面可添加表示单位的字符。

　　　d 表示度（度为默认值）。

　　　r 表示弧度。

　　　g 表示百分度。

（5）x 位移。表示文本沿短线方向的偏移量，如图 17-38 所示。

（6）y 位移。表示文本沿垂直于短线方向的偏移量，如果不指定则将文本放在线上，如图 17-38 所示。

图 17-37 中定义的线型图案如图 17-39 所示。

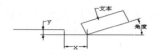

图 17-38　定义文字的格式

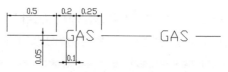

图 17-39　线型图案

以上的图案是一种重复图案，其基本图案由："A, 0.5,−0.2 ,["GAS",STANDARD,S=0.1,R=0.0,X=−0.1,Y=−0.05],−0.25"定义。

首先以 0.5 个图形单位的短线开头，然后是 0.2 个图形单位的空格，紧接着是文字"GAS"，其后又是一个 0.25 个图形单位的空格。文字与 STANDARD 文字样式关联，其缩放比例为 0.1、相对短线的旋转角度为 0 度、X 偏移值为 −0.1、Y 偏移值为 −0.05。此基本图案连续循环地布置，就形成了图 17-39 所示的线型。

下面通过练习具体说明如何定义嵌入文字的线型。

【练习 17-5】定义新线型图案，如图 17-40 所示。

STEP01 打开【图层特性管理器】对话框，再进入【加载或重载线型】对话框，单击 文件(F)... 按钮，找到线型库文件 Acad.lin。

STEP02 右键单击线型文件，使用记事本或其他文本编辑器打开线型文件 Acad.lin，如图 17-41 所示。

嵌入文字的线型

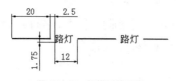

图 17-40　新线型的图案

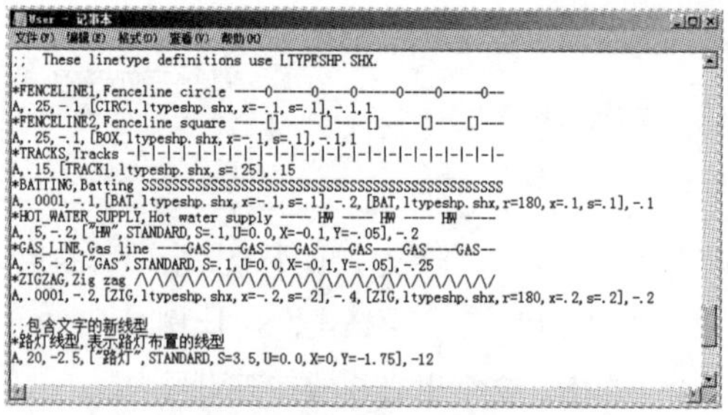

图 17-41　打开文件 Acad.lin

STEP03 在文本编辑器中输入新线型的定义，如图 17-41 所示的最后两行。

STEP04 将文件以名称 User.lin 存盘退出。

STEP05 进入【加载或重载线型】对话框，通过此对话框加载定义的新线型，如图 17-42 所示。

图 17-42　加载新线型

STEP06 设定文字样式 Stander 与字体文件 gbcbig.shx 关联。使用新线型绘制线条，结果如图 17-43 所示。

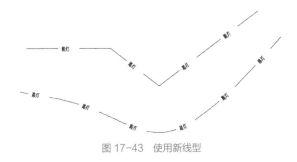

图 17-43　使用新线型

17.5.3　定义包含图形的线型

此种线型由图形、短线、空格或点组成，线型中的图形必须是形定义。对于这种线型其定义方法与定义包含文字的线型是相同的，例如，AutoCAD 的 GAS_LINE 线型包含文字，FENCELINE2 线型包含 BOX 形，两种线型的定义格式如图 17-44 所示。

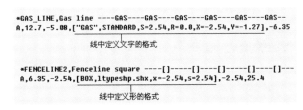

图 17-44　GAS_LINE 和 FENCELINE2 线型定义格式

形在线型中的定义方法是：

　　[形名，形文件名，S= 比例因子，R= 转动角度，X=x 位移，Y=y 位移]

◎ 形名：插入线型中的形名称。

◎ 形文件名：包含形的形文件名（.shx）。

◎ 比例因子：缩放形的比例值，默认为 1。比例因子必须带有前缀"S="。

◎ 转动角度："U= 角度值、R= 角度值或 A= 角度值"。"U= 角度值"表示文字自动调整到易于阅读的位置；"R= 角度值"表示文字相对于直线的旋转角；"A= 角度值"表示文字相对于图形原点的旋转角度，即所有文字不论其相对于直线的位置如何，都将进行相同的旋转。角度值的默认单位是度，在其后附加字母 r 则表示弧度。

◎ x 位移：形的插入点相对于线型定义的端点沿线方向的偏移量。

◎ y 位移：形的插入点相对于线型定义的端点沿垂直于线方向的偏移量。

◎ 方括号中的定义项目前两个是必须的，位置固定；后 4 个是可选的，次序可变。

【练习 17-6】创建图 17-45 所示的线型。

STEP01 启动 Windows 的记事本编辑器，输入形的定义代码，如图 17-46 所示。注意，第二行输入完成后，要按 Enter 键。

包含图形的线型

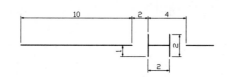

图 17-45　定义包含形的线形

图 17-46　输入形的定义代码

STEP02 将该文件以 ltshapenew.shp 名称保存在 AutoCAD 的 support 文件夹中。

STEP03 在 AutoCAD 中启动 COMPILE 命令，选择已创建的形文件 ltshapenew.shp。AutoCAD 将该文件编译成 ".shx" 文件。

STEP04 使用记事本打开线型文件 Acad.lin，如图 17-47 所示。

STEP05 在文本编辑器中输入新线型的定义，如图 17-47 所示的最后 3 行。

STEP06 将文件以名称 User.lin 存盘退出。

STEP07 在 AutoCAD 中加载新线型并画线，结果如图 17-48 所示。

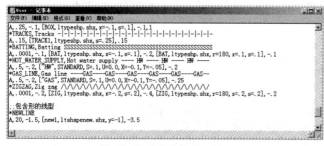

图 17-47　打开文件 Acad.lin

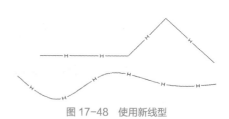

图 17-48　使用新线型

17.6　自定义填充图案

填充图案的基本元素由短线、空格及点组成，AutoCAD 根据定义的基点、偏移值、错开值、倾斜角度等参数平行布置一组元素就形成了填充图案。当然，复杂的填充图案常常由几组元素所构成。图案中不能使用圆或圆弧。系统提供的 Acad.pat 和 Acadiso.pat 文件中包含标准填充图案，这两个文件是文本文件，用户可以利用文本编辑器对已有图案进行修改或是创建自己的图案，还可把创建的新图案存为另一个 ".pat" 文件。要注意的是，新 ".pat" 文件中只能保存一个图案，且文件名必须与图案名相同，此外，还要把新 ".pat" 文件的存放路径设定为 AutoCAD 的搜索路径。

17.6.1　创建连续直线构成的图案

连续直线构成的填充图案定义格式如下：

　　* 图案名称，图案说明文字

　　倾斜角度，原点的 x 坐标，原点的 y 坐标，沿直线方向的偏移值，垂直于线的偏移值

对于由连续线构成的图案，"沿直线方向的偏移值"设定为 0。

AutoCAD 提供的 ANSI31 填充图案如图 17-49 所示。

ANSI31 图案的定义如下：

　　*ANSI31，ANSI 铁、砖和石

　　45，0，0，0，3.175

该图案定义中的各参数有如下意义。

◎ ANSI31：填充图案的名称。

◎ ANSI 铁、砖和石：填充图案的说明文字。

◎ 45：图案中直线的倾斜角度。

◎ 第一个和第二个 0：图案中第一条直线过坐标为（0,0）的点。

◎ 第三个 0：表示连续线。

◎ 3.175：各线间距离是 3.175 个图形单位。

图 17-50 所示的图案，图案中直线的倾斜角为 15°，线间距为 1.25 个图形单位。填充图案的定义格式如下：

> *LINE15，倾斜 15° 的直线
>
> 15，0，0，0，1.25

图 17-51 所示的填充图案由相交直线构成，其中一些直线与 x 轴夹角为 30°，另一些直线与 x 轴夹角为 150°，线间距为 1.0 个图形单位。该图案的定义格式如下：

> *LINE30&150，倾斜 30° 和 150° 的直线
>
> 30，0，0，0，1.0
>
> 150，0，0，0，1.0

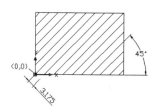

图 17-49　ANSI31 填充图案

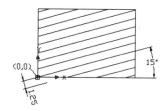

图 17-50　由 15° 直线构成的图案

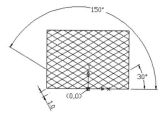

图 17-51　由相交直线构成的图案

【练习 17-7】给出图 17-52 所示图案的定义，并用该图案填充图形。

(STEP01) 使用记事本或其他文本编辑器打开填充图案文件 Acadiso.pat，如图 17-53 所示。该文件位于 AutoCAD 的 Support 文件夹中。

(STEP02) 在文本编辑器中输入新图案的定义，如图 17-53 所示的最后几行。

(STEP03) 存盘退出。

连续直线构成的填充图案

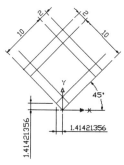

图 17-52　定义新图案

图 17-53　打开文件 Acadiso.pat

STEP04 单击【绘图】面板上的 按钮，弹出【图案填充创建】选项卡，在【图案】面板中选择自定义图案 pattern，如图 17-54 所示。

STEP05 使用该图案填充图形，如图 17-55 所示。

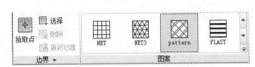

图 17-54 选择自定义图案"pattern"

图 17-55 填充图形

17.6.2 创建由非连续线组成的填充图案

非连续线构成的填充图案定义格式如下：

　　*图案名称，图案说明文字

　　倾斜角度，原点的 x 坐标，原点的 y 坐标，沿直线方向的偏移值，垂直于线的偏移值，短线或空格的长度

由以上定义可见，图案中非连续线的定义是在连续直线定义的末尾加上描述非连续短线及空格的项目，如长度项为正值，则表示要落笔绘制该线段，若为负值，则不绘制该线段，是空格；若短线长度等于 0，则将产生一个点。

AutoCAD 的 ANSI33 图案如图 17-56 所示，其定义如下：

　　*ANSI33，ANSI 青铜、黄铜和紫铜

　　45，0，0，0，6.35

　　45，4.49013，0，0，6.35，3.175，−1.5875

　　第 2 行是图案中连续线的定义，第 3 行是虚线的定义。在虚线定义中第 4 个数"0"表示相邻虚线沿自身方向的错开值为 0；"6.35"表示虚线间距；"3.175"表示虚短线的长度；"−1.5875"表示空格的长度。

下面给出图 17-57 所示图案的定义。该图案倾斜角度为 30°，相临虚线的错开值为 0.5，间距为 1.0，短线长度为 1.0，空格长度为 0.5，空格后面还有一个点。

　　*pattern−1

　　30，0，0，0.5，1.0，1.0，−0.5，0，−0.5

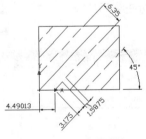

图 17-56 ANSI33 图案

图 17-57 非连续线构成的图案

填充图案的详细尺寸及填充效果如图 17-58 所示，该图案由连续线和非连续线构成，图案定义如下：

　　*pattern−2

　　135，0，0，0，5

　　45，3.53553391，3.53553391，5，5，1.5，−2.0，1.5，−5

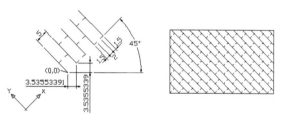

图 17-58　由连续线和非连续线构成的图案

17.6.3　定义由多边形构成的图案

定义由多边形构成的图案，其本质是定义构成多边形的各条直边。用户可先用 COPY、ARRAY 等命令精确绘制剖面图案，然后对图案中用到的线段进行定义，定义中所需的尺寸可直接从图案中量取。以下通过几个例子来说明如何定义由多边形构成的复杂填充图案。

【练习 17-8】定义图 17-59 左图所示的剖面图案，填充结果如图 17-59 右图所示。

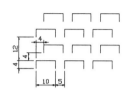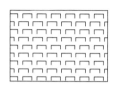

图 17-59　由多边形构成的图案

STEP01　写出图 17-60 中直线 A、B、C 的定义格式。

直线 A：90，0，0，0，－15，4，－12。

直线 B：90，10，0，0，－15，4，－12。

直线 C：0，0，4，0，16，10，－5。

STEP02　写出图 17-61 中直线 D、E、F 的定义格式。

直线 D：90，4，8，0，－15，4，－12。

直线 E：90，14，8，0，－15，4，－12。

直线 F：0，4，12，0，16，10，－5。

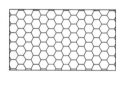

图 17-60　写出直线 A、B、C 的定义格式　　　　图 17-61　写出直线 D、E、F 的定义格式

【练习 17-9】定义图 17-62 左图所示的剖面图案，填充结果如图 17-62 右图所示。

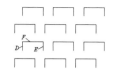

图 17-62　由六边形构成的图案

STEP01 写出图 17-63 中直线 A 的定义格式：0，0，0，15，8.66025404，10，-20。

STEP02 写出图 17-64 中直线 B、C 的定义格式。

直线 B：120，0，0，-15，8.66025404，10，-20。

直线 C：60，10，0，15，8.66025404，10，-20。

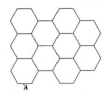

图 17-63　写出直线 A 的定义格式

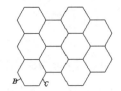

图 17-64　写出直线 B、C 的定义格式

17.7　习题

1. 定义图 17-65 左图所示的线型，该线型详细尺寸如图 17-65 右图所示，其中的文字字体为"楷体"，字高"3.5"。

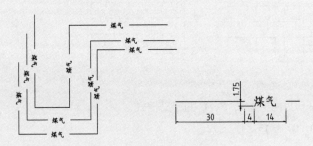

图 17-65　定义带文字的线型

2. 定义图 17-66 左图所示的线型，该线型详细尺寸如图 17-66 右图所示。

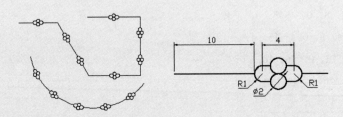

图 17-66　定义带形的线型

3. 定义图 17-67 左图所示的填充图案，填充结果如图 17-67 右图所示。

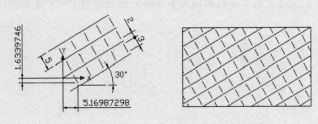

图 17-67　定义由连续线及非连续线构成的图案

4. 定义图 17-68 左图所示的填充图案，填充结果如图 17-68 右图所示。

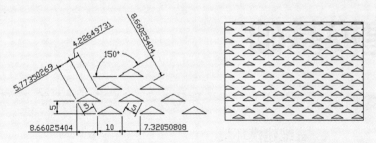

图 17-68　定义由连续线及非连续线构成的图案

第18章
三维建模基础

主要内容

- 三维建模环境。
- 观察三维模型的方法。
- 创建消隐图及着色图。
- 子对象及小控件编辑模式。
- 创建用户坐标系。

18.1　三维建模空间

用户创建三维模型时可切换至 AutoCAD 三维工作空间，单击快速访问工具栏上的 ⚙草图与注释 ▾ 按钮，打开下拉列表，选择【三维建模】命令，即可切换至该空间。默认情况下，三维建模空间包含【常用】、【实体】、【曲面】及【网格】等选项卡。【常用】选项卡由【建模】、【实体编辑】、【坐标】及【视图】等面板组成，如图 18-1 所示。这些面板的功能如下。

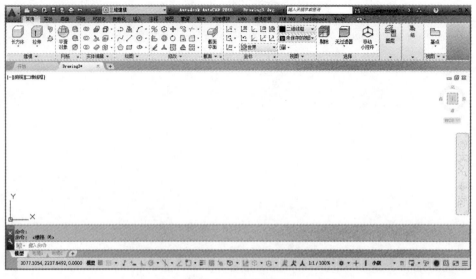

图 18-1　三维建模空间

◎ 【建模】：包含创建基本立体、回转体及其他曲面立体等的命令按钮。

◎ 【实体编辑】：利用该面板中的命令按钮可对实体表面进行拉伸、旋转等操作。

◎ 【坐标】：通过该面板上的命令按钮可以创建及管理 UCS 坐标系。

◎ 【视图】：通过该面板中的命令按钮可设定观察模型的方向，形成不同的模型视图。

有时，创建三维模型时，以 acad3D.dwt 或 acadiso3D.dwt 为样板进入三维绘图环境。绘图窗口的查看模式变为透视模式，图元的外观样式变为"真实"，详见 18.3.7 小节。

18.2　理解三维模型

二维绘图时，所有工作都局限在一个平面内，点的位置只需用 x、y 坐标表示。而在三维空间中，要确定一个点，就需用 x、y、z 这 3 个坐标。图 18-2 所示为在 xy 平面内的二维图形及三维空间的立体图形。

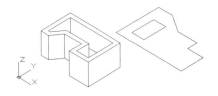

图 18-2　二维图形及三维图形

默认情况下，AutoCAD 世界坐标系的 xy 平面是绘图平面，用户所画直线、圆和矩形等对象都在此平面内。尽管如此，AutoCAD 却是用三维坐标来存储这些对象信息的，只不过此时的 z 坐标值为零。因此，前面所讲的二维图实际上是三维空间某个平面上的图形，它们是三维图形的特例。用户可以在三维空间的任何一个平面上建立适当的坐标系，然后在此平面上绘制二维图。

在 AutoCAD 中，用户可以创建 3 种类型的三维模型：线框模型、表面模型和实体模型，如图 18-3 所示。这 3 种模型在计算机上的显示方式相同，即以线架结构显示出来，但用户可用特定命令表现表面模型及实体模型的真实性。

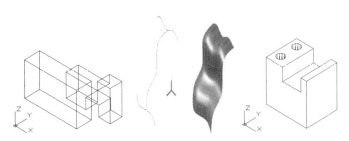

图 18-3　线框模型、表面模型和实体模型

线框模型是一种轮廓模型，它是对三维对象的轮廓描述，仅由三维空间的直线及曲线组成，不包含面及体的信息。

表面模型没有质量，只具有面及边界信息等，可以被消隐及渲染。对于计算机辅助加工，还可以根据面模型形成完整的加工信息。

实体模型具有表面及体的信息。对于此类模型，用户可以区分对象的内部及外部，并可以对它进行打孔、切槽及添加材料等布尔操作，还能检测出对象间是否发生干涉及分析模型的质量特性，如质心、体积和惯矩等。对于计算机辅助加工，用户可利用实体模型的数据生成数控加工代码。

18.3　观察三维模型的方法

用户在绘制三维图形的过程中，常需要从不同方向观察图形。当用户设定某个查看方向后，AutoCAD 就会显示出对应的三维视图，具有立体感的三维视图有助于正确理解模型的空间结构。AutoCAD 的默认视图是 xy 平面视图（俯视图），这时观察点位于 z 轴上，且观察方向与 z 轴重合，因而用户看不见物体的高度，所见

的视图是模型在 *xy* 平面内的视图。

AutoCAD 提供了多种创建三维视图的方法，如利用 VIEW、3DFORBIT 等命令就能沿不同方向观察模型。其中，VIEW 命令可使用户在三维空间中设定视点的位置，而 3DFORBIT 命令可使用户利用单击并拖动鼠标光标的方法将三维模型旋转起来，该命令使三维视图的操作及三维可视化变得十分容易。

18.3.1 用标准视点观察三维模型

任何三维模型都可以从任意一个方向观察，进入三维建模空间，该空间【常用】选项卡中【视图】面板上的【三维导航】下拉列表提供了 10 种标准视点，如图 18-4 所示。通过这些视点就能获得三维对象的 10 种视图，如前视图、后视图、左视图及东南轴测图等。

切换到标准视点的另一种快捷方法是利用绘图窗口左上角的【视图控件】下拉列表，该列表也列出了 10 种标准视图。此外，还能快速切换到平行或透视投影模式。

标准视点是相对于某个基准坐标系（世界坐标系或用户创建的坐标系）设定的，基准坐标系不同，所得的视图就不同。

用户可在【视图管理器】对话框中指定基准坐标系，方法是：选取【三维导航】下拉列表中的【视图管理器】，打开【视图管理器】对话框，该对话框左边的列表框中列出了预设的标准正交视图名称，这些视图所采用的基准坐标系可在【设定相对于】下拉列表中选定，如图 18-5 所示。

图 18-4 标准视点

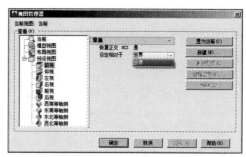

图 18-5 【视图管理器】对话框

【练习 18-1】下面通过图 18-6 所示的三维模型来演示由标准视点生成的视图。

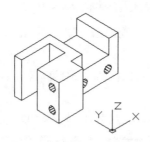

图 18-6 用标准视点观察模型

(STEP01) 打开资源包文件"dwg\ 第 18 章 \18-1.dwg"，如图 18-6 所示。

(STEP02) 选择【视图控件】或【三维导航】下拉列表中的【前视】选项，再发出消隐命令 HIDE，结果如图 18-7 所示，此图是三维模型的前视图。

(STEP03) 选择【视图控件】下拉列表的【左视】选项，再发出消隐命令 HIDE，结果如图 18-8 所示，此图是三维模型的左视图。

STEP04 选择【视图控件】下拉列表的【东南等轴测】选项，然后发出消隐命令 HIDE，结果如图 18-9 所示，此图是三维模型的东南轴测视图。

图 18-7　前视图

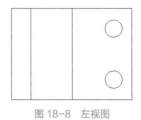

图 18-8　左视图

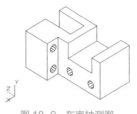

图 18-9　东南轴测图

18.3.2　消除隐藏线

启动 HI(HIDE) 命令，AutoCAD 重新生成三维线框模型，且不显示隐藏线。

18.3.3　三维动态旋转

启动三维动态旋转功能后，就可通过单击并拖动鼠标的方法来旋转视图，常用的动态旋转功能如下。

（1）受约束的动态旋转：限于水平动态观察和垂直动态观察，命令为 3DORBIT。单击导航栏上的 ⊕ 按钮，启动该命令。按住 Shift 键并单击鼠标滚轮可暂时启动该命令。

（2）自由动态旋转：在任意方向上进行动态旋转，命令为 3DFORBIT。单击导航栏上的 ⦶ 按钮，启动该命令。同时按住 Shift 和 Ctrl 键并单击鼠标滚轮可暂时启动该命令。

当用户仅想观察多个对象中的一个时，应先选中此对象，然后启动动态旋转命令，此时，仅所选对象显示在屏幕上。若所选对象未处于绘图窗口的中心位置，可单击鼠标右键，选取【范围缩放】命令即可。

3DFORBIT 命令激活交互式的动态视图，使用此命令时，用户可以事先选择模型中的全部对象或一部分对象，AutoCAD 围绕待观察的对象形成一个观察辅助圆，该圆被 4 个小圆分成 4 等份，如图 18-10 所示。辅助圆的圆心是观察目标点，当用户按住鼠标左键并拖动时，待观察的对象（或目标点）静止不动，而视点绕着三维对象旋转，显示结果是视图在不断地转动。

当鼠标光标移至辅助圆的不同位置时，其形状将发生变化，不同形状的鼠标光标表明了当前视图的旋转方向。

（1）球形光标 ⊕：鼠标光标位于辅助圆内时，就变为这种形状，此时，用户可假想一个球体把目标对象包裹起来。单击并拖动鼠标光标，就使球体沿鼠标光标拖动的方向旋转，模型视图也就随之旋转起来。

（2）圆形光标 ⊙：移动鼠标光标到辅助圆外，鼠标光标就变为这种形状。按住鼠标左键并将鼠标光标沿辅助圆拖动，就使三维视图旋转，旋转轴垂直于屏幕并通过辅助圆心。

（3）水平椭圆形光标 ⧁：当把鼠标光标移动到左、右小圆的位置时，其形状就变为水平椭圆。单击并拖动鼠标光标就使视图绕着一个铅垂轴线转动，此旋转轴线经过辅助圆心。

（4）竖直椭圆形光标 ⧂：将鼠标光标移动到上、下两个小圆的位置时，鼠标光标就变为这种形状。单击并拖动鼠标光标将使视图绕着一个水平轴线转动，此旋转轴线经过辅助圆心。

当 3DFORBIT 命令激活时，单击鼠标右键，弹出快捷菜单，如图 18-11 所示。

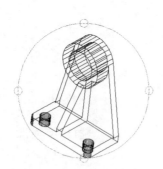

图 18-10　三维动态视图

图 18-11　快捷菜单

此菜单中常用命令的功能介绍如下。

◎　(1)【缩放窗口】：单击两点指定缩放窗口，AutoCAD 将放大此窗口区域。

◎　(2)【范围缩放】：将图形对象充满整个绘图窗口。

◎　(3)【缩放上一个】：返回上一个视图。

◎　(4)【平行模式】：激活平行投影模式。

◎　(5)【透视模式】：激活透视投影模式，透视图与眼睛观察到的图像极为接近。

◎　(6)【重置视图】：将当前视图恢复到激活 3DORBIT 命令时的视图。

◎　(7)【预设视图】：指定要使用的预定义视图，如左视图、俯视图等。

◎　(8)【命名视图】：选择要使用的命名视图。

◎　(9)【视觉样式】：提供以下着色方式。

◎　【概念】：着色对象，效果缺乏真实感，但可以清晰地显示模型细节。

◎　【隐藏】：用三维线框表示模型并隐藏不可见线条。

◎　【真实】：对模型表面进行着色，显示已附着于对象的材质。

◎　【着色】：将对象平面着色，着色的表面较光滑。

◎　【带边缘着色】：用平滑着色和可见边显示对象。

◎　【灰度】：用平滑着色和单色灰度显示对象。

◎　【勾画】：用线延伸和抖动边修改器显示手绘效果的对象。

◎　【线框】：用直线和曲线表示模型。

◎　【X 射线】：以半透明形式显示对象。

18.3.4　使用 ViewCube 观察模型

绘图窗口右上角的 ViewCube 工具是用于控制观察方向的可视化工具，如图 18-12 所示，用法如下。

◎　单击或拖动立方体的面、边、角点、周围文字及箭头等改变视点。

◎　单击 ViewCube 左上角 图标，切换到等轴测视图。

◎　单击 ViewCube 下边的 WCS ▼ 图标，切换到其他坐标系。

图 18-12　ViewCube 工具

ViewCube 工具的角、边和面定义了 26 个视图，单击这些部分即可更改模型视图。单击 ViewCube 工具上的一个面，将切换到标准平行视图：俯视图、仰视图、左视图、右视图、前视图及后视图。此时，将光标移动到 ViewCube 工具的右上角位置，显示出旋转箭头，单击它，标准视图将在屏幕内转动 90°。单击 ViewCube 工具上的一个角，将视点设置在角点处生成视图。单击一条边，将视点设置在边线处生成视图。

18.3.5 快速建立平面视图

PLAN 命令可以生成坐标系的 *xy* 平面视图，即视点位于坐标系的 *z* 轴上，该命令在三维建模过程中非常有用。例如，当用户想在三维空间的某个平面上绘图时，可先以该平面为 *xy* 坐标面创建 UCS 坐标系，然后使用 PLAN 命令使坐标系的 *xy* 平面视图显示在屏幕上，这样，在三维空间的某一平面上绘图就如同绘制一般的二维图一样。

① 命令启动方法

◎ **菜单命令**：【视图】/【三维视图】/【平面视图】。
◎ **命令**：PLAN。

【练习 18-2】 用 PLAN 命令建立三维对象的平面视图。

STEP01 打开资源包文件"dwg\ 第 18 章 \18-2.dwg"。

STEP02 利用 3 点建立用户坐标系。

命令：ucs

指定 UCS 的原点或 [面 (F)/ 命名 (NA)/ 对象 (OB)/ 上一个 (P)/ 视图 (V)/ 世界 (W)/X/Y/Z/Z 轴 (ZA)] <
世界 >:   // 捕捉端点 *A*，如图 18-13 所示
指定 X 轴上的点或 < 接受 >:   // 捕捉端点 *B*
指定 XY 平面上的点或 < 接受 >:   // 捕捉端点 *C*

结果如图 18-13 所示。

STEP03 创建平面视图。

命令：plan

输入选项 [当前 UCS(C)/UCS(U)/ 世界 (W)] < 当前 UCS>:   // 按 Enter 键
                                              // 使坐标系的 *xy* 平面视图显示在屏幕上

结果如图 18-14 所示。

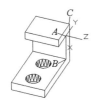

图 18-13 建立坐标系

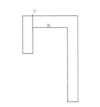

图 18-14 创建平面视图

② 命令选项

◎ **当前 UCS(C)**：这是默认选项，用于创建当前 UCS 的 *xy* 平面视图。
◎ **UCS(U)**：此选项允许用户选择一个命名的 UCS，AutoCAD 将生成该 UCS 的 *xy* 平面视图。
◎ **世界 (W)**：该选项使用户创建 WCS 的 *xy* 平面视图。

18.3.6 平行投影模式及透视投影模式

AutoCAD 绘图窗口中的投影模式可以是平行投影模式或是透视投影模式，前者投影线相互平行，后者投

影线相交于投射中心。平行投影视图能反映物体主要部分的真实大小和比例关系。透视投影模式与眼睛观察物体的方式类似，此时物体显示的特点是近大远小，视图具有较强的深度感和距离感。当观察点与目标距离接近时，这种效果更明显。

图 18-15 所示为平行投影图及透视投影图。在 ViewCube 工具 上单击鼠标右键，弹出快捷菜单，选择【平行】命令，可切换到平行投影模式；选择【透视】命令，则切换到透视投影模式。单击绘图窗口左上角的"视图"控件，弹出下拉菜单，该菜单中包含【平行】及【透视】选项，通过这两个选项也可进行投影模式的切换。

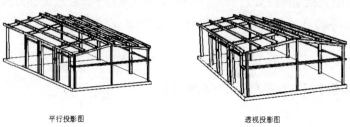

平行投影图　　　　　　　　　　　透视投影图

图 18-15　平行投影图及透视投影图

18.3.7　视觉样式——创建消隐图及着色图

AutoCAD 用线框表示三维模型，在绘制及编辑三维对象时，用户面对的都是模型的线框图。若模型较复杂，则众多线条交织在一起，用户很难清晰地观察对象的结构形状。为了获得较好的显示效果，用户可生成三维对象的消隐图或着色图，这两种图像都具有良好的立体感。模型经消隐处理后，AutoCAD 将使隐藏线不可见，仅显示可见的轮廓线。而对模型进行着色后，则不仅可消除隐藏线，还能使可见表面附带颜色。因此，在着色后，模型的真实感将进一步增强，如图 18-16 所示。

视觉样式用于改变模型在视口中的显示外观，从而生成消隐图或着色图等。它是一组控制模型显示方式的设置，这些设置包括面设置、环境设置及边设置等。面设置控制视口中面的外观，环境设置控制阴影和背景，边设置控制如何显示边。当选中一种视觉样式时，AutoCAD 在视口中按样式规定的形式显示模型。

AutoCAD 提供了以下 10 种默认视觉样式，如图 18-16 所示。单击绘图窗口左上角"视觉样式"控件，利用下拉菜单中的相关选项可在不同视觉样式间切换。也可在【常用】选项卡【视图】面板的【视觉样式】下拉列表中进行设定。

◎【二维线框】：通过使用直线和曲线表示边界的方式显示对象。

◎【概念】：着色对象，效果缺乏真实感，但可以清晰地显示模型细节。

◎【隐藏】：用三维线框表示模型并隐藏不可见线条。

◎【真实】：对模型表面进行着色，显示已附着于对象的材质。

◎【着色】：将对象平面着色，着色的表面较光滑。

◎【带边缘着色】：用平滑着色和可见边显示对象。

◎【灰度】：用平滑着色和单色灰度显示对象。

◎【勾画】：用线延伸和抖动边修改器显示手绘效果的对象。

◎【线框】：用直线和曲线表示模型。

◎【X 射线】：以半透明形式显示对象。

用户可以对已有视觉样式进行修改或是创建新的视觉样式，单击【视图】面板上【视觉样式】下拉列表中的【视觉样式管理器】选项，打开【视觉样式管理器】窗口，如图 18-17 所示。通过该窗口用户可以更改视觉样式的设置或新建视觉样式。该窗口上部列出了所有视觉样式的效果图片，选择其中之一，窗口下部就会列出所选样式的面设置、环境设置及边设置等参数，用户可对这些参数进行修改。

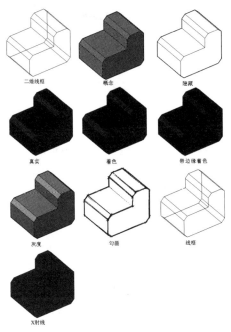

图 18-16　各种视觉样式的效果

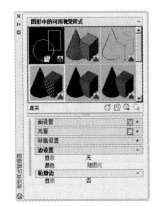

图 18-17　【视觉样式管理器】窗口

18.4　子对象及小控件

三维模型的子对象包括面、边及顶点，这些对象及模型本身可通过三维小控件进行编辑。以下介绍子对象及小控件编辑方式。

18.4.1　子对象及子对象过滤器

子对象是指曲面及实体模型的面、边及顶点对象，按住 Ctrl 键可选择一个或多个子对象，此外，也可利用子对象过滤器进行选择。单击状态栏上的　▼按钮，打开下拉列表，可在【顶点】、【边】及【面】过滤器间切换。

若按住 Shift 键选择子对象，则将其从选择集中去除。

18.4.2　显示及操作小控件

小控件是能指示方向的三维图标，它可帮助用户移动、旋转和缩放三维对象和子对象。控件分为 3 类：移动控件、旋转控件及缩放控件，每种控件都包含坐标轴及控件中心（原点处），如图 18-18 所示。默认情况下，切换到三维视觉样式（不包括二维线框），选择对象或子对象时，在选择集的中心位置会出现移动小控件。

对小控件可做以下操作。

❶ 改变控件位置

单击小控件的中心框可以把控件中心移到其他位置。用鼠标右键单击控件，弹出快捷菜单，如图 18-19 所示，利用以下两个命令也可改变控件位置。

◎【重新定位小控件】：控件中心随鼠标光标移动，单击一点指定控件位置。

◎【将小控件对齐到】：将控件坐标轴与世界坐标系、用户坐标系或实体表面对齐。

图 18-18　3 种小控件

图 18-19　小控件的快捷菜单

②　调整控件轴的方向

用鼠标右键单击控件，选择【自定义小控件】命令，然后拾取 3 个点指定控件 x 轴方向及 xy 平面位置即可。

③　切换小控件

用鼠标右键单击控件，利用快捷菜单上的【移动】、【旋转】及【缩放】命令切换控件。

18.4.3　利用小控件移动、旋转及缩放对象

显示小控件并调整其位置后，就可激活控件编辑模式编辑对象。

①　激活控件编辑模式

将光标悬停在小控件的坐标轴或回转圆上直至其变为黄色，单击鼠标左键确认，就会激活控件编辑模式，如图 18-20 所示。其次，右键单击控件，利用快捷菜单的【设置约束】选项指定移动方向、缩放方向或旋转轴等，也可激活控件编辑模式，如图 18-20 所示。

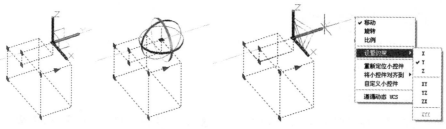

图 18-20　激活控件编辑模式

当控件编辑模式被激活后，连续按空格键或 Enter 键可在移动、旋转及缩放模式间切换。单击鼠标右键，弹出快捷菜单，利用菜单相应选项也可切换编辑模式，还能改变控件位置。

控件编辑模式与对应的关键点编辑模式功能相同。对于每种编辑模式，AutoCAD 的提示信息都包括"基点 (B)"及"复制 (C)"等选项。

②　移动对象

激活移动模式后，物体的移动方向被约束到与控件坐标轴的方向一致。移动光标，物体随之移动，输入移动距离，按 Enter 键结束。输入负的数值，移动方向则相反。

操作过程中，单击鼠标右键，利用快捷菜单的【设置约束】选项可指定其他坐标方向作为移动方向。

将鼠标光标悬停在控件的坐标轴间的矩形边上直至矩形变为黄色，单击鼠标左键确认，物体的移动方向被约束在矩形平面内，如图 18-21 所示。以坐标方式输入移动距离及方向，按 Enter 键结束。

③　旋转对象

激活旋转模式的同时将出现以圆为回转方向的回转轴，物体将绕此轴旋转。移动光标，物体随之转动，

输入旋转角度值，按 Enter 键结束。输入负的数值，旋转方向则相反。

操作过程中，单击鼠标右键，利用快捷菜单的【设置约束】选项可指定其他坐标轴作为旋转轴。

若想以任意一轴为旋转轴，可利用右键菜单的【自定义小控件】选项创建新控件，使新控件的 *X* 轴与指定的旋转轴重合，如图 18-22 所示。

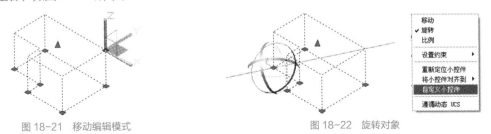

图 18-21　移动编辑模式　　　　　　　　　图 18-22　旋转对象

④ 缩放对象

利用控件缩放模式，可以分别沿一个、两个或三个坐标轴方向进行缩放。

可用以下方式激活控件缩放模式。

◎ 指定缩放轴。这种方法前面已有介绍。

◎ 指定缩放平面。将鼠标光标悬停在坐标轴间的两条平行线内，直至平行线内的区域变为黄色，单击鼠标左键确认，如图 18-23 左图所示。

◎ 沿 3 个坐标轴方向缩放对象。将鼠标光标悬停在控件中心框附近，直至该区域变为黄色，单击鼠标左键确认，如图 18-23 中图所示。

◎ 右键单击控件，利用快捷菜单的【设置约束】命令，激活控件缩放模式，如图 18-23 右图所示。【设置约束】命令可将缩放操作限制在坐标轴方向、坐标面内或是整体缩放。

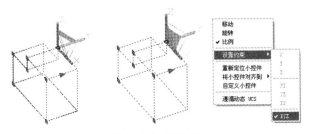

图 18-23　缩放对象

激活控件缩放模式后，输入缩放比例值，按 Enter 键结束。操作过程中，单击鼠标右键，利用快捷菜单的【设置约束】命令可指定其他方向作为缩放方向。

18.5　三维坐标系

AutoCAD 的作图空间是无限的，用户可以在里面画非常大或非常小的图形。所有图形的图元都需要使用坐标来定位，AutoCAD 的坐标系统是三维笛卡儿直角坐标系。默认状态下，AutoCAD 的坐标系是世界坐标系（WCS）。对于二维绘图，大多数情况下，世界坐标系就能满足作图需要，但若是创建三维模型，用户常常需要在不同平面或沿某个方向建立新的用户坐标系（UCS），以方便作图。

18.5.1　世界坐标系

世界坐标系是固定不动的。在此坐标系中，AutoCAD 图形的每个点都由唯一的 *x*、*y*、*z* 坐标确定。默认情况下，屏幕左下角会出现一个表示世界坐标系的图标，如图 18-24 所示。若图标的原点位置有一小方块，则表示当前坐标系是世界坐标系，否则，是用户坐标系。

图标中附带字母"X"或"Y"的轴表示当前坐标系的 x 轴、y 轴正方向，z 轴正方向由右手螺旋法则确定。

三维绘图时，用户常常需要在三维空间的某一平面上绘图，由于世界坐标系不能变动，因而给作图带来很多不便。例如，若用户想在图 18-25 中的 ABC 平面内画一个圆，则在世界坐标系中是无法完成的。此时，若用户以平面 ABC 为 xy 坐标面创建新坐标系，就可以用 CIRCLE 命令画圆了。

图 18-24　表示坐标系的图标

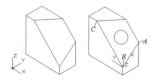

图 18-25　在用户坐标系的 xy 平面画圆

单击 ViewCube 下边的 wcs ▾ 图标，选择 WCS 选项可切换到世界坐标系。

18.5.2　用户坐标系及动态用户坐标系

为了使用户更方便地在三维空间中绘图，AutoCAD 允许用户创建自己的坐标系，即用户坐标系（UCS坐标系）。与固定的世界坐标系不同，用户坐标系可以移动和旋转。用户可以设定三维空间的任意一点为坐标原点，也可指定任何方向为 x 轴的正方向。在用户坐标系中，坐标的输入方式与世界坐标系相同，但坐标值不是相对于世界坐标系，而是相对于当前坐标系。

在 AutoCAD 中，多数二维命令只能在当前坐标系的 xy 平面或与 xy 平面平行的平面内执行。若用户想在三维空间的某一平面内使用二维命令，则应在此平面位置创建新的 UCS。

UCS 图标是一个可被选择的对象，选中它，出现关键点，激活关键点可移动或旋转坐标系。也可先将鼠标光标悬停在关键点上，弹出快捷菜单，利用菜单命令调整坐标系，如图 18-26 所示。

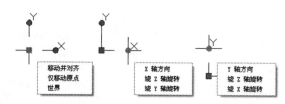

图 18-26　UCS 图标对象

打开极轴追踪、对象捕捉及自动追踪功能，激活坐标轴的关键点，移动光标，可以很方便地将坐标轴从一个追踪方向调整到另一个追踪方向。

①　命令启动方法

◎　**菜单命令**：【工具】/【新建 UCS 】。
◎　**面板**：【常用】选项卡中【坐标】面板上的 按钮。
◎　**命令**：UCS。

【常用】选项卡【坐标】面板中包含了许多有关 UCS 坐标系的命令按钮，其功能包括调整坐标系原点位置，将坐标系绕坐标轴旋转，使 xy 平面与屏幕或所选对象对齐，指定 z 轴方向等。

【练习 18-3】利用 UCS 命令或关键点编辑方式在三维空间中调整坐标系。

调整坐标系

STEP01 打开资源包文件"dwg\第 18 章 \18-3.dwg"。

STEP02 改变坐标原点。单击【坐标】面板上的 按钮，或者键入 UCS 命令，AutoCAD 提示如下。

命令 : ucs

指定 UCS 的原点或 [面 (F)/ 命名 (NA)/ 对象 (OB)/ 上一个 (P)/ 视图 (V)/ 世界 (W)/X/Y/Z/Z 轴 (ZA)] <
世界 >:　　　　　　　　　　　　　　　// 捕捉 A 点，如图 18-27 所示

指定 X 轴上的点或 < 接受 >:　　　　　　// 按 Enter 键

结果如图 18-27 所示。

STEP03 将 UCS 坐标系绕 x 轴旋转 90°。

命令 :UCS

指定 UCS 的原点或 [面 (F)/ 命名 (NA)/ 对象 (OB)/ 上一个 (P)/ 视图 (V)/ 世界 (W)/X/Y/Z/Z 轴 (ZA)] <
世界 >: x　　　　　　　　　　　　　　// 使用 X 选项

指定绕 X 轴的旋转角度 <90>: 90　　　　// 输入旋转角度

结果如图 18-28 所示。

STEP04 利用 3 点定义新坐标系。

命令 : _ucs

当前 UCS 名称 : ★ 没有名称 ★

指定 UCS 的原点或 [面 (F)/ 命名 (NA)/ 对象 (OB)/ 上一个 (P)/ 视图 (V)/ 世界 (W)/X/Y/Z/Z 轴 (ZA)] <
世界 >:

命令 :UCS

指定 UCS 的原点或 [面 (F)/ 命名 (NA)/ 对象 (OB)/ 上一个 (P)/ 视图 (V)/ 世界 (W)/X/Y/Z/Z 轴 (ZA)] <
世界 >: end 于　　　　　　　　　　　　// 捕捉 B 点，如图 18-29 所示

指定 X 轴上的点 : end 于　　　　　　　　// 捕捉 C 点

指定 XY 平面上的点 : end 于　　　　　　　// 捕捉 D 点

结果如图 18-29 所示。

STEP05 选中坐标系图标，利用关键点编辑方式移动坐标系及调整坐标轴的方向。

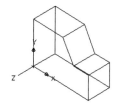
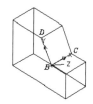

图 18-27　改变坐标原点　　　　　图 18-28　将坐标系绕 x 轴旋转　　　　图 18-29　利用 3 点定义坐标系

除用 UCS 命令改变坐标系外，用户也可打开动态 UCS 功能，使 UCS 坐标系的 xy 平面在绘图过程中自动与某一平面对齐。按 F6 键或按下状态栏上的 按钮，就可打开动态 UCS 功能。启动二维或三维绘图命令，将鼠标光标移动到要绘图的实体面，该实体面亮显，表明坐标系的 xy 平面临时与实体面对齐，绘制的对象将处于此面内。绘图完成后，UCS 坐标系又返回原来的状态。

❷ 命令选项

◎ 指定 UCS 的原点 : 将原坐标系平移到指定原点处，新坐标系的坐标轴与原坐标系坐标轴的方向相同。

◎ 面 (F)：根据所选实体的平面建立 UCS 坐标系。坐标系的 xy 平面与实体平面重合，x 轴将与距离选择点处最近的一条边对齐，如图 18-30 左图所示。

◎ 命名 (NA)：命名保存或恢复经常使用的 UCS。

◎ 对象 (OB)：根据所选对象确定用户坐标系，对象所在平面将是坐标系的 xy 平面。

◎ 上一个 (P)：恢复前一个用户坐标系。AutoCAD 保存了最近使用的 10 个坐标系，重复该选项就可逐个返回以前的坐标系。

◎ 视图 (V)：该选项使新坐标系的 xy 平面与屏幕平行，但坐标原点不变动。

◎ 世界 (W)：返回世界坐标系。

◎ X、Y、Z：将坐标系绕 x、y 或 z 轴旋转某一角度，角度的正方向由右手螺旋法则确定。

◎ Z 轴 (ZA)：通过指定新坐标系原点及 z 轴正方向上的一点来建立新坐标系，如图 18-30 右图所示。

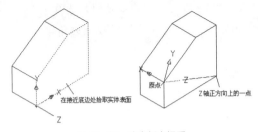

图 18-30　建立新坐标系

18.5.3　阶段练习——用户坐标系

【练习 18-4】创建新用户坐标系、保存坐标系及恢复坐标系。

STEP01　打开资源包文件"dwg\ 第 18 章 \18-4.dwg"，如图 18-31 所示。

STEP02　将坐标系的原点移动到 A 点，如图 18-31 所示。

命令 : ucs

指定 UCS 的原点或 [面 (F)/ 命名 (NA)/ 对象 (OB)/ 上一个 (P)/ 视图 (V)/ 世界 (W)/X/Y/Z/Z 轴 (ZA)] <
世界 >:　　　　　　　　　　　　// 捕捉端点 A

指定 X 轴上的点或 < 接受 >:　　　　// 按 Enter 键结束

结果如图 18-31 所示。

STEP03　根据 3 点建立坐标系，如图 18-32 所示。

命令 :UCS

指定 UCS 的原点或 [面 (F)/ 命名 (NA)/ 对象 (OB)/ 上一个 (P)/ 视图 (V)/ 世界 (W)/X/Y/Z/Z 轴 (ZA)] <
世界 >: mid 于　　　　　　　　// 捕捉中点 B，如图 18-32 所示

指定 X 轴上的点或 < 接受 >:　　　　// 捕捉端点 C

指定 XY 平面上的点或 < 接受 >:　　// 捕捉端点 D

结果如图 18-32 所示。

STEP04　将当前坐标系以名称 ucs-1 保存。单击【坐标】面板上的　按钮，打开【UCS】对话框，如图 18-33 所示，单击鼠标右建，弹出快捷菜单，选取【重命名】命令，然后输入坐标系的新名称 ucs-1。

创建用户坐标系

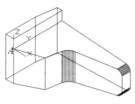

图 18-31　指定新的坐标原点

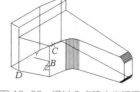

图 18-32　通过 3 点建立坐标系

图 18-33　命名用户坐标系

STEP05 根据实体表面建立新用户坐标系，如图 18-34 所示。

　　命令 : ucs

　　指定 UCS 的原点或 [面 (F)/ 命名 (NA)/ 对象 (OB)/ 上一个 (P)/ 视图 (V)/ 世界 (W)/X/Y/Z/Z 轴 (ZA)] < 世界 >: f　　　　　　　　　　　　　　　　　　// 使用"面 (F)"选项

　　选择实体面、曲面或网格：　　　　　　　　　　　// 在 E 点附近选中表面，如图 18-34 所示

　　输入选项 [下一个 (N)/X 轴反向 (X)/Y 轴反向 (Y)] < 接受 >:　　// 按 Enter 键结束

　　结果如图 18-34 所示。

STEP06 恢复已命名的用户坐标系 ucs-1。单击【坐标】面板上的 按钮，打开【UCS】对话框，如图 18-35 所示，在列表框中选择坐标系 ucs-1，单击 置为当前(C) 按钮，再单击 确定 按钮，结果如图 18-32 所示。

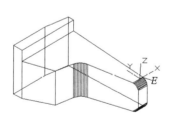

图 18-34　根据实体表面建立坐标系

图 18-35　【UCS】对话框

18.6　习题

1. 在 AutoCAD 中，用户可创建哪几种类型的三维模型？各有何特点？

2. 如何创建新的用户坐标系？有哪几种方法？

3. 将坐标系绕某一坐标轴旋转时，角度的正方向如何确定？

4. 对于三维模型，AutoCAD 提供了哪些标准观察视点？

5. 三维空间中有两个立体模型，若想用 **3DFORBIT** 命令观察其中之一，该如何操作？

6. 若想生成当前坐标系的 xy 平面视图，该如何操作？

7. 如何利用小控件移动、旋转及缩放对象？

8. 着色图有哪几种？各有何特点？

第19章
实体建模

主要内容

- 创建三维基本立体及多段体。
- 通过拉伸、旋转二维对象形成实体或曲面。
- 通过扫掠、放样创建实体或曲面。
- 利用平面或曲面切割实体。
- 利用布尔运算构建复杂实体模型。

19.1 创建三维实体和曲面

创建三维实体的主要工具都包含在【常用】选项卡【建模】面板和【实体编辑】面板中，如图 19-1 所示。利用这些工具用户可以创建圆柱体、球体及锥体等基本立体，此外，还可通过拉伸、旋转、扫掠及放样等命令形成三维实体和曲面。

图 19-1 【建模】及【实体编辑】面板

19.1.1 三维基本立体

AutoCAD 能生成长方体、球体、圆柱体、圆锥体、楔形体以及圆环体等基本立体，【建模】面板上包含了创建这些立体的命令按钮，表 19-1 列出了这些按钮的功能及操作时要输入的主要参数。

表 19-1 创建基本立体的命令按钮

按钮	功能	输入参数
长方体	创建长方体	指定长方体的一个角点，再输入另一对角点的相对坐标
圆柱体	创建圆柱体	指定圆柱体底面的中心点，输入圆柱体半径及高度
圆锥体	创建圆锥体及圆锥台	指定圆锥体底面的中心点，输入锥体底面半径及锥体高度，指定圆锥台底面的中心点，输入锥台底面半径、顶面半径及锥台高度
球体	创建球体	指定球心，输入球半径
棱锥体	创建棱锥体及棱锥台	指定棱锥体底面边数及中心点，输入锥体底面半径及锥体高度，指定棱锥台底面边数及中心点，输入棱锥台底面半径、顶面半径及棱锥台高度
楔体	创建楔形体	指定楔形体的一个角点，再输入另一对角点的相对坐标
圆环体	创建圆环	指定圆环中心点，输入圆环体半径及圆管半径

创建长方体或其他基本立体时，用户也可通过单击一点设定参数的方式进行绘制。当 AutoCAD 提示输入相关数据时，用户移动鼠标光标到适当位置，然后单击一点，在此过程中，立体的外观将显示出来，以便于用户初步确定立体形状。绘制完成后，用户可用 PROPERTIES 命令显示立体尺寸，并对其修改。

【练习 19-1】创建长方体及圆柱体。

(STEP01) 进入三维建模工作空间。单击绘图窗口左上角的"视图"控件，在弹出的下拉菜单中选择【东南等轴测】选项，切换到东南等轴测视图。再通过"视觉样式"控件设定当前模型显示方式为【二维线框】。

(STEP02) 打开极轴追踪，启动画线命令，沿 z 轴方向绘制一条长度 600 的线段。双击鼠标滚轮，使线段充满绘图窗口。

(STEP03) 单击【建模】面板上的 ▢ 按钮，AutoCAD 提示如下。

命令 : _box

指定第一个角点或 [中心 (C)]:　　　　　　　　　// 指定长方体角点 A，如图 19-2 左图所示

指定其他角点或 [立方体 (C)/ 长度 (L)]: @100,200,300

　　　　　　　　　　　　　　　　　　　　// 输入另一角点 B 的相对坐标

结果如图 19-2 左图所示。

(STEP04) 单击【建模】面板上的 ▢ 按钮，AutoCAD 提示如下。

命令 : _cylinder

指定底面的中心点或 [三点 (3P)/ 两点 (2P)/ 切点、切点、半径 (T)/ 椭圆 (E)]:

　　　　　　　　　　　　　　　　　　　　// 指定圆柱体底圆中心，如图 19-2 右图所示

指定底面半径或 [直径 (D)] <80.0000>: 80　　　// 输入圆柱体半径

指定高度或 [两点 (2P)/ 轴端点 (A)] <300.0000>: 300　　// 输入圆柱体高度

结果如图 19-2 右图所示。

(STEP05) 改变实体表面网格线的密度。

命令 : isolines

输入 ISOLINES 的新值 <4>: 40　　　　　　　// 设置实体表面网格线的数量，详见 19.1.11 小节

启动 REGEN 命令，或是选取菜单命令【视图】/【重生成】，重新生成模型，实体表面网格线变得更加密集。

(STEP06) 控制实体消隐后表面网格线的密度。

命令 : facetres

输入 FACETRES 的新值 <0.5000>: 5// 设置实体消隐后的网格线密度，

　　　　　　　　　　　　　　　　　　// 详见 19.1.11 小节

启动 HIDE 命令，结果如图 19-2 所示。

19.1.2　多段体

使用 POLYSOLID 命令可以像绘制连续折线或画多段线一样创建实体，该实体称为多段体。它看起来是由矩形薄板及圆弧形薄板组成的，板的高度

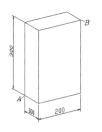

图 19-2　创建长方体及圆环体

和厚度可以设定。此外，用户还可利用该命令将已有的直线、圆弧及二维多段线等对象创建成多段体。

① 命令启动方法

◎ **菜单命令**: 【绘图】/【建模】/【多段体】。

◎ **面板**: 【常用】选项卡中【建模】面板上的 ⬚ 按钮。

◎ **命令**: POLYSOLID 或简写 PSOLID。

【练习 19-2】使用 POLYSOLID 命令创建多段体。

(STEP01) 打开资源包文件"dwg\ 第 19 章 \19-2.dwg"。

(STEP02) 将坐标系绕 x 轴旋转 90°，打开极轴追踪、对象捕捉及自动追踪功能，用 POLYSOLID 命令创建实体。

命令: _Polysolid 指定起点或 [对象 (O)/ 高度 (H)/ 宽度 (W)/ 对正 (J)] < 对象 >: h	
	// 使用"高度 (H)"选项
指定高度 <260.0000>: 260	// 输入多段体的高度
指定起点或 [对象 (O)/ 高度 (H)/ 宽度 (W)/ 对正 (J)] < 对象 >: w	// 使用"宽度 (W)"选项
指定宽度 <30.0000>: 30	// 输入多段体的宽度
指定起点或 [对象 (O)/ 高度 (H)/ 宽度 (W)/ 对正 (J)] < 对象 >: j	// 使用"对正 (J)"选项
输入对正方式 [左对正 (L)/ 居中 (C)/ 右对正 (R)] < 居中 >: c	// 使用"居中 (C)"选项
指定起点或 [对象 (O)/ 高度 (H)/ 宽度 (W)/ 对正 (J)] < 对象 >: mid 于	
	// 捕捉中点 A，如图 19-3 所示
指定下一个点或 [圆弧 (A)/ 放弃 (U)]: 100	// 向下追踪并输入追踪距离
指定下一个点或 [圆弧 (A)/ 放弃 (U)]: a	// 切换到圆弧模式
指定圆弧的端点或 [闭合 (C)/ 方向 (D)/ 直线 (L)/ 第二个点 (S)/ 放弃 (U)]: 220	
	// 沿 x 轴方向追踪并输入追踪距离
指定圆弧的端点或 [闭合 (C)/ 方向 (D)/ 直线 (L)/ 第二个点 (S)/ 放弃 (U)]: l	
	// 切换到直线模式
指定下一个点或 [圆弧 (A)/ 闭合 (C)/ 放弃 (U)]: 150	// 向上追踪并输入追踪距离
指定下一个点或 [圆弧 (A)/ 闭合 (C)/ 放弃 (U)]:	// 按 Enter 键结束

结果如图 19-3 所示。

② 命令选项

◎ **对象 (O)**: 将直线、圆弧、圆及二维多段线转化为实体。

◎ **高度 (H)**: 设定实体沿当前坐标系 z 轴的高度。

◎ **宽度 (W)**: 指定实体宽度。

◎ **对正 (J)**: 设定鼠标光标在实体宽度方向的位置。该选项包含"圆弧"子选项，可用于创建圆弧形多段体。

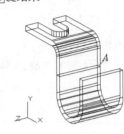

图 19-3　创建多段体

19.1.3　将二维对象拉伸成实体或曲面

EXTRUDE 命令可以拉伸二维对象生成 3D 实体或曲面，若拉伸闭合对象，则生成实体，否则，生成曲面。操作时，用户可指定拉伸高度及拉伸对象的锥角，还可沿某一直线或曲线路径进行拉伸。

EXTRUDE 命令能拉伸的对象及路径如表 19-2 所示。

表 19-2　拉伸对象及路径

拉伸对象	拉伸路径
直线、圆弧、椭圆弧	直线、圆弧、椭圆弧
二维多段线	二维及三维多段线
二维样条曲线	二维及三维样条曲线
面域	螺旋线
实体上的平面、边，曲面的边	实体及曲面的边

要点提示　实体的面、边及顶点是实体的子对象，按住 Ctrl 键就能选择这些子对象。

1 命令启动方法

◎ 菜单命令：【绘图】/【建模】/【拉伸】。

◎ 面板：【常用】选项卡中【建模】面板上的 ⬚⬚⬚ 按钮。

◎ 命令：EXTRUDE 或简写 EXT。

【练习 19-3】使用 EXTRUDE 命令拉伸面域和多段线。

(STEP01) 打开资源包文件"dwg\ 第 19 章 \19-3.dwg"。

(STEP02) 将图形 A 创建成面域，再将连续线 B 编辑成一条多段线，如图 19-4 左图
所示。

(STEP03) 用 EXTRUDE 命令垃伸面域及多段线，形成实体和曲面。

拉伸二维对象

命令：_extrude

选择要拉伸的对象或 [模式 (MO)]: 找到 1 个　　// 选择面域

选择要拉伸的对象或 [模式 (MO)]:　　　　　　// 按 Enter 键

指定拉伸的高度或 [方向 (D)/ 路径 (P)/ 倾斜角 (T)/ 表达式 (E)] <262.2213>: 260

　　　　　　　　　　　　　　　　　　　　　// 输入拉伸高度

命令 :EXTRUDE　　　　　　　　　　　　　// 重复命令

选择要拉伸的对象或 [模式 (MO)]: 找到 1 个　　// 选择多段线

选择要拉伸的对象或 [模式 (MO)]:　　　　　　// 按 Enter 键

指定拉伸的高度或 [方向 (D)/ 路径 (P)/ 倾斜角 (T)/ 表达式 (E)] <260.0000>: p

　　　　　　　　　　　　　　　　　　　　　// 使用"路径 (P)"选项

选择拉伸路径或 [倾斜角 (T)]:　　　　　　　　// 选择样条曲线 C

结果如图 19-4 右图所示。

要点提示　系统变量 SURFU 和 SURFV 用于控制曲面上素线的密度。选中曲面，启动 PROPERTIES
命令，该命令将列出这两个系统变量的值，修改它们，曲面上素线的数量就会发生变化。

2 命令选项

◎ 模式 (MO)：控制拉伸对象是实体还是曲面。

◎ **指定拉伸的高度**：如果输入正的拉伸高度，则对象沿 z 轴正向拉伸。若输入负值，则沿 z 轴负向拉伸。当对象不在坐标系 xy 平面内时，将沿该对象所在平面的法线方向拉伸对象。

◎ **方向 (D)**：指定两点，两点的连线表明了拉伸的方向和距离。

◎ **路径 (P)**：沿指定路径拉伸对象，形成实体或曲面。拉伸时，路径被移动到轮廓的形心位置。路径不能与拉伸对象在同一个平面内，也不能具有较大曲率的区域，否则，有可能在拉伸过程中产生自相交的情况。

◎ **倾斜角 (T)**：当 AutoCAD 提示"指定拉伸的倾斜角度："时，输入正的拉伸倾角，表示从基准对象逐渐变细地拉伸，而负角度值则表示从基准对象逐渐变粗地拉伸，如图 19-5 所示。用户要注意拉伸斜角不能太大，若拉伸实体截面在到达拉伸高度前已经变成一个点，那么 AutoCAD 将提示不能进行拉伸。

图 19-4 拉伸面域及多段线

拉伸斜角为5°　　拉伸斜角为-5°

图 19-5 指定拉伸斜角

◎ **表达式（E）**：输入公式或方程式，以指定拉伸高度。

19.1.4 旋转二维对象形成实体或曲面

REVOLVE 命令可以旋转二维对象生成三维实体，若二维对象是闭合的，则生成实体，否则，生成曲面。用户通过选择直线，指定两点或 x、y 轴来确定旋转轴。

REVOLVE 命令可以旋转以下二维对象。

（1）直线、圆弧、椭圆弧。

（2）二维多段线、二维样条曲线。

（3）面域、实体上的平面及边。

（4）曲面的边。

❶ 命令启动方法

◎ **菜单命令**：【绘图】/【建模】/【旋转】。

◎ **面板**：【常用】选项卡中【建模】面板上的  按钮。

◎ **命令行**：REVOLVE 或简写 REV。

【练习 19-4】使用 REVOLVE 命令将二维对象旋转成三维实体。

打开资源包文件"dwg\ 第 19 章 \19-4.dwg"，用 REVOLVE 命令创建实体。

命令：_revolve

选择要旋转的对象或 [模式 (MO)]: 找到 1 个

　　　　　　　　　　　　　　　// 选择要旋转的对象，该对象是面域，如图 19-6 左图所示

选择要旋转的对象或 [模式 (MO)]: 　　　　　　　　　　// 按 Enter 键

指定轴起点或根据以下选项之一定义轴 [对象 (O)/X/Y/Z] < 对象 >: // 捕捉端点 A

指定轴端点：　　　　　　　　　　　　　　　　　　　　// 捕捉端点 B

指定旋转角度或 [起点角度 (ST)/ 反转 (R)/ 表达式 (EX)] <360>: st　　// 使用"起点角度 (ST)"选项

指定起点角度 <0.0>: −30　　　　　　　　　　　　　　// 输入回转起始角度

指定旋转角度或 [起点角度 (ST)/ 表达式 (EX)]<360>: 210　　// 输入回转角度

再启动 HIDE 命令，结果如图 19-6 右图所示。

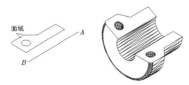

图 19-6　将二维对象旋转成三维实体

若拾取两点指定旋转轴，则轴的正向是从第一点指向第二点，旋转角的正方向按右手螺旋法则确定。

❷ 命令选项

◎ **模式 (MO)**: 控制旋转动作是创建实体还是曲面。

◎ **对象 (O)**: 选择直线或实体的线性边作为旋转轴，轴的正方向是从拾取点指向最远端点。

◎ **X、Y、Z**: 使用当前坐标系的 *x*、*y*、*z* 轴作为旋转轴。

◎ **起点角度 (ST)**: 指定旋转起始位置与旋转对象所在平面的夹角，角度的正向以右手螺旋法则确定。

◎ **反转 (R)**: 更改旋转方向，类似于输入 "−"（负）角度值。

◎ **表达式 (EX)**: 输入公式或方程式，以指定旋转角度。

 要点提示　使用 EXTRUDE、REVOLVE 命令时，如果要保留原始的线框对象，就设置系统变量 DELOBJ 等于 0。

19.1.5　通过扫掠创建实体或曲面

SWEEP 命令可以将平面轮廓沿二维或三维路径进行扫掠，以形成实体或曲面，若二维轮廓是闭合的，则生成实体，否则，生成曲面。轮廓与路径可以处于同一平面内，AutoCAD 扫掠时会自动将轮廓调整到与路径垂直的方向。默认情况下，轮廓形心将与路径起始点对齐，但也可指定轮廓的其他点作为扫掠对齐点。

扫掠时可选择的轮廓对象及路径如表 19-3 所示。

表 19-3　扫掠轮廓及路径

轮廓对象	扫掠路径
直线、圆弧、椭圆弧	直线、圆弧、椭圆弧
二维多段线	二维及三维多段线
二维样条曲线	二维及三维样条曲线
面域	螺旋线
实体上的平面、边，曲面的边	实体及曲面的边

❶ 命令启动方法

◎ **菜单命令**:【绘图】/【建模】/【扫掠】。

◎ **面板**:【常用】选项卡中【建模】面板上的 按钮。

◎ **命令**: SWEEP。

【**练习 19-5**】使用 SWEEP 命令通过扫掠创建实体。

STEP01 打开资源包文件 "dwg\ 第 19 章 \19-5.dwg"。

扫掠实体

(STEP02) 利用 PEDIT 命令将路径曲线 *A* 编辑成一条多段线，如图 19-7 左图所示。

(STEP03) 用 SWEEP 命令将面域沿路径扫掠。

命令：_sweep

选择要扫掠的对象或 [模式 (MO)]: 找到 1 个   // 选择轮廓面域，如图 19-7 左图所示

选择要扫掠的对象或 [模式 (MO)]:   // 按 Enter 键

选择扫掠路径或 [对齐 (A)/ 基点 (B)/ 比例 (S)/ 扭曲 (T)]: b   // 使用 "基点 (B)" 选项

指定基点：end 于   // 捕捉 *B* 点

选择扫掠路径或 [对齐 (A)/ 基点 (B)/ 比例 (S)/ 扭曲 (T)]:   // 选择路径曲线 *A*

再启动 HIDE 命令，结果如图 19-7 右图所示。

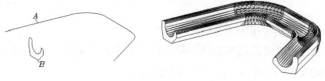

图 19-7　扫掠

❷ 命令选项

◎ **模式 (MO)**：控制扫掠动作是创建实体还是曲面。

◎ **对齐 (A)**：指定是否将轮廓调整到与路径垂直的方向或保持原有方向。默认情况下，AutoCAD 将使轮廓与路径垂直。

◎ **基点 (B)**：指定扫掠时的基点，该点将与路径起始点对齐。

◎ **比例 (S)**：路径起始点处的轮廓缩放比例为 1，路径结束处的缩放比例为输入值，中间轮廓沿路径连续变化。与选择点靠近的路径端点是路径的起始点。

◎ **扭曲 (T)**：设定轮廓沿路径扫掠时的扭转角度，角度值小于 360°。该选项包含 "倾斜" 子选项，可使轮廓随三维路径自然倾斜。

19.1.6　通过放样创建实体或曲面

LOFT 命令可对一组平面轮廓曲线进行放样，形成实体或曲面，若所有轮廓是闭合的，则生成实体，否则，生成曲面，如图 19-8 所示。注意，放样时，轮廓线或是全部闭合或是全部开放，不能使用既包含开放轮廓又包含闭合轮廓的选择集。

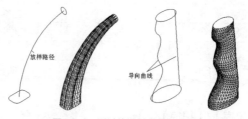

放样路径　　导向曲线

图 19-8　通过放样创建三维对象

放样实体或曲面中间轮廓的形状可利用放样路径控制，如图 19-8 左图所示，放样路径始于第一个轮廓所在的平面，终于最后一个轮廓所在的平面。导向曲线是另一种控制放样形状的方法，将轮廓上对应的点通过导向曲线连接起来，使轮廓按预定方式进行变化，如图 19-8 右图所示。轮廓的导向曲线可以有多条，每

条导向曲线必须与各轮廓相交，始于第一个轮廓，止于最后一个轮廓。

放样时可选择的轮廓对象、路径及导向曲线如表 19-4 所示。

表 19-4 放样轮廓、路径及导向曲线

轮廓对象	路径及导向曲线
直线、圆弧、椭圆弧	直线、圆弧、椭圆弧
二维多段线、二维样条曲线	二维及三维多段线
点对象、仅第一个或最后一个放样截面可以是点	二维及三维样条曲线
实体及曲面的面、边	边子对象

❶ 命令启动方法

◎ **菜单命令**：【绘图】/【建模】/【放样】。

◎ **面板**：【常用】选项卡中【建模】面板上的按钮。

◎ **命令**：LOFT。

【练习 19-6】使用 LOFT 命令通过放样创建实体。

(STEP01) 打开资源包文件 "dwg\ 第 19 章 \19-6.dwg"。

(STEP02) 利用 PEDIT 命令将线条 A、D、E 编辑成多段线，如图 19-9 所示。

(STEP03) 用 LOFT 命令在轮廓 B、C 间放样，路径曲线是 A。

命令：_loft

按放样次序选择横截面或 [点 (PO)/ 合并多条边 (J)/ 模式 (MO)]：总计 2 个

// 选择轮廓 B、C，如图 19-9 所示

按放样次序选择横截面或 [点 (PO)/ 合并多条边 (J)/ 模式 (MO)]：// 按 Enter 键

输入选项 [导向 (G)/ 路径 (P)/ 仅横截面 (C)/ 设置 (S)] < 仅横截面 >：P

// 使用 "路径 (P)" 选项

选择路径轮廓：   // 选择路径曲线 A

结果如图 19-9 所示。

(STEP04) 用 LOFT 命令在轮廓 F、G、H、I、J 间放样，导向曲线是 D、E，如图 19-9 所示。

命令：_loft

按放样次序选择横截面或 [点 (PO)/ 合并多条边 (J)/ 模式 (MO)]：总计 5 个   // 选择轮廓 F、G、H、I、J

按放样次序选择横截面或 [点 (PO)/ 合并多条边 (J)/ 模式 (MO)]：   // 按 Enter 键

输入选项 [导向 (G)/ 路径 (P)/ 仅横截面 (C)/ 设置 (S)] < 仅横截面 >：G   // 使用 "导向 (G)" 选项

选择导向轮廓或 [合并多条边 (J)]：总计 2 个   // 导向曲线是 D、E

结果如图 19-9 所示。

(STEP05) 选中放样对象，出现箭头关键点，单击它，弹出下拉菜单，利用菜单上的相关选项可设定各截面处放样面的切线方向。

❷ 命令选项

◎ **点 (PO)**：如果选择 "点" 选项，还必须选择闭合曲线。

◎ **合并多条边 (J)**：将多个端点相交曲线合并为一个横截面。

◎ **模式 (MO)**：控制放样对象是实体还是曲面。

◎ **导向 (G)**：利用连接各个轮廓的导向曲线控制放样实体或曲面的截面形状。

◎ **路径 (P)**：指定放样实体或曲面的路径，路径要与各个轮廓截面相交。

◎ **仅横截面 (C)**：在不使用导向或路径的情况下，创建放样对象。

◎ **设置 (S)**：选取此选项，打开【放样设置】对话框，如图 19-10 所示，通过该对话框控制放样对象表面的变化。

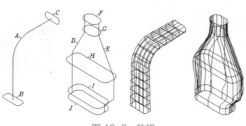

图 19-9　放样

图 19-10　【放样设置】对话框

【放样设置】对话框中各选项的功能介绍如下。

◎ **【直纹】**：各轮廓线间是直纹面。

◎ **【平滑拟合】**：用平滑曲面连接各轮廓线。

◎ **【法线指向】**：此下拉列表中的选项用于设定放样对象表面与各轮廓截面是否垂直。

◎ **【拔模斜度】**：设定放样对象表面在起始及终止位置的切线方向与轮廓所在截面的夹角，该角度对放样对象的影响范围由【幅值】文本框中的数值决定，该值控制在横截面处曲面沿拔模斜度方向上实际分布的长度。

19.1.7　利用"选择并拖动"方式创建及修改实体

PRESSPULL 命令允许用户以"选择并拖动"的方式创建或修改实体，启动该命令后，选择一平面封闭区域，然后移动鼠标光标或输入距离值即可。距离值的正负号表明形成立体的不同方向。

PRESSPULL 命令能操作的对象如下。

（1）面域、圆、椭圆及闭合多段线。

（2）由直线、曲线及边等对象围成的闭合区域。

（3）实体表面、压印操作产生的面。

PRESSPULL 命令

【练习 19-7】使用 PRESSPULL 命令拉伸线框。

(STEP01) 打开资源包文件 "dwg\ 第 19 章 \19-7.dwg"。

(STEP02) 进入三维建模空间，单击【常用】选项卡【建模】面板上的 按钮，在线框 A 的内部单击一点，如图 19-11 左图所示，输入立体高度值 "700"，结果如图 19-11 图所示。

(STEP03) 用 LINE 命令绘制线框 B，如图 19-12 左图所示，单击【建模】面板上的 按钮，在线框 B 的内部单击一点，输入立体高度值 "-700"，然后删除线框 B，结果如图 19-12 右图所示。

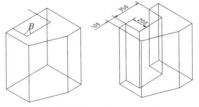

图 19-11 拉伸线框（1）　　　　　图 19-12 拉伸线框（2）

19.1.8　加厚曲面形成实体

THICKEN 命令可以加厚任何类型的曲面形成实体。

命令启动方法

◎　菜单命令：【修改】/【三维操作】/【加厚】。

◎　面板：【常用】选项卡中【实体编辑】面板上的 按钮。

◎　命令：THICKEN。

启动 THICKEN 命令，选择要加厚的曲面，再输入厚度值，曲面就会转化为实体。

19.1.9　利用平面或曲面切割实体

SLICE 命令可以根据平面或曲面切开实体模型，被剖切的实体可保留一半或两半都保留，保留部分将保持原实体的图层和颜色特性。剖切方法是先定义切割平面，然后选定需要的部分，用户可通过 3 点来定义切割平面，也可指定当前坐标系 xy、yz、zx 平面作为切割平面。

❶ 命令启动方法

◎　菜单命令：【修改】/【三维操作】/【剖切】。

◎　面板：【常用】选项卡中【实体编辑】面板上的 按钮。

◎　命令：SLICE 或简写 SL。

切割实体

【练习 19-8】使用 SLICE 命令切割实体。

打开资源包文件"dwg\ 第 19 章 \19-8.dwg"，用 SLICE 命令切割实体。

命令：_slice

选择要剖切的对象：找到 1 个　　　　　　　　// 选择实体

选择要剖切的对象：　　　　　　　　　　　　// 按 Enter 键

指定切面的起点或 [平面对象 (O)/ 曲面 (S)/Z 轴 (Z)/ 视图 (V)/XY/YZ/ZX/ 三点 (3)] < 三点 >:

　　　　　　　　　　　　　　　　　　　　　// 按 Enter 键，利用 3 点定义剖切平面

指定平面上的第一个点：end 于　　　　　　　// 捕捉端点 *A*，如图 19-13 左图所示

指定平面上的第二个点：mid 于　　　　　　　// 捕捉中点 *B*

指定平面上的第三个点：mid 于　　　　　　　// 捕捉中点 *C*

在所需的侧面上指定点或 [保留两个侧面 (B)] < 保留两个侧面 >:// 在要保留的那边单击一点

命令：SLICE　　　　　　　　　　　　　　　// 重复命令

选择要剖切的对象：找到 1 个　　　　　　　　// 选择实体

选择要剖切的对象：　　　　　　　　　　　　// 按 Enter 键

指定切面的起点或 [平面对象 (O)/ 曲面 (S)/Z 轴 (Z)/ 视图 (V)/XY/YZ/ZX/ 三点 (3)] < 三点 >: s

　　　　　　　　　　　　　　　　　　　　　// 使用"曲面 (S)"选项

选择曲面：   // 选择曲面

选择要保留的实体或 [保留两个侧面 (B)] < 保留两个侧面 >:   // 在要保留的那边单击一点

删除曲面后的结果如图 19-13 右图所示。

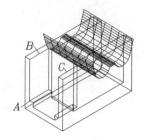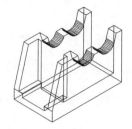

图 19-13　切割实体

② **命令选项**

◎　**平面对象 (O)**：用圆、椭圆、圆弧或椭圆弧、二维样条曲线或二维多段线等对象所在的平面作为剖切平面。

◎　**曲面 (S)**：指定曲面作为剖切面。

◎　**Z 轴 (Z)**：通过指定剖切平面的法线方向来确定剖切平面。

◎　**视图 (V)**：剖切平面与当前视图平面平行。

◎　**XY、YZ、ZX**：用坐标平面 *xoy*、*yoz*、*zox* 剖切实体。

19.1.10　螺旋线、涡状线及弹簧

HELIX 命令用于创建螺旋线及涡状线，这些曲线可用作扫掠路径及拉伸路径，从而形成复杂的三维实体。用户先用 HELIX 命令绘制螺旋线，再用 SWEEP 命令将圆沿螺旋线扫掠就能创建出弹簧的实体模型。

① **命令启动方法**

◎　**菜单命令**：【绘图】/【螺旋】。

◎　**面板**：【常用】选项卡中【绘图】面板上的 按钮。

◎　**命令**：HELIX。

【练习 19-9】使用 HELIX 命令创建螺旋线并形成弹簧。

(STEP01)　打开资源包文件"dwg\ 第 19 章 \19-9.dwg"。

(STEP02)　用 HELIX 命令绘制螺旋线。

绘制螺旋线

命令：_Helix

指定底面的中心点：   // 指定螺旋线底面中心点

指定底面半径或 [直径 (D)] <40.0000>: 40   // 输入螺旋线半径值

指定顶面半径或 [直径 (D)] <40.0000>:   // 按 Enter 键

指定螺旋高度或 [轴端点 (A)/ 圈数 (T)/ 圈高 (H)/ 扭曲 (W)] <100.0000>: h

                                        // 使用"圈高 (H)"选项

指定圈间距 <20.0000>: 20   // 输入螺距

指定螺旋高度或 [轴端点 (A)/ 圈数 (T)/ 圈高 (H)/ 扭曲 (W)] <100.0000>: 100

                                        // 输入螺旋线高度

结果如图 19-14 左图所示。

要点提示 若输入螺旋线的高度为 0，则形成涡状线。

STEP03 用 SWEEP 命令将圆沿螺旋线扫掠形成弹簧，再启动 HIDE 命令，结果如图 19-14 右图所示。

图 19-14 绘制螺旋线及弹簧

② 命令选项

◎ **轴端点 (A)**：指定螺旋轴端点的位置。螺旋轴的长度及方向表明了螺旋线的高度及倾斜方向。

◎ **圈数 (T)**：输入螺旋线的圈数，数值小于 500。

◎ **圈高 (H)**：输入螺旋线的螺距。

◎ **扭曲 (W)**：按顺时针或逆时针方向绘制螺旋线，以第二种方式绘制的螺旋线是右旋的。

19.1.11 与实体显示有关的系统变量

与实体显示有关的系统变量有 3 个：ISOLINES、FACETRES 和 DISPSILH，下面分别对其进行介绍。

◎ **ISOLINES**：此变量用于设定实体表面网格线的数量，如图 19-15 所示。

◎ **FACETRES**：此变量用于设置实体消隐或渲染后的表面网格密度，此变量值的范围为 0.01~10.0，值越大表明网格越密，消隐或渲染后的表面越光滑，如图 19-16 所示。

◎ **DISPSILH**：此变量用于控制消隐时是否显示实体表面的网格线，若此变量值为 0，则显示网格线；若为 1，则不显示网格线，如图 19-17 所示。

ISOLINES=10   ISOLINES=30   FACETRES=1.0   FACETRES=10.0   DISPSILH=0   DISPSILH=1

图 19-15 ISOLINES 变量   图 19-16 FACETRES 变量   图 19-17 DISPSILH 变量

19.2 截面对象及获取实体模型截面

使用 SECTIONPLANE 命令可创建截面对象，该对象可以是单一截面也可以是连续截面。激活截面对象后，此对象即会剖切三维模型，使用户可以观察模型内部的情况。此外，用户还可将剖切处的截面以块的形式提取出来。

创建截面对象时，用户可直接拾取实体表面或绘制截面线。截面线代表截面对象，一般应使截面线处于 *xy* 平面或与该平面平行的平面内。截面对象通过截面线且与 *xy* 平面垂直，默认情况下，它是灰色半透明的，但当视觉样式是二维线框时，其显示为截面线。选中截面对象，单击鼠标右键，利用【特性】命令可修改截面对象的颜色及透明度等特性。

命令启动方法

◎ **菜单命令:**【绘图】/【建模】/【截面平面】。

◎ **面板:**【常用】选项卡中【截面】面板上的 按钮。

◎ **命令:** SECTIONPLANE 或简写 SPLANE。

创建截面对象

【练习 19-10】创建截面对象。

(STEP01) 打开资源包文件"dwg\ 第 19 章 \19-10.dwg"。

(STEP02) 移动坐标系的原点,绘制辅助线 A、B、C,如图 19-18 所示。

(STEP03) 将视觉样式设置为"线框",然后启动 SECTIONPLANE 命令创建截面对象。

命令:_sectionplane

选择面或任意点以定位截面线或 [绘制截面 (D)/ 正交 (O)/ 类型 (T)]: d

// 使用"绘制截面 (D)"选项

指定起点: // 捕捉端点 D,如图 19-19 所示。

指定下一点: // 捕捉端点 E

指定下一个点或按 Enter 键完成: // 捕捉端点 F

指定下一个点或按 Enter 键完成: // 捕捉端点 J

指定下一个点或按 Enter 键完成: // 按 Enter 键

按截面视图的方向指定点: // 在与截面对象垂直的方向上指定一点 H

(STEP04) 选中截面对象,弹出【截面平面】选项卡,单击 按钮,激活或关闭截面对象。激活截面对象后,实体模型被剖切,否则,实体保持完整,如图 19-19 所示。利用右键快捷菜单的相关选项也可完成同样的操作。

(STEP05) 单击关键点▼,弹出下拉菜单,分别选取【边界】、【体积】、【平面】选项,截面对象的状态随之发生变化,其中【边界】及【体积】分别对应的是二维边框及立体边框形式,边框外围的部分将被剖切。

(STEP06) 将截面对象设定为边框形式,分别激活关键点 I、J,移动鼠标光标,调整截面对象的宽度,如图 19-20 所示。单击关键点 K,改变剖切方向,再次单击此关键点,又恢复原来的剖切方向。

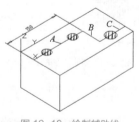

图 19-18 绘制辅助线

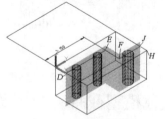

图 19-19 创建截面对象

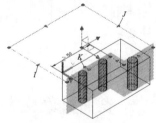

图 19-20 调整截面对象的宽度

(STEP07) 单击鼠标右键,选取【激活活动截面】命令,激活截面对象,则实体模型被剖切,按 Esc 键,结果如图 19-21 所示。

(STEP08) 将坐标系绕 x 轴旋转 90°,选中截面对象,单击鼠标右键,选取【生成截面】/【二维 / 三维块】命令,打开【生成截面 / 立面】对话框,单击 创建(C) 按钮,创建二维剖切截面图块,结果如图 19-22 所示。图中显示的截面块是用颜色填充的,若想不填充,可通过【生成截面 / 立面】对话框的按钮对截面特性进行设置。

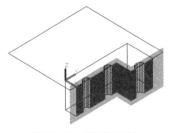

图 19-21　激活截面对象

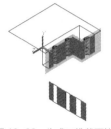

图 19-22　生成二维截面块

(STEP09)　选中截面对象，单击鼠标右键，选取【生成截面】/【二维/三维块】命令，打开【生成截面/立面】对话框，再选取【三维截面】选项，单击 创建(C) 按钮，创建三维剖切截面图块，结果如图 19-23 所示。

(STEP10)　选中截面对象，单击鼠标右键，弹出快捷菜单，选取【显示切除的几何体】命令，按 Esc 键，结果如图 19-24 所示。"切除几何体"的特性可事先设定，选取快捷菜单中的【活动截面设置】命令，打开【截面设置】对话框，利用该对话框的【三维截面块创建设置】选项设定"切除几何体"的特性。

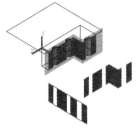

图 19-23　生成三维截面块

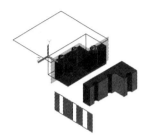

图 19-24　显示被切除的几何体

截面对象有 4 种状态，如图 19-25 所示。选中截面对象，出现关键点，单击▼关键点，弹出下拉菜单，利用该菜单上的命令可设定截面对象的状态。

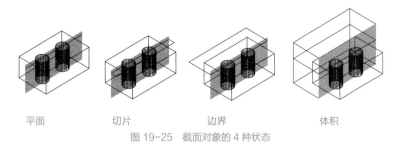

平面　　　　　切片　　　　　边界　　　　　体积

图 19-25　截面对象的 4 种状态

◎ 【平面】：截面对象过截面线且向所有方向无限延伸。

◎ 【切片】：截面对象具有一定厚度。

◎ 【边界】：显示二维边框，框的每边都代表截面对象，这些对象与 xy 平面垂直，框外围的部分将被剖切。

◎ 【体积】：显示立体边框，立体的每一面皆为截面对象，立体外围的部分将被剖切。

截面对象及其边框的大小和剖切方向可通过关键点调整，选中截面对象，该对象上将出现以下几类关键点，如图 19-26 所示。

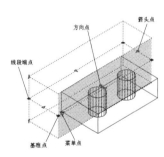

图 19-26　截面对象的关键点

◎ **基准点**：与菜单点相邻，用于移动、缩放和旋转截面对象。

◎ **菜单点**：显示截面对象状态的菜单。

◎ **方向点**：单击该点反转剖切的方向。

◎ **箭头点**：调整边框的大小。

◎ **线段端点**：改变端点的位置。

19.3 实体间的干涉检查

INTERFERE 命令可以检查两个或多个实体间是否存在干涉现象，其用法有以下两种。

（1）仅选择一组实体，AutoCAD 确定该选择集中有几对实体发生干涉。

（2）先选择第一组实体，再选择第二组实体，AutoCAD 确定这两个选择集之间有几对实体发生干涉。

若实体间存在干涉现象，则用户可指定是否将干涉部分创建成新实体。INTERFERE 命令的这个功能与布尔运算中的"交"运算类似，只是前者在创建新实体的同时还保留原始实体。

命令启动方法

◎ **菜单命令**：【修改】/【三维操作】/【干涉检查】。

◎ **面板**：【常用】选项卡中【实体编辑】面板上的 按钮。

◎ **命令**：INTERFERE 或简写 INF。

干涉检查

【**练习 19-11**】使用 INTERFERE 命令进行干涉检查。

打开资源包文件"dwg\ 第 19 章 \19-11.dwg"，用 INTERFERE 命令检查实体间是否干涉。

命令：_interfere

选择第一组对象或 [嵌套选择 (N)/ 设置 (S)]: 找到 3 个

// 选择圆柱体、长方体及球体，如图 19-27 左图所示

选择第一组对象或 [嵌套选择 (N)/ 设置 (S)]:   // 按 Enter 键

选择第二组对象或 [嵌套选择 (N)/ 检查第一组 (K)] < 检查 >:   // 按 Enter 键

打开【干涉检查】对话框，如图 19-27 右图所示，该对话框列出了已选对象的数目及干涉位置的数目，单击 上一个(P) 或 下一个(N) 按钮，可查看干涉部分形成的新对象。若想操作完毕后保留这些对象，就取消对【关闭时删除已创建的干涉对象】复选项的选取。

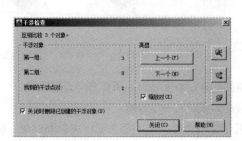

图 19-27 干涉检查

19.4 获得实体体积、转动惯量等属性

将零件创建成三维实体后，用户可利用 MASSPROP 命令查询三维对象的质量特性，从而获得体积、质心和转动惯量等属性。

【练习 19-12】查询三维对象的质量特性。

STEP01 打开资源包文件 "dwg\ 第 19 章 \19-12.dwg"，如图 19-28 所示。

STEP02 选取菜单命令【工具】/【查询】/【面域 / 质量特性】，AutoCAD 提示如下。

```
命令：_massprop
选择对象：找到 1 个                    // 选择实体对象
选择对象：                            // 按 Enter 键
```

STEP03 AutoCAD 打开【文本窗口】，该窗口中列出了三维对象的体积、质心和惯性积等特性，如图 19-29 所示。用户可将这些分析结果保存到一个文件中。

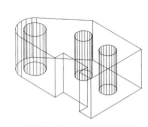

图 19-28 查询质量特性

图 19-29 【文本窗口】

19.5 利用布尔运算构建复杂实体模型

前面已经学习了如何生成基本三维实体及由二维对象转换得到三维实体。如果将这些简单实体放在一起，然后进行布尔运算，就能构建复杂的三维模型。

布尔运算包括并集、差集、交集。

① 并集操作

UNION 命令能将两个或多个实体合并在一起形成新的单一实体，操作对象既可以是相交的，也可以是分离开的。

【练习 19-13】并集操作。

打开资源包文件 "dwg\ 第 19 章 \19-13.dwg"，用 UNION 命令进行并运算。单击【实体编辑】面板上的 按钮或选取菜单命令【修改】/【实体编辑】/【并集】，AutoCAD 提示如下。

并集构建实体

```
命令：_union
选择对象：找到 2 个                    // 选择圆柱体及长方体，如图 19-30 左图所示
选择对象：                            // 按 Enter 键结束
```

结果如图 19-30 右图所示。

② 差集操作

SUBTRACT 命令能将实体构成的一个选择集从另一个选择集中减去。操作时，用户首先选择被减对象，构成第一个选择集，然后选择要减去的对象，构成第二个选择集，操作结果是第一个选择集减去第二个选择集后形成的新对象。

【练习 19-14】差集操作。

差集构建实体

打开资源包文件 "dwg\ 第 19 章 \19-14.dwg",用 SUBTRACT 命令进行差运算。单击【实体编辑】面板上的⚙按钮或选取菜单命令【修改】/【实体编辑】/【差集】,AutoCAD 提示如下。

命令:_subtract 选择要从中减去的实体、曲面和面域 ...

选择对象: 找到 1 个　　　　　　　　　　// 选择长方体,如图 19-31 左图所示

选择对象:　　　　　　　　　　　　　　// 按 Enter 键

选择要减去的实体、曲面和面域 ...

选择对象: 找到 1 个　　　　　　　　　　// 选择圆柱体

选择对象:　　　　　　　　　　　　　　// 按 Enter 键结束

结果如图 19-31 右图所示。

③ 交集操作

INTERSECT 命令可创建由两个或多个实体重叠部分构成的新实体。

【练习 19-15】交集操作

交集构建实体

打开资源包文件 "dwg\ 第 19 章 \19-15.dwg",用 INTERSECT 命令进行交运算。单击【实体编辑】面板上的⚙按钮或选取菜单命令【修改】/【实体编辑】/【交集】,AutoCAD 提示如下。

命令:_intersect

选择对象:　　　　　　　　　　　　　　// 选择圆柱体和长方体,如图 19-32 左图所示

选择对象:　　　　　　　　　　　　　　// 按 Enter 键

结果如图 19-32 右图所示。

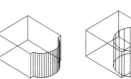
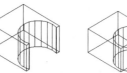

图 19-30　并集操作　　　　　图 19-31　差集操作　　　　　图 19-32　交集操作

【练习 19-16】通过绘制图 19-33 所示支撑架的实体模型,演示三维建模的过程。

绘制支撑架

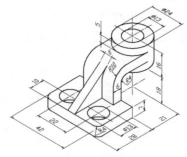

图 19-33　支撑架实体模型

(STEP01) 创建一个新图形。

(STEP02) 选择"视图"控件下拉菜单的【东南等轴测】选项,切换到东南轴测视图,在 xy 平面绘制底板的轮廓形状,并将其创建成面域,如图 19-34 所示。

STEP03 拉伸面域，形成底板的实体模型，结果如图 19-35 所示。

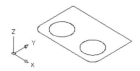

图 19-34 绘制底板的轮廓形状并创建面域

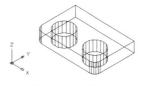

图 19-35 拉伸面域

STEP04 建立新的用户坐标系，在 xy 平面内绘制弯板及三角形筋板的二维轮廓，并将其创建成面域，如图 19-36 所示。

STEP05 拉伸面域 A、B，形成弯板及筋板的实体模型，结果如图 19-37 所示。

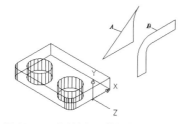

图 19-36 绘制弯板及筋板的二维轮廓等

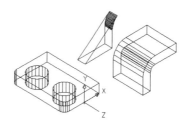

图 19-37 形成弯板及筋板的实体模型

STEP06 用 MOVE 命令将弯板及筋板移动到正确的位置，结果如图 19-38 所示。

STEP07 建立新的用户坐标系，如图 19-39 左图所示，再绘制两个圆柱体 A、B，如图 19-39 右图所示。

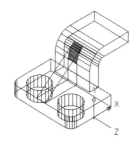

图 19-38 移动弯板及筋板

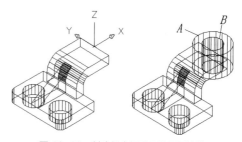

图 19-39 创建新坐标系及绘制圆柱体

STEP08 合并底板、弯板、筋板及大圆柱体，使其成为单一实体，然后从该实体中去除小圆柱体，结果如图 19-40 所示。

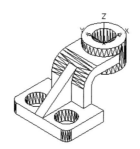

图 19-40 执行并运算及差运算

19.6 综合练习——实体建模

【练习 19-17】绘制如图 19-41 所示组合体的实体模型。先将组合体分解成简单实体的组成，分别创建这些实体，并移动到正确的位置，然后通过布尔运算形成完整立体。

实体建模（1）

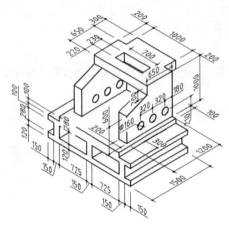

图 19-41　创建实体模型

(STEP01) 创建一个新图形文件。

(STEP02) 切换到东南轴测视图。将坐标系绕 x 轴旋转 90°，在 xy 平面画二维图形，再把此图形创建成面域，如图 19-42 左图所示。拉伸面域形成立体，如图 19-42 右图所示。

(STEP03) 将坐标系绕 y 轴旋转 90°，在 xy 平面画二维图形，再把此图形创建成面域，如图 19-43 左图所示。拉伸面域形成立体，如图 19-43 右图所示。

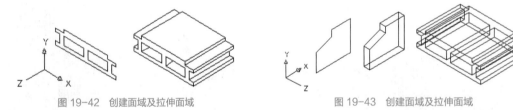

图 19-42　创建面域及拉伸面域　　　　　　　　　图 19-43　创建面域及拉伸面域

(STEP04) 用 MOVE 命令将新建立体移动到正确位置，再复制它，然后对所有立体执行"并"运算，如图 19-44 所示。

(STEP05) 创建 3 个圆柱体，圆柱体高度为 1600，如图 19-45 左图所示。利用"差"运算将圆柱体从模型中去除，如图 19-45 右图所示。

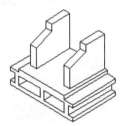
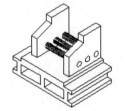
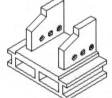

图 19-44　执行"并"运算　　　　　　　　　图 19-45　创建圆柱体及执行"差"运算

STEP06 返回世界坐标系，在 xy 平面画二维图形，再把此图形创建成面域，如图 19-46 左图所示。拉伸面域形成立体，如图 19-46 右图所示。

STEP07 用 MOVE 命令将新建立体移动到正确的位置，再对所有立体执行"并"运算，如图 19-47 所示。

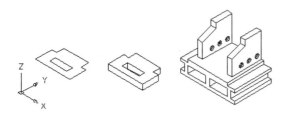

图 19-46 创建面域及拉伸面域

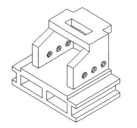

图 19-47 移动立体及执行"并"运算

【练习 19-18】绘制如图 19-48 所示立体的实体模型。

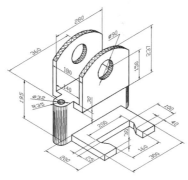

图 19-48 创建实体模型

实体建模（2）

STEP01 创建一个新图形。

STEP02 切换到东南轴测视图。在 xy 平面内绘制平面图形，并将其创建成面域，如图 19-49 左图所示。拉伸面域形成立体，如图 19-49 右图所示。

STEP03 利用拉伸面域的方法创建立体 A，如图 19-50 左图所示。用 MOVE 命令将立体 A 移动到正确的位置，执行"并"运算，结果如图 19-50 右图所示。

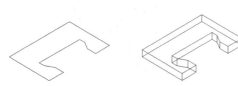

图 19-49 创建面域并拉伸面域

图 19-50 创建立体 A 并执行"并"运算

STEP04 创建新的坐标系，在 xy 平面内绘制平面图形 B，并将其创建成面域，如图 19-51 左图所示。拉伸面域形成立体 C，如图 19-51 右图所示。

STEP05 用 MOVE 命令将立体 C 移动到正确的位置，执行"并"运算，结果如图 19-52 所示。

图 19-51 创建立体 C

图 19-52 移动立体并执行"并"运算

STEP06 创建长立体并将其移动到正确的位置，如图 19-53 左图所示。执行"差"运算，将长方体从模型中去除，结果如图 19-53 右图所示。

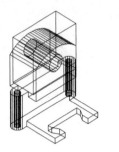
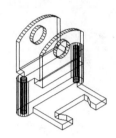

图 19-53 创建长立体并执行"差"运算

19.7 习题

1. 绘制图 19-54 所示立体的实心体模型。

2. 绘制图 19-55 所示立体的实心体模型。

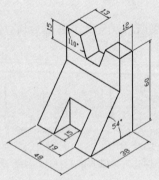

图 19-54 创建实心体模型（1）

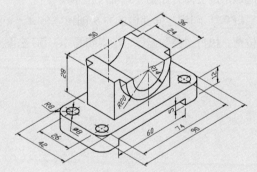

图 19-55 创建实心体模型（2）

3. 绘制图 19-56 所示立体的实心体模型。

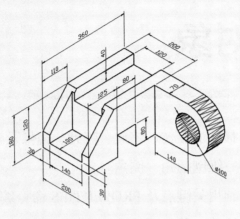

图 19-56　创建实心体模型（3）

4. 绘制图 19-57 所示立体的实心体模型。

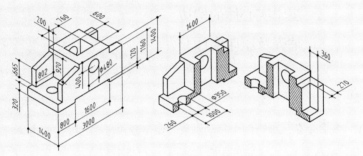

图 19-57　创建实心体模型（4）

第20章
编辑三维对象

主要内容

● 移动、旋转、缩放、阵列、镜像及对齐三维对象。

● 三维倒圆角、倒角。

● 利用关键点及 PROPERTIES 命令编辑三维对象。

● 拉伸、移动、偏移、旋转、锥化及复制面。

● 删除面及改变面的颜色。

● 编辑实心体的棱边。

● 抽壳及压印实体。

20.1 三维移动

用户可以使用 MOVE 命令在三维空间中移动对象，操作方式与在二维空间中一样，只不过当通过输入距离来移动对象时，必须输入沿 x、y、z 轴的距离值。

AutoCAD 提供了专门用来在三维空间中移动对象的命令 3DMOVE，该命令还能移动实体的面、边及顶点等子对象（按 Ctrl 键可选择子对象）。3DMOVE 命令的操作方式与 MOVE 命令类似，但前者使用起来更形象、直观。

命令启动方法

◎ 菜单命令：【修改】/【三维操作】/【三维移动】。

◎ 面板：【常用】选项卡中【修改】面板上的 ⊕ 按钮。

◎ 命令：3DMOVE 或简写 3M。

【练习 20-1】使用 3DMOVE 命令移动对象。

STEP01 打开资源包文件"dwg\ 第 20 章 \20-1.dwg"。

STEP02 进入三维建模空间，启动 3DMOVE 命令，将对象 A 由基点 B 移动到第二点 C，再通过输入距离的方式移动对象 D，移动距离为"40,-50"，结果如图 20-1 右图所示。

STEP03 重复命令，选择对象 E，按 Enter 键，AutoCAD 显示移动控件，该控件 3 个轴的方向与当前坐标轴的方向一致，如图 20-2 左图所示。

STEP04 将鼠标光标悬停在小控件的 y 轴上，直至其变为黄色并显示出移动辅助线，单击鼠标左键确认，物体的移动方向被约束到与轴的方向一致。

三维移动

STEP05 若将鼠标光标移动到两轴间的矩形边处，直至矩形变成黄色，则表明移动被限制在矩形所在的平面内。

STEP06 向左下方移动鼠标光标，物体随之移动，输入移动距离 50，结果如图 20-2 右图所示。也可通过单击一点来移动对象。

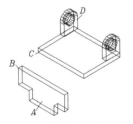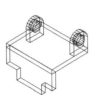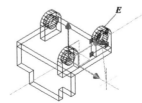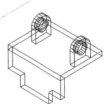

图 20-1 指定两点或距离移动对象   图 20-2 利用移动控件移动对象

若想沿任一方向移动对象，可按以下方式操作。

（1）将模型的显示方式切换为三维线框模式，启动 3DMOVE 命令，选择对象，AutoCAD 显示移动控件。

（2）用鼠标右键单击控件，利用快捷菜单上的相关命令调整控件的位置，使控件的 x 轴与移动方向重合。

（3）激活控件移动模式，移动模型。

20.2 三维旋转

使用 ROTATE 命令仅能使对象在 xy 平面内旋转，即旋转轴只能是 z 轴。ROTATE3D 及 3DROTATE 命令是 ROTATE 的 3D 版本，这两个命令能使对象在三维空间中绕任意轴旋转。此外，3DROTATE 命令还能旋转实体的表面（按住 Ctrl 键选择实体表面）。下面介绍这两个命令的用法。

❶ 命令启动方法

◎ **菜单命令**：【修改】/【三维操作】/【三维旋转】。

◎ **面板**：【常用】选项卡中【修改】面板上的 ⬚ 按钮。

◎ **命令**：3DROTATE 或简写 3R。

【练习 20-2】使用 3DROTATE 命令旋转对象。

STEP01 打开资源包文件"dwg\ 第 20 章 \20-2.dwg"。

STEP02 启动 3DROTATE 命令，选择要旋转的对象，按 Enter 键，AutoCAD 显示附着在鼠标光标上的旋转控件，如图 20-3 左图所示，该控件包含表示旋转方向的 3 个辅助圆。

STEP03 移动鼠标光标到 A 点，并捕捉该点，旋转控件就被放置在此点，如图 20-3 左图所示。

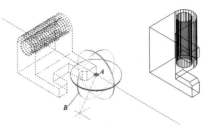

三维旋转

STEP04 将鼠标光标移动到圆 B 处，停住鼠标光标直至圆变为黄色，同时出现以圆为回转方向的回转轴，单击鼠标左键确认。回转轴与当前坐标系的坐标轴是平行的，且轴的正方向与坐标轴正方向一致。

图 20-3 旋转对象

STEP05 将光标向旋转的一侧移动，系统显示旋转方向，输入回转角度值 90°，结果如图 20-3 右图所示。

使用 3DROTATE 命令时，控件回转轴与世界坐标系的坐标轴是平行的。若想指定某条线段为旋转轴，应先将 UCS 坐标系的某一轴与线段重合，然后设定旋转控件与 UCS 坐标系对齐，并将控件放置在线段端点处，这样，就使得旋转轴与线段重合了。

可以使用关键点编辑方式使 UCS 坐标系的某一轴与线段重合，或采用 UCS 命令的"z 轴"选项使 z 轴与线段对齐。此时，若 z 轴作为旋转轴，用户可用二维编辑命令 ROTATE 旋转三维对象。

ROTATE3D 命令没有提供指示回转方向的辅助工具，但使用此命令时，可通过拾取两点来设置回转轴。

【练习 20-3】使用 ROTATE3D 命令旋转对象。

打开资源包文件"dwg\ 第 20 章 \20-3.dwg"，用 ROTATE3D 命令旋转三维对象（见图 20-4 左图）。

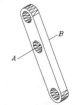

旋转 3D 对象

命令：_rotate3d

选择对象：找到 1 个　　　　　　　// 选择要旋转的对象

选择对象：　　　　　　　　　　　// 按 Enter 键

指定轴上的第一个点或定义轴依据 [对象 (O)/ 最近的 (L)/ 视图 (V)/X 轴 (X)/Y 轴 (Y)/Z 轴 (Z)/ 两点 (2)]:
　　　　　　　　　　　　　　　// 指定旋转轴上的第一点 A，如图 20-4 右图所示

指定轴上的第二点：　　　　　　// 指定旋转轴上的第二点 B

指定旋转角度或 [参照 (R)]: 60　// 输入旋转的角度值

结果如图 20-4 右图所示。

❷ 命令选项

◎ **对象 (O)**: AutoCAD 根据选择的对象来设置旋转轴。如果用户选择直线，则该直线就是旋转轴，而且旋转轴的正方向是从选择点开始指向远离选择点的那一端。若选择了圆或圆弧，则旋转轴通过圆心并与圆或圆弧所在的平面垂直。

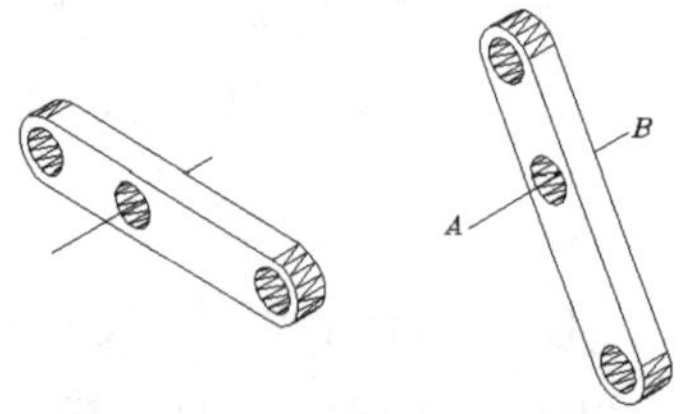

图 20-4　旋转对象

◎ **最近的 (L)**: 该选项将上一次使用 ROTATE3D 命令时定义的轴作为当前旋转轴。

◎ **视图 (V)**: 旋转轴垂直于当前视区，并通过用户的选取点。

◎ **X 轴 (X)**: 旋转轴平行于 x 轴，并通过用户的选取点。

◎ **Y 轴 (Y)**: 旋转轴平行于 y 轴，并通过用户的选取点。

◎ **Z 轴 (Z)**: 旋转轴平行于 z 轴，并通过用户的选取点。

◎ **两点 (2)**: 通过指定两点来设置旋转轴。

◎ **指定旋转角度**: 输入正的或负的旋转角，角度正方向由右手螺旋法则确定。

◎ **参照 (R)**: 选取该选项后，AutoCAD 将提示"指定参照角 <0>:"，输入参考角度值或拾取两点指定参考角度，当 AutoCAD 继续提示"指定新角度"时，再输入新的角度值或拾取另外两点指定新参考角，新角度减去初始参考角就是实际旋转角度。常用"参照 (R)"选项将三维对象从最初位置旋转到与某一方向对齐的另一位置。

要点提示　使用 ROTATE3D 命令的"参照 (R)"选项时，如果是通过拾取两点来指定参考角度，一般要使 UCS 平面垂直于旋转轴，并且应在 xy 平面或与 xy 平面平行的平面内选择点。

使用 ROTATE3D 命令时，用户应注意确定旋转轴的正方向。当旋转轴平行于坐标轴时，坐标轴的方向就是旋转轴的正方向；若用户通过两点来指定旋转轴，那么轴的正方向是从第一个选取点指向第二个选取点。

20.3　三维缩放

二维对象缩放命令 SCALE 也可缩放三维对象，但只能进行整体缩放。3DSCALE 命令是 SCALE 的 3D 版本，用法与二维缩放命令类似，只是在操作过程中需用户指定缩放轴。对于三维网格模型及其子对象，该命令可以分别沿 1 个、2 个或 3 个坐标轴方向进行缩放；对于三维实体、曲面模型及其子对象（面、边），则只能整体缩放。

使用 3DSCALE 命令时，系统将显示缩放小控件，控件的用法参见 18.4.3 小节。

命令启动方法

◎ **面板**：【常用】选项卡中【修改】面板上的 ⚟ 按钮。

◎ **命令**：3DSCALE。

20.4　三维阵列

3DARRAY 命令是二维 ARRAY 命令的 3D 版本，通过该命令，用户可以在三维空间中创建对象的矩形阵列或环形阵列。利用二维阵列命令阵列三维对象的操作过程参见 4.2 节，此时，需输入层数、层高或是指定旋转轴。

命令启动方法

◎ **菜单命令**：【修改】/【三维操作】/【三维阵列】。

◎ **命令**：3DARRAY。

【练习 20-4】 使用 3DARRAY 命令陈列对象。

打开资源包文件 "dwg\ 第 20 章 \20-4.dwg"，用 3DARRAY 命令创建矩形及环形阵列。

三维阵列

```
命令：_3darray
选择对象：找到 1 个                          // 选择要阵列的对象，如图 20-5 所示
选择对象：                                   // 按 Enter 键
输入阵列类型 [ 矩形 (R)/ 环形 (P)] < 矩形 >:  // 指定矩形阵列
输入行数 (−−−) <1>: 2                        // 输入行数，行的方向平行于 x 轴
输入列数 (|||) <1>: 3                         // 输入列数，列的方向平行于 y 轴
输入层数 (...) <1>: 3                         // 指定层数，层数表示沿 z 轴方向的分布数目
指定行间距 (−−−): 50                          // 输入行间距，如果输入负值，阵列方向将沿 x 轴反方向
指定列间距 (|||): 80                          // 输入列间距，如果输入负值，阵列方向将沿 y 轴反方向
指定层间距 (...): 120                         // 输入层间距，如果输入负值，阵列方向将沿 z 轴反方向
```

启动 HIDE 命令，结果如图 20-5 所示。

如果选取 "环形 (P)" 选项，就能建立环形阵列，AutoCAD 提示如下。

```
输入阵列中的项目数目：6                       // 输入环形阵列的数目
指定要填充的角度 (+= 逆时针 , −= 顺时针 ) <360>:
                        // 输入环行阵列的角度值，可以输入正值或负值，角度正方向由右手螺旋法则确定
旋转阵列对象？ [ 是 (Y)/ 否 (N)]< 是 >:       // 按 Enter 键，则阵列的同时还旋转对象
指定阵列的中心点：                           // 指定旋转轴的第一点 A，如图 20-6 所示
指定旋转轴上的第二点：                        // 指定旋转轴的第二点 B
```

启动 HIDE 命令，结果如图 20-6 所示。

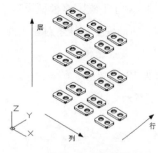

图 20-5　矩形阵列

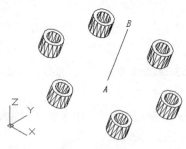

图 20-6　环形阵列

旋转轴的正方向是从第一个指定点指向第二个指定点，沿该方向伸出大拇指，则其他 4 个手指的弯曲方向就是旋转角的正方向。

20.5　三维镜像

如果镜像线是当前 UCS 平面内的直线，则使用常见的 MIRROR 命令就可进行三维对象的镜像复制。但若想以某个平面作为镜像平面来创建三维对象的镜像复制，就必须使用 MIRROR3D 命令。图 20-7 所示，把 A、B、C 点定义的平面作为镜像平面，对实体进行镜像。

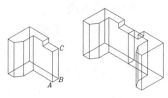

图 20-7　三维镜像

❶ 命令启动方法

◎ **菜单命令:**【修改】/【三维操作】/【三维镜像】。

◎ **面板:**【常用】选项卡中【修改】面板上的 ⌗ 按钮。

◎ **命令:** MIRROR3D。

三维镜像

【练习 20-5】使用 MIRROR3D 命令镜像对象。

打开资源包文件"dwg\ 第 20 章 \20-5.dwg"，用 MIRROR3D 命令创建对象的三维镜像。

命令：_mirror3d

选择对象：找到 1 个　　　　　　　　　// 选择要镜像的对象

选择对象：　　　　　　　　　　　　　// 按 Enter 键

指定镜像平面 (三点) 的第一个点或 [对象 (O)/ 最近的 (L)/Z 轴 (Z)/ 视图 (V)/XY 平面 (XY)/YZ 平面 (YZ)/ZX 平面 (ZX)/ 三点 (3)]< 三点 >:　　// 利用 3 点指定镜像平面，捕捉第一点 A，如图 20-7 左图所示

在镜像平面上指定第二点：　　　　// 捕捉第二点 B

在镜像平面上指定第三点：　　　　// 捕捉第三点 C

是否删除源对象？ [是 (Y)/ 否 (N)] < 否 >:　　// 按 Enter 键不删除源对象

结果如图 20-7 右图所示。

❷ 命令选项

◎ **对象（O）:** 以圆、圆弧、椭圆及二维多段线等二维对象所在的平面作为镜像平面。

◎ **最近的（L）:** 该选项指定上一次 MIRROR3D 命令使用的镜像平面作为当前镜像面。

◎ **Z 轴（Z）:** 用户在三维空间中指定两个点，镜像平面将垂直于两点的连线，并通过第一个选取点。

◎ **视图（V）:** 镜像平面平行于当前视区，并通过用户的拾取点。

◎ XY 平面（XY）、YZ 平面（YZ）、ZX 平面（ZX）: 镜像平面平行于 *xy*、*yz* 或 *zx* 平面，并通过用户的拾取点。

20.6　三维对齐

3DALIGN 命令在三维建模中非常有用，通过该命令，用户可以指定源对象与目标对象的对齐点，从而使源对象的位置与目标对象的位置对齐。例如，用户利用 3DALIGN 命令让对象 *M*（源对象）某一平面上的 3 点与对象 *N*（目标对象）某一平面上的 3 点对齐，操作完成后，*M*、*N* 两对象将重合在一起，如图 20-8 所示。

图 20-8　三维对齐

命令启动方法

◎ **菜单命令**:【修改】/【三维操作】/【三维对齐】。

◎ **面板**:【常用】选项卡中【修改】面板上的 按钮。

◎ **命令**: 3DALIGN 或简写 3AL。

【练习 20-6】在三维空间应用 3DALIGN 命令对齐对象。

打开资源包文件 "dwg\ 第 20 章 \20-6.dwg"，用 3DALIGN 命令对齐三维对象。

命令 : _3dalign	
选择对象 : 找到 1 个	// 选择要对齐的对象
选择对象 :	// 按 Enter 键
指定基点或 [复制 (C)]:	// 捕捉源对象上的第一点 *A*，如图 20-8 左图所示
指定第二个点或 [继续 (C)] <C>:	// 捕捉源对象上的第二点 *B*
指定第三个点或 [继续 (C)] <C>:	// 捕捉源对象上的第三点 *C*
指定第一个目标点 :	// 捕捉目标对象上的第一点 *D*
指定第二个目标点或 [退出 (X)] <X>:	// 捕捉目标对象上的第二点 *E*
指定第三个目标点或 [退出 (X)] <X>:	// 捕捉目标对象上的第三点 *F*

结果如图 20-8 右图所示。

使用 3DALIGN 命令时，用户不必指定所有的 3 对对齐点。下面说明提供不同数量的对齐点时，AutoCAD 如何移动源对象。

◎ 如果仅指定一对对齐点，那么 AutoCAD 就把源对象由第一个源点移动到第一个目标点处。

◎ 若指定两对对齐点，则 AutoCAD 移动源对象后，将使两个源点的连线与两个目标点的连线重合，并让第一个源点与第一个目标点也重合。

◎ 如果用户指定 3 对对齐点，那么命令结束后，3 个源点定义的平面将与 3 个目标点定义的平面重合在一起。选择的第一个源点要移动到第一个目标点的位置，前两个源点的连线与前两个目标点的连线重合。第 3 个目标点的选取顺序若与第 3 个源点的选取顺序一致，则两个对象平行对齐，否则是相对对齐。

20.7　三维倒圆角

FILLET 命令可以给实心体的棱边倒圆角，该命令对表面模型不适用。在三维空间中使用此命令与在二维空间中使用有所不同，用户不必事先设定倒角的半径值，AutoCAD 会提示用户进行设定。

1 命令启动方法

◎ 菜单命令:【修改】/【圆角】。

◎ 面板:【常用】选项卡中【修改】面板上的 按钮。

◎ 命令:FILLET 或简写 F。

倒圆角的另一个命令是 FILLETEDGE,其用法与 FILLET 命令类似。单击【实体】选项卡【编辑】面板上的 按钮,启动该命令,选择要倒圆角的多条边,再设定圆角半径即可。操作时,该命令会显示圆角半径关键点,拖动关键点改变半径值,系统立刻显示圆角效果。

【练习 20-7】在三维空间使用 FILLET 命令倒圆角。

打开资源包文件 "dwg\ 第 20 章 \20-7.dwg",用 FILLET 命令给三维对象倒圆角。

命令:_fillet

选择第一个对象或 [放弃 (U)/ 多段线 (P)/ 半径 (R)/ 修剪 (T)/ 多个 (M)]:

// 选择棱边 *A*,如图 20-9 左图所示

输入圆角半径或 [表达式 (E)]<10.0000>:15　　　// 输入圆角半径

选择边或 [链 (C)/ 环 (L)/ 半径 (R)]:　　　　　// 选择棱边 *B*

选择边或 [链 (C)/ 环 (L)/ 半径 (R)]:　　　　　// 选择棱边 *C*

选择边或 [链 (C)/ 环 (L)/ 半径 (R)]:　　　　　// 按 Enter 键结束

结果如图 20-9 右图所示。

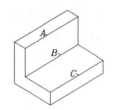

图 20-9　倒圆角

 要点提示　　对交于一点的几条棱边倒圆角时,若各边圆角半径相等,则在交点处产生光滑的球面过渡。

2 命令选项

◎ 选择边:可以连续选择实体的倒角边。

◎ 链 (C):如果各棱边是相切的关系,则选择其中一个边,所有这些棱边都将被选中。

◎ 环 (L):该选项使用户可以一次选中基面内的所有棱边。

◎ 半径 (R):该选项使用户可以为随后选择的棱边重新设定圆角半径。

20.8　三维倒角

倒角命令 CHAMFER 只能用于实体,而对表面模型不适用。在对三维对象应用此命令时,AutoCAD 的提示顺序与二维对象倒角时不同。

1 命令启动方法

◎ 菜单命令:【修改】/【倒角】。

◎ **面板**:【常用】选项卡中【修改】面板上的▱按钮。

◎ **命令**: CHAMFER 或简写 CHA。

倒角的另一个命令是 CHAMFEREDGE，其用法与 CHAMFER 命令类似。单击【实体】选项卡【编辑】面板上的▱按钮，启动该命令，选择同一面内要倒角的多条边，再设定基面及另一面内的倒角距离即可。操作时，该命令会在基面及另一面内显示倒角关键点，拖动关键点改变倒角距离值，系统立刻显示倒角效果。

【练习 20-8】在三维空间应用 CHAMFER 命令倒角。

打开资源包文件"dwg\ 第 20 章 \20-8.dwg"，用 CHAMFER 命令给三维对象倒角。

　　命令 : _chamfer

　　选择第一条直线或 [放弃 (U)/ 多段线 (P)/ 距离 (D)/ 角度 (A)/ 修剪 (T)/ 方式 (E)/ 多个 (M)]: 　　　　　　　　　　　　// 选择棱边 E，如图 20-10 左图所示

　　基面选择 ... 　　　　　　　　　　　// 平面 A 高亮显示

　　输入曲面选择选项 [下一个 (N)/ 当前 (OK)] < 当前 >: n

　　　　　　　　　　　　　　　　　// 利用"下一个 (N)"选项指定平面 B 为倒角基面

　　输入曲面选择选项 [下一个 (N)/ 当前 (OK)] < 当前 >: // 按 Enter 键

　　指定基面倒角距离或 [表达式 (E)]: 15 　// 输入基面内的倒角距离

　　指定其他曲面倒角距离或 [表达式 (E)] 10 　// 输入另一平面内的倒角距离

　　选择边或 [环 (L)]: 　　　　　　　　// 选择棱边 E

　　选择边或 [环 (L)]: 　　　　　　　　// 选择棱边 F

　　选择边或 [环 (L)]: 　　　　　　　　// 选择棱边 G

　　选择边或 [环 (L)]: 　　　　　　　　// 选择棱边 H

　　选择边或 [环 (L)]: 　　　　　　　　// 按 Enter 键结束

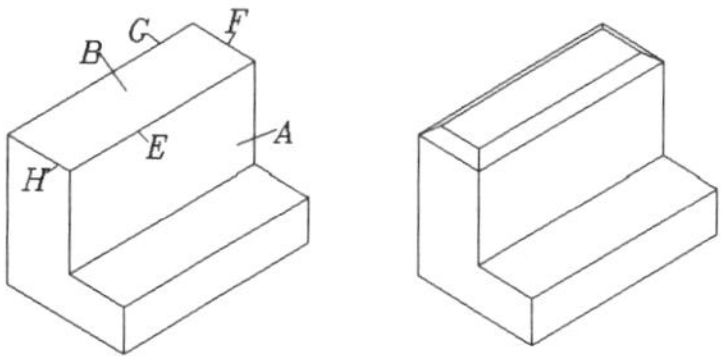

结果如图 20-10 右图所示。

图 20-10　三维倒角

实体的棱边是两个面的交线，当第一次选择棱边时，AutoCAD 将高亮显示其中一个面，这个面代表倒角基面，用户也可以通过"下一个 (N)"选项使另一个表面成为倒角基面。

❷ **命令选项**

◎ **选择边**:选择基面内要倒角的棱边。

◎ **环 (L)**:该选项使用户可以一次选中基面内的所有棱边。

20.9　利用关键点及 PR 命令编辑三维对象及复合实体

选中三维实体或曲面，三维对象上将出现关键点，关键点的形状有实心矩形及实心箭头，如图 20-11 所示。实心矩形一般位于三维对象的顶点处，实心箭头出现在面上或棱边上。选中箭头并移动鼠标光标可调整对象的尺寸，选中实心矩形并移动鼠标光标可改变顶点的位置。

若当前视觉样式不是"二维线框"模式，则显示对象关键点的同时，AutoCAD 还将显示移动小控件，如图 20-11 所示。该控件具有 3 个轴，各轴与当前坐标系 x、y、z 轴的方向一致。用户可将其移动到三维空间的任何位置，形象地表明移动方向。单击控件中心框，将其放置在要编辑的关键点处，再单击某一轴，指定要移动的方向，输入移动距离或指定移动的终点，完成操作。在移动过程中，按空格键或 Enter 键可切换到旋转及缩放模式，同时显现旋转及缩放控件。

对于实体和曲面，PROPERTIES 命令（简称 PR）一般可以显示这些对象的重要几何尺寸，修改这些尺寸，就可使三维对象的形状按尺寸数值改变。因此，在三维建模过程中，用户可先利用关键点对三维对象的形状进行粗略修改，使其与预想形状大致符合，最后用 PR 命令将主要尺寸调整成精确值。

实体间经布尔运算形成的新实体为复合实体，其包含的原始实体称为子对象，这些子对象可以被记录。单击【实体】选项卡【图元】面板上的 按钮，然后创建原始实体并进行布尔运算，则系统将保留新建实体的历史记录。

利用 PR 命令可以显示原始实体，如图 20-12 所示。启动 PR 命令，选择复合实体，设定"显示历史记录"为"是"，使复合实体中的子对象成为可见，之后按住 Ctrl 键选择其中之一，再利用关键点、小控件或 PR 命令编辑子对象，复合实体的形状就会随之发生变化。

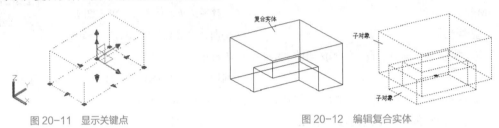

图 20-11　显示关键点　　　　　图 20-12　编辑复合实体

20.10　操作三维实体的子对象

子对象是指实体的面、边及顶点，对于由布尔运算形成的复合实体，构成它的每个原始实体也是子对象。按住 Ctrl 键选择面、边或顶点，就能选取它们，被选择的子对象上将出现相应关键点，关键点的形状随所选对象的不同而不同，如图 20-13 左图所示。用户可以在同一实体上或几个实体上选取多个子对象构成选择集，若要将某一子对象从选择集中去除，按住 Shift 键并选择该子对象即可。

打开系统的"实体历史记录"功能，创建两个长方体，并进行差运算形成复合实体，如图 20-13 中图所示。按住 Ctrl 键选择 A 边将显示复合实体中的一个原始实体，按住 Ctrl 键利用交叉窗口选中 B 边，则构成复合实体的所有原始实体被选中并显示出来，如图 20-13 右图所示。选中子对象后，子对象上出现关键点，再选中关键点，进入拉伸模式，移动鼠标光标即可改变子对象的位置。

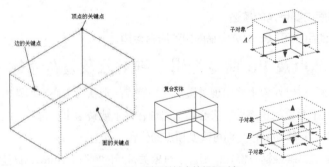

图 20-13　利用关键点编辑子对象

若是在三维视觉样式模式下，被选中的子对象上将出现小控件，利用小控件编辑模式可以移动、旋转子对象，详见 18.4 节。

在移动及旋转实体表面时，默认情况下，面的大小保持不变。若在此编辑过程中，按一次 Ctrl 键，则与被编辑面相邻的实体面的倾斜角度保持不变，而面的大小往往要发生变化。比如，旋转长方体的顶面时，按一次 Ctrl 键旋转后，顶面的大小发生变化，但顶面仍与 4 个侧面垂直。

20.11 编辑实心体的面、边、体

用户除了可对实体进行倒角、阵列、镜像及旋转等操作外，还能利用 SOLIDEDIT 命令编辑实体模型的表面、棱边及体，该命令的编辑功能概括如下。

（1）对于面的编辑，提供了拉伸、移动、旋转、倾斜、复制和改变颜色等选项。

（2）边编辑选项使用户可以改变实体棱边的颜色，或复制棱边以形成新的线框对象。

（3）体编辑选项允许用户把一个几何对象"压印"在三维实体上，另外，还可以拆分实体或对实体进行抽壳操作。

SOLIDEDIT 命令的所有编辑功能都包含在【常用】选项卡【实体编辑】面板上，表 20-1 中列出了面板上各按钮的功能。

表 20-1　【实体编辑】面板上按钮的功能

按钮	按钮功能	按钮	按钮功能
	"并"运算		将实体的表面复制成新的图形对象
	"差"运算		将实体的某个面修改为特殊的颜色，以增强着色效果或便于根据颜色附着材质
	"交"运算		把实体的棱边复制成直线、圆、圆弧及样条线等
	根据指定的距离拉伸实体表面或将面沿某条路径进行拉伸		改变实体棱边的颜色。将棱边改变为特殊的颜色后就能增加着色效果
	移动实体表面。例如，可以将孔从一个位置移到另一个位置		把圆、直线、多段线及样条曲线等对象压印在三维实体上，使其成为实体的一部分。被压印的对象将分割实体表面
	偏移实体表面。例如，可以将孔表面向内偏移以减小孔的尺寸		将实体中多余的棱边、顶点等对象去除。例如，可通过此按钮清除实体上压印的几何对象
	删除实体表面。例如，可以删除实体上的孔或圆角		将体积不连续的单一实体分成几个相互独立的三维实体
	将实体表面绕指定轴旋转		将一个实心体模型创建成一个空心的薄壳体
	按指定的角度倾斜三维实体上的面		检查对象是否是有效的三维实体对象

20.11.1 拉伸面

AutoCAD 可以根据指定的距离拉伸面或将面沿某条路径进行拉伸，拉伸时，如果是输入拉伸距离值，那么还可输入锥角，这样将使拉伸所形成的实体锥化。图 20-14 所示的是将实体面按指定的距离、锥角及沿路径进行拉伸的结果。

当用户输入距离值来拉伸面时，面将沿其法线方向移动。若指定路径进行拉伸，则 AutoCAD 形成拉伸实体的方式会依据不同性质的路径（如直线、多段线、圆弧和样条线等）而各有特点。

【练习 20-9】拉伸面。

(STEP01) 打开资源包文件"dwg\ 第 20 章 \20-9.dwg"，利用 SOLIDEDIT 命令拉伸实体表面。

(STEP02) 单击【实体编辑】面板上的 按钮，AutoCAD 主要提示如下。

命令：_solidedit

选择面或 [放弃 (U)/ 删除 (R)]: 找到一个面　　// 选择实体表面 A，如图 20-14 左

拉伸面

上图所示

选择面或 [放弃 (U)/ 删除 (R)/ 全部 (ALL)]:	// 按 Enter 键
指定拉伸高度或 [路径 (P)]: 50	// 输入拉伸的距离
指定拉伸的倾斜角度 <0>: 5	// 指定拉伸的锥角

结果如图 20-14 右上图所示。

选择要拉伸的实体表面后，AutoCAD 提示"指定拉伸高度或 [路径 (P)]:"，各选项的功能介绍如下。

◎ **指定拉伸高度**: 输入拉伸距离及锥角来拉伸面。对于每个面规定其外法线方向是正方向，当输入的拉伸距离是正值时，面将沿其外法线方向移动；反之，将向相反方向移动。在指定拉伸距离后，AutoCAD 会提示输入锥角，若输入正的锥角值，则将使面向实体内部锥化；反之，将使面向实体外部锥化，如图 20-15 所示。

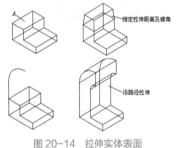

图 20-14　拉伸实体表面

正锥角　　　负锥角

图 20-15　拉伸并锥化面

要点提示　　如果用户指定的拉伸距离及锥角都较大，则可能使面在到达指定的高度前已缩小成为一个点，这时 AutoCAD 将提示拉伸操作失败。

◎ **路径**: 沿着一条指定的路径拉伸实体表面。拉伸路径可以是直线、圆弧、多段线及二维样条线等，作为路径的对象不能与要拉伸的表面共面，也应避免路径曲线的某些局部区域有较高的曲率，否则，可能使新形成的实体在路径曲率较高处出现自相交的情况，从而导致拉伸失败。

拉伸路径的一个端点一般应在要拉伸的面内，否则，AutoCAD 将把路径移动到面轮廓的中心。拉伸面时，面从初始位置开始沿路径运动，直至路径终点结束，在终点位置被拉伸的面与路径是垂直的。

如果拉伸的路径是二维样条曲线，拉伸完成后，在路径起始点和终止点处，被拉伸的面都将与路径垂直。若路径中相邻两条线段是非平滑过渡的，则 AutoCAD 沿着每一线段拉伸面后，将把相邻两段实体缝合在其夹角的平分处。

要点提示　　用户可用 PEDIT 命令的"合并 (J)"选项将当前 UCS 平面内的连续几段线条连接成多段线，这样就可以将其定义为拉伸路径了。

20.11.2　移动面

用户可以通过移动面来修改实体尺寸或改变某些特征（如孔、槽等）的位置，如图 20-16 所示，将实体的顶面 *A* 向上移动，并把孔 *B* 移动到新的地方。用户可以通过对象捕捉或输入位移值来精确地调整面的位置，AutoCAD 在移动面的过程中将保持面的法线方向不变。

【练习 20-10】移动面。

STEP01 打开资源包文件"dwg\第 20 章 \20-10.dwg",利用 SOLIDEDIT 命令移动实体表面。

STEP02 单击【实体编辑】面板上的 按钮,AutoCAD 主要提示如下。

命令 : _solidedit

选择面或 [放弃 (U)/ 删除 (R)]: 找到一个面　　// 选择孔的表面 *B*,如图 20-16
　　　　　　　　　　　　　　　　　　　　// 左图所示

选择面或 [放弃 (U)/ 删除 (R)/ 全部 (ALL)]:　// 按 Enter 键

指定基点或位移 : 0,70,0　　　　　　　// 输入沿坐标轴移动的距离

指定位移的第二点 :　　　　　　　　　// 按 Enter 键

结果如图 20-16 右图所示。

如果指定了两点,AutoCAD 就根据两点定义的矢量来确定移动的距离和方向。若在提示"指定基点或位移"时,输入一个点的坐标,当提示"指定位移的第二点"时,按 Enter 键,AutoCAD 将根据输入的坐标值把选定的面沿着面法线方向移动。

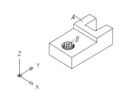

图 20-16　移动面

20.11.3　偏移面

对于三维实体,用户可通过偏移面来改变实体及孔、槽等特征的大小,进行偏移操作时,可以直接输入数值或拾取两点来指定偏移的距离,随后 AutoCAD 根据偏移距离沿表面的法线方向移动面。如图 20-17 所示,把顶面 *A* 向下偏移,再将孔的内表面向外偏移,输入正的偏移距离,将使表面向其外法线方向移动;反之,被编辑的面将向相反的方向移动。

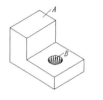

图 20-17　偏移面

【练习 20-11】偏移面。

STEP01 打开资源包文件"dwg\第 20 章 \20-11.dwg",利用 SOLIDEDIT 命令偏移实体表面。

STEP02 单击【实体编辑】面板上的 按钮,AutoCAD 主要提示如下。

命令 : _solidedit

选择面或 [放弃 (U)/ 删除 (R)]: 找到一个面　　// 选择圆孔表面 *B*,如图 20-17 左图所示

选择面或 [放弃 (U)/ 删除 (R)/ 全部 (ALL)]:　// 按 Enter 键

指定偏移距离 : -20　　　　　　　　　　// 输入偏移距离

结果如图 20-17 右图所示。

20.11.4　旋转面

用户通过旋转实体的表面就可改变面的倾斜角度,或者将一些结构特征(如孔、槽等)旋转到新的方位。图 20-18 所示,将面 *A* 的倾斜角修改为120°,并把槽旋转 90°。

在旋转面时,用户可通过拾取两点,选择某条直线或设定旋转轴平行于

图 20-18　旋转面

433

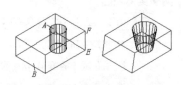

坐标轴等方法来指定旋转轴，另外，应注意确定旋转轴的正方向。

【练习 20-12】旋转面。

STEP01 打开资源包文件"dwg\ 第 20 章 \20-12.dwg"，利用 SOLIDEDIT 命令旋转实体表面。

STEP02 单击【实体编辑】面板上的 按钮，AutoCAD 主要提示如下。

```
命令 : _solidedit
选择面或 [ 放弃 (U)/ 删除 (R)]: 找到一个面        // 选择表面 A，如图 20-18 左图所示
选择面或 [ 放弃 (U)/ 删除 (R)/ 全部 (ALL)]:       // 按 Enter 键
指定轴点或 [ 经过对象的轴 (A)/ 视图 (V)/X 轴 (X)/Y 轴 (Y)/Z 轴 (Z)] < 两点 >:
                                                // 捕捉旋转轴上的第一点 D
在旋转轴上指定第二个点 :                         // 捕捉旋转轴上的第二点 E
指定旋转角度或 [ 参照 (R)]: –30                   // 输入旋转角度
```

结果如图 20-18 右图所示。

选择要旋转的实体表面后，AutoCAD 提示"指定轴点或 [经过对象的轴 (A)/ 视图 (V)/X 轴 (X)/Y 轴 (Y)/Z 轴 (Z)] < 两点 >:"，各选项的功能如下。

◎ **两点**: 指定两点来确定旋转轴，轴的正方向由第一个选择点指向第二个选择点。

◎ **经过对象的轴（A）**: 通过图形对象来定义旋转轴。若选择直线，则所选直线即是旋转轴。若选择圆或圆弧，则旋转轴通过圆心且垂直于圆或圆弧所在的平面。

◎ **视图（V）**: 旋转轴垂直于当前视图，并通过拾取点。

◎ **X 轴（X）、Y 轴（Y）、Z 轴（Z）**: 旋转轴平行于 x、y 或 z 轴，并通过拾取点。旋转轴的正方向与坐标轴的正方向一致。

◎ **指定旋转角度**: 输入正的或负的旋转角，旋转角的正方向由右手螺旋法则确定。

◎ **参照（R）**: 该选项允许用户指定旋转的起始参考角和终止参考角，这两个角度的差值就是实际的旋转角，此选项常用来使表面从当前的位置旋转到另一指定的方位。

20.11.5 锥化面

用户可以沿指定的矢量方向使实体表面产生锥度，如图 20-19 所示，选择圆柱表面 A 使其沿矢量 EF 方向锥化，结果圆柱面变为圆锥面。如果选择实体的某一平面进行锥化操作，则将使该平面倾斜一个角度，如图 20-19 所示。

进行面的锥化操作时，其倾斜方向由锥角的正负号及定义矢量时的基点决定。若输入正的锥度值，则将已定义的矢量绕基点向实体内部倾斜；反之，向实体外部倾斜。矢量的倾斜方式表明了被编辑表面的倾斜方式。

图 20-19 锥化面

【练习 20-13】锥化面。

STEP01 打开资源包文件"dwg\ 第 20 章 \20-13.dwg"，利用 SOLIDEDIT 命令使实体表面锥化。

STEP02 单击【实体编辑】面板上的 按钮，AutoCAD 主要提示如下。

```
选择面或 [ 放弃 (U)/ 删除 (R)]: 找到一个面        // 选择圆柱面 A，如图 20-19 左图所示
选择面或 [ 放弃 (U)/ 删除 (R)/ 全部 (ALL)]: 找到一个面    // 选择平面 B
```

选择面或 [放弃 (U)/ 删除 (R)/ 全部 (ALL)]:	// 按 Enter 键
指定基点 :	// 捕捉端点 E
指定沿倾斜轴的另一个点 :	// 捕捉端点 F
指定倾斜角度 : 10	// 输入倾斜角度

结果如图 20-19 右图所示。

20.11.6　复制面

利用 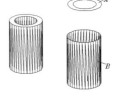 工具用户可以将实体的表面复制成新的图形对象，该对象是面域或程序曲面。如图 20-20 所示，复制圆柱的顶面及侧面，生成的新对象 A 是面域，而对象 B 是程序曲面。复制实体表面的操作过程与移动面的操作过程类似。

图 20-20　复制表面

若把实体表面复制成面域，就可拉伸面域形成新的实体。

20.11.7　删除面及改变面的颜色

用户可删除实体表面及改变面的颜色。

◎ 按钮：删除实体上的表面，包括圆孔面、倒圆角和倒角时形成的面等。
◎ 按钮：将实体的某个面修改为特殊的颜色，以增强着色效果。

20.11.8　编辑实心体的棱边

对于实心体模型，用户可以复制其棱边或改变某一棱边的颜色。

◎ 按钮：把实心体的棱边复制成直线、圆、圆弧及样条线等。图 20-21 所示，将实体的棱边 A 复制成圆，复制棱边时，操作方法与常用的 COPY 命令类似。

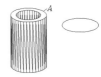

图 20-21　复制棱边

◎ 按钮：利用此按钮用户可以改变棱边的颜色。将棱边改变为特殊的颜色后，就能增加着色效果。

通过复制棱边的功能，用户就能获得实体的结构特征信息，如孔、槽等特征的轮廓线框，然后可利用这些信息生成新实体。

20.11.9　抽壳

用户可以利用抽壳的方法将一个实心体模型创建成一个空心的薄壳。在使用抽壳功能时，用户要先指定壳体的厚度，然后 AutoCAD 把现有的实体表面偏移指定的厚度值，以形成新的表面，这样，原来的实体就变为一个薄壳体。如果指定正的厚度值，AutoCAD 就在实体内部创建新面；反之，在实体的外部创建新面。另外，在抽壳操作过程中用户还能将实体的某些面去除，以形成薄壳体的开口，图 20-22 所示为把实体进行抽壳并去除其顶面的结果。

图 20-22　抽壳

【练习 20-14】抽壳。

STEP01　打开资源包文件 "dwg\ 第 20 章 \20-14.dwg"，利用 SOLIDEDIT 命令创建一个薄壳体。

抽壳

STEP02 单击【实体编辑】面板上的 按钮，AutoCAD 主要提示如下。

选择三维实体：	// 选择要抽壳的对象
删除面或 [放弃 (U)/ 添加 (A)/ 全部 (ALL)]: 找到一个面，已删除 1 个	
	// 选择要删除的表面 A，如图 20-22 左图所示
删除面或 [放弃 (U)/ 添加 (A)/ 全部 (ALL)]:	// 按 Enter 键
输入抽壳偏移距离：10	// 输入壳体厚度

结果如图 20-22 右图所示。

20.11.10 压印

压印可以把圆、直线、多段线、样条曲线、面域及实心体等对象压印到三维实体上，使其成为实体的一部分。用户必须使被压印的几何对象在实体表面内或与实体表面相交，压印操作才能成功。压印时，AutoCAD 将创建新的表面，该表面以被压印的几何图形及实体的棱边作为边界，用户可以对生成的新面进行拉伸、复制、锥化等操作。图 20-23 所示为将圆压印在实体上，并将新生成的面向上拉伸的结果。

【练习 20-15】压印。

STEP01 打开资源包文件 "dwg\ 第 20 章 \20-15.dwg"。

STEP02 单击【实体编辑】面板上的 按钮，AutoCAD 主要提示如下。

选择三维实体或曲面：	// 选择实体模型
选择要压印的对象：	// 选择圆 A，如图 20-23 左图所示
是否删除源对象 [是 (Y)/ 否 (N)] <N>: y	// 删除圆 A
选择要压印的对象：	// 按 Enter 键结束

结果如图 20-23 中图所示。

STEP03 再单击 按钮，AutoCAD 主要提示如下。

选择面或 [放弃 (U)/ 删除 (R)]: 找到一个面	// 选择表面 B，如图 20-23 中图所示
选择面或 [放弃 (U)/ 删除 (R)/ 全部 (ALL)]:	// 按 Enter 键
指定拉伸高度或 [路径 (P)]: 10	// 输入拉伸高度
指定拉伸的倾斜角度 <0>:	// 按 Enter 键结束

结果如图 20-23 右图所示。

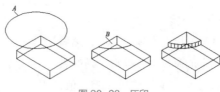

图 20-23 压印

20.11.11 拆分、清理及检查实体

AutoCAD 的体编辑功能中提供了拆分不连续实体及清除实体中多余对象的选项。

◎ 按钮：将体积不连续的完整实体分成几个相互独立的三维实体。例如，在进行"差"类型的布尔运算时，常常将一个实体变成不连续的几块，但此时这几块实体仍是一个单一实体，利用此按钮就可以把不连续的实体分割成几个单独的实体块。

◎ 按钮：在对实体执行各种编辑操作后，可能得到奇怪的新实体。单击此按钮可合并一些相邻面，从而将实体中多余的棱边、顶点等对象去除。

◎ 按钮：校验实体对象是否是有效的三维实体，从而保证对其编辑时不会出现 ACIS 错误信息。

20.12 综合练习——利用编辑命令构建实体模型

创建三维模型时，用户除利用布尔运算形成凸台、槽、缺口等特征外，还可通过实体编辑命令达到同样的目的，有时，采用后一种方法效率会更高。

【练习 20-16】绘制如图 20-24 所示组合体的实体模型。

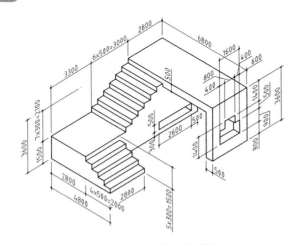

图 20-24　创建实体模型

STEP01 创建一个新图形文件。

STEP02 切换到东南轴测视图。将坐标系绕 x 轴旋转 90°，在 xy 平面画二维图形，再把此图形创建成面域，如图 20-25 左图所示。拉伸面域形成立体，如图 20-25 右图所示。

STEP03 将坐标系绕 y 轴旋转 90°，在 xy 平面画二维图形，如图 20-26 左图所示，再把此图形创建成面域，如图 20-26 中图所示。拉伸面域形成立体，如图 20-26 右图所示。

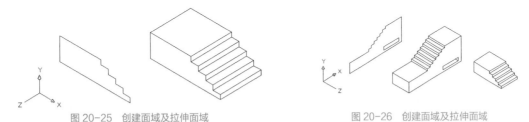

图 20-25　创建面域及拉伸面域　　　　　　　　图 20-26　创建面域及拉伸面域

STEP04 用 MOVE 命令把新建立体移动到正确位置。将坐标系 y 轴旋转 90°，在 xy 平面画二维图形，如图 20-27 左图所示，再把此图形创建成面域，如图 20-27 中图所示。拉伸面域形成立体，如图 20-27 右图所示。

STEP05 用 MOVE 命令将新建立体移动到正确位置，然后对所有立体执行"并"运算，如图 20-28 所示。

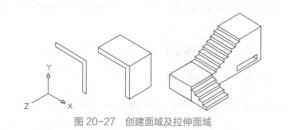
图 20-27　创建面域及拉伸面域

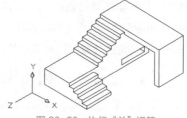
图 20-28　执行"并"运算

STEP06 利用 3 点创建新坐标系，然后在 *xy* 面内绘制平面图形，如图 20-29 左图所示。再利用编辑实体表面的功能形成模型中的孔，如图 20-29 右图所示。

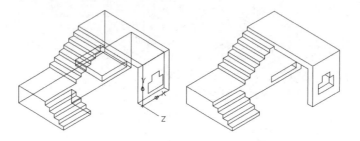
图 20-29　利用编辑实体表面的功能形成孔

【**练习 20-17**】绘制如图 20-30 所示组合体的实体模型。

利用编辑命令构建实体模型（2）

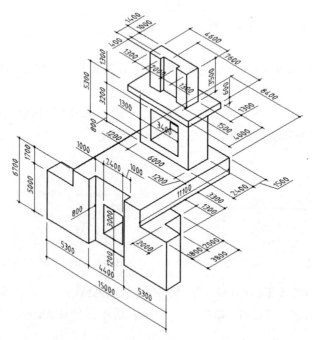
图 20-30　创建实体模型

主要作图步骤如图 20-31 所示。

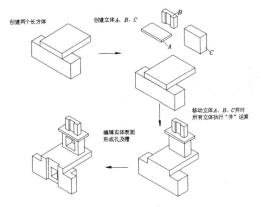

图 20-31　主要作图过程

20.13　习题

1. 绘制图 20-32 所示立体的实心体模型。

2. 根据二维视图绘制实心体模型，如图 20-33 所示。

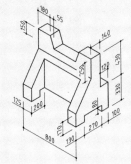

图 20-32　创建实体模型（1）

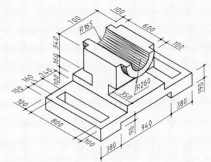

图 20-33　创建实体模型（2）

3. 绘制图 20-34 所示立体的实心体模型。

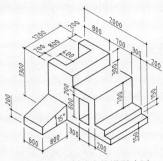

图 20-34　创建实体模型（3）

第 21 章
实体建模典型实例

主要内容

- 创建实体模型的一般方法。
- 实体建模的一些实用技巧。
- 复杂实体模型的建模思路与技巧。

21.1 实体建模的一般方法

用户在创建实体模型前，首先要对模型进行分析，分析的主要内容包括模型可划分为哪几个组成部分，以及如何创建各组成部分。当搞清楚这些问题后，实体建模就变得比较容易了。

实体建模的大致思路如下。

（1）把复杂模型分成几个简单的立体组合，如将模型分解成长方体、柱体和回转体等基本立体。

（2）在屏幕的适当位置创建简单立体，简单立体所包含的孔、槽等特征可通过布尔运算或编辑实体本身来形成。

（3）用 MOVE、3DALIGN 等命令将生成的简单立体"装配"到正确位置。

（4）组合所有立体后，执行"并"运算以形成单一立体。

【练习 21-1】绘制图 21-1 所示的三维实体模型。

实体建模的一般方法（1）

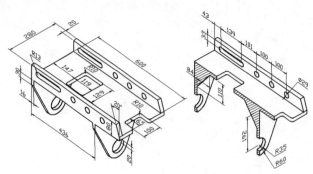

图 21-1　实体建模（1）

(STEP01) 打开绘图窗口左上角"视图"控件下拉菜单，选择【东南等轴测】选项，切换到东南轴测视图。

(STEP02) 用 BOX 命令绘制模型的底板，并以底板的上表面为 xy 平面建立新坐标系，如图 21-2 所示。

(STEP03) 在 xy 平面内绘制平面图形，再将平面图形压印在实体上，结果如图 21-3 所示。

 要点提示 　　在轴测视点下绘制平面图可能使读者感到不习惯，此时可用 PLAN 命令将当前视图切换到 xy 平面视图，这样就符合大家绘制二维图的习惯了。

(STEP04) 拉伸实体表面，形成矩形孔及缺口，结果如图 21-4 所示。

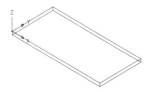 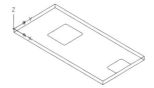 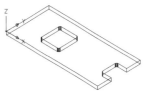

图 21-2　绘制长方体　　　　　　图 21-3　绘制平面图形并压印　　　　　　图 21-4　拉伸实体表面

(STEP05) 用 BOX 命令绘制模型的立板，如图 21-5 所示。

(STEP06) 编辑立板的右端面使之倾斜 20°，结果如图 21-6 所示。

(STEP07) 根据 3 点建立新坐标系，在 xy 平面绘制平面图形，再将平面图形 A 创建成面域，结果如图 21-7 所示。

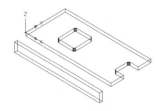 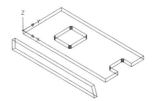 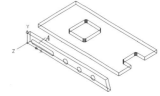

图 21-5　绘制立板　　　　　　图 21-6　使立板的端面倾斜　　　　　　图 21-7　建立新坐标系并绘制平面图形

(STEP08) 拉伸平面图形以形成立体，结果如图 21-8 所示。

(STEP09) 利用布尔运算形成立板上的孔及槽，结果如图 21-9 所示。

(STEP10) 把立板移动到正确的位置，结果如图 21-10 所示。

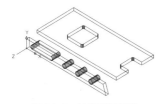 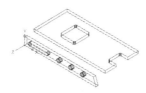 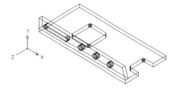

图 21-8　拉伸平面图形　　　　　　图 21-9　形成立板上的孔及槽　　　　　　图 21-10　移动立板

(STEP11) 复制立板，结果如图 21-11 所示。

(STEP12) 将当前坐标系绕 y 轴旋转 90°，在 xy 平面绘制平面图形，并把图形创建成面域，结果如图 21-12 所示。

(STEP13) 拉伸面域形成支撑板，结果如图 21-13 所示。

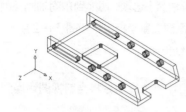

图 21-11　复制对象

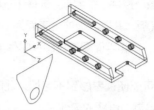

图 21-12　绘制平面图并创建面域

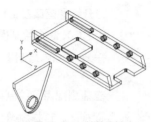

图 21-13　拉伸面域

STEP14 移动支撑板，并沿 *z* 轴方向复制它，结果如图 21-14 所示。

STEP15 将坐标系绕 *y* 轴旋转 90°，在 *xy* 坐标面内绘制三角形，结果如图 21-15 所示。

STEP16 将三角形创建成面域，再拉伸它形成筋板，筋板厚度为 16，结果如图 21-16 所示。

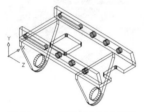

图 21-14　移动并复制支撑板

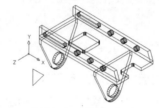

图 21-15　绘制三角形

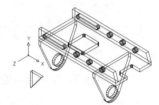

图 21-16　绘制筋板

STEP17 用 MOVE 命令把筋板移动到正确位置，结果如图 21-17 所示。

STEP18 镜像三角形筋板，结果如图 21-18 所示。

STEP19 使用"并"运算将所有立体合并为单一立体，最终结果如图 21-19 所示。

图 21-17　移动筋板

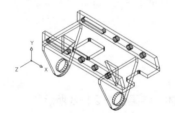

图 21-18　镜像三角形筋板

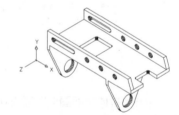

图 21-19　"并"运算

要点提示

　　在两个支撑板间连接一条辅助线，使通过此辅助线中点的平面是三角形筋板的镜像面，这样就能很方便地对筋板进行镜像操作了。

【练习 21-2】绘制图 21-20 所示的三维实体模型。

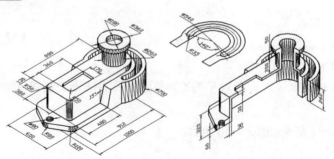

图 21-20　实体建模（2）

实体建模的一般方法（2）

STEP01 打开绘图窗口左上角"视图"控件下拉菜单，选择【东南等轴测】选项，切换到东南轴测视图。

STEP02 在 xy 平面内绘制平面图形，并将该图形创建成面域，如图 21-21 所示。

STEP03 拉伸面域形成模型底板，结果如图 21-22 所示。

STEP04 绘制平面图形 A，并将该图形创建成面域，如图 21-23 所示。

图 21-21　绘制图形并创建面域

图 21-22　拉伸面域

图 21-23　绘制图形并创建面域

STEP05 拉伸面域形成立体 B，结果如图 21-24 所示。

STEP06 创建圆柱体 C、D，然后对所有立体执行"并"运算，结果如图 21-25 所示。

STEP07 创建圆柱体 E 及立体 F，结果如图 21-26 所示。

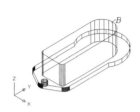

图 21-24　形成立体 B

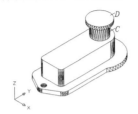

图 21-25　创建圆柱体并执行"并"运算

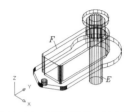

图 21-26　创建圆柱体 E 及立体 F

STEP08 利用布尔运算将圆柱体 E 及立体 F 从模型中"减去"，结果如图 21-27 所示。

STEP09 移动坐标系原点，用 XLINE 命令画构造线，结果如图 21-28 所示。

STEP10 将构造线压印在实体上，然后拉伸实体表面，结果如图 21-29 所示。

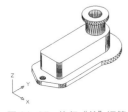

图 21-27　执行"差"运算

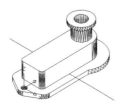

图 21-28　画构造线

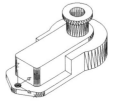

图 21-29　拉伸实体表面

STEP11 编辑实体表面 G、H，使其倾斜 15°，结果如图 21-30 所示。

STEP12 绘制平面图形 I、J，如图 21-31 所示。

STEP13 将平面图形压印在实体上，然后拉伸实体表面，最终结果如图 21-32 所示。

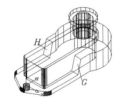

图 21-30　编辑实体表面

图 21-31　绘制平面图形

图 21-32　拉伸实体表面

21.2　三维建模技巧

【练习 21-3】绘制图 21-33 所示的三维实体模型。

3D 建模技巧（1）

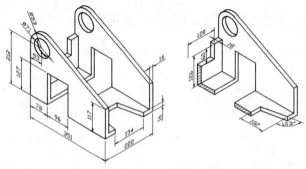

图 21-33　三维建模技巧（1）

STEP01　打开绘图窗口左上角"视图"控件下拉菜单，选择【东南等轴测】选项，切换到东南轴测视图。

STEP02　在 *xy* 平面绘制底板的二维轮廓图，并将此图形创建成面域，如图 21-34 所示。

STEP03　拉伸面域形成底板，结果如图 21-35 所示。

STEP04　将坐标系绕 *x* 轴旋转 90°，在 *xy* 平面画出立板的二维轮廓图，再把此图形创建成面域，结果如图 21-36 所示。

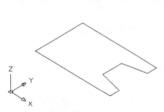
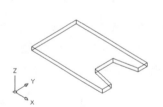
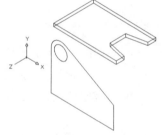

图 21-34　绘制二维轮廓图并创建面域　　　　图 21-35　拉伸面域　　　　图 21-36　画立板的二维轮廓图并创建面域

STEP05　拉伸新生成的面域形成立板，结果如图 21-37 所示。

STEP06　将立板移动到正确的位置，然后进行复制，结果如图 21-38 所示。

STEP07　把坐标系绕 *y* 轴旋转 90°，在 *xy* 平面绘制端板的二维轮廓图，然后将此图形生成面域，结果如图 21-39 所示。

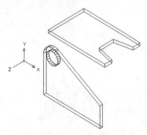
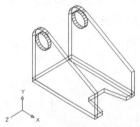
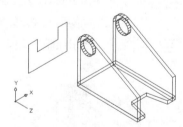

图 21-37　拉伸面域形成立板　　　　图 21-38　移动并复制立板　　　　图 21-39　绘制端板二维轮廓图并创建面域

STEP08　拉伸新创建的面域形成端板，结果如图 21-40 所示。

STEP09 用 MOVE 命令把端板移动到正确的位置，结果如图 21-41 所示。

STEP10 利用"并"运算将底板、立板和端板合并为单一立体，结果如图 21-42 所示。

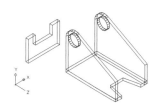

图 21-40 形成端板

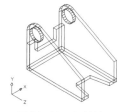

图 21-41 移动端板

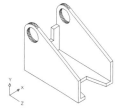

图 21-42 执行"并"运算

STEP11 以立板的前表面为 xy 平面建立坐标系，在此表面上绘制平面图形，并将该图形压印在实体上，结果如图 21-43 所示。

STEP12 拉伸实体表面形成模型上的缺口，最终结果如图 21-44 所示。

图 21-43 绘制及压印平面图形

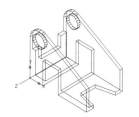

图 21-44 拉伸实体表面

【练习 21-4】绘制图 21-45 所示的三维实体模型。

3D 建模技巧（2）

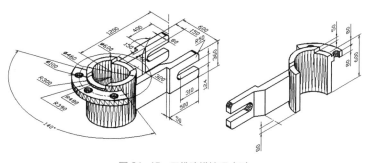

图 21-45 三维建模技巧（2）

STEP01 打开绘图窗口左上角"视图"控件下拉菜单，选择【东南等轴测】选项，切换到东南轴测视图。

STEP02 绘制圆柱体，再在圆柱体顶面压印两条直线，结果如图 21-46 所示。

STEP03 拉伸实体表面形成柱体顶面的凹槽，结果如图 21-47 所示。

STEP04 绘制平面图形，并将其创建成面域，如图 21-48 所示。

图 21-46 绘制圆柱体等

图 21-47 拉伸实体表面

图 21-48 绘制平面图形并创建面域

STEP05 拉伸面域形成立体 A，结果如图 21-49 所示。

STEP06 用 MOVE 命令将立体 A 移动到正确的位置，结果如图 21-50 所示。

STEP07 在 xy 平面内绘制辅助圆及图形 B、C，再将图形 B、C 创建成面域，如图 21-51 所示。

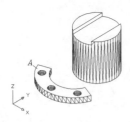
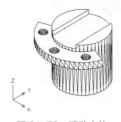
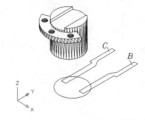

图 21-49　拉伸面域　　　　　图 21-50　移动立体　　　　　图 21-51　绘制平面图形并创建面域

STEP08 拉伸面域形成立体 D、E，结果如图 21-52 所示。

STEP09 用 MOVE 命令将立体 D、E 移动到正确的位置，然后对所有立体执行"并"运算，结果如图 21-53 所示。

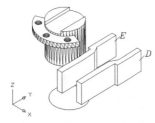
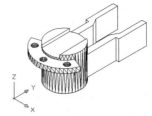

图 21-52　拉伸面域　　　　　　　　　　图 21-53　移动立体并执行"并"运算

STEP10 建立新坐标系，在 xy 平面绘制平面图形 F，并将该图形压印在实体上，结果如图 21-54 所示。

STEP11 拉伸实体表面形成模型上的缺口，结果如图 21-55 所示。

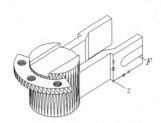
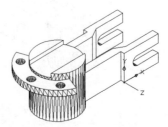

图 21-54　绘制及压印平面图形　　　　　　　图 21-55　拉伸实体表面

STEP12 返回世界坐标系，创建圆柱体，结果如图 21-56 所示。

STEP13 将圆柱体从模型中"减去"，然后给模型倒圆角，最终结果如图 21-57 所示。

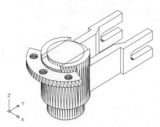
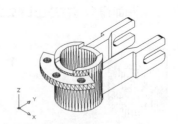

图 21-56　创建圆柱体　　　　　　　　　图 21-57　执行"差"运算并倒圆角

21.3 复杂实体建模

【练习 21-5】绘制图 21-58 所示的三维实体模型。

复杂实体建模（1）

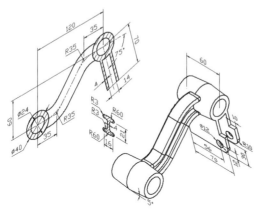

图 21-58 复杂实体建模（1）

STEP01 打开绘图窗口左上角"视图"控件下拉菜单，选择【东南等轴测】选项，切换到东南轴测视图。

STEP02 创建新坐标系，在 xy 平面内绘制平面图形，其中连接两圆心的线条为多段线，如图 21-59 所示。

STEP03 拉伸两个圆形成立体 A、B，结果如图 21-60 所示。

STEP04 对立体 A、B 进行镜像操作，结果如图 21-61 所示。

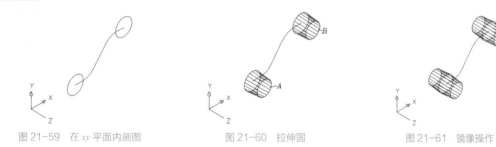

图 21-59 在 xy 平面内画图   图 21-60 拉伸圆   图 21-61 镜像操作

STEP05 创建新坐标系，在 xy 平面内绘制平面图形，并将该图形创建成面域，结果如图 21-62 所示。

STEP06 沿多段线路径拉伸面域，创建立体，结果如图 21-63 所示。

STEP07 创建新坐标系，在 xy 平面内绘制平面图形，并将该图形创建成面域，结果如图 21-64 所示。

图 21-62 绘制平面图形并创建面域   图 21-63 拉伸面域   图 21-64 绘制平面图形并创建面域

STEP08 拉伸面域形成立体，并将该立体移动到正确的位置，结果如图 21-65 所示。

STEP09 以 xy 平面为镜像面镜像立体 E，结果如图 21-66 所示。

STEP10 将立体 E、F 绕 x 轴逆时针旋转 75°，再对所有立体执行"并"运算，结果如图 21-67 所示。

图 21-65 创建并移动立体

图 21-66 镜像立体

图 21-67 旋转并执行"并"运算

STEP11 将坐标系绕 y 轴旋转 90° 然后绘制圆柱体 G、H，结果如图 21-68 所示。

STEP12 将圆柱体 G、H 从模型中"减去"，最终结果如图 21-69 所示。

图 21-68 绘制圆柱体

图 21-69 执行"差"运算

【练习 21-6】绘制图 21-70 所示的三维实体模型。

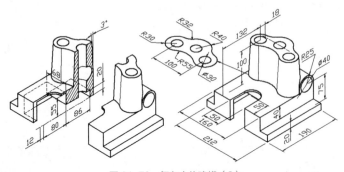

图 21-70 复杂实体建模（2）

复杂实体建模（2）

STEP01 打开绘图窗口左上角"视图"控件下拉菜单，选择【东南等轴测】选项，切换到东南轴测视图。

STEP02 将坐标系绕 x 轴旋转 90°，在 xy 平面绘制平面图形，并将图形创建成面域，如图 21-71 所示。

STEP03 拉伸面域形成立体，结果如图 21-72 所示。

STEP04 将坐标系绕 x 轴旋转 90°，在 xy 平面绘制平面图形，并将图形创建成面域，结果如图 21-73 所示。

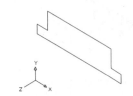

图 21-71 绘制平面图形并创建面域

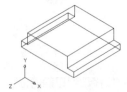

图 21-72 拉伸面域

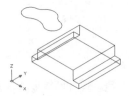

图 21-73 绘制平面图形并创建面域

STEP05 拉伸面域形成立体，并将立体移动到正确的位置，结果如图21-74所示。

STEP06 建立新坐标系，在 xy 平面绘制平面图形，并将图形创建成面域，结果如图21-75所示。

STEP07 拉伸面域形成立体，将新立体移动到正确的位置，然后对所有立体执行"并"运算，结果如图21-76所示。

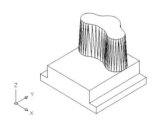

图21-74 拉伸面域并移动位置

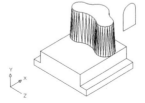

图21-75 绘制平面图形并创建面域

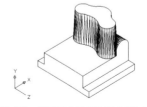

图21-76 创建新立体并执行"并"运算

STEP08 建立新坐标系，在 xy 平面绘制平面图形，并将图形压印在实体上，结果如图21-77所示。

STEP09 拉伸实体表面，形成模型上的缺口，结果如图21-78所示。

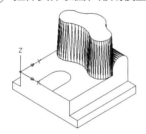

图21-77 绘制平面图形并压印图形

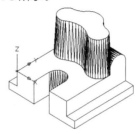

图21-78 拉伸实体表面

STEP10 绘制4个圆柱体及立体 A，如图21-79所示。

STEP11 用MOVE命令将立体 A 移动到正确的位置，然后将圆柱体及新建立体从模型中"减去"，最终结果如图21-80所示。

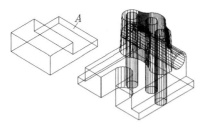

图21-79 绘制圆柱体及长方体

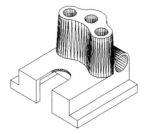

图21-80 执行"差"运算

21.4 习题

1. 绘制图 21-81 所示的三维实体模型。

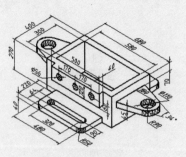

图 21-81 实体建模（1）

2. 绘制图 21-82 所示的三维实体模型。

3. 绘制图 21-83 所示的三维实体模型。

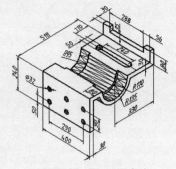

图 21-82 实体建模（2）

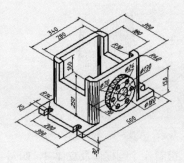

图 21-83 实体建模（3）

第22章
由三维模型生成工程图

主要内容

- 从三维模型创建工程视图的过程。
- 创建剖视图。
- 在虚拟图纸上布置视口。
- 将视口中的三维模型投影成二维图。
- 在虚拟图纸上标注尺寸。

22.1 创建工程图

在 AutoCAD 中，可以将三维实体或曲面模型投影，生成与源模型关联的二维视图，下面介绍创建视图的方法。

22.1.1 设定工程视图的标准

进入图纸空间，用鼠标右键单击绘图窗口底部的 布局1 按钮，选择【绘图标准设置】命令，打开【绘图标准】对话框，如图 22-1 所示。利用此对话框可设定投影视角、螺纹形式及视图预览样式等。

22.1.2 从三维模型生成视图——基础视图

VIEWBASE 命令可将三维模型按指定的投影方向生成工程视图，该视图称为基础视图。默认情况下，基础视图生成后，还可以其作为父视图继续创建其他视图，这些视图称为投影视图，是父视图的子视图。子视图将继承俯视图的一些特性，如投影比例、显示样式及对齐方式等。

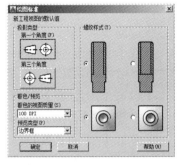

图 22-1 【绘图标准】对话框

工程视图是带有矩形边框的图形对象，边框不可见，图形对象可见，并被放置在预定义的图层上，如"可见""隐藏"层等。这些对象构成一个整体，不可编辑。

启动 VIEWBASE 命令，选择三维模型，AutoCAD 打开【工程视图创建】选项卡，同时在鼠标光标上附着基础视图的预览图片。若不满意，可随时利用选项卡中的选项改变投影方向、显示方式及缩放比例等。

命令启动方法

◎ 面板：【常用】选项卡中【视图】面板上的 按钮。

◎ **命令**：VIEWBASE。

【练习 22-1】在 A3 幅面的图纸上生成三维模型的工程视图，如图 22-2 所示。

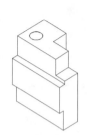
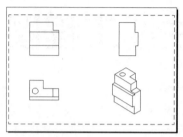

图 22-2 创建工程图

(STEP01) 打开资源包文件"dwg\ 第 22 章 \22-1.dwg"。

(STEP02) 进入图纸空间，用 ERASE 命令删除虚拟图纸上的默认矩形视口。用鼠标右键单击绘图窗口底部的 布局1 按钮，选择【页面设置管理器】命令，再单击 修改(M)... 按钮，打开【页面设置】对话框，如图 22-3 所示。在该对话框中完成以下设置。

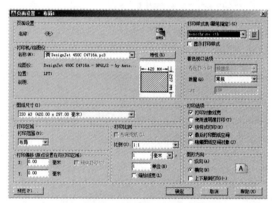

图 22-3 【页面设置】对话框

（1）在【打印机 / 绘图仪】分组框的【名称】下拉列表中选择打印设备 DesignJet 450C C4716A。

（2）在【图纸尺寸】下拉列表中选择 A3 幅面图纸。

（3）在【打印范围】下拉列表中选择【布局】选项。

（4）在【打印比例】分组框中设置打印比例为 1 ：1。

（5）在【图形方向】分组框中设定图形打印方向为【横向】。

（6）在【打印样式表】分组框的下拉列表中选择打印样式 monochrome.ctb（将所有颜色打印为黑色）。

(STEP03) 用鼠标右键单击 布局1 按钮，选择【绘图标准设置】命令，打开【绘图标准】对话框，如图 22-4 所示。设定投影视角为第一视角，再设置螺纹形式及预览图样式为【边界框】。

(STEP04) 单击【常用】选项卡中【视图】面板上的 按钮，选择【从模型空间】选项，打开【工程视图创建】选项卡，在【方向】面板中选择【前视】，在【比例】下拉列表中设定比例为 1 ：4。

(STEP05) 在虚拟图纸上单击一点指定视图位置，再单击 按钮。沿投影方向移动鼠标光标，创建其他投影视图，结果如图 22-5 所示。

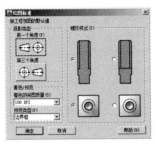

图 22-4 【绘图标准】对话框

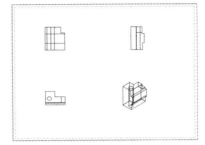

图 22-5 创建基础视图及投影视图

STEP06 保存文件，后续练习将会使用。

22.1.3 从现有视图投影生成其他视图——投影视图

VIEWPROJ 命令可从现有视图创建投影视图，原有视图是父视图，新视图是子视图，子视图将继承父视图的缩放比例、显示样式等特性。

选择父视图，启动该命令后，沿投影方向移动鼠标光标，AutoCAD 就会动态显示该投影方向上的投影视图。

命令启动方法

◎ **面板：**【工程视图】选项卡中【创建视图】面板上的 按钮。

◎ **命令：** VIEWPROJ。

继续前面的练习。

选择主视图，单击【创建视图】面板上的 按钮，然后向左及左下方移动鼠标光标，生成新的投影视图，结果如图 22-6 所示。

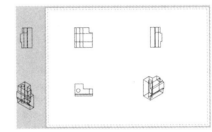

图 22-6 生成投影视图

22.1.4 编辑工程视图

选择视图，出现关键点并弹出【工程视图】选项卡。利用关键点可调整视图位置及比例，单击【编辑】面板上的 按钮，启动 VIEWEDIT 命令，打开【工程视图编辑器】选项卡，利用该选项卡中的选项可修改视图的投影方向、比例及显示方式等。

对父视图的修改将影响所有子视图，而修改子视图后，其他视图不会变化，但视图间的"父子关系"将断开。

命令启动方法

◎ **面板：**【工程视图】选项卡中【编辑】面板上的 按钮。

◎ **命令：** VIEWEDIT。

继续前面的练习。

STEP01 选择主视图，单击【编辑】面板上的 按钮，弹出【工程视图编辑器】选项卡。再单击 按钮，选择【可见线】选项，然后在【比例】下拉列表中输入新的比例 1：2.5，按 Enter 键，结果如图 22-7 所示。

STEP02 删除投影视图，再选中视图，激活关键点，移动视图位置，结果如图 22-8 所示。移动时，若单击 Shift 键，则取消视图间的对齐约束，可把视图放在任何地方。

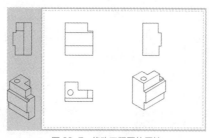

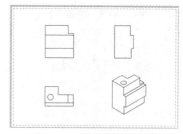

图 22-7　修改工程图的属性　　　　　　　　图 22-8　删除及调整视图位置

22.1.5　更新工程视图

工程视图与源模型是关联的，默认情况下，当三维模型改变时，视图将自动变化。否则，可利用右键快捷菜单的相关选项更新视图。

继续前面的练习。

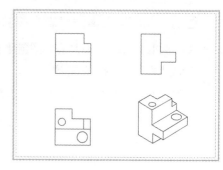

(STEP01) 进入模型空间，利用【建模】面板上的 🔳 按钮（按住并拖动功能），将模型中间部分凸台沿 y 轴方向尺寸增加 60，沿 z 轴方向尺寸减少 30。

(STEP02) 在凸台的上表面绘制适当大小的圆，单击 🔳 按钮，向下拉伸圆形成孔。

(STEP03) 返回"布局 1"，视图自动更新，结果如图 22-9 所示。

图 22-9　视图更新

22.1.6　设定剖视图标注样式

剖视图标注样式控制标注文字、箭头及填充图案的外观等。可以修改现有样式及创建新样式。

继续前面的练习。

单击【视图】面板上的 视图▾ 按钮，选择【截面视图样式】选项，打开【截面视图样式管理器】对话框，利用此对话框修改当前样式。

◎ 进入【标识符和箭头】选项卡，在【文本高度】、【符号大小】和【尺寸界线长度】文本框中分别输入 7、5 和 10，如图 22-10 所示。

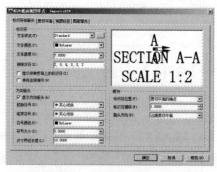

图 22-10　修改剖视图标注样式

◎ 在【视图标签】选项卡的【文本高度】栏中输入 7。

◎ 在【图案填充】选项卡的【图案填充比例】栏中输入 20。

22.1.7　创建剖视图

可以创建的剖视图种类包括全剖、半剖、阶梯剖及旋转剖视图等。启动剖视命令后，绘制剖切线，再移动光标指定视图位置即可。画剖切线时，可利用极轴追踪、对象捕捉及自动追踪功能精确定位。

也可事先绘制剖切线段或多段线，再选中视图，然后单击【创建视图】面板上的█████按钮，选择已绘制的几何对象生成剖视图。

继续前面的练习。

STEP01 选中俯视图，单击【创建视图】面板上的████按钮，绘制剖切线，移动光标指定视图位置，视图位置决定了投影方向。移动光标时，单击 Shift 键，取消剖视图与俯视图间的对齐约束，把剖视图放置在左视图附近的位置，结果如图 22-11 所示。

STEP02 使用 ROTATE 命令旋转剖视图，再调整视图位置，结果如图 22-12 所示。

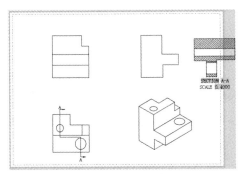

图 22-11　视图更新

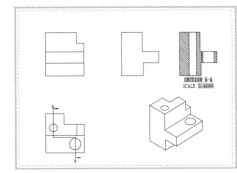

图 22-12　旋转视图

22.1.8　给工程图添加文字及标注尺寸

在虚拟图纸上布置好工程图后，就可添加文字及标注尺寸了，其过程与在模型空间内的操作完全一样，但需注意以下几点。

（1）虚拟图纸的打印比例是 1：1。

（2）文字字高设定为实际字高。

（3）标注样式中的各项参数值设置为真实图纸上的实际值。

（4）标注全局比例为 1。

（5）虽然设定了视图的缩放比例，但标注值显示为模型空间的实际长度值。

22.1.9　将视图输出为二维图形

在图纸空间中，用鼠标右键单击 布局1 按钮，选择【将布局输出到模型】命令，就可将工程视图输出到新文件的模型空间中，这样视图就变为普通的二维图形了，可方便地用编辑命令对其进行修改。

22.2　根据需要在虚拟图纸上布置三维模型

切换到图纸空间，AutoCAD 就会在屏幕上显示一张虚拟的二维图纸，并自动创建一个浮动视口，在此视口中显示模型空间的三维模型。用户可以调整视口的视点以获得所需的视图，然后调整视图位置及缩放比例，再在虚拟图纸上标注尺寸，这样就形成了一张完整的二维图。

22.2.1　用 SOLVIEW 命令创建视口

可用 SOLVIEW 命令在虚拟图纸上生成新视口或是从已有视口生成新视口，视口中显示的视图包括正交视图、斜视图和剖视图等。

① 命令启动方法

◎ 菜单命令:【绘图】/【建模】/【设置】/【视图】。

◎ 面板:【常用】选项卡中【建模】面板上的█按钮。

◎ 命令:SOLVIEW。

创建对象的正交视图

【练习 22-2】用 SOLVIEW 命令创建对象的正交视图,如图 22-13 所示。

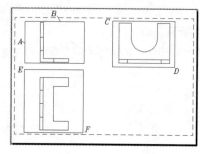

图 22-13　创建正交视图

打开资源包文件"dwg\ 第 22 章 \22-2.dwg",单击【常用】选项卡中【建模】面板上的█按钮,启动 SOLVIEW 命令。

命令:_solview

输入选项 [UCS(U)/ 正交 (O)/ 辅助 (A)/ 截面 (S)]:o　　// 利用"正交 (O)"选项创建正交视图

指定视口要投影的那一侧:　　// 选择视口的一个边 A,如图 22-13 所示

指定视图中心:　　// 在主视图右边的适当位置单击一点

指定视图中心 < 指定视口 >:　　// 按 Enter 键

指定视口的第一个角点:　　// 单击 C 点

指定视口的对角点:　　// 单击 D 点

输入视图名:左视图　　// 输入视图名称,按 Enter 键,创建浮动视口

输入选项 [UCS(U)/ 正交 (O)/ 辅助 (A)/ 截面 (S)]:o　　// 利用"正交 (O)"选项创建正交视图

指定视口要投影的那一侧:　　// 选择视口的一个边 B

指定视图中心:　　// 在主视图下边的适当位置单击一点

指定视图中心 < 指定视口 >:　　// 按 Enter 键

指定视口的第一个角点:　　// 单击 E 点

指定视口的对角点:　　// 单击 F 点

输入视图名:俯视图　　// 输入视图名称,按 Enter 键,创建浮动视口

输入选项 [UCS(U)/ 正交 (O)/ 辅助 (A)/ 截面 (S)]:　　// 按 Enter 键结束

结果如图 22-13 所示。

② 命令选项

◎ **UCS (U)**:基于当前的 UCS 或保存的 UCS 创建新视口,视口中的视图是 UCS 平面视图。

◎ **正交 (O)**:根据已生成的视图建立新的正交视图。

◎ **辅助 (A)**:在视图中选择两个点来指定一个倾斜平面,AutoCAD 将创建倾斜平面的斜视图。

◎ **截面 (S)**:在视图中指定两点以定义剖切平面的位置,AutoCAD 根据剖切平面来创建剖视图。

SOLVIEW 命令在建立浮动视口的同时还创建下列图层。

◎ VPORTS。

◎ 视口名称 -VIS。

◎ 视口名称 -HID。

◎ 视口名称 -DIM。

◎ 视口名称 -HAT（建立剖视图时，才创建此图层）。

AutoCAD 将新的视口边框放置在"VPORTS"层上，而后缀为"-VIS"、"-HID"和"-HAT"的图层要被 SOLDRAW 命令使用（该命令能生成三维模型的二维投影线），分别用于放置可见轮廓线、隐藏线及剖面线。在各视口中标注尺寸时，用户应选用"视口名称 -DIM"层。

下面通过几个练习详细演示 SOLVIEW 命令的用法。

首先形成模型的主视图，并将它布置在"图纸"的适当位置。

形成视图的过程

【练习 22-3】 形成主视图。

STEP01 打开资源包文件"dwg\ 第 22 章 \22-3.dwg"。

STEP02 单击绘图窗口底部的 布局1 按钮，切换到图纸空间。用鼠标右键单击 布局1 按钮，选择【页面设置管理器】命令，再单击 修改(M)... 按钮，打开【页面设置】对话框，如图 22-14 所示。在该对话框中完成以下设置。

◎ 在【打印机 / 绘图仪】分组框的【名称】下拉列表中选择打印设备 DesignJet 450C C4716A。

◎ 在【图纸尺寸】下拉列表中选择 A2 幅面图纸。

◎ 在【打印范围】下拉列表中选择【布局】选项。

◎ 在【打印比例】分组框中设置打印比例为 1 ∶ 1。

◎ 在【图形方向】分组框中设定图形打印方向为【横向】。

◎ 在【打印样式表】分组框的下拉列表中选择打印样式 monochrome.ctb（将所有颜色打印为黑色）。

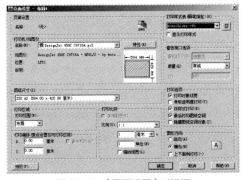

图 22-14 【页面设置】对话框

STEP03 单击 确定 按钮，进入图纸布局。AutoCAD 在 A2 图纸上自动创建一个浮动视口，如图 22-15 所示。浮动视口可以作为一个几何对象，因此能用 MOVE、COPY、SCALE 和 STRETCH 等命令和关键点编辑方式对其进行编辑。

要点提示

MVIEW 命令可以创建浮动视口，其"对象（O）"选项可以把具有封闭形状的对象（如闭合多义线、闭合样条线、圆和面域等）转化为视口。

STEP04 用 MOVE 命令调整浮动视口位置，再激活它的关键点，进入拉伸模式，调整视口大小，结果如图 22-16 所示。

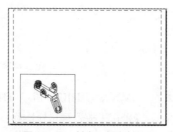

图 22-15　创建一个浮动视口

图 22-16　调整视口位置及大小

STEP05 双击浮动视口内部激活它（此时进入浮动模型视口），再双击鼠标滚轮，使模型全部显示在视口中，结果如图 22-17 所示。

STEP06 单击视口左上角的"视图"控件，选择【前视】选项，获得主视图，结果如图 22-18 所示。

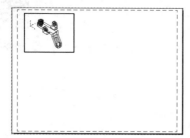

图 22-17　全部显示模型

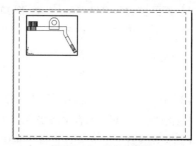

图 22-18　获得主视图

【练习 22-4】形成俯视图及左视图。

接上例。

单击【常用】选项卡中【建模】面板上的 ▣ 按钮，启动 SOLVIEW 命令，AutoCAD 提示如下。

> 命令：_solview
>
> 输入选项 [UCS(U)/ 正交 (O)/ 辅助 (A)/ 截面 (S)]: o　　// 使用"正交 (O)"选项
>
> 指定视口要投影的那一侧：　　　　　　　　　　　　// 选择浮动视口的 A 边，如图 22-19 所示
>
> 指定视图中心：　　　　　　　　　　　　　　　　　// 在主视图的右边单击一点指定左视图的位置
>
> 指定视图中心 < 指定视口 >:　　　　　　　　　　　// 按 Enter 键
>
> 指定视口的第一个角点：　　　　　　　　　　　　　// 单击 C 点
>
> 指定视口的对角点：　　　　　　　　　　　　　　　// 单击 D 点
>
> 输入视图名：左视图　　　　　　　　　　　　　　　// 输入视图的名称
>
> 输入选项 [UCS(U)/ 正交 (O)/ 辅助 (A)/ 截面 (S)]: o　　// 使用"正交 (O)"选项
>
> 指定视口要投影的那一侧：　　　　　　　　　　　　// 选择浮动视口的 B 边
>
> 指定视图中心：　　　　　　　　　　　　　　　　　// 在主视图下边单击一点指定俯视图的位置
>
> 指定视图中心 < 指定视口 >:　　　　　　　　　　　// 按 Enter 键
>
> 指定视口的第一个角点：　　　　　　　　　　　　　// 单击 E 点

生成二维图（1）

指定视口的对角点：   // 单击 *F* 点

输入视图名：俯视图   // 输入视图名称

输入选项 [UCS(U)/ 正交 (O)/ 辅助 (A)/ 截面 (S)]:   // 按 Enter 键

结果如图 22-19 所示。

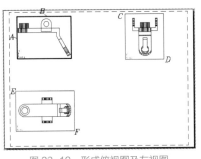

图 22-19　形成俯视图及左视图

【练习 22-5】建立剖视图。

接上例。

STEP01 单击俯视图，启动 SOLVIEW 命令，AutoCAD 提示如下。

命令：_solview

输入选项 [UCS(U)/ 正交 (O)/ 辅助 (A)/ 截面 (S)]: s   // 使用"截面 (S)"选项

指定剪切平面的第一个点：cen 于   // 捕捉圆心 *G*，如图 22-20 所示

指定剪切平面的第二个点：mid 于   // 捕捉中点 *H*

指定要从哪侧查看：   // 在俯视图的下侧单击一点

输入视图比例 < 0.3116>: 0.33   // 输入剖视图的缩放比例

指定视图中心：   // 在俯视图右侧的适当位置单击一点以放置剖视图

指定视图中心 < 指定视口 >:   // 按 Enter 键

指定视口的第一个角点：   // 单击 *J* 点

指定视口的对角点：   // 单击 *K* 点

输入视图名：剖视图   // 输入剖视图的名称

输入选项 [UCS(U)/ 正交 (O)/ 辅助 (A)/ 截面 (S)]:   // 按 Enter 键结束

生成二维图（2）

结果如图 22-20 所示。

STEP02 双击图纸，关闭浮动模型视口。用 MOVE 命令调整视口 *J-K* 的位置，结果如图 22-21 所示。

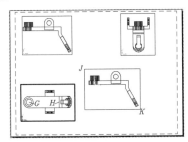

图 22-20　建立剖视图

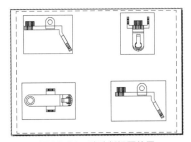

图 22-21　移动剖视图位置

【练习 22-6】创建斜视图。

接上例。

双击主视图激活它。启动 SOLVIEW 命令，AutoCAD 提示如下。

命令：_solview

输入选项 [UCS(U)/ 正交 (O)/ 辅助 (A)/ 截面 (S)]:a   // 使用"辅助 (A)"选项

指定斜面的第一个点：end 于   // 捕捉端点 A，如图 22-22 所示

指定斜面的第二个点：end 于   // 捕捉端点 B

指定要从哪侧查看：   // 在 AB 连线的右上角单击一点

指定视图中心：   // 在 AB 连线的右上角单击一点以指定视图位置

指定视图中心 < 指定视口 >:   // 按 Enter 键

指定视口的第一个角点：   // 单击 C 点

指定视口的对角点：   // 单击 D 点

输入视图名：斜视图   // 输入视图名称

输入选项 [UCS(U)/ 正交 (O)/ 辅助 (A)/ 截面 (S)]:   // 按 Enter 键结束

结果如图 22-22 所示。

22.2.2　设置视口的缩放比例

手工作图时，工程人员将考虑按怎样的比例来绘制二维图形。同样，在图纸空间的虚拟图纸上建立视图时，他们也要考虑同样的问题。用户必须设定每个视口的缩放比例，这个比例值就相当于手工作图时的绘制比例。

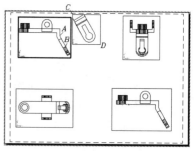

图 22-22　创建斜视图

【练习 22-7】设置视口的缩放比例。

接上例。

(STEP01) 激活主视图所在的视口，单击状态栏上的 ▦ 按钮，选择【自定义】选项，再单击  按钮，添加新的比例 1：3，然后设定主视图缩放比例为该值，结果如图 22-23 所示。

(STEP02) 用同样的方法设定其他视口的缩放比例为 1：3。若视口的大小或位置不合适，可通过关键点编辑方式调整视口的大小，用 MOVE 命令调整视口的位置。

(STEP03) 锁定各视口的缩放比例。双击图纸，关闭浮动模型视口。选择所有视口，然后单击鼠标右键，弹出快捷菜单，通过此菜单将【显示锁定】设置为【是】，如图 22-24 所示。

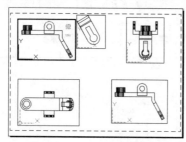

图 22-23　设定主视图缩放比例

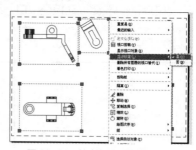

图 22-24　锁定各视口的缩放比例

22.2.3 用 SOLDRAW 命令生成二维轮廓线

前面已用 SOLVIEW 命令创建了一系列视口，由于各视口的观察视点不同，因而显示出的三维模型的视图也不同。但应注意，这些图形并不是二维的，仍然是三维图。AutoCAD 提供了 SOLDRAW 和 SOLPROF 命令来生成三维模型的二维轮廓线。

SOLDRAW 命令仅适用于 SOLVIEW 命令创建的视口，该命令将三维模型投影到垂直于观察方向的平面上，还自动把可见轮廓线及不可见轮廓线分别放置在"视口名称−VIS"和"视口名称−HID"图层上。当用 SOLDRAW 命令处理剖视图（由 SOLVIEW 命令的"截面(S)"选项建立的视图）时，AutoCAD 会添加剖面图案，并将剖面图案放在"视口名称−HAT"图层上。

命令启动方法

◎ **菜单命令**：【绘图】/【建模】/【设置】/【图形】。
◎ **面板**：【常用】选项卡中【建模】面板上的▨按钮。
◎ **命令**：SOLDRAW。

【练习22-8】用 SOLDRAW 命令生成模型轮廓线及剖面图案。

接上例。

STEP01 设置默认的剖面图案及图案比例。

命令：hpname
输入 HPNAME 的新值 <"ANGLE">: ansi31   // 输入图案名称
命令：hpscale
输入 HPSCALE 的新值 <1.0000>: 3   // 输入图案比例因子

STEP02 单击【常用】选项卡中【建模】面板上的▨按钮，AutoCAD 提示如下。

命令：_soldraw
选择对象：找到 1 个   // 选择视口 A，如图 22−25 所示
选择对象：找到 1 个，总计 2 个   // 选择视口 B
选择对象：找到 1 个，总计 3 个   // 选择视口 C
选择对象：找到 1 个，总计 4 个   // 选择视口 D
选择对象：   // 按 Enter 键结束

结果如图 22−25 所示。

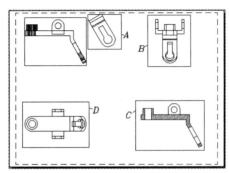

图 22−25   生成模型轮廓线及剖面图案

由于主视图视口不是 SOLVIEW 命令生成的，因而 SOLDRAW 命令对其不起作用。

用户可以看到，视口 C 中的剖视图已被添加了剖面图案。若图案不合适，用户可激活浮动视口，然后对其进行编辑。

22.2.4 用 SOLPROF 命令生成轮廓线

使用 SOLPROF 命令时，必须激活浮动视口。该命令可创建三维模型的二维或三维轮廓线，轮廓线框是一个图块。生成轮廓线的同时，SOLPROF 命令还可创建前缀为"PH-"及"PV-"的图层，这些图层分别用于放置可见轮廓线和不可见轮廓线。

命令启动方法

◎ **菜单命令**：【绘图】/【建模】/【设置】/【轮廓】。

◎ **面板**：【常用】选项卡中【建模】面板上的回按钮。

◎ **命令**：SOLPROF。

【练习 22-9】用 SOLPROF 命令创建轮廓线。

接上例。

STEP01 激活主视图所在的视口。

STEP02 单击【常用】选项卡中【建模】面板上的回按钮，AutoCAD 提示如下。

```
命令：_solprof

选择对象：找到 1 个                // 在激活的视口中选择三维模型

选择对象：                        // 按 Enter 键

是否在单独的图层中显示隐藏的轮廓线？[是 (Y)/ 否 (N)] < 是 >:
                                // 按 Enter 键将不可见轮廓线放在一个单独的图层上

是否将轮廓线投影到平面？[是 (Y)/ 否 (N)] < 是 >:    // 按 Enter 键指定建立二维轮廓线

是否删除相切的边？[是 (Y)/ 否 (N)] < 是 >:      // 按 Enter 键结束
```

STEP03 再将主视图视口边框所在的图层修改到"VPORTS"层上，然后把三维模型所在的图层"0 层"冻结，结果如图 22-26 所示。

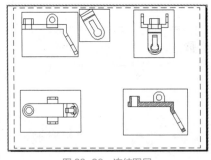

图 22-26　冻结图层

22.2.5 编辑视口中的视图

前面已建立了基本视图、剖视图及斜视图。很显然，各视口中的图形还不符合要求，下面将对其进行必要的编辑。

【练习22-10】编辑视口中的视图。

接上例。

(STEP01) 单击【常用】选项卡中【图层】面板上的 按钮，打开【图层特性管理器】对话框，通过该对话框将下列图层冻结。

◎ PH-119。

◎ 俯视图 -HID。

◎ 左视图 -HID。

◎ 剖视图 -HID。

◎ 斜视图 -HID。

结果如图 22-27 所示。

> **要点提示** 如果想使图层上的信息仅在当前视口中显示出来，用户可先激活其他视口，然后只把图层在激活的视口中冻结（图层状态图标为 ⬛）。这样，图层上的信息在这些视口中就变为不可见了。

(STEP02) 激活主视图视口，再单击状态栏上的 按钮，使视口最大化。切换到"PV-119"层，然后画出主视图的对称中心线。依次激活俯视图、斜视图、左视图及剖视图，再分别切换到"俯视图 -VIS"层、"斜视图 -VIS"层、"左视图 -VIS"层、"剖视图 -VIS"层绘制对称中心线及孔中心线，结果如图 22-28 所示。

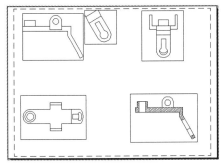

图 22-27　冻结图层

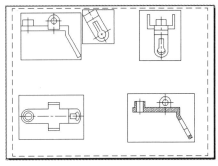

图 22-28　绘制中心线

> **要点提示** 主视图线框是使用 SOLPROF 命令生成的，该线框是一个图块。若要编辑线框本身，用户应先使用 EXPLODE 命令将其分解。

(STEP03) 激活斜视图所在的视口，擦去不必要的线条，结果如图 22-29 所示。

22.2.6　在图纸空间标注尺寸

到目前为止，已经在图纸上布置好了视图，接下来在图纸上标注尺寸。图纸空间与模型空间是两种完全不同的绘图环境。由于用户把模型空间的图形布置到虚拟图纸上时设置了缩放比例，因而图纸上图形的大小与模型空间的图形大小是不一样的。例如，三维模型的长度为100，浮动视口的缩放比例为1：2，则图纸上的图形

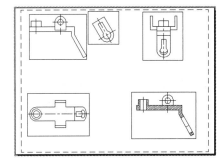

图 22-29　编辑斜视图

实际长度将是50。但在图纸空间标注对象时，AutoCAD并不会由于缩放比例的关系而改变标注数值。系统会根据视口的缩放比例自动调整标注值，使其反映图形的真实大小。

【练习22-11】在图纸空间标注尺寸。

接上例。

(STEP01) 双击图纸，关闭浮动模型视口。

(STEP02) 关闭视口边框所在的图层"VPORTS"，使尺寸样式model-dim成为当前样式，设定标注全局比例因子为1，然后在虚拟图纸上标注尺寸，结果如图22-30所示。

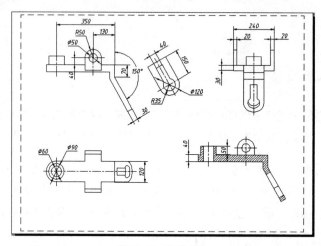

图 22-30 标注尺寸

22.3 综合练习1——创建视口并生成二维视图

【练习22-12】打开资源包文件"dwg\ 第22章 \22-12.dwg"，如图22-31左图所示。根据零件三维模型生成二维视图，绘图比例为1：1.5，图纸幅面为A3，结果如图22-31右图所示。

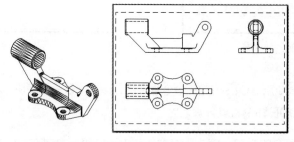

图 22-31 根据零件三维模型生成二维视图

(STEP01) 切换到图纸空间，设定图纸大小为A3，打印比例为1：1。

(STEP02) 进入图纸空间后，AutoCAD自动创建一个浮动视口。激活该视口，再调整视口的观察方向，得到零件的主视图，结果如图22-32所示。

(STEP03) 设定主视图视口的缩放比例为1：1.5，再调整主视图视口的位置及大小，结果如图22-33所示。

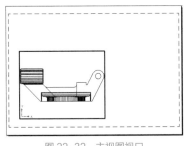

图 22-32 主视图视口

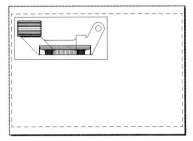

图 22-33 调整主视图视口的位置及大小

STEP04 用 SOLVIEW 命令创建左视图及俯视图，并设定新建视口的缩放比例为 1∶1.5，结果如图 22-34 所示。

STEP05 在 3 个视口中生成模型的二维投影图，将隐藏线改为虚线，再把三维模型所在的图层冻结，结果如图 22-35 所示。

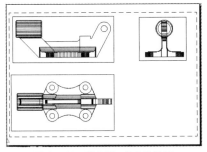

图 22-34 设定视口的缩放比例

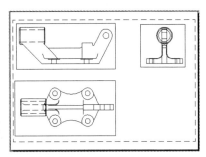

图 22-35 生成模型的二维投影图

STEP06 在图纸空间移动视口，调整视图位置，再设定全局线型比例因子为 0.5，然后关闭视口所在的图层，结果如图 22-36 所示。

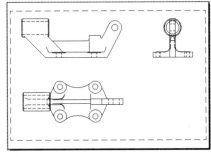

图 22-36 调整视图位置及设定线型比例因子等

22.4 综合练习 2——生成二维视图并标注尺寸

【练习 22-13】打开资源包文件 "dwg\ 第 22 章 \22-13.dwg"，如图 22-37 左图所示。根据零件三维模型生成二维视图，绘图比例为 1∶3，图纸幅面为 A3，结果如图 22-37 右图所示。

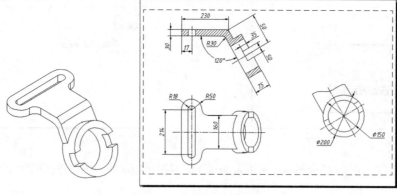

图 22-37　创建二维视图并标注尺寸

(STEP01)　切换到图纸空间，设定图纸大小为 A3，打印比例为 1：1。

(STEP02)　进入图纸空间后，AutoCAD 会自动创建一个浮动视口。激活该视口，再调整视口的观察方向，得到零件的俯视图，结果如图 22-38 所示。

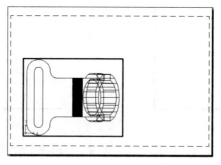

图 22-38　俯视图视口

(STEP03)　设定俯视图视口的缩放比例为 1：3，再调整俯视图视口的位置及大小，结果如图 22-39 所示。

(STEP04)　用 SOLVIEW 命令创建主视图（其为剖视图）及斜视图，调整斜视图的位置，再设定新建视口的缩放比例为 1：3，结果如图 22-40 所示。

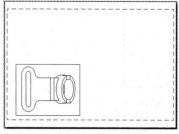

图 22-39　设定俯视图视口的缩放比例

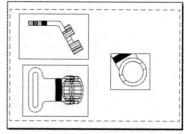

图 22-40　创建主视图及斜视图

(STEP05)　在 3 个视口中生成模型的二维投影图，改变填充图案的形状及比例，然后在斜视图中画断裂线，如图 22-41 所示。

(STEP06)　把三维模型、隐藏线及视口所在的图层冻结，结果如图 22-41 所示。

(STEP07)　在图纸空间绘制中心线并标注尺寸，结果如图 22-42 所示。

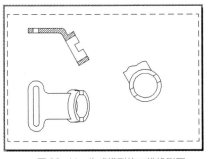
图 22-41 生成模型的二维投影图

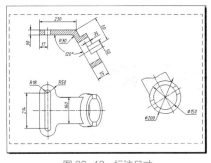
图 22-42 标注尺寸

22.5 习题

1. 打开资源包文件"dwg\ 第 22 章 \22-14.dwg",如图 22-43 左图所示。根据零件的三维模型生成二维视图并标注尺寸,结果如图 22-43 右图所示。绘图比例为 1:2,图纸幅面为 A3。

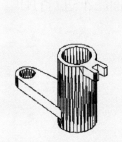
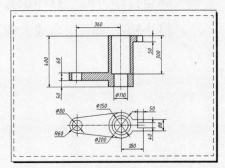

图 22-43 生成二维视图并标注尺寸(1)

2. 打开资源包文件"dwg\ 第 22 章 \22-15.dwg",如图 22-44 左图所示。根据零件的三维模型生成二维视图并标注尺寸,结果如图 22-44 右图所示。绘图比例为 2:1,图纸幅面为 A3。

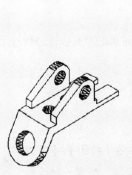
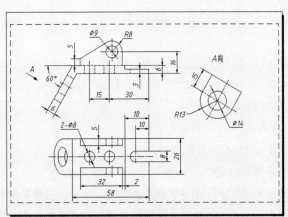

图 22-44 生成二维视图并标注尺寸(2)

第 23 章
打印图形

主要内容

- 输出图形的完整过程。
- 选择打印设备及对当前打印设备的设置进行简单修改。
- 选择图纸幅面和设定打印区域。
- 调整打印方向、打印位置和设定打印比例。
- 将小幅面图纸组合成大幅面图纸进行打印。

23.1 打印图形的过程

在模型空间中将工程图样布置在标准幅面的图框内，再标注尺寸及书写文字后，就可以输出图形了。输出图形的主要过程如下。

（1）指定打印设备，打印设备可以是 Windows 系统打印机或在 AutoCAD 中安装的打印机。

（2）选择图纸幅面及打印份数。

（3）设定要输出的内容。例如，可指定将某一矩形区域的内容输出，或者将包围所有图形的最大矩形区域输出。

（4）调整图形在图纸上的位置及方向。

（5）选择打印样式，详见 23.2.2 小节。若不指定打印样式，则按对象的原有属性进行打印。

（6）设定打印比例。

（7）预览打印效果。

【练习 23-1】从模型空间打印图形。

（STEP01）打开资源包文件 "dwg\ 第 23 章 \23-1.dwg"。

（STEP02）单击 AutoCAD 用户界面左上角的 ▒ 图标，选择菜单命令【打印】/【管理绘图仪】，打开【Plotters】对话框，利用该对话框的 "添加绘图仪向导" 配置一台绘图仪 DesignJet 450C C4716A。

（STEP03）单击快速访问工具栏中的 🖶 按钮，打开【打印】对话框，如图 23-1 所示，在该对话框中完成以下设置。

从模型空间打印图形

◎ 在【打印机/绘图仪】分组框的【名称】下拉列表中选择打印设备 DesignJet 450C C4716A.pc3。

◎ 在【图纸尺寸】下拉列表中选择 A2 幅面图纸。

◎ 在【打印份数】数值框中输入打印份数。

图 23-1 【打印】对话框

◎ 在【打印范围】下拉列表中选择【范围】选项。

◎ 在【打印比例】分组框中设置打印比例为 1 ：100。

◎ 在【打印偏移】分组框中选择【居中打印】选项。

◎ 在【图形方向】分组框中设定图形打印方向为【横向】。

◎ 在【打印样式表】下拉列表中选择打印样式 monochrome.ctb（将所有颜色打印为黑色）。

STEP04 单击 预览(P)... 按钮，预览打印效果，如图 23-2 所示。若满意，单击 🖶 按钮开始打印；否则，按 Esc 键返回【打印】对话框，重新设定打印参数。

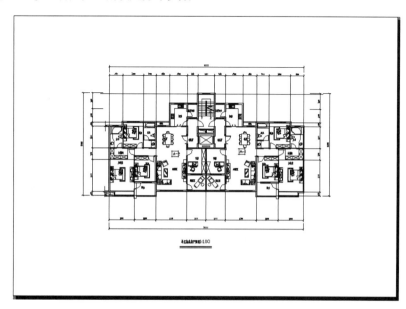

图 23-2 打印预览

23.2　设置打印参数

在 AutoCAD 中，用户可使用内部打印机或 Windows 系统打印机输出图形，并能方便地修改打印机设置及其他打印参数。选择菜单命令【文件】/【打印】，AutoCAD 打开【打印】对话框，如图 23-3 所示。在该对话框中用户可配置打印设备及选择打印样式，还能设定图纸幅面、打印比例及打印区域等参数。下面介绍该对话框的主要功能。

图 23-3　【打印】对话框

23.2.1　选择打印设备

在【打印机/绘图仪】的【名称】下拉列表中，用户可选择 Windows 系统打印机或 AutoCAD 内部打印机（".pc3" 文件）作为输出设备。请注意，这两种打印机名称前的图标是不一样的。当用户选定某种打印机后，【名称】下拉列表下面将显示被选中设备的名称、连接端口及其他有关打印机的注释信息。

如果用户想修改当前打印机设置，可单击 [特性 (R)] 按钮，打开【绘图仪配置编辑器】对话框，如图 23-4 所示。在该对话框中用户可以重新设定打印机端口及其他输出设置，如打印介质、图形、物理笔配置、自定义特性、校准及自定义图纸尺寸等。

【绘图仪配置编辑器】对话框包含【常规】、【端口】及【设备和文档设置】3 个选项卡，各选项卡的功能如下。

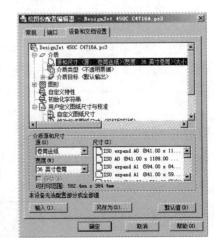

图 23-4　【绘图仪配置编辑器】对话框

◎【常规】：该选项卡包含了打印机配置文件（".pc3" 文件）的基本信息，如配置文件名称、驱动程序信息、打印机端口等。用户可在此选项卡的【说明】区域中加入其他注释信息。

◎【端口】：通过此选项卡用户可修改打印机与计算机的连接设置，如选定打印端口、指定打印到文件、后台打印等。

◎【设备和文档设置】：在该选项卡中用户可以指定图纸来源、尺寸和类型，并能修改颜色深度、打印分辨率等。

23.2.2 使用打印样式

在【打印】对话框【打印样式表】下拉列表中可选择打印样式，如图 23-5 所示。打印样式是对象的一种特性，如同颜色和线型一样，它用于修改打印图形的外观。若为某个对象选择了一种打印样式，则输出图形后，对象的外观由样式决定。AutoCAD 提供了几百种打印样式，并将其组合成一系列打印样式表。

图 23-5　使用打印样式

AutoCAD 中有以下两种类型的打印样式表。

◎ **颜色相关打印样式表**：颜色相关打印样式表以".ctb"为文件扩展名保存。该表以对象颜色为基础，共包含 255 种打印样式，每种 ACI 颜色对应一个打印样式，样式名分别为"颜色 1""颜色 2"等。用户不能添加或删除颜色相关打印样式，也不能改变它们的名称。若当前图形文件与颜色相关打印样式表相连，则系统自动根据对象的颜色分配打印样式。用户不能选择其他打印样式，但可以对已分配的样式进行修改。

◎ **命名相关打印样式表**：命名相关打印样式表以".stb"为文件扩展名保存。该表包括一系列已命名的打印样式，用户可修改打印样式的设置及其名称，还可添加新的样式。若当前图形文件与命名相关打印样式表相连，则用户可以不考虑对象颜色，直接给对象指定样式表中的任意一种打印样式。

【打印样式表】下拉列表中包含了当前图形中的所有打印样式表，用户可选择其中之一。用户若要修改打印样式，可单击此下拉列表右边的🖳按钮，打开【打印样式表编辑器】对话框，利用该对话框可查看或改变当前打印样式表中的参数。

> **要点提示**　选择菜单命令【文件】/【打印样式管理器】，打开"Plot Styles"文件夹，该文件夹中包含打印样式文件及创建新打印样式的快捷方式，单击此快捷方式就能创建新打印样式。

AutoCAD 新建的图形处于"颜色相关"模式或"命名相关"模式下，这和创建图形时选择的样板文件有关。若采用无样板方式新建图形，则可事先设定新图形的打印样式模式。发出 OPTIONS 命令，系统打开【选项】对话框，进入【打印和发布】选项卡，再单击 ┃打印样式表设置(S)...┃ 按钮，打开【打印样式表设置】对话框，如图 23-6 所示，通过该对话框可设置新图形的默认打印样式模式。

23.2.3 选择图纸幅面

在【打印】对话框的【图纸尺寸】下拉列表中可指定图纸大小，如图 23-7 所示。【图纸尺寸】下拉列表中包含了选定打印设备可用的标准图纸尺寸。当选择某种幅面图纸时，该列表右上角出现所选图纸及实际打印范围的预览图像（打印范围用阴影表示出来，可在【打印

图 23-6　【打印样式表设置】对话框

图纸尺寸(Z)
ISO A3 (420.00 x 297.00 毫米)

图 23-7　【图纸尺寸】下拉列表

区域】中设定）。将鼠标光标移到图像上面，在鼠标光标的位置就会显示出精确的图纸尺寸及图纸上可打印区域的尺寸。

除了从【图纸尺寸】下拉列表中选择标准图纸外，用户也可以创建自定义的图纸。此时，用户需修改所选打印设备的配置。

【练习 23-2】创建自定义图纸。

(STEP01) 在【打印】对话框的【打印机 / 绘图仪】分组框中单击 ┃特性(R)...┃ 按钮，

创建自定义图纸

打开【绘图仪配置编辑器】对话框，在【设备和文档设置】选项卡中选择【自定义图纸尺寸】选项，如图 23-8 所示。

STEP02 单击 添加(A)... 按钮，打开【自定义图纸尺寸】对话框，如图 23-9 所示。

图 23-8 【绘图仪配置编辑器】对话框　　　　　　图 23-9 【自定义图纸尺寸】对话框

STEP03 不断单击 下一步(N) > 按钮，并根据 AutoCAD 的提示设置图纸参数，最后单击 完成(F) 按钮结束。

STEP04 返回【打印】对话框，AutoCAD 将在【图纸尺寸】下拉列表中显示自定义的图纸尺寸。

23.2.4 设定打印区域

在【打印】对话框的【打印区域】分组框中可设置要输出的图形范围，如图 23-10 所示。

图 23-10 【打印区域】分组框

该分组框的【打印范围】下拉列表中包含 4 个选项，下面利用图 23-11 所示的图样讲解它们的功能。

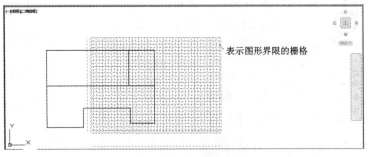

图 23-11 设置打印区域

在【草图设置】对话框中取消对【显示超出界线的栅格】复选项的选择，才会出现图 23-11 所示的栅格。

（1）【图形界限】：从模型空间打印时，【打印范围】下拉列表中将列出【图形界限】选项。选择该选项，系统就把设定的图形界限范围（用 LIMITS 命令设置图形界限）打印在图纸上，结果如图 23-12 所示。

从图纸空间打印时，【打印范围】下拉列表中将列出【布局】选项。选择该选项，系统将打印虚拟图纸可打印区域内的所有内容。

（2）【范围】：打印图样中的所有图形对象，结果如图 23-13 所示。

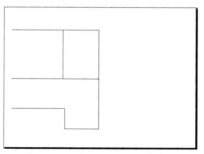

图 23-12 应用【图形界限】选项

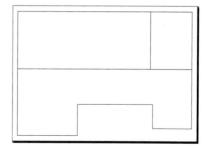

图 23-13 应用【范围】选项

（3）【显示】：打印整个绘图窗口，打印结果如图 23-14 所示。

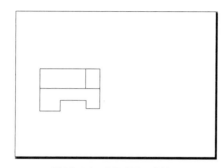

图 23-14 应用【显示】选项

（4）【窗口】：打印用户自己设定的区域。选择此选项后，系统提示指定打印区域的两个角点，同时在【打印】对话框中显示 窗口(0)< 按钮，单击此按钮，可重新设定打印区域。

23.2.5 设定打印比例

在【打印】对话框的【打印比例】分组框中可设置出图比例，如图 23-15 所示。绘制阶段用户根据实物按 1 ：1 比例绘图，出图阶段需依据图纸尺寸确定打印比例，该比例是图纸尺寸单位与图形单位的比值。当测量单位是"mm"，打印比例设定为 1 ：2 时，表示图纸上的 1mm 代表两个图形单位。

图 23-15 【打印比例】分组框

【比例】下拉列表包含了一系列标准缩放比例值，此外，还有【自定义】选项，该选项使用户可以自己指定打印比例。

从模型空间打印时，【打印比例】的默认设置是【布满图纸】。此时，系统将缩放图形以充满所选定的图纸。

23.2.6 设定着色打印

"着色打印"用于指定着色图及渲染图的打印方式，并可设定它们的分辨率。在【打印】对话框的【着色视口选项】分组框中可设置着色打印方式，如图 23-16 所示。

图 23-16 设定着色打印

【着色视口选项】分组框中包含以下 3 个选项。

（1）【着色打印】下拉列表。

◎ 【按显示】：按对象在屏幕上的显示进行打印。

◎ 【传统线框】：按线框方式打印对象，不考虑其在屏幕上的显示情况。

◎ 【传统隐藏】：打印对象时消除隐藏线，不考虑其在屏幕上的显示情况。

◎ 【概念】、【隐藏】、【真实】、【着色】、【带边缘着色】、【灰度】、【勾画】、【线框】、【X 射线】：按视觉样式打印对象，不考虑其在屏幕上的显示方式。

◎ 【渲染】：按渲染方式打印对象，不考虑其在屏幕上的显示方式。

（2）【质量】下拉列表。

◎ 【草稿】：将渲染及着色图按线框方式打印。

◎ 【预览】：将渲染及着色图的打印分辨率设置为当前设备分辨率的四分之一，DPI 的最大值为 150。

◎ 【常规】：将渲染及着色图的打印分辨率设置为当前设备分辨率的二分之一，DPI 的最大值为 300。

◎ 【演示】：将渲染及着色图的打印分辨率设置为当前设备的分辨率，DPI 的最大值为 600。

◎ 【最高】：将渲染及着色图的打印分辨率设置为当前设备的分辨率。

◎ 【自定义】：将渲染及着色图的打印分辨率设置为【DPI】文本框中用户指定的分辨率，最大可为当前设备的分辨率。

（3）【DPI】文本框。

设定打印图像时每英寸的点数，最大值为当前打印设备分辨率的最大值。只有当【质量】下拉列表中选择了【自定义】选项后，此选项才可用。

23.2.7 调整图形打印方向和位置

图形在图纸上的打印方向通过【图形方向】分组框中的选项调整，如图 23-17 所示。该分组框包含一个图标，此图标表明图纸的放置方向，图标中的字母代表图形在图纸上的打印方向。

【图形方向】分组框包含以下 3 个选项。

◎ 【纵向】：图形在图纸上的放置方向是水平的。

◎ 【横向】：图形在图纸上的放置方向是竖直的。

◎ 【上下颠倒打印】：使图形颠倒打印，此选项可与【纵向】和【横向】结合使用。

图形在图纸上的打印位置由【打印偏移】分组框中的选项确定，如图 23-18 所示。默认情况下，AutoCAD 从图纸左下角打印图形。打印原点处在图纸左下角位置，坐标是（0,0），用户可在【打印偏移】分组框中设定新的打印原点，这样图形在图纸上将沿 x 轴和 y 轴移动。

图 23-17 【图形方向】分组框

图 23-18 【打印偏移】分组框

【打印偏移】分组框包含以下 3 个选项。

◎ 【居中打印】：在图纸正中间打印图形（自动计算 x 和 y 的偏移值）。

◎ 【X】：指定打印原点在 x 方向的偏移值。

◎ 【Y】：指定打印原点在 y 方向的偏移值。

要点提示

　　如果用户不能确定打印机如何确定原点，可试着改变一下打印原点的位置并预览打印结果，然后根据图形的移动距离推测原点位置。

23.2.8 预览打印效果

打印参数设置完成后，用户可通过打印预览观察图形的打印效果，如果不合适可重新调整，以免浪费时间和材料。

单击【打印】对话框下面的 预览(P)... 按钮，AutoCAD 显示实际的打印效果。由于系统要重新生成图形，因此对于复杂图形需耗费较多的时间。

预览时，鼠标光标变成🔍形状，利用它可进行实时缩放操作。查看完毕后，按 Esc 键或 Enter 键返回【打印】对话框。

23.2.9 保存打印设置

用户选择打印设备并设置打印参数（图纸幅面、比例和方向等）后，可以将所有这些保存在页面设置中，以便以后使用。

在【打印】对话框【页面设置】分组框的【名称】下拉列表中显示了所有已命名的页面设置，若要保存当前页面设置，可单击该列表右边的 添加()... 按钮，打开【添加页面设置】对话框，如图 23-19 所示，在该对话框的【新页面设置名】文本框中输入页面名称，然后单击 确定(0) 按钮，存储页面设置。

用户也可以从其他图形中输入已定义的页面设置，方法是：在【页面设置】分组框的【名称】下拉列表中选择【输入】选项，打开【从文件选择页面设置】对话框，选择并打开所需的图形文件后，打开【输入页面设置】对话框，如图 23-20 所示，该对话框显示了图形文件中包含的页面设置，选择其中之一，单击 确定(0) 按钮完成。

图 23-19 【添加页面设置】对话框

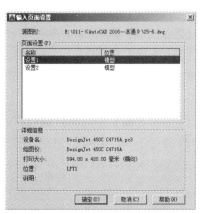

图 23-20 【输入页面设置】对话框

23.3 打印图形实例

前面几节介绍了有关打印方面的知识，下面通过练习演示打印图形的全过程。

【练习 23-3】打印图形。

STEP01 打开资源包文件"dwg\ 第 23 章 \23-3.dwg"。

STEP02 单击【输出】选项卡中【打印】面板上的🖨按钮，打开【打印】对话框，如图 23-21 所示。

STEP03 如果想使用以前创建的页面设置，就在【页面设置】分组框的【名称】下拉列表中选择它，或者从其他文件中输入。

打印图形

STEP04 在【打印机 / 绘图仪】分组框的【名称】下拉列表中指定打印设备。若要修改打印机特性，可单击下拉列表右边的 特性(R)... 按钮，打开【绘图仪配置编辑器】对话框，通过该对话框修改打印机端口和介质类型，还可自定义图纸大小。

STEP05 在【打印份数】文本框中输入打印份数。

STEP06 如果要将图形输出到文件，则应在【打印机 / 绘图仪】分组框中选择【打印到文件】复选项。此后，当用户单击【打印】对话框的 确定(0) 按钮时，AutoCAD 就会打开【浏览打印文件】对话框，通过此对话框指定输出文件的名称及地址。

图 23-21 【打印】对话框

STEP07 继续在【打印】对话框中进行以下设置。

◎ 在【图纸尺寸】下拉列表中选择 A3 图纸。

◎ 在【打印范围】下拉列表中选择【范围】选项，并设置为【居中打印】。

◎ 设定打印比例为【布满图纸】。

◎ 设定图形打印方向为【横向】。

◎ 在【打印样式表】下拉列表中选择打印样式 monochrome.ctb（将所有颜色打印为黑色）。

STEP08 单击 预览(P)... 按钮，预览打印效果，如图 23-22 所示。若满意，按 Esc 键返回【打印】对话框，再单击 确定(0) 按钮开始打印。

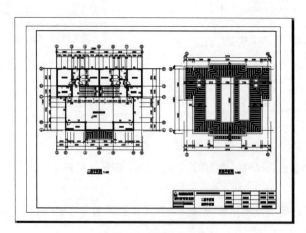

图 23-22 预览打印效果

23.4 将多张图纸布置在一起打印

为了节省图纸，用户常需要将几个图样布置在一起打印。

【练习23-4】资源包文件"dwg\第23章\23-4-A.dwg"和"23-4-B.dwg"都采

用 A2 幅面图纸，绘图比例为 1 : 100，现将它们布置在一起输出到 A1 幅面的图纸上。

(STEP01) 创建一个新文件。

(STEP02) 单击【插入】选项卡中【参照】面板上的 按钮，打开【选择参照文件】对话框，找到图形文件 "23-4-A.dwg"，单击 打开⑩ 按钮，打开【外部参照】对话框，利用该对话框插入图形文件，插入时的缩放比例为 1 : 1。

(STEP03) 用 SCALE 命令缩放图形，缩放比例为 1 : 100（图样的绘图比例）。

(STEP04) 用与步骤 2 和步骤 3 相同的方法插入图形文件 "23-4-B.dwg"，插入时的缩放比例为 1 : 1。插入图样后，用 SCALE 命令缩放图形，缩放比例为 1 : 100。

(STEP05) 用 MOVE 命令调整图样位置，让其组成 A1 幅面图纸，结果如图 23-23 所示。

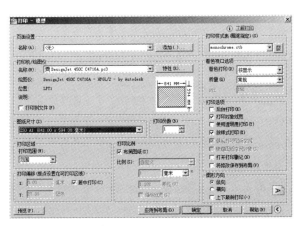

图 23-23　组成 A1 幅面图纸

(STEP06) 选择菜单命令【文件】/【打印】，打开【打印】对话框，如图 23-24 所示，在该对话框中进行以下设置。

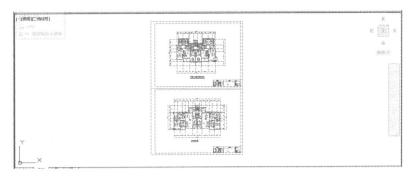

图 23-24　【打印】对话框

◎ 在【打印机 / 绘图仪】分组框的【名称】下拉列表中选择打印设备 DesignJet 450C C4716A.pc3。

◎ 在【图纸尺寸】下拉列表中选择 A1 幅面图纸。

◎ 在【打印样式表】下拉列表中选择打印样式 monochrome.ctb（将所有颜色打印为黑色）。

◎ 在【打印范围】下拉列表中选择【范围】选项，并设置为居中打印。

◎ 在【打印比例】分组框中选择【布满图纸】复选项。

◎ 在【图形方向】分组框中选择【纵向】单选项。

STEP07 单击 预览(P)... 按钮，预览打印效果，如图 23-25 所示。若满意，则单击 按钮开始打印。

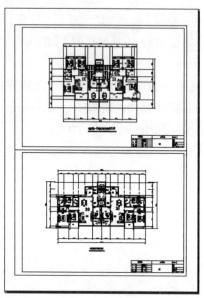

图 23-25　打印预览

23.5　在虚拟图纸上布图、标注尺寸及打印虚拟图纸

AutoCAD 提供了两种图形环境：模型空间和图纸空间。模型空间用于绘制图形，图纸空间用于布置图形。

进入图纸空间后，图形区出现一张虚拟图纸，用户可设定该图纸的幅面，并能将模型空间中的图形通过几个视口布置在虚拟图纸上。布图完成后，在虚拟图纸上标注尺寸及书写文字，也可进入视口中标注尺寸或书写文字。

从图纸空间出图的具体过程如下。

（1）在模型空间按 1 ∶ 1 比例绘图。

（2）进入图纸空间，插入所需图框。在虚拟图纸上创建视口，通过视口显示并布置视图。

（3）设置并锁定各视口缩放比例，在视口中标注注释性尺寸及文字，注释比例为视口缩放比例。若是在图纸上标注尺寸（注意不是在视口中），则标注总体比例为 1，文字高度等于打印在图纸上的实际高度。

（4）从图纸空间按 1 ∶ 1 比例打印虚拟图纸。

【练习23-5】在图纸空间布图及从图纸空间出图。

STEP01 打开资源包文件"dwg/ 第 23 章 /23-5.dwg、23-A2.dwg 及 23-A3.dwg"。

STEP02 单击 布局1 按钮，切换至图纸空间，系统显示一张虚拟图纸。利用 Windows 的复制 / 粘贴功能将文件"23-A2.dwg"中的 A2 幅面图框复制到虚拟图纸上，再调整其位置，如图 23-26 所示。

打印虚拟图纸

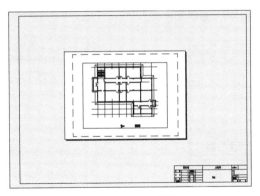

图 23-26　插入图框

STEP03 将光标放在 布局1 按钮上，单击鼠标右键，弹出快捷菜单，选择【页面设置管理器】选项，打开【页面设置管理器】对话框，再单击 修改(M)... 按钮，弹出【页面设置】对话框，如图 23-27 所示。在该对话框中完成以下设置。

◎ 在【打印机/绘图仪】分组框的【名称】下拉列表中选择打印设备 DesignJet 450C C4716A。

◎ 在【图纸尺寸】下拉列表中选择 A2 幅面图纸。

◎ 在【打印范围】下拉列表中选择【范围】选项。

◎ 在【打印比例】分组框中选择【布满图纸】选项。

◎ 在【打印偏移】分组框中指定打印原点为（0,0），也可设定为【居中打印】。

◎ 在【图形方向】分组框中设定图形打印方向为【横向】。

◎ 在【打印样式表】下拉列表中选择打印样式 monochrome.ctb（将所有颜色打印为黑色）。

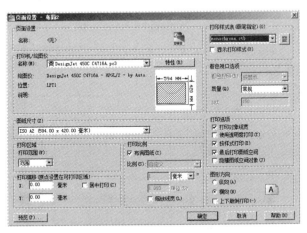

图 23-27　【页面设置】对话框

STEP04 单击 确定 按钮，再关闭【页面设置管理器】对话框，在屏幕上出现一张 A2 幅面的图纸，图纸上的虚线代表可打印区域，A2 图框被布置在此区域中，如图 23-28 所示。图框内部的小矩形是系统自动创建的浮动视口，通过这个视口显示模型空间中的图形。用户可复制或移动视口，还可利用编辑命令调整其大小。

STEP05 创建"视口"层，将矩形视口修改到该层上，然后利用关键点编辑方式调整视口大小。选中视口，通过状态栏上的 1:1.5 / 66.67% ▾ 按钮设定视口缩放比例为 1：100，结果如图 23-29 所示。视口缩放比例值就是图形布置在图纸上的缩放比例，即绘图比例。

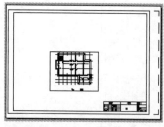

图 23-28　指定 A2 幅面图纸

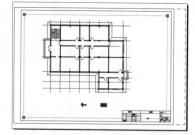

图 23-29　调整视口大小及设定视口缩放比例

STEP06　锁定视口的缩放比例。选中视口，单击鼠标右键，弹出快捷菜单，通过此菜单将【显示锁定】设置为【是】。

STEP07　双击视口内部激活它，用 MOVE 命令将建筑平面图下边的图形移到视口边界外，使其不可见，然后用 XLINE 命令绘制标注尺寸的辅助线，如图 23-30 所示。

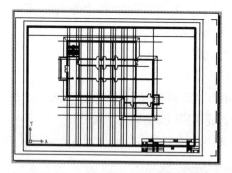

图 23-30　调整视口中的图形并画辅助线

STEP08　双击视口外部，返回图纸空间。使"工程标注"为当前样式，再设定标注总体比例因子为 1，然后标注尺寸，部分结果如图 23-31 所示。

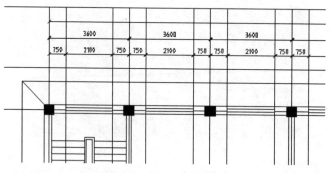

图 23-31　在图纸上标注尺寸

要点提示

辅助线不能在图纸空间绘制，因为画在图纸上的竖直辅助线间的间距比模型空间中竖直辅助线间的间距缩小了 100 倍。

STEP09　激活视口，删除辅助线，然后返回图纸空间。

STEP10 设定总体线型比例因子为 0.5，然后关闭"视口"层，结果如图 23-32 所示。

STEP11 用与 2、3、4 步相同的方法建立 A3 幅面图纸，如图 23-33 所示。

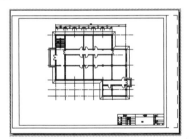 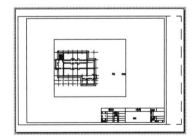

图 23-32　设定线型比例因子及关闭"视口"层　　　　图 23-33　建立 A3 幅面图纸

STEP12 调整视口位置，再复制视口并修改其大小，如图 23-34 所示。

STEP13 分别激活两个视口，使各视口显示所需的图形。然后，返回图纸空间，设定右上视口的缩放比例为 1：10，左下视口的缩放比例为 1：20，如图 23-35 所示。选中这两个视口，单击鼠标右键，弹出快捷菜单，通过此菜单将【显示锁定】设置为【是】。

STEP14 将两个视口修改到"视口"层上，然后标注尺寸，如图 23-36 所示。标注总体比例因子为 1。

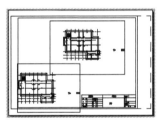 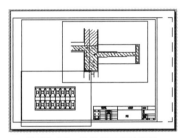 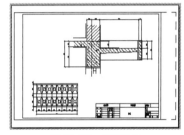

图 23-34　复制视口并修改其大小　　　图 23-35　设置视口缩放比例　　　图 23-36　标注尺寸

STEP15 到现在为止已经创建了两张虚拟图纸，接下来就可以从图纸空间打印出图了。打印的效果与虚拟图纸显示的效果是一样的。分别进入"布局 1"和"布局 2"，单击快速访问工具栏上的 ⊜ 按钮，打开【打印】对话框，该对话框列出了新建图纸时已设定的打印参数，单击 确定 按钮开始打印。

23.6　将图形输出为其他格式文件

利用【输出】选项卡【输出为 DWF/PDF】面板中的相关命令按钮，可将当前图形的一个或多个布局保存为 DWF、DWFx 或 PDF 格式文件，还可将模型空间的三维模型输出为 DWF 或 DWFx 文件。若已将材质指定给了模型，则这些材质也将被输出。

【练习 23-6】将图形输出为 DWF 文件。

STEP01 打开【输出为 DWF/PDF】面板中的【要输出的内容】下拉列表，显示【当前布局】或【所有布局】选项，选择前者。

STEP02 打开【页面设置】下拉列表，选择【当前】或【替代】选项。若选择后者，则弹出【页面设置替代】对话框，如图 23-37 所示，可对页面设置的一些参数进行修改。

输出其他格式文件

STEP03 单击【输出为 DWF/PDF】面板中的 按钮，弹出下拉菜单，选择【DWF】选项，打开【另存为 DWF】对话框。在此对话框中，指定文件名和位置，还可利用 选项(D)... 及 页面设置替代(G)... 按钮更改输出的一些选项及部分页面设置参数等。

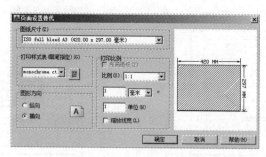

图 23-37 【页面设置替代】对话框

23.7 发布图形集

AutoCAD 的图形发布功能（Publish）使用户可以一次将多个图形文件创建成 DWF、DWFx 或 PDF 格式文件或是将所有图形通过打印机输出。以下详细介绍 AutoCAD 的图形发布功能。

23.7.1 将图形集发布为其他格式文件

用户利用 Publish 功能可以把选定的多个图形文件创建成 DWF、DWFx 或 PDF 格式文件，该文件可以是以下形式。

◎ 单个或多个 DWF 或 DWFx 文件，包含二维和三维内容。

◎ 单个或多个 PDF 文件，包含二维内容。

DWF 及 DWFx 格式文件高度压缩，可方便地以电子邮件方式在 Internet 上传递，接收方无需安装 AutoCAD 或了解 AutoCAD，就可使用 Autodesk Design Review（Autodesk 的免费查看器）对图形进行查看或高质量地打印。

可以把要发布的图形及相关联的页面设置保存为"dsd"文件，以便以后调用。还可根据需要向其添加或从中删除图形。

工程设计中，技术人员可以为特定的用户创建一个 DWF 或 DWFx 文件，并可视工程进展情况，随时改变文件中图纸的数量。

一般情况下，Publish 使用 AutoCAD 内部 DWF6 Eplot 打印机配置文件（在页面设置中指定）生成 DWF 格式文件。用户可修改此打印机配置文件，如改变颜色深度、显示分辨率、文件压缩率等，使 DWF 文件更符合自己的要求。

命令启动方法

◎ 菜单命令：【文件】/【发布】。

◎ 面板：【输出】选项卡【打印】面板上的 📇 按钮。

◎ 命令：PUBLISH。

【练习 23-7】发布文件。

(STEP01) 单击【打印】面板上的 📇 按钮，AutoCAD 打开【发布】对话框，如图 23-38 所示。再单击 📇 按钮，指定要创建图形集的文件。

发布图形集

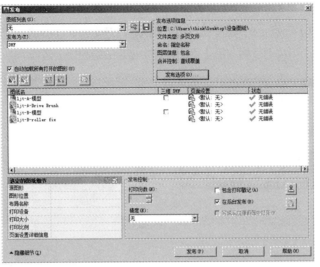

图 23-38 【发布】对话框

(STEP02) 在【发布为】下拉列表中选择 DWF 选项，单击 发布选项(O)... 按钮，设定发布文件类型为【多页文件】，再指定 DWF 文件名称和路径。

(STEP03) 单击 发布(P) 按钮生成 DWF 文件集。

【发布】对话框中主要选项的功能如下。

（1）【图纸列表】：显示当前图纸列表文件（.dsd）或批处理打印文件（.bp3）。

（2） 按钮：单击此按钮，加载已创建的图纸列表文件（.dsd 文件）或批处理打印文件（.bp3 文件）。如果【发布】对话框中列有图纸，将显示提示信息对话框，用户可以用新图纸替换现有图纸列表，也可以将新图纸附加到当前列表中。

（3） 按钮：单击此按钮，将当前图纸列表保存为 ".dsd" 文件，该文件用于记录图形文件列表以及选定的页面设置。

（4）【发布为】：设定发布图纸的方式，包括发布到页面设置中指定的绘图仪、多页 DWF、DWFx 或 PDF 文件。

（5） 发布选项(O)... 按钮：单击此按钮，设定发布图形的一些选项，例如保存位置、单页或多页形式文件、文件名以及图层信息等。

（6）图纸列表框。

◎ 【图纸名】：由图形名称、短划线及布局名组成，此名称是 DWF、DWFx 或 PDF 格式图形集中各图形的名称。可通过右键快捷菜单上的【重命名图纸】命令来更改它。

◎ 【页面设置】：显示图纸的命名页面设置。单击页面设置名称，可选择其他页面设置或从其他图形中输入页面设置。

◎ 【三维 DWF】：创建和发布三维模型的 DWF 或 DWFx 文件。

23.7.2 批处理打印

使用 Publish 功能可以将多个图形文件合并为一个自定义的图形集，然后将图形集发布到每个图形指定的打印机。这些打印机的参数是在模型或布局的页面设置中设定的。

【练习 23-8】一次打印多个图形文件。

(STEP01) 单击【打印】面板上的 按钮，AutoCAD 打开【发布】对话框，如图 23-39 所示。在【发布为】下拉列表中选择【页面设置中指定的绘图仪】选项。

批处理打印

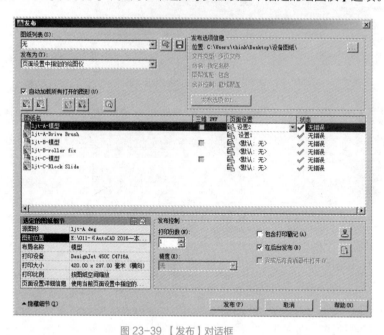

图 23-39 【发布】对话框

(STEP02) 单击 按钮，选择要打印的图形文件。选定的图形文件将在图纸列表框中显示出来，该列表框的【页面设置】项中列出了图形文件所包含的命名页面设置。单击它，可选择或是从另一文件中输入其他页面设置。

(STEP03) 单击对话框右上角的 按钮，指定保存输出结果的文件夹。

(STEP04) 单击 发布(P) 按钮，AutoCAD 按图形文件页面设置中指定的打印机输出图形。

23.8 习题

1. 打印图形时，一般应设置哪些打印参数？如何设置？

2. 打印图形的主要过程是什么？

3. 当设置完打印参数后，应如何保存以便再次使用？

4. 从模型空间出图时，怎样将不同绘图比例的图纸放在一起打印？

5. 有哪两种类型的打印样式？它们的作用是什么？

6. 从图纸空间打印图形的过程是怎样的？